西安电子科技大学教材建设基金资助项目(重点项目)

高等学校新工科电子信息类专业系列教材

U0159629

单片机原理及工程应用

主　编　雷思孝

副主编　付少锋　冯育长

西安电子科技大学出版社

内 容 简 介

本书系统介绍了 51 系列单片机的基本原理及构成,并从应用角度出发较为全面地介绍了单片机应用系统设计中的相关技术。本书共 11 章,内容分别为单片机系统概述、单片机硬件系统、指令系统与编程技术、中断系统及定时器/计数器应用、串行通信技术、单片机系统扩展及应用、单片机应用系统设计方法、系统抗干扰设计技术、实用外围电路设计、印制电路板设计基础、常用传感器及应用等。各章末附有习题,书末附录给出了习题参考答案,以供参考。

本书为作者多年教学和科研实践经验的总结。为解决读者在学习单片机技术及实际应用中的困惑和难题,书中对重要知识点进行了详细描述,适当进行了要点归纳,力求简洁实用,注重系统设计能力的培养,侧重设计方法和实际应用的介绍。

本书可作为工科院校电子信息、通信工程、计算机科学与技术、物联网工程、仪器仪表、工业自动化等相关专业本科生的"单片机系统设计"课程教材,也可作为高职相关专业"单片机应用"课程的教材。教师可根据教学大纲和教学的具体情况,在教学过程中对章节选择使用。

图书在版编目(CIP)数据

单片机原理及工程应用 / 雷思孝主编. —西安:西安电子科技大学出版社,2023.2
ISBN 978-7-5606-6662-4

Ⅰ.①单… Ⅱ.①雷… Ⅲ.①单片微型计算机—高等学校—教材 Ⅳ.①TP368.1

中国版本图书馆 CIP 数据核字(2022)第 182742 号

策　　划　明政珠　高　樱
责任编辑　孟秋黎
出版发行　西安电子科技大学出版社(西安市太白南路 2 号)
电　　话　(029) 88202421　88201467　　　　邮　　编　710071
网　　址　www.xduph.com　　　　　　　　电子邮箱　xdupfxb001@163.com
经　　销　新华书店
印刷单位　陕西天意印务有限责任公司
版　　次　2023 年 2 月第 1 版　2023 年 2 月第 1 次印刷
开　　本　787 毫米×1092 毫米　1/16　印张 23.5
字　　数　558 千字
印　　数　1～2000 册
定　　价　66.00 元
ISBN 978-7-5606-6662-4 / TP
XDUP 6964001-1
如有印装问题可调换

前　　言

计算机科学、通信技术及智能控制系统的飞速发展，为单片机提供了广阔的应用领域。微电子技术，已为工程领域提供了大量性能优良、价格低廉的单片机。单片机作为计算机应用系统的重要组成部分、嵌入式系统的先头兵、片上系统 SoC(System on Chip)的先行者，广泛应用于工业过程控制、智能仪器仪表、机电一体化、家用电器、个人数字处理器等领域，极大地提高了相关产品的智能化程度和技术水平。单片机技术已成为当今社会十分重要的技术。随着社会需求和单片机应用领域的不断扩展，各类智能产品、控制系统大都以单片机为核心开发设计，科研机构和生产企业对设计人员的单片机应用系统设计能力也提出了较高的要求：不能只掌握单片机原理，而是要从系统设计出发，掌握整个单片机应用系统所涉及的相关知识。

随着物联网工程的广泛应用，人们对智能终端的需求量迅速扩大。单片机作为智能终端的核心更加被重视，单片机原理及应用技术越来越受到广大工程技术人员的重视。

长期以来，单片机教学只重视单片机本身技术的学习和应用，而对单片机外围电路、信号转换电路及传感器等技术重视不够，使学生对应用系统的设计知识掌握得不够全面，尤其是在系统设计时会觉得力不从心。学生参加各类电子设计大赛，遇到的各种开发应用课题基本都以单片机系统为核心，各类应用系统的设计、智能产品的开发更是离不开单片机。因此，单片机应用能力理应是工科院校电子信息类专业学生的必备技能。如何使学生在有限的时间内系统地掌握单片机应用系统的设计方法和产品开发技术，就成为任课教师的一个重要课题。为了使学生对单片机应用系统设计有一个比较全面的了解，能系统、全面地掌握系统设计方法和相关技术，解决好设计时遇到的技术问题，作者总结了多年教学和产品开发经验，从系统设计出发，结合教学实际，以应用为目的，编写了本书。书中给出了丰富的实例和分析，目的是使学生能在较短的时间内掌握实用技术，全面提高系统设计能力。希望学生通过学习，能在单片机应用系统设计方面有所收获。任课教师可根据教学大纲和教学的具体情况有选择地重点讲授。附录提供了习题参考答案，供读者学习时参考。

本书第 1～5 章由雷思孝编写，第 6～9 章由付少锋编写，第 10～11 章及附录由冯育长编写。全书由雷思孝统稿。

在编写过程中，受到了西安电子科技大学计算机学院、网络与继续教育学院领导及各位老师的热情关怀和大力支持，获得了西安电子科技大学教材建设基金重点资助，得到了西安电子科技大学出版社社长胡方明教授、副总编辑毛红兵和编辑明政珠的及时帮助，在此一并表示诚挚的感谢。同时，本书在编写过程中，借鉴了许多优秀教材的宝贵经验，也对各位作者表示衷心的感谢。

由于编者水平有限，加之时间仓促，书中不妥之处在所难免，敬请诸位读者不吝指正。

编　者

于西安电子科技大学

2022 年 9 月

目　录

第1章　单片机系统概述 1

1.1　单片机的内部结构及特点 2

1.1.1　单片机内部结构 2

1.1.2　单片机系统特点 3

1.2　单片机的发展与分类 4

1.2.1　单片机的发展 4

1.2.2　单片机的分类 5

1.3　单片机技术的发展趋势 6

1.4　单片机的应用领域 7

习题1 8

第2章　单片机硬件系统 9

2.1　51系列单片机 9

2.1.1　Intel公司的MCS-51系列单片机 9

2.1.2　Atmel公司的AT89系列单片机 10

2.1.3　AT89C2051单片机 12

2.1.4　P89C51系列单片机 13

2.1.5　STC89C51系列单片机 13

2.2　51系列单片机内部结构与引脚功能 14

2.2.1　51系列单片机内部结构 14

2.2.2　51系列单片机外部引脚及功能 15

2.3　单片机CPU 17

2.3.1　算术逻辑单元ALU和累加器
ACC及寄存器B 18

2.3.2　程序状态字PSW 18

2.3.3　程序计数器PC 19

2.3.4　堆栈指针SP 19

2.3.5　数据指针寄存器DPTR 19

2.4　51单片机存储器结构 19

2.4.1　存储器分类及配置 19

2.4.2　程序存储器 20

2.4.3　内部数据存储器 21

2.4.4　外部数据存储器 26

2.5　并行端口及应用 26

2.5.1　并行端口的内部结构 26

2.5.2　并行端口的应用 29

2.5.3　并行端口的负载能力 30

2.6　单片机时序 30

2.6.1　几个基本概念 31

2.6.2　CPU取指令和执行指令的时序 32

2.7　最小应用系统 33

2.7.1　时钟电路 33

2.7.2　复位电路 34

2.7.3　最小系统 35

习题2 36

第3章　指令系统与编程技术 37

3.1　51系列单片机指令系统概述 37

3.1.1　51系列单片机指令特点及分类 37

3.1.2　51系列单片机汇编语言
指令格式 38

3.1.3　指令长度和指令周期 39

3.2　51系列单片机寻址方式 40

3.2.1　立即寻址 40

3.2.2　寄存器寻址 40

3.2.3　直接寻址 41

3.2.4　寄存器间接寻址 42

3.2.5　变址寻址 42

3.2.6　相对寻址 43

3.2.7　位寻址 43

3.3　指令系统 44

3.3.1　数据传送指令 44

3.3.2　算术运算指令 50

3.3.3　逻辑运算指令与移位指令 54

3.3.4　控制转移指令 56

3.3.5　位操作指令 63

3.4　常用伪指令 65
3.5　程序设计技术 67
　　3.5.1　数据运算与处理 67
　　3.5.2　程序分支与转移 68
　　3.5.3　程序的散转 70
　　3.5.4　循环程序设计 72
　　3.5.5　常用子程序设计举例 77
习题 3 81
第 4 章　中断系统及定时器/计数器应用 84
4.1　51 系列单片机的中断系统 84
　　4.1.1　中断的概念 84
　　4.1.2　中断源 85
　　4.1.3　中断控制 87
　　4.1.4　中断响应 89
　　4.1.5　中断系统的应用 90
4.2　定时器/计数器 92
　　4.2.1　定时器/计数器的基本原理 93
　　4.2.2　定时器/计数器的控制方式 94
　　4.2.3　定时器/计数器的工作方式 95
　　4.2.4　定时误差分析 98
　　4.2.5　定时器/计数器的应用 99
4.3　应用实例分析 105
　　4.3.1　比赛计分器设计 106
　　4.3.2　八路抢答器设计 108
　　4.3.3　脉冲信号测量仪设计 112
　　4.3.4　电子琴设计 118
　　4.3.5　航标灯控制器设计 129
　　4.3.6　智能报警器设计 131
　　4.3.7　智能门铃设计 134
　　4.3.8　智能电子钟设计 137
习题 4 143
第 5 章　串行通信技术 144
5.1　基本概念 144
　　5.1.1　通信分类 144
　　5.1.2　常见通信方式 145
5.2　51 单片机串行通信接口 148
　　5.2.1　串行口组成及相关寄存器 148

5.2.2　串行口的工作方式 150
　　5.2.3　波特率设置 152
　　5.2.4　多机通信 155
5.3　串行口应用实例 156
　　5.3.1　利用串行口扩展 LED 显示器 ... 156
　　5.3.2　利用串行口输入开关量 ... 158
　　5.3.3　双机通信系统 159
　　5.3.4　电流环在通信系统中的应用 ... 162
5.4　RS-232C 串行总线及应用 163
　　5.4.1　RS-232C 总线 163
　　5.4.2　RS-232C 在工程中的应用 ... 165
　　5.4.3　单片机与 PC 机通信实例 ... 166
习题 5 170
第 6 章　单片机系统扩展及应用 171
6.1　系统总线的形成 171
6.2　外部数据存储器扩展 173
　　6.2.1　全译码方式 174
　　6.2.2　部分译码方式 177
　　6.2.3　线选法方式 178
6.3　外部程序存储器扩展 179
　　6.3.1　EPROM 扩展 179
　　6.3.2　E²PROM 扩展举例 181
6.4　并行 I/O 端口的扩展 183
　　6.4.1　简单 I/O 端口的扩展 184
　　6.4.2　LED 数码显示器扩展 185
　　6.4.3　键盘接口 190
6.5　D/A 转换器及应用 194
　　6.5.1　D/A 转换器的主要性能指标 ... 194
　　6.5.2　典型 D/A 转换器芯片
　　　　　 DAC0832 195
　　6.5.3　DAC0832 的接口与应用 ... 196
　　6.5.4　单极性与双极性输出电路 ... 198
6.6　A/D 转换器及应用 199
　　6.6.1　典型 A/D 转换器芯片
　　　　　 ADC0809 199
　　6.6.2　51 单片机与 ADC0809 连接 ... 201
　　6.6.3　A/D 转换应用实例 203

6.7 系统扩展实例及分析 205
   6.7.1 LED 点阵式大屏幕显示器设计 205
   6.7.2 红外遥控器设计 209
   6.7.3 液晶显示器应用 212
习题 6 218

第7章 单片机应用系统设计方法 220
7.1 系统设计内容 220
   7.1.1 硬件系统组成 220
   7.1.2 系统设计内容 223
7.2 系统开发过程 224
   7.2.1 需求分析与市场调研 224
   7.2.2 可行性分析 224
   7.2.3 方案设计 225
   7.2.4 样机研制 225
   7.2.5 系统调试 225
   7.2.6 批量生产 225
7.3 系统设计方法 226
   7.3.1 熟悉设计对象 226
   7.3.2 确定 I/O 类型和数量 227
   7.3.3 单片机选型 229
   7.3.4 确定存储器 229
   7.3.5 确定 I/O 接口芯片 230
   7.3.6 系统设计 231
   7.3.7 实验板设计 233
   7.3.8 实验电路调试 233
   7.3.9 系统结构设计 235
7.4 系统调试 236
   7.4.1 常用调试工具 237
   7.4.2 系统调试方法 239
习题 7 243

第8章 系统抗干扰设计技术 244
8.1 干扰源分析 244
8.2 硬件抗干扰技术 245
   8.2.1 元器件选用 245
   8.2.2 接插件选择 246
   8.2.3 执行机构抗干扰技术 246
8.3 软件抗干扰技术 247

8.3.1 设置软件陷阱 247
   8.3.2 软件看门狗(Watchdog) 247
   8.3.3 软件冗余技术 248
   8.3.4 软件抗干扰设计 249
   8.3.5 软件自诊断技术 250
8.4 电源抗干扰技术 251
   8.4.1 电源系统干扰源 251
   8.4.2 电源抗干扰措施 252
8.5 系统接地技术 253
   8.5.1 系统地线分类 253
   8.5.2 地线的处理原则 253
8.6 数字信号隔离技术 254
   8.6.1 光电隔离技术及其应用 255
   8.6.2 继电器隔离技术及其应用 259
   8.6.3 可控硅及其应用 263
8.7 模拟通道的抗干扰设计 266
8.8 长线传输的抗干扰技术 268
8.9 系统电磁兼容设计 269
习题 8 272

第9章 实用外围电路设计 273
9.1 运算放大器实用技术 273
   9.1.1 理想运算放大器 273
   9.1.2 基本运算电路 274
   9.1.3 保护电路 275
9.2 实用电路 276
   9.2.1 信号放大电路 276
   9.2.2 测量放大器 278
   9.2.3 信号运算电路 279
   9.2.4 信号处理电路 280
   9.2.5 波形产生电路 280
   9.2.6 波形变换电路 282
9.3 电流/电压转换电路 284
   9.3.1 电压/电流变换电路 284
   9.3.2 电流/电压变换电路 285
习题 9 285

第10章 印制电路板设计基础 286
10.1 电路板类型 286

10.2　电路板类型选择 289

10.3　常用工作层面与图件和电气构成 289

　　10.3.1　常用工作层面 289

　　10.3.2　电路板上的图件 291

　　10.3.3　电路板的电气连接方式 292

10.4　电路板设计基本步骤 293

10.5　印制电路板设计 294

　　10.5.1　设计过程 294

　　10.5.2　印制电路板抗干扰技术 295

习题 10 296

第 11 章　常用传感器及应用 297

11.1　传感器概述 297

11.2　传感器选择与应用 302

11.3　传感器的抗干扰技术 304

11.4　智能传感器 307

　　11.4.1　智能传感器概述 307

　　11.4.2　智能传感器的组成及功能 307

习题 11 309

附录 310

附录 A　习题参考答案 310

附录 C　按字母顺序排列 51 系列单片机

　　　　　指令一览表 359

附录 D　按功能排列 51 系列单片机

　　　　　指令表 362

参考文献 367

第 1 章　单片机系统概述

 本章要点与学习目标

本章介绍了单片机的基本概念、内部结构及单片机应用系统的特点与发展概况。通过本章的学习，读者应掌握以下知识点：
◇ 单片机的概念
◇ 单片机的内部结构及特点
◇ 单片机的分类与单片机技术的发展
◇ 单片机的应用领域

单片机是采用超大规模集成电路技术把具有数据处理能力的微处理器、随机存取存储器(RAM)、只读存储器(ROM)、输入输出电路(I/O 口)等集成到单块芯片上，且具有独立指令系统的一个最小而完善的单片计算机系统。有的单片机还包括定时器/计数器、串行通信口、显示驱动电路(LCD 或 LED 驱动电路)、脉宽调制(PWM)电路、模拟多路转换器及 A/D 转换器等电路，这些电路能在软件的控制下准确、迅速、高效地完成程序设计者事先设定的任务。单片机能够单独地完成现代工业控制系统所要求的智能化控制功能。简而言之，单片机就是包含运算器、控制器、存储器和 I/O 端口，具有独立指令系统的单片微型计算机。既然是计算机，其必定要包含硬件系统和软件系统。

单片机在没有开发前，只是具备极强功能的超大规模集成电路器件。当我们为单片机编制了程序后，它便是一个最小的、完整的微型计算机控制系统。与个人电脑(PC 机)不同的是，单片机的应用属于芯片级应用，需要用户了解其功能和指令系统，才能设计应用程序，才能构成应用系统。

不同的单片机有着不同的硬件结构和指令系统，即它们的技术特性不尽相同。硬件性能取决于单片机的内部结构，设计人员必须了解其性能是否满足应用系统所要求的特性。这里的性能包括主要功能、控制特性和电气特性等，这些可以从生产厂商的技术手册中得到。指令特性即我们熟悉的单片机的寻址方式、数据处理和逻辑处理方法、输入输出特性等。若要利用单片机开发实际应用系统，就必须掌握其硬件结构特性、指令系统和开发环境。开发环境包括指令的兼容性及可移植性，软、硬件资源等。

单片机控制系统能够取代以前利用复杂电子线路构成的控制系统，通过软件来实现产品的智能化。现在，单片机控制无处不在，例如通信产品、家用电器、智能仪器仪表、过程控制、智能终端和专用控制装置等，单片机应用领域越来越广泛。

物联网技术的广泛应用，为单片机在智能控制和数据通信领域开辟了广泛的应用空间。

单片机的应用意义远不限于它的应用范畴或由此带来的经济效益，更重要的是它已从根本上改变了传统的控制方法和设计思想，使产品更加智能化。

随着人们对电子设备小型化、智能化要求越来越高，嵌入式系统得到快速发展，并在各个领域得到广泛应用。作为嵌入式系统的先头兵，单片机以其体积小、功能强、价格低、使用灵活等特点，显示出其明显的优势和广泛的应用前景。在航空航天、机械加工、智能仪器仪表、家用电器、通信系统、智能玩具等领域，单片机都正在发挥着巨大的作用。可以认为，单片机应用技术已成为现代电子技术应用领域十分重要的技术之一，掌握单片机应用技术是现代工程技术人员必备的知识和技能，它能够使所设计的产品更具智能化和先进性。

本章将重点介绍单片机应用系统的特点及发展概况。

1.1 单片机的内部结构及特点

所谓单片机(Single Chip Microcomputer，SCM)，是指在一块芯片中，集成有中央处理器(CPU)、存储器(RAM 和 ROM)、基本 I/O 端口以及定时器/计数器等部件并具有独立指令系统的智能器件，即在一块芯片上实现一台微型计算机的基本功能，构成包含硬件系统和软件系统的计算机。由于经常用作微型控制单元，所以也称为 MCU(Micro Controller Unit)。单片机的内部结构框图如图 1.1 所示。

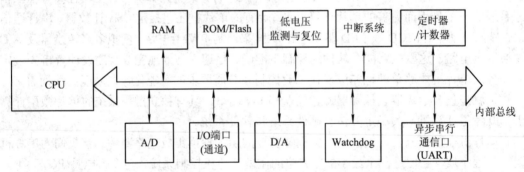

图 1.1 单片机内部结构框图

1.1.1 单片机内部结构

1. 中央处理器(CPU)

CPU 是单片机的核心部件，它通常由运算器和控制器组成。CPU 按字长(一次能处理的二进制的位数)完成算术运算和逻辑操作。单片机的字长有 4 位、8 位、16 位和 32 位之分，字长越长，运算速度越快，数据处理能力也越强。

2. 存储器

通常单片机存储器采用哈佛结构，即 ROM 和 RAM 存储器是分别寻址的。ROM 存储器容量较大，RAM 存储器容量较小。

1) ROM 存储器

ROM 存储器一般有 1～32 KB 的存储空间,用于存放应用程序,故又称为程序存储器。由于单片机主要应用于控制系统,通常嵌入被控对象中,因此一旦该系统研制成功,其硬件和应用程序就已定型。为了提高系统的可靠性,应用程序通常固化在片内 ROM 中。根据片内 ROM 的结构,单片机又可分为无 ROM 型、ROM 型、EPROM 型和 E^2PROM 型。近年来,又出现了 Flash 型 ROM 存储器。

无 ROM 的单片机片内没有集成 ROM 存储器,故应用程序必须存储到外部 ROM 存储器芯片中,才能构成有完整功能的单片机应用系统。ROM 型单片机内部程序存储器是采用掩膜工艺制成的,程序一旦固化进去便不能修改。EPROM 型单片机内部的程序存储器是采用特殊 FAMOS 管构成的,程序写入后,可通过紫外线擦除,重新写入。而 E^2PROM 可以直接用电信号编程和擦除,使用起来十分方便,深受开发设计人员欢迎,目前系统设计人员普遍使用的就是这种单片机。

2) RAM 存储器

RAM 存储器主要用来存放实时数据或作为通用寄存器、数据堆栈和数据缓冲器使用。通常单片机片内 RAM 存储器容量为 64～256 B,有的可达 64 KB。

3. I/O 端口(接口)和特殊功能部件

I/O 端口有串行和并行两种。串行 I/O 端口用于串行通信,它可以把单片机内部的并行数据变成串行数据向外传送,也可以串行方式接收外部送来的数据,并转换成并行数据送给 CPU 处理。并行 I/O 端口可以使单片机和存储器或外设之间实现并行数据传送。

通常,特殊功能部件包括定时器/计数器、A/D 转换器和 D/A 转换器、系统时钟、中断系统和串行通信接口等模块。定时器/计数器用于产生定时脉冲,以实现单片机的定时控制和对外部信号计数;A/D 和 D/A 转换器用于模拟量和数字量之间的相互转换,以完成实时数据的采集和控制;串行通信接口可以很方便地实现单片机系统与其它系统的数据通信。总之,单片机内部包括的特殊功能部件以及特殊功能部件的数量,确定了其应用领域。

在单片机应用系统中,对于较简单的系统,只需利用单片机作为控制核心,基本不需要另外增加外部电路就能完成控制功能;对于较复杂的系统,需要对单片机进行某些扩展,以构成完整的控制系统。

为了增加单片机应用系统的可靠性,防止因干扰使被控对象误动作,单片机内部还会增设低电压监测与复位电路、Watchdog(看门狗)电路,实现安全监测功能等,以确保在系统受到干扰时能及时复位单片机。有关进一步提高系统可靠性的设计,将在第 8 章第 3 节详细叙述。

1.1.2 单片机系统特点

归纳起来,单片机及应用系统有以下特点:

(1) 单片机具有独立的指令系统,可以将设计者的设计思想充分体现出来,使产品智能化。

(2) 系统配置以满足控制对象的要求为出发点,性能价格比高。

(3) 应用系统通常将程序驻留在片内(外)ROM 中，抗干扰能力强、可靠性高，使用方便。

(4) 单片机本身不具有自我开发能力，一般需借助专用的开发工具进行系统开发和调试，但最终形成的产品简单实用，成本低、效益高。

(5) 应用系统所用存储器芯片可选用 EPROM、E^{2}PROM、OTP，或利用掩膜形式生产，便于批量开发和应用。大多数单片机和扩展应用芯片相互配套，便于开发并能有效降低系统成本。

(6) 系统结构紧凑，控制功能强，体积小，便于嵌入被控设备内，大大推动了产品的智能化。如数控机床、机器人、智能仪器仪表、家用电器、智能终端等都是典型的机电一体化设备和产品。

1.2　单片机的发展与分类

1.2.1　单片机的发展

单片机是随着微型计算机、单板机的发展及其在智能测控系统中的应用而发展起来的，其发展史以 8 位单片机出现开始，大致可归纳为四个阶段。

第一阶段：低性能单片机(1976—1980)。该阶段以较简单的 8 位单片机为主，将原有的单板机功能集成在一块芯片上，使该芯片具有原来单板机的功能。其主要代表芯片为美国 Intel 公司的 MCS-48 系列，片内集成了 8 位 CPU、并行 I/O 接口、8 位定时器/计数器，寻址范围为 4 KB，没有串行通信接口。

第二阶段：高性能单片机(1980—1983)。该阶段仍以 8 位机为主，主要增加了串行口、多级中断处理系统、16 位定时器/计数器，除片内 RAM、ROM 容量加大外，片外寻址范围达 64 KB，有的片内还集成有 A/D、D/A 转换器。这一阶段单片机以 Intel 公司的 MCS-51 系列、Motorola 公司的 6801 系列和 Zilog 公司的 Z8 系列为代表。上述机型由于功能强，使用方便，广泛应用于各种智能设备中。

第三阶段：高性能的 16 位单片机(1983 年到 80 年代末)。该阶段单片机的性能更加完善，主频速率提高，运算速度加快，具有很强的实时处理能力，更加适用于速度快、精度高、响应及时的应用场合。其主要代表为 Intel 公司的 MCS-96 系列等。

第四阶段：集成度、速率、功能、可靠性、应用领域等全方位向更高水平发展的单片机(20 世纪 90 年代以来)。该阶段单片机 CPU 数据线有 8 位、16 位、32 位，采用双 CPU 结构及内部流水线结构，以提高数据处理能力和运算速度；采用内部锁相环技术，时钟频率已高达 50 MHz，指令执行速率提高；提供了运算能力较强的乘、除法指令和内积运算指令，具有较强的数据处理能力；设置了新型的串行总线结构，为系统扩展提供了方便；增加了常用的特殊功能部件(如看门狗系统、通信控制器、调制解调器、脉宽调制(PWM)输出等)。随着微电子技术的发展和半导体工艺的不断改进，芯片向着高集成度、低功耗的方向发展。由于应用范围的不断扩大，一些专用单片机也迅速发展壮大。

1.2.2 单片机的分类

20 世纪 80 年代以来，单片机有了新的发展，各半导体器件厂商纷纷推出各自的系列产品。迄今为止，市售单片机产品已达近百个系列、几千个品种。按照 CPU 处理位数来分，单片机通常可以分为以下四类。

1. 4 位单片机

4 位单片机的控制功能较弱，CPU 一次只能处理 4 位二进制数。这类单片机常用于计算器、各种形态的智能单元以及家用电器遥控器等，典型产品有美国 NS(National Semiconductor)公司的 COP4XX 系列、Toshiba 公司的 TMP47XXX 系列以及 Panasonic 公司的 MN1400 系列等单片机。

2. 8 位单片机

8 位单片机的控制功能强，品种最为齐全。它不仅有较大的存储容量和寻址范围，按字节处理十分方便，而且具有丰富的中断源、并行 I/O 端口、定时器/计数器、全双工串行通信接口等。在指令系统方面，普遍增设了乘、除法指令和比较指令。特别是 8 位机中的高性能单片机，除片内增加了 A/D 和 D/A 转换器以外，还集成有定时器捕捉/比较寄存器、看门狗电路、总线控制部件和晶体振荡电路等。这类单片机由于其片内资源丰富和功能强大，主要应用于工业控制、智能仪器仪表、家用电器和办公自动化等领域。图 1.2 所示为 STC 公司的 89C51 单片机。

图 1.2 DIP 封装的 89C51 单片机

由于 8 位机应用十分广泛，是广大工程技术人员学习和应用单片机技术的基本机型，而 51 系列单片机又是工程应用很广泛的单片机，因此，本教材仍以 8 位机的 51 系列为对象，介绍单片机原理及工程应用技术。

3. 16 位单片机

16 位单片机是在 1983 年以后发展起来的。这类单片机的特点是：CPU 为 16 位，运算速度高，有的单片机的寻址能力高达 1 MB，片内含有 A/D 和 D/A 转换器，支持高级语言等。这类单片机主要用于过程控制、智能仪器仪表、家用电器、智能控制器以及 8 位单片机技术达不到要求的场合。典型产品有美国 Intel 公司的 MCS-96/98 系列机、Motorola 公司的 M68HC16 系列机、NS 公司的 HPC 系列机等。图 1.3 所示为 Intel 公司的 80196 单片机。

图 1.3 PLCC 封装的 80196 单片机

4. 32 位单片机

32 位单片机的字长为 32 位，是目前单片机的顶级产品，具有极高的运算速度和精度。近年来，随着微电子技术的快速发展，32 位单片机的市场前景看好。这类单片机的代表产品有美国 Motorola 公司的 M68300 系列、英国 Inmos 公司的 IM-ST414 系列和日本日立公司的 SH 系列等。

1.3 单片机技术的发展趋势

随着微电子技术的迅速发展，目前各大公司都推出了适用各种应用领域的单片机。高性能单片机芯片市场也异常活跃，新技术使单片机的种类增多、性能不断提高，应用领域迅速扩大。如 Atmel 公司开发的 AT89C51 芯片，片内含有 4 KB Flash 存储器，AT89C51FA 片内含有 8 KB Flash 存储器，89C51FB 片内含有 16 KB Flash 存储器；凌阳公司推出的 SPCE061A 芯片，片内有 32 KB Flash 存储器，2 KB RAM，使得片内可储存的程序量增加，控制能力增强。单片机性能的提高和改进归纳起来，有以下几个方面。

1. CPU 的改进

(1) 采用双 CPU 结构,提高了芯片的处理能力。如 Rockwell 公司的 R6500/21 和 R65C29 单片机均采用双 CPU 结构，大大提高了系统的处理能力。

(2) 增加数据总线宽度，提高了数据处理能力(从 8 位、16 位到 32 位)。

(3) 采用流水线结构，类似于高性能的微处理器，提高了运行速度，能够实现简单的 DSP 功能，适合于进行数字信号处理。

(4) 串行总线结构，将外部数据总线改为串行传送方式，提高了系统可靠性。

2. 存储器的发展

(1) 增大片内存储器容量，有利于提高系统的可靠性。

(2) 片内采用 E^2PROM 和 Flash，可在线编程，读写更方便，可对某些需要保留的数据和参数长期保存，提高了单片机的可靠性和实用性，如 AT89C51、SPCE061A 等单片机。

(3) 采用编程加密技术，可更好地保护知识产权。(开发者希望软件不被复制、破译，可利用编程加密位或 ROM 加锁方式，达到程序保密的目的。)

3. 内部资源增多

单片机内部资源通常是由其片内功能模块体现的。单片机片内资源越丰富，用它构成的单片机控制系统的硬件开销越少，产品的体积越小，可靠性越高。近年来，世界各大半导体厂商热衷于开发增强型 8 位单片机。这类增强型单片机不仅可以把 CPU、RAM、ROM、定时器/计数器、I/O 接口和中断系统等电路集成进片内，而且片内新增了 A/D 和 D/A 转换器、看门狗电路等，有些厂家还把晶振和 LCD 驱动电路也集成到芯片之中。所有这些，有力地拓宽了 8 位单片机的应用领域。

4. I/O 接口形式增多使之性能提高

(1) 增加驱动能力，减少了外围驱动芯片的使用，能够直接驱动 LED、LCD 显示器等，简化了系统设计，降低了产品成本。

(2) 增加了异步串行通信口，提高了单片机系统的灵活性。

(3) 增加了逻辑操作功能，具有位寻址功能，增强了操作和控制的灵活性。

(4) 带有 A/D、D/A 转换器，可直接对模拟量信号输入和输出。

(5) 并行 I/O 端口设置灵活，可以利用指令将端口的任一位设置为输入、输出、上拉、下拉和悬浮等状态。

(6) 带有 PWM 输出，直接驱动控制小型直流电机调速，大大方便了使用。

5. 引脚的多功能化

随着芯片内部功能的增强和资源的丰富，单片机芯片所需引脚数也会相应增多，这是难以避免的。例如：一个能寻址 1 MB 存储空间的 8 位单片机需要 20 条地址线和 8 条数据线。太多的引脚不仅会增加制造时的困难，而且会增加成本。为了减少引脚数量和提高应用灵活性，单片机普遍采用了管脚复用的设计方案。

6. 低电压和低功耗

在许多应用领域，尤其是利用电池供电的场合，单片机不仅要体积小，而且还要低电压、低功耗。因此，单片机制造时普遍采用 CMOS 工艺，并设有空闲和掉电两种工作方式。例如：美国 Microchip 公司的 PIC6C5X 系列单片机正常工作电流为 2 mA，空闲方式(3 V，32 MHz 时钟)下为 15 μA，待机工作状态(2.5 V 电源电压)下为 0.6 μA，采用干电池供电，使用十分方便。

随着微电子技术的不断发展，单片机正朝着高集成度、低能耗、低电压、多功能的方向发展。

1.4 单片机的应用领域

由于单片机体积小、价格低、可靠性高、适用面宽、有独立的指令系统等诸多优势，在各个领域、各个行业都得到了广泛应用，可归纳为以下几个方面。

1. 机电一体化

机电一体化是机械设备发展的方向。用单片机控制代替常规的逻辑顺序控制，简化了机械结构设计，提高了控制性能，更重要的是实现了产品智能化。当前的许多产品，如数控车床等都是采用这种方式。最典型的机电一体化产品是机器人，它的每个关节或动作部位都是由一个单片机系统控制的。

2. 数据采集系统

在实时控制系统中，要求数据采集具有较好的同步性和实时性。若采用单个计算机顺序采集，存在采集不同时、实时性不强等缺点，易造成计算、处理上的误差，带来分析统计困难。使用单片机作为系统的前端采集单元，由主控计算机发出同步采集命令，当前端机完成采集后，将采集到的数据再逐一传送到主控机中进行处理，保证了数据采集的同步性。如气象部门、供电系统、自来水管网、过程控制等均可采用集散数据采集的控制系统。

3. 分布式控制系统

通常分布式控制系统采用模块化设计，而单片机正是各不同模块的控制中心。如生产线、过程控制、遥测遥控系统等均可由单片机完成分布式控制。

4. 智能仪器仪表

单片机的应用使仪器仪表如虎添翼，仪器仪表的智能化程度越来越高。如自动计费电度表、燃气表等。许多工业仪表中的智能流量计、气体分析仪、成分分析仪等均采用了单片机作为控制单元。在各种检测仪器仪表中，单片机的应用更加广泛，如多功能信号发生器、智能电压电流测试仪、医疗器械、检测仪器等。

5. 家用电器

在洗衣机、空调、汽车控制系统、安防系统、电视机、摄像机、音响设备、手机等这些设备中，大量使用各种各样的单片机，使其性能大大提高，实现了智能化、最优化控制。

6. 终端及外部设备控制

计算机网络终端设备，如银行终端、数据采集终端机、GPS 电子地图、复印机等各种终端设备，以及计算机的外部设备，如打印机、绘图仪、键盘和通信终端等，在这些设备中使用单片机，使其具有计算、存储、显示和数据处理功能，提高了设备的自身价值。

7. 智能卡

IC 卡以其存储信息量大、安全方便、读卡简单、经济实用等优点，已经广泛应用于金融、商贸、交通、医疗卫生、公安税务等与人民生活息息相关的领域。

8. 智能机器人

利用具有语言处理能力的单片机制造的各种机器人，正朝着智能化的方向发展。具有人机交互功能的机器人已成为服务行业的新宠。

9. 物联网设备

在这个万物互联的时代，每个物体都要具备计算和通信功能，其核心的部件当然是单片机。物联网终端采用单片机的程度直接确定了其智能化程度，因此，单片机在物联网系统中应用十分广泛。

习 题 1

1.1 什么是单片机？其由哪几部分组成？何谓单片机应用系统？
1.2 简述单片机的特点。
1.3 简述单片机的发展过程及分类。
1.4 结合自己的生活实际说明单片机的应用领域。

第 2 章　单片机硬件系统

 本章要点与学习目标：

本章主要介绍了 MCS-51 系列单片机的硬件结构，包括 CPU 基本模型、存储器配置及单片机外部引脚及功能等。通过本章的学习，读者应掌握和理解以下知识点：

- ◇ CPU 的基本组成与专用寄存器的作用
- ◇ 51 系列单片机存储器系统的配置与特点
- ◇ 51 系列单片机的外部引脚及功能
- ◇ 单片机的并行口及应用
- ◇ 单片机的基本时序
- ◇ 单片机最小系统

2.1　51 系列单片机

MCS-51 系列单片机是美国的 Intel 公司研发的一款很成功的机型，以其典型的体系结构和完善的专用寄存器集中管理方式，方便的逻辑位操作功能及丰富的指令系统，而堪称一代"名机"，为之后的其它单片机的发展奠定了基础。正因为其优越的性能和完善的结构，导致后来的许多单片机生产厂商多沿用或参考其体系结构。像 Atmel、Philips、Dallas 等著名的半导体公司都推出了兼容 MCS-51 的单片机产品。这些著名厂商的加盟，使 51 系列单片机获得了飞速发展，进一步丰富和发展了 51 系列单片机，产品性能得到了很大提升。为了使广大读者更好地了解和掌握 51 系列单片机的产品特点，下面对 51 系列单片机家族成员作简要介绍。

2.1.1　Intel 公司的 MCS-51 系列单片机

MCS-51 单片机是 Intel 公司于 1980 年推出的产品，与 MCS-48(Intel 公司于 1976 年推出的产品)单片机相比，其结构更先进，功能更强，增加了更多的功能模块，指令数达 111 条。MCS-51 单片机是相当成功的产品，直到现在，MCS-51 系列或与其兼容的单片机仍是单片机应用领域中的主流产品之一。

MCS-51 系列单片机虽种类繁多，但总体来说可分为两个子系列：MCS-51 子系列与 MCS-52 子系列。MCS-51 子系列中典型机型有 8031、8051 和 8751 三种产品，而 MCS-52 子系列中也有 8032、8052 和 8752 三种典型机型。各子系列的资源配置见表 2.1。

表 2.1　MCS-51 系列单片机资源配置一览表

系列	片内存储器				定时器/计数器/bit	并行I/O/bit	串行口	中断源	制造工艺	封装形式
	无 ROM	PROM	EPROM	RAM						
51 子系列	8031	8051 4 KB	8751 4 KB	128B	2 × 16	4 × 8	1	5	HMOS	DIP
	80C31	80C51 4 KB	87C51 4 KB	128B	2 × 16	4 × 8	1	5	CHMOS	
52 子系列	8032	8052 8 KB	8752 8 KB	256B	3 × 16	4 × 8	1	6	HMOS	
	80C32	80C52 8 KB	87C52 8 KB	256B	3 × 16	4 × 8	1	6	CHMOS	

由表 2.1 可知，在子系列内各类芯片的主要区别在于片内有无程序存储器及存储器的类型(PROM、EPROM)。MCS-51 与 MCS-52 子系列不同的是片内程序存储器 ROM 从 4 KB 增至 8 KB；片内数据存储器由 128 B 增至 256 B；定时器/计数器增加了一个；中断源增加了 1～2 个。另外，按照制造工艺可分为：HMOS 工艺(高密度短沟道 MOS 工艺)和 CHMOS 工艺(互补金属氧化物 HMOS 工艺)。在单片机型号中含字母 C 表示其制造工艺为 CHMOS 工艺，其余为 HMOS 工艺。采用 CHMOS 技术制造的单片机具有功耗低的特点。如 8051 功耗约为 630 mW，而 80C51 的功耗仅为 120 mW。低功耗有利于直流供电的应用场合，对于便携式野外作业的仪器设备有着非常重要的意义。

2.1.2　Atmel 公司的 AT89 系列单片机

美国 Atmel 公司是世界著名的半导体制造公司，除生产各种专用集成电路外，Atmel 公司还为通信、家电、仪器仪表、IT 行业及各种应用系统提供性价比高的产品，最引人注目的是它的 E^2PROM 电可擦除技术、Flash 存储器技术和优秀的生产工艺与封装技术。1994 年，Atmel 率先把 MCS-51 内核与其擅长的 Flash 存储技术相结合，推出轰动业界的 AT89 系列单片机。Atmel 的这些先进技术用于单片机生产，其单片机在结构和性能等方面更具明显优势，使得 AT89 系列产品进入中国市场获得了巨大成功。至今，AT89 系列单片机在 51 兼容机市场上仍占有很大份额，其产品受到了众多用户的喜爱。

AT89 系列单片机以 AT89C51 和 AT89C52 为代表，其主要单片机品种及其特性见表 2.2。它们是低电压、低功耗、高性能的 8 位单片机，除了与 MCS-51 指令系统兼容以外，还具有许多优点：器件采用 Atmel 公司的高密度、非易失性存储技术生产，内部含 Flash 存储器，可反复编程，有效地降低了开发成本；有更宽的工作电压范围(可达 4.0～6.0 V)；

软件设置的电源省电模式能使 CPU 的工作进入睡眠状态，睡眠其间，定时器/计数器、串行口等均停止工作，RAM 中的数据被"冻结"，直到下次被中断唤醒或硬件复位。

表 2.2 AT89 系列单片机配置一览表

特　性	型　号							
	AT89 C51	AT89 C52	AT89 S51	AT89 S52	AT89 LS51	AT89 LS52	AT89 LV51	AT89 LV52
程序存储器 Flash 容量/KB	4	8	4	8	4	8	4	8
数据存储器容量/B	128	256	128	256	128	256	128	256
工作频率/MHz	33		24		16			
定时器/计数器	2	3	2	3	2	3	2	3
串行通信接口	1							
ISP	yes							
工作电压/V	4.0～6.0				2.7～6.0			
封装形式	DIP，PLCC，PQFP							

AT89C51 的主要特点如下：
- 兼容 MCS-51 指令系统。
- 4 KB Flash ROM。
- 128×8 bit 内部 RAM。
- 32 条双向 I/O 端口线。
- 可直接驱动 LED 显示器。
- 两个 16 位可编程定时器/计数器。
- 两个外部中断源。
- 1 个串行通信接口。
- 全静态操作 0～24 MHz。
- 低功耗空闲和掉电模式。
- 软件设置睡眠和唤醒功能。

AT89C51 和 AT89C52 有 3 种封装形式。图 2.1 给出了 DIP(Dual In-line Package，双列直插式封装)封装图，DIP 封装与 MCS-51 系列单片机的引脚完全兼容，可互换使用。CMOS 工艺制造的低功耗芯片也采用 PQFP(Plastic Quad Flat Package，塑封方型扁平式封装)和 PLCC(Plastic Leaded Chip Carrier，塑封有引线芯片载体封装)封装形式，这两种封装采用 44 个引脚，其中 4 个引脚不用，其引脚排列如图 2.2 所示。

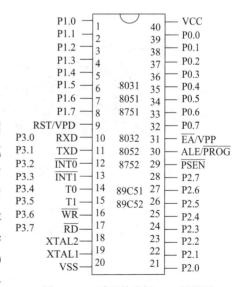

图 2.1 51 系列单片机 DIP 封装图

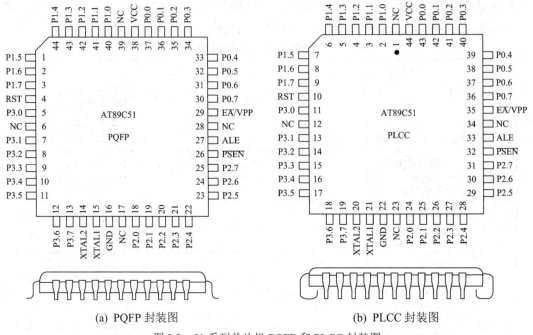

(a) PQFP 封装图　　　　　　　　　　(b) PLCC 封装图

图 2.2　51 系列单片机 PQFP 和 PLCC 封装图

2.1.3　AT89C2051 单片机

　　除了上述 AT89 系列单片机外，Atmel 还提供一种低价位、高性能、小尺寸的 8 位单片机 AT89C2051。其兼容 MCS-51 指令系统，功能强大，但它只有 20 个引脚，采用 DIP-20 封装形式，其引脚配置如图 2.3 所示。

图 2.3　AT89C2051 引脚图

　　AT89C2051 内部含 2 KB 的 Flash 存储器，128B 的 RAM。与 AT89C51 相比，AT89C2051 少了 P0 和 P2 两个并行端口。它为用户提供了 15 条可编程双向输入/输出(I/O)口线，这些 I/O 线能提供 20 mA 的电流，可直接驱动 LED 显示器，为应用系统的开发带来了方便。AT89C2051 为用户提供的 15 条可编程双向输入/输出口线中，P1 是一个完整的 8 位双向 I/O 口(P1.7～P1.0)，另有两个外部中断口(INT0，INT1)，两个 16 位可编程定时器/计数器外部信号输入端(T0，T1)，全双工串行通信口数据接收端 RXD 和数据发送端 TXD，一个模拟比较放大器输入端(P1.0，P1.1 为同相或反相输入端)。

　　AT89C2051 的时钟频率可以为零，即具备可用软件设置的睡眠省电功能。省电模式中，片内 RAM 被冻结，内部时钟停止振荡，所有功能停止工作，直至系统被硬件复位或中断唤醒方可继续运行。AT89C2051 单片机实际是 AT89C51 的缩简版，对于系统功能不太复杂时、端口要求不是太多的项目，提供了一个高性价比的方案选择。

2.1.4　P89C51 系列单片机

P89C51 系列单片机是 Philips 公司生产的 51 系列单片机的典型机型。Philips 公司在发展 51 系列单片机的低功耗、高速度和增强型功能上做出了不少贡献。Philips 公司的 51 系列单片机以 P89C51 为代表，该产品基于 80C51 内核，采用 Philips 高密度 CMOS 技术设计制造，包含中央处理单元、4 KB 非易失性 Flash 只读程序存储器、128 B 内部数据存储器 RAM、32 个双向输入/输出(I/O)口线、3 个 16 位定时器/计数器和 6 个中断源，4 个优先级中断嵌套结构，可用于多机通信的串行全双工 UART 及片内时钟振荡电路。

此外，P89C51 采用低功耗静态设计，宽工作频率(0～33 MHz)，宽工作电压范围(2.7～5.5 V)，两种软件方式选择电源空闲和掉电模式。空闲模式下，冻结 CPU，而 RAM、定时器、串行口和中断系统维持其功能。由于是静态设计，所以掉电模式下，时钟振荡停止，RAM 数据会得以保存，停止芯片内其它功能。CPU 唤醒后，从时钟断点处恢复执行程序。P89C51 有 DIP40、PLCC44 和 LQFP44 等多种封装形式。

其主要配置如下：

- 基于 MCS-51 内核和指令系统。
- 4 KB Flash 只读程序存储器(ROM)。
- 32 个双向 I/O 端口线。
- 128 × 8 bit 内部 RAM。
- 3 个 16 位可编程定时器/计数器。
- 时钟频率 0～33 MHz。
- 6 个中断源。
- 双 DPTR 数据指针寄存器。
- 电源空闲和掉电模式。
- 布尔处理器。
- 全静态操作，双数据指示器。
- 4 个中断优先级嵌套。
- 外中断唤醒电源掉电模式。
- 全双工串行通信口。
- 可编程时钟输出。

2.1.5　STC89C51 系列单片机

STC89C51RC 是采用 8051 为内核的 ISP(In System Programming)在系统可编程单片机，最高工作时钟频率为 80 MHz，片内含 4 KB 的可反复擦写 1000 次以上的 Flash 只读程序存储器，器件兼容标准 MCS-51 指令系统及 80C51 引脚结构，芯片内集成了通用 8 位中央处理器和 ISP Flash 存储单元，具有在线编程(ISP)功能，配合 PC 端的控制程序即可将用户的程序代码下载到单片机,省去了专用编程器,编程速度更快。STC89C51RC 系列单片机是单时钟兼容 8051 内核单片机,是高速/低功耗的新一代 8051 单片机,全新的精简指令集结构,内部集成 MAX810 专用复位电路。其主要配置如下:

- 增强型 1T 流水线/精简指令集,兼容 8051 内核。
- 电源 5 V、3 V 两种可选。
- 时钟频率为 0～35 MHz。
- 应用程序空间 12 KB、10 KB、8 KB、6 KB、4 KB、2 KB 可选。
- 片上集成 512 B RAM。
- 通用 I/O 口(27/23 个),复位后准双向口可设置成 4 种模式:准双向口弱上拉、推挽、强上拉,或仅为输入(高阻)及开漏模式。每个 I/O 口驱动能力均可达到 20 mA,但整个芯片最大不得超过 55 mA。
- ISP(在系统可编程)/IAP(在应用可编程),无需专用编程器,可通过串行口(P3.0/P3.1)直接下载用户程序。
- 具有 E^2PROM 功能。
- 具有看门狗功能。
- 内部集成 MAX810 专用复位电路(外部晶体 20 MHz 以下时,可省外部复位电路)。
- 时钟源:外部高精度晶体/时钟,内部 R/C 振荡器。用户在下载用户程序时,可选择是使用内部 R/C 振荡器还是外部晶体/时钟。常温下内部 R/C 振荡器频率为 5.2～6.8 MHz。精度要求不高时,可选择使用内部时钟,因为有温漂,选 4～8 MHz。
- 有 2 个 16 位定时器/计数器。
- 有 2 路外部中断,下降沿中断或低电平触发中断,Power Down 模式可由外部中断的低电平触发中断方式唤醒。
- PWM(4 路)/PCA(可编程计数器阵列),也可用来再实现 4 个定时器或 4 个外部中断(上升沿中断/下降沿中断均可支持)。
- STC89C51 还具有 ADC 功能。有 8 路 10 位 ADC。
- 一个通用异步串行口(UART)。
- SPI 同步通信口,主模式/从模式。

2.2　51 系列单片机内部结构与引脚功能

2.2.1　51 系列单片机内部结构

图 2.4 是按功能划分的 MCS-51 系列单片机内部功能模块框图,各模块及其基本功能如下所述:

(1) 一个 8 位中央处理器 CPU。它由运算器和控制部件构成,其中包括振荡电路和时钟电路,主要完成单片机的运算和控制功能,是单片机的核心部件,决定了单片机的主要性能。

(2) 4 KB(MCS-52 子系列为 8 KB)的片内程序存储器,用于存放目标程序及一些原始数据和表格。51 系列单片机的地址总线为 16 位,确定了其程序存储器可寻址范围为 64 KB。

(3) 128 B(52 子系列为 256 B)的片内数据存储器 RAM。习惯上把片内数据存储器称为片内 RAM，它是单片机中使用最频繁的数据存储器。由于其容量有限，合理地分配和使用好片内 RAM，有利于提高编程效率。

(4) 18 个(52 子系列为 21 个)特殊功能寄存器(SFR)。用于控制和管理片内算术逻辑部件 ALU、并行 I/O 接口、串行通信口、定时器/计数器、中断系统、电源等功能模块的工作方式和运行状态。

(5) 4 个 8 位并行输入输出 I/O 接口：P0 口、P1 口、P2 口、P3 口(共 32 线)，用于输入或输出数据和形成系统总线。

(6) 1 个串行通信接口。可实现单片机系统与计算机或与其它通信系统实现数据通信。串行口可设置为 4 种工作方式。

(7) 2 个(52 子系列为 3 个)16 位定时器/计数器。可以设置为计数方式对外部事件进行计数，也可以设置为定时方式。计数或定时范围可通过编程来设定，具有中断功能，一旦计数结束或定时时间到，可向 CPU 发出中断请求，以便及时处理突发事件，提高系统的实时处理能力。

(8) 具有 5 个(52 子系列为 6 个或 7 个)中断源。可以处理外部中断、定时器/计数器中断和串行口中断。常用于实时控制、故障自动处理、单片机系统与计算机或与外设间的数据通信及人-机对话等。

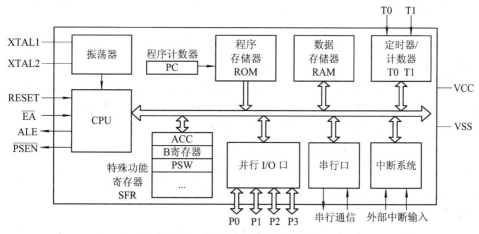

图 2.4　单片机内部功能模块图

2.2.2　51 系列单片机外部引脚及功能

51 系列单片机的 40 个引脚中有电源和地线引脚，2 个外接时钟源引脚，4 个控制信号或与其它电源复用的引脚和 32 条输入输出 I/O 口线。其封装形式见 2.1.2 小节的图 2.1 所示。

1. 主电源引脚 VCC 和 VSS

VCC(40 脚)：接 +5 V 电源正端；

VSS(20 脚)：接电源地。

2. 外接时钟引脚 XTAL1 和 XTAL2

XTALl(19 脚)：外接石英晶体振荡器的一端。在单片机内部有一个反相放大器，XTAL1

是该反相放大器的输入端，它与外接时钟源构成了片内振荡器。

XTAL2(18 脚)：外接石英晶体振荡器的另一端。它接至单片机内部振荡器的反相放大器的输出端。由外部时钟源和内部振荡器产生单片机系统时钟。

3. 控制信号或与其它电源复用引脚

控制信号与其它电源复用引脚有 RST/VPD、ALE/$\overline{PROG}$、$\overline{PSEN}$ 和 $\overline{EA}$/VPP 等 4 种形式。

(1) RST/VPD(9 脚)：RST 即 RESET，VPD 为备用电源，该引脚为单片机的上电复位或掉电保护端。当单片机振荡器工作时，该引脚上出现持续两个机器周期的高电平，即可实现系统复位，使单片机回到初始状态(复位电路详情可参阅 2.7.2 节)。

当 VCC 发生故障、降低到低电平规定值或掉电时，该引脚可接通备用电源 VPD (+5 ± 0.5 V)为内部 RAM 供电，以保证 RAM 中的数据不丢失。

(2) ALE/$\overline{PROG}$ (30 脚)：地址锁存允许信号。当访问外部存储器时，在每个机器周期内 ALE 信号会出现两个正脉冲，用于锁存出现在 P0 口的低 8 位地址。在不访问外部存储器时，ALE 端仍以振荡器频率的 1/6 周期性地输出正脉冲信号，此信号可作为外部其它部件的时钟脉冲或用于定时目的。例如，为单片机扩展 A/D 转换器时，常常把 ALE 作为 A/D 转换器的时钟源使用。但要注意，在访问片外数据存储器期间，ALE 信号会跳过一个正脉冲信号(详见 2.6.2 节)，因此在频率稳定度或定时精度要求较高的场合，若把 ALE 作为时钟信号就不妥当了。

对于片内含有 EPROM 的单片机，在 EPROM 编程期间，该引脚作为编程脉冲 $\overline{PROG}$ 的输入端。

(3) $\overline{PSEN}$ (29 脚)：片外程序存储器读选通信号输出端，低电平有效。当从外部程序存储器读取指令或读取常数期间，每个机器周期 $\overline{PSEN}$ 两次有效，以通过数据总线口读取指令或数据。当访问外部数据存储器期间，$\overline{PSEN}$ 信号将不出现。

(4) $\overline{EA}$ /VPP(31 脚)：$\overline{EA}$ 为访问外部程序存储器控制信号，低电平有效。当 $\overline{EA}$ 端为高电平时，单片机访问片内程序存储器 4 KB(MCS-52 子系列为 8 KB)。若超出此范围，则自动转去执行外部程序存储器的程序。当 $\overline{EA}$ 端为低电平时，无论片内有无程序存储器，均只访问外部程序存储器。

对于片内含有 EPROM 的单片机，在 EPROM 编程期间，该引脚用于接编程电源 VPP。

4. 输入/输出(I/O)引脚 P0 口、P1 口、P2 口及 P3 口

(1) P0 口(39 脚~32 脚)：P0.0~P0.7。当不接外部存储器，也不扩展 I/O 接口时，它可作为准双向 8 位输入/输出接口。当接有外部存储器或扩展 I/O 接口时，P0 口为地址/数据分时复用端口。它分时提供低 8 位地址信号和 8 位双向数据信号。

(2) P1 口(1 脚~8 脚)：P1.0~P1.7。为准双向 I/O 接口。对于 MCS-52 子系列单片机，P1.0 与 P1.1 还有第 2 功能：P1.0 可用作定时器/计数器 2 的计数脉冲输入端 T2；P1.1 用作定时器/计数器 2 的外部控制端 T2EX。

(3) P2 口(21 脚~28 脚)：P2.0~P2.7。可作为普通准双向 I/O 接口。当构成系统总线时，P2 口作为高 8 位地址总线，传送高 8 位地址信号。

(4) P3 口(10 脚~17 脚)：P3.0~P3.7。它为双功能端口，可以作为一般的准双向 I/O

接口使用，而每一位都具有第 2 功能，并且 P3 口的每一条引脚均可独立定义为第 1 功能的输入输出或第 2 功能。P3 口的第 2 功能详见表 2.3 所示。

表 2.3　P3 口第 2 功能表

引脚	符号	第 2 功能
P3.0	RXD	串行口输入端
P3.1	TXD	串行口输出端
P3.2	$\overline{INT0}$	外部中断 0 请求输入端
P3.3	$\overline{INT1}$	外部中断 1 请求输入端
P3.4	T0	定时器/计数器 0 计数脉冲输入端
P3.5	T1	定时器/计数器 1 计数脉冲输入端
P3.6	$\overline{WR}$	外部数据存储器写选通信号输出端，低电平有效
P3.7	$\overline{RD}$	外部数据存储器读选通信号输出端，低电平有效

综上所述，MCS-51 系列单片机外特性有以下特点：

(1) 单片机功能多，引脚少，因而许多引脚都具有第 2 功能；

(2) 单片机对外呈 3 总线形式，由 P2 口、P0 口构成 16 位地址总线；由 P0 口分时复用作为低 8 位地址总线与数据总线；由 ALE、$\overline{PSEN}$、$\overline{EA}$ 与 P3 口中的 $\overline{WR}$、$\overline{RD}$ 组成控制总线。

(3) 由于 51 系列单片机有 16 位地址线，因此，存储器的寻址范围为 64 KB，程序存储器实行统一编址，片内外共可寻址 64 KB。

2.3　单片机 CPU

中央处理器 CPU(Central Processing Unit)是单片机内部的核心，它决定了单片机的指令系统及主要功能特性。CPU 由运算器和控制器两部分组成。

为了使读者更直观地理解 CPU 内部各模块及其基本功能，迅速掌握 51 系列单片机的使用方法与编程技术，我们对 51 系列单片机的 CPU 基本模型做以分析，其内部组成如图 2.5 所示。

运算器是以算术逻辑单元 ALU(Arithmetic Logical Unit)为核心，加上累加器 A、寄存器 B、程序状态字 PSW(Program Status Word)及专门用于位操作的布尔处理机等组成，它可以实现数据的算术运算、逻辑运算、位变量处理和数据传送操作等。

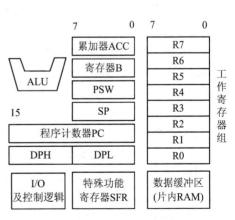

图 2.5　CPU 基本模型

控制器是单片机的神经中枢，包括控制逻辑(时基电路、复位电路)、程序计数器 PC(Program Counter)、指令寄存器、指令译码器、堆栈指针 SP(Stack Pointer)、数据指针寄存器 DPTR(Data Pointer)以及信息传送控制等部件。控制器以主振频率为基准产生 CPU 的时序，指令译码器对指令进行译码，然后发出各种控制信号，完成一系列定时控制的微操作，协调单片机内部各功能部件之间的数据传送、数据运算等操作，对外发出地址锁存 ALE(Address Latch Enable)、外部程序存储器选通 $\overline{\text{PSEN}}$ (Program Store Enable)，数据存储器读($\overline{\text{RD}}$ read)、写($\overline{\text{WR}}$ write)等控制信号；处理复位 RST(Reset)和外部程序存储器访问控制 $\overline{\text{EA}}$ (External Access)信号，是单片机的控制中心。

2.3.1　算术逻辑单元 ALU 和累加器 ACC 及寄存器 B

算术逻辑单元 ALU 不仅能完成 8 位二进制数的加、减、乘、除、加 1、减 1 及 BCD 加法的十进制调整等算术运算，而且还可以实现 8 位变量的逻辑"与""或""异或""清零"及"置位"等逻辑操作，并具有数据传送、程序转移等功能。

累加器 ACC 简称累加器 A，是一个 8 位寄存器，是 CPU 中使用最频繁的寄存器。利用 ALU 作算术、逻辑运算的操作数之一多来自累加器 A，运算结果也常保存于累加器 A。

寄存器 B 在 ALU 进行乘、除法运算时有其专门的作用。在执行乘法指令时，运算前存放其中一个乘数，指令执行后存放积的高 8 位；执行除法指令时，运算前 B 存放除数，指令执行后存放余数；不作乘、除法运算时，则作为通用寄存器使用。

2.3.2　程序状态字 PSW

程序状态字 PSW 又称为程序状态寄存器，是一个 8 位标志寄存器，保存指令执行结果的特征信息，以供程序查询和判别。其状态字格式及含义如下：

PSW.7　　　　　　　　　　　　　　　　　　　　　　　　　　PSW.0

Cy	AC	F0	RS1	RS0	OV	—	P

Cy(PSW.7)——进位标志位。由硬件或软件置位和清零，表示运算结果是否有进位(或借位)。如果运算结果在最高位有进位输出(加法时)或有借位输入(减法时)，则 Cy=1，否则 Cy=0。在位操作时作为位累加器使用。

AC(PSW.6)——辅助进位(或称半进位)标志位。它表示两个 8 位数运算时，低 4 位有无进(借)位的状况。当低 4 位相加(或相减)时，若 D3 位向 D4 位有进位(或有借位)，则 AC=1，否则 AC=0。在 BCD 码运算的十进制调整中要用到该标志位。

F0(PSW.5)——用户自定义标志位。用户可根据自己的需要用软件对 F0 赋以一定的含义，并根据 F0=1 或 0 来决定程序的执行方式。

RS1(PSW.4)、RS0(PSW.3)——当前使用工作寄存器组选择位。可用软件置位或清零，用以确定当前使用的工作寄存器组。

OV(PSW.2)——溢出标志位。由硬件置位或清零。它反映运算结果是否有溢出(即运算结果的正确性)，有溢出(结果不正确)时，OV=1，否则 OV=0。

溢出标志 OV 和进位标志 Cy 是两种不同性质的标志。溢出是指有正、负号的两数运算时，运算结果超出了累加器以补码所能表示的一个有符号数的范围(−128～+127)。而进位则表示两数运算最高位(D7)相加(或相减)有无进(或借)位。一般来说，对带符号数的运算关心溢出标志位，而对无符号数的运算则关心进位标志位。

PSW.1——未定义。

P(PSW.0)——奇偶标志位。在执行指令后，单片机根据累加器 A 中 1 的个数是奇数还是偶数自动给该标志置位或清零。若 A 中 1 的个数为奇数，则 P=1，否则 P=0。该标志位常用于串行通信的奇偶校验位。

2.3.3　程序计数器 PC

程序计数器 PC 用于存放 CPU 要执行的下一条指令的地址。程序中的每条指令都有其存放地址(指令都存放在 ROM 区的某一单元)，CPU 要执行某条指令时，就把该条指令的地址码(即 PC 中的值)送到地址总线，从 ROM 中读取指令，当 PC 中的地址码被送上地址总线后，PC 会自动指向 CPU 要执行的下一条指令的地址。执行指令时，CPU 按 PC 指示的地址从 ROM 中读取指令，所读取的指令码送入指令寄存器中，由指令译码器对其进行译码，发出相应的控制信号，从而完成指令功能。

PC 是一个 16 位专用寄存器，寻址范围为 64 KB(0000H～FFFFH)。系统复位后 PC 的初始值为 0000H。

程序计数器在物理上是独立的，它不属于特殊功能寄存器 SFR 块。即 PC 本身并没有地址，因而不可寻址，用户无法对它进行读写，但是可以通过转移、调用、返回等指令改变其内容，以控制程序按我们的要求去执行。

2.3.4　堆栈指针 SP

51 系列单片机的堆栈区设定在片内 RAM 中。在特殊功能寄存器 SFR 中有一个堆栈指针寄存器 SP，用 SP 指示栈顶的位置。SP 是 8 位专用寄存器，系统复位后 SP 之值为 07H。数据入栈时，先将堆栈指针 SP 的内容加 1，然后将数据送入堆栈；数据出栈时，先将 SP 所指向的内部 RAM 单元的内容送入 POP 指令给出的直接地址单元,再将堆栈指针 SP 的内容减 1。

2.3.5　数据指针寄存器 DPTR

数据指针寄存器 DPTR 是一个 16 位的专用寄存器。DPTR 主要用于存放 16 位的地址码。当 CPU 访问 64 KB 的外部数据存储器时，DPTR 作为间接寻址寄存器使用；当 CPU 访问 64 KB 的程序存储器时，DPTR 用作基址寄存器。

DPTR 在特殊功能寄存器 SFR 中占用两个单元，其高字节寄存器为 DPH，低字节寄存器为 DPL。DPTR 既可作为一个 16 位的寄存器来使用，也可作为两个独立的 8 位的寄存器 DPH 和 DPL 来使用。

2.4　51 单片机存储器结构

2.4.1　存储器分类及配置

51 系列单片机存储器采用哈佛(Har-vard)结构，即将程序存储器和数据存储器分开，程序存储器和数据存储器有各自的寻址方式、寻址空间和控制系统。这种结构对于面向控制对象的单片机系统来说应用十分方便。为了满足用户需求，单片机尽可能地利用其自身资源提供多种存储器。51 系列单片机存储器有如下几种分类方法。

1. 按物理结构分类

按物理结构分类，单片机存储器可分为片内程序存储器、片外程序存储器、片内数据存储器和片外数据存储器 4 个部分。

2. 按功能分类

按功能分类，单片机存储器可分为程序存储器、内部数据存储器、特殊功能寄存器、位寻址区和外部数据存储器 5 部分。

3. 按逻辑分类

按逻辑分类，单片机存储器可分为程序存储器、内部数据存储器和外部数据存储器 3 部分，如图 2.6 所示。

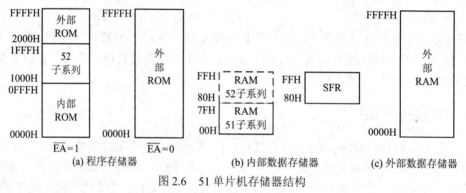

(a) 程序存储器　　　　　　　(b) 内部数据存储器　　　　(c) 外部数据存储器

图 2.6　51 单片机存储器结构

2.4.2　程序存储器

1. 程序存储器的编址

程序存储器是用来存放已调试完成的程序和常数表格的。由于单片机主要在控制系统中使用，因此一旦该系统研制成功，其硬件、应用程序和常数表格均已定型。为了提高系统的可靠性，应用程序通常固化在片内 ROM 中。程序计数器 PC 的长度为 16 位，故程序存储器的寻址范围为 64 KB(0000H～FFFFH)，也就是说，51 系列单片机具有 64 KB 的程序存储器空间。

根据程序存储器的组成原理，片内程序存储器分为 ROM 型、PROM 型、EPROM 型和 E^2PROM 型存储器。单片机型号不同，其片内程序存储器的种类不同，容量也不一样。当片内程序存储器容量不够时，可以扩展外部程序存储器。如 80C51、87C51 和 89C51 单片机内部分别有 4 KB PROM、4 KB EPROM 和 4 KB E^2PROM 型程序存储器，其片内程序存储器编址为 0000H～0FFFH，片外扩展编址为 1000H～FFFFH。80C52、87C52 和 89C52 内部分别有 8 KB PROM、8 KB EPROM 和 8 KB E^2PROM 型程序存储器，片内编址为 0000H～1FFFH，片外扩展编址则为 2000H～FFFFH。而 80C31 和 80C32 片内没有程序存储器，只能用片外扩展的程序存储器，地址空间为 0000H～FFFFH，如图 2.6(a)所示。由此可见程序存储器的编址规律为：先片内、后片外，片内、片外连续统一编址，两者一般不要重叠。

CPU 执行程序时，是从片内程序存储器取指令，还是从片外程序存储器取指令，由单片机$\overline{EA}$引脚电平的高低来决定。$\overline{EA}=1$ 为高电平时，先执行片内程序存储器的程序，当 PC 的值超过 0FFFH(对应 MCS-51 子系列低 4KB)或 1FFFH(对应 MCS-52 子系列低 8 KB) 时，将自动转向片外程序存储器执行；$\overline{EA}=0$ 为低电平时，CPU 执行片外程序存储器的程序。片内无程序存储器的 80C31、80C32 单片机，$\overline{EA}$ 引脚应设置为低电平。片内有程序存储器的芯片，如果 $\overline{EA}$ 引脚接低电平，则将强行执行片外程序存储器中的程序，多用于在片外程序存储器中存放调试程序，使单片机工作在调试状态。该调试程序的编址可与片内程序存储器的编址重叠，借 $\overline{EA}$ 电平的变化实现分别访问。由此可见，究竟执行片内还是片外程序存储器的程序，由 EA 引脚的电平决定，而片内、外程序存储器的地址从 0000H～FFFFH 是连续的，即片内片外的程序存储器同属一个逻辑空间。

2. 程序入口地址

在系统设计时，程序占用的地址空间原则上可由用户任意安排。为了便于用户编程，51 系列单片机程序初始运行的入口地址是固定的，用户不能随意更改。程序存储器中有复位和中断源共占用 7 个固定的入口地址详见表 2.4。

表 2.4　51 系列单片机复位、中断入口地址

功　　能	入口地址
系统复位	0000H
外部中断 0(INT0)	0003H
定时器/计数器 0 中断 T0	000BH
外部中断 1(INT1)	0013H
定时器/计数器 1 中断 T1	001BH
串行口中断	0023H
定时器/计数器 2 中断 T2(MCS-52 子系列)	002BH

单片机复位后程序计数器 PC 的内容为 0000H，CPU 从 0000H 单元开始读取指令执行程序。0000H 单元是系统的起始地址，一般在该单元存放一条无条件转移指令 LJMP addr16 跳转至用户主程序的起始地址开始执行。

除 0000H 单元外，其余 6 个特殊单元分别对应 6 个中断源的中断服务程序的入口地址，用户也应该在这些入口地址存放 1 条无条件转移指令，跳转至相应中断源的中断服务程序起始地址。

另外，当 CPU 从片外程序存储器读取指令时，要相应提供片外程序存储器的地址信号和控制信号 ALE、$\overline{PSEN}$。关于片外扩展程序存储器访问地址及控制信号的作用将在第 6 章中介绍。

2.4.3　内部数据存储器

1. 内部数据存储器地址

51 系列单片机的内部数据存储器属随机存储器 RAM，由数据存储器和特殊功能寄存器两部分组成，如图 2.6(b)所示。数据存储器 RAM 128 B，其地址为 00H～7FH；特殊功

能寄存器 SFR 模块占 128 B, 其地址为 80H~FFH, 两者地址连续但不重叠。

在 MCS-52 子系列中, RAM 模块有 256 B, 地址为 00H~FFH, 比 51 子系列多 128 B。其中, 高 128 字节的地址和 SFR 模块的地址是重叠的, 地址编址都是 80H~FFH。但由于 CPU 访问内部数据存储器和特殊功能寄存器时, 使用不同的寻址方式, 并不会引起混乱。

2. 内部数据存储器功能

内部数据存储器 RAM 区分为工作寄存器区、位寻址区和数据缓冲区 3 个部分, 如图 2.7 所示。

FFH	RAM 52子系列
80H 7FH	数据区
30H 2FH	位寻址区 (128位)
20H 1FH	3组工作寄存器
18H 17H	2组工作寄存器
10H 0FH	1组工作寄存器
08H 07H	0组工作寄存器
00H	

图 2.7　片内 RAM 区

1) 工作寄存器区

内部 RAM 区的 00H~1FH 为工作寄存器区, 分为 4 个工作寄存器组, 每组有 8 个工作寄存器用 R0~R7 表示, 共占用 32 个内部 RAM 单元。寄存器组和 RAM 地址的对应关系见表 2.5。

表 2.5　工作寄存器与 RAM 地址对应表

寄存器名	工作寄存器组地址			
	0 组	1 组	2 组	3 组
R0	00H	08H	10H	18H
R1	01H	09H	11H	19H
R2	02H	0AH	12H	1AH
R3	03H	0BH	13H	1BH
R4	04H	0CH	14H	1CH
R5	05H	0DH	15H	1DH
R6	06H	0EH	16H	1EH
R7	07H	0FH	17H	1FH

工作寄存器共有 4 组, 但程序每次只能选择一组作为当前工作寄存器组使用。究竟选择哪一组由程序状态字 PSW 中的 PSW.4(RS1) 和 PSW.3(RS0) 两位来确定, 其对应关系见表

2.6。CPU 通过指令修改 PSW 中的 RS1 和 RS0，即可选定当前工作寄存器组。这一特点使
51 系列单片机具有快速现场保护功能，在调用子程序、执行中断服务程序等场合十分有用，
可以提高程序的效率和中断响应速度。若程序中并不需要 4 个工作寄存器组时，那么其它
工作寄存器组所对应的单元也可以作为一般的数据缓冲区使用。在实际应用中，内部 RAM
的 00H～1FH 单元尽量作为工作寄存器区使用，这对程序设计十分有利。

表 2.6 工作寄存器组的选择表

PSW.4(RS1)	PSW.3(RS0)	工作寄存器组
0	0	0 组(00H～07H)
0	1	1 组(08H～0FH)
1	0	2 组(10H～17H)
1	1	3 组(18H～1FH)

2) 位寻址区

RAM 区中 20H～2FH 单元为位寻址区，这 16 个单元(共计 128 位)的每一位都有一个
位地址，其范围为 00H～7FH，见表 2.7。位寻址区的每一位都可当作软件触发器，由程序
直接进行位处理。通常可以把各种程序状态标志、位控制变量、位状态暂存于位寻址区内。
同样，位寻址的 RAM 单元也可以按字节操作来作为一般的数据缓冲器使用。

表 2.7 内部 RAM 中的位地址表

字节地址	位 地 址							
	D7	D6	D5	D4	D3	D2	D1	D0
2FH	7FH	7EH	7DH	7CH	7BH	7AH	79H	78H
2EH	77H	76H	75H	74H	73H	72H	71H	70H
2DH	6FH	6EH	6DH	6CH	6BH	6AH	69H	68H
2CH	67H	66H	65H	64H	63H	62H	61H	60H
2BH	5FH	5EH	5DH	5CH	5BH	5AH	59H	58H
2AH	57H	56H	55H	54H	53H	52H	51H	50H
29H	4FH	4EH	4DH	4CH	4BH	4AH	49H	48H
28H	47H	46H	45H	44H	43H	42H	41H	40H
27H	3FH	3EH	3DH	3CH	3BH	3AH	39H	38H
26H	37H	36H	35H	34H	33H	32H	31H	30H
25H	2FH	2EH	2DH	2CH	2BH	2AH	29H	28H
24H	27H	26H	25H	24H	23H	22H	21H	20H
23H	1FH	1EH	1DH	1CH	1BH	1AH	19H	18H
22H	17H	16H	15H	14H	13H	12H	11H	10H
21H	0FH	0EH	0DH	0CH	0BH	0AH	09H	08H
20H	07H	06H	05H	04H	03H	02H	01H	00H

3) 数据存储区

RAM 区中 30H～7FH 是数据存储区，即用户 RAM 区，共 80 个单元。(MCS-52 子系列片内 RAM 有 256 个单元，寄存器组和位寻址区地址和 MCS-51 子系列一致。用户 RAM 区从 30H～FFH，共 208 个单元。)

4) 堆栈与堆栈指针

51 系列单片机的堆栈区设定在片内 RAM 中。SP 为堆栈指针寄存器，其长度为 8 位，系统复位后 SP 的初值为 07H。堆栈是向上生长型，如图 2.8 所示。

单片机堆栈区域不是固定的，原则上可设在内部 RAM 的任意区域，但为了避开使用频率较高的工作寄存器区和位寻址区，一般设在片内 RAM 的高地址区。如：可用 MOV SP, #60H 设置 SP 为 60H，系统工作时堆栈就从 60H 开始向上生成。当然，如果用 52 子系列单片机，其堆栈可设在 E0H 左右。

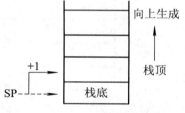

图 2.8　堆栈示意图

3. 特殊功能寄存器 SFR

特殊功能寄存器 SFR，又称为专用寄存器。用于控制和管理单片机内算术逻辑部件、并行 I/O 口锁存器、串行通信口、定时器/计数器、中断系统等功能模块的工作设置和状态保存，SFR 的地址为 80H～FFH。51 系列单片机中，除程序计数器 PC 外，MCS-51 子系列有 18 个专用寄存器，其中 3 个为双字节寄存器(DPTR 和两个 16 位定时器/计数器计数单元)，共占用了 21 个存储单元；MCS-52 子系列在 MCS-51 子系列的基础上增加了 3 个专用寄存器，其中 2 个为双字节寄存器，因此，MCS-52 子系列共有 21 个专用寄存器，其中 5 个为双字节寄存器，共占用 26 个存储单元。按地址排列的各特殊功能寄存器的名称、标识符、地址等见表 2.8。

表 2.8　特殊功能寄存器的名称、标识符、地址

特殊功能 寄存器名称	符号	字节 地址	位地址(十六进制)/位名称							
			D7	D6	D5	D4	D3	D2	D1	D0
P0 口	P0	80H	87	86	85	84	83	82	81	80
堆栈指针	SP	81H								
DPTR 低字节	DPL	82H								
DPTR 高字节	DPH	83H								
定时器/计数器控制寄存器	TCON	88H	TF1 8F	TR1 8E	TF0 8D	TR0 8C	IE1 8B	IT1 8A	IE0 89	IT0 88
定时器/计数器 方式控制寄存器	TMOD	89H								
定时器 0 低字节	TL0	8AH								
定时器 1 低字节	TL1	8BH								
定时器 0 高字节	TH0	8CH								
定时器 1 高字节	TH1	8DH								

续表

特殊功能寄存器名称	符号	字节地址	位地址(十六进制)/位名称							
			D7	D6	D5	D4	D3	D2	D1	D0
P1 口	P1	90H	97	96	95	94	93	92	91	90
电源控制寄存器	PCON	97H								
串行口控制寄存器	SCON	98H	SM0 9F	SM1 9E	SM2 9D	REN 9C	TB8 9B	RB8 9A	TI 99	RI 98
串行口数据缓冲器	SBUF	99H								
P2 口	P2	0A0H	A7	A6	A5	A5	A3	A2	A1	A0
中断允许寄存器	IE	0A8H	EA AF	— AE	ET2 AD	ES AC	ET1 AB	EX1 AA	ET0 A9	EX0 A8
P3 口	P3	0B0H	B7	B6	B5	B4	B3	B2	B1	B0
中断优先级设置寄存器	IP	0B8H	— BF	— BE	PT2 BD	PS BC	PT1 BB	PX1 BA	PT0 B9	PX0 B8
定时器/计数器 2 控制寄存器	T2CON *	0C8H	TE2 CF	EXF2 CE	RCLK CD	TCLK CC	EXEN CB	TR2 CA	C/T2 C9	C/L2 C8
定时器/计数器 2 自动重装载低字节	RLDL *	0CAH								
定时器/计数器 2 自动重装载高字节	RLDH *	0CBH				—				
定时器/计数器 2 低字节	TL2 *	0CCH								
定时器/计数器 2 高字节	TH2 *	0CDH								
程序状态寄存器	PSW	0D0H	Cy D7	AC D6	F0 D5	RS1 D4	RS0 D3	OV D2	— D1	P D0
累加器	A	0E0H	E7	E6	E5	E4	E3	E2	E1	E0
B 寄存器	B	0F0H	F7	F6	F5	F4	F3	F2	F1	F0

　　注：表中带 * 的寄存器与定时器/计数器 2 有关，只在 52 子系列芯片中存在。RLDH、RLDL 也可写作 RCAP2H、RCAP2L，分别称为定时器/计数器 2 捕捉高字节、低字节寄存器。

　　从表 2.8 可以看出：特殊功能寄存器反映了单片机的状态，实际上是单片机的状态及与芯片引脚有关的寄存器。与内部功能控制有关的寄存器有：运算部件寄存器 A、B、PSW，堆栈指针 SP，数据指针 DPTR，定时器/计数器控制，中断控制，串行口控制等。而与芯片引脚有关的寄存器有：P0、P1、P2、P3，它们实际上是 4 个锁存器，每个锁存器再附加上相应的输出驱动器和输入缓冲器就构成了并行口。以上各特殊功能寄存器的用途将在有关章节中作详细介绍。

　　SFR 块的地址空间为 80H～FFH，但仅有 21 个(MCS-51 子系列)或 26 个(MCS-52 子系列)字节作为特殊功能寄存器分布在这 128 个字节范围内，其余字节无定义，用户也不能使用这些单元；若对其进行访问，则将得到一个不确定的随机数。

　　在 51 单片机的内部数据寄存器 RAM 块和特殊功能寄存器 SFR 块中，有一部分地址空间可以按位寻址，按位寻址的地址空间又称之为位寻址区。位寻址区一部分在内部 RAM

的 20H～2FH 这 16 个字节寄存器内，共 128 位；另外一部分在 SFR 的 80H～FFH 空间的可位寻址的寄存器中：字节地址能被 8 整除的专用特殊功能寄存器都可以实现位寻址，其位地址见表 2.8。

这些位寻址单元与布尔指令集构成了 51 系列单片机具有的布尔处理系统，它是一个完整的布尔处理机。在开关判别决策、逻辑功能实现和实时控制等方面是非常有用的。

2.4.4　外部数据存储器

外部数据存储器一般由静态 RAM 芯片扩展而成。用户可根据需要确定扩展存储器容量的大小。51 单片机利用数据指针寄存器 DPTR，以寄存器间接寻址方式访问外部数据存储器。由于地址总线为 16 位，其可寻址的范围为 64 KB，所以扩展外部数据存储器的最大容量是 64 KB。

由于访问片外数据存储器有专用的 MOVX 指令，访问内部数据存储器用 MOV 指令，所以，其内部数据存储器和外部数据存储器地址可以相同，不会产生错误。即片内数据存储器 128 个字节的地址为 00H～7FH，而片外数据存储器地址为范围为 0000H～FFFFH。当需要扩展的外部数据存储器容量较小时，也可用 8 位地址，其编址范围为 00H～FFH。

应用系统扩展的 I/O 接口地址与外部数据存储器统一编址，所有的外围接口地址均占用外部 RAM 的单元地址，采用相同的寻址方式访问。系统设计时要合理分配地址空间，保证译码的唯一性。

2.5　并行端口及应用

2.5.1　并行端口的内部结构

1. P0 口的结构及用途

P0 口由 P0.0～P0.7 共 8 位组成。它是一个三态双向口，可作为地址/数据分时复用口，也可作为通用 I/O 接口。其每一位的位结构原理如图 2.9 所示。

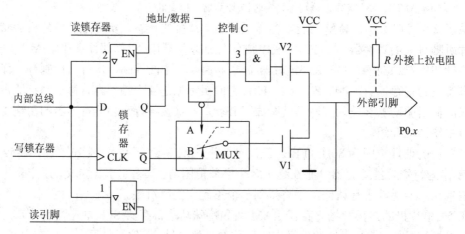

图 2.9　P0 口的位结构图

　　锁存器起输出锁存作用，8 个锁存器构成了特殊功能寄存器 P0；场效应管 V1、V2 组成输出驱动器，以增大带负载能力；三态门 1 是读引脚输入缓冲器；三态门 2 用于读锁存器的状态；与门 3、反相器 4 及转换开关 MUX 构成了输出控制电路。

　　在单片机系统中，P0 口有两种用途：

　　1) 分时复用作为地址/数据总线

　　当需要对单片机进行外部扩展时，P0 口作为地址/数据分时复用总线。在访问片外存储器而需从 P0 口输出地址或数据信号时，控制信号 C 为高电平 "1"，使转换开关 MUX 把反相器 4 的输出端 A 与 V1 接通，同时把与门 3 打开。此时，若地址或数据为 "1" 时，经反相器 4 使 V1 截止，同时经与门 3 使 V2 导通，P0.x 引脚上出现相应的高电平 "1"；若地址或数据为 "0" 时，经反相器 4 使 V1 导通，同时经与门 3 使 V2 截止，引脚上出现相应的低电平 "0"。这样就将地址/数据信号输出到外部引脚 P0.x 上了。

　　2) P0 口作为通用 I/O 口使用

　　当 P0 口作为通用 I/O 使用时，对应的控制信号 C 为 0，转换开关 MUX 把输出级与锁存器输出端 B 接通，且因与门 3 输出为 0 使 V2 截止，此时，输出级是漏极开路电路。在 CPU 向端口输出数据时，只要写脉冲加在锁存器时钟端 CLK 上，与内部总线相连的 D 端数据取反后出现在 $\overline{Q}$ 端，又经输出 V1 反相，在 P0 引脚上出现的数据正好是内部总线的数据。当要从 P0 口输入数据时，只要给一个读引脚信号，引脚状态便经输入缓冲器读入内部总线。

　　P0 口作为通用 I/O 口使用时，需要注意以下几点：

　　(1) P0 口作 I/O 端口时，由于 V2 截止，输出级是漏极开路电路，要使 "1" 信号正常输出，必须外接上拉电阻。

　　(2) P0 口作为通用 I/O 口使用时，是准双向口，且由于控制信号 C 的作用使 V2 一直处于截止状态。在输入数据时，应先把端口置 1(写 1)，此时锁存器的 $\overline{Q}$ 端为 0，使输出级的场效应管 V1 也处于截止状态，引脚处于悬浮状态，才可作高阻输入。输入数据时，引脚上的外部信号既加在三态缓冲器 1 的输入端，又加在 V1 的漏极，若在此之前曾输出锁存过数据 0，则 V1 是导通的，这样引脚上的电位就始终被箝位在低电平，使输入高电平无法读入。因此，在输入数据时，应人为地先向端口写 1，使 V1 截止，方可作为高阻输入，否则可能烧坏端口。

　　(3) 在 P0 用作地址/数据分时复用功能连接外部存储器时，由于访问外部存储器期间，CPU 会自动向 P0 口的锁存器写入 0FFH，对用户而言，P0 口此时则是真正的三态双向口，不必外接上拉电阻。

2. P1 口的结构及用途

　　P1 口为准双向口，只能作为通用 I/O 口使用，其内部位原理如图 2.10 所示。P1 口与 P0 口的区别在于输出驱动部分，其输出驱动部分由一个场效应管 V1 与内部上拉电阻组成。当其某位输出高电平时，可以提供上拉电流负载，不必像 P0 口那样需要外接上拉电阻。

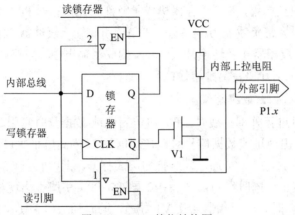

图 2.10 P1 口的位结构图

P1 口只有通用 I/O 接口一种功能(对 51 子系列)，其输入输出原理特性与 P0 口作为通用 I/O 接口使用时一样。

另外，对于 52 子系列单片机 P1 口的 P1.0 和 P1.1 引脚除作为通用 I/O 端口外，还具有第二功能，即 P1.0 作为定时器/计数器 2 的外部计数脉冲输入端 T2，P1.1 作为定时器/计数器 2 的外部控制输入端 T2EX。

3. P2 口的结构及用途

P2 口可作为普通 I/O 端口使用也可作为地址总线使用。其内部位结构原理如图 2.11 所示。当作为准双向通用 I/O 口使用时，控制信号使转换开关接向左侧，锁存器 Q 端经反相器 3 接 V1，其工作原理与 P1 相同。

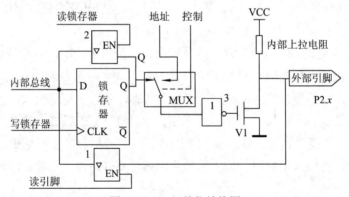

图 2.11 P2 口的位结构图

当 P2 口作为外部扩展存储器的高 8 位地址总线使用时，控制信号使转换开关接向右侧，由程序计数器 PC 送来的地址信号，或数据指针 DPTR 的地址信号经反相器 3 和 V1 输出到 P2 口的引脚上，P2 口输出高 8 位地址信息 A15～A8。在上述情况下，端口锁存器的内容不受影响，所以，取指或访问外部存储器结束后，由于转换开关又接至左侧，使输出驱动器 V1 与锁存器 Q 端相连，引脚上将恢复原来的数据。

4. P3 口的结构及用途

P3 口内部位结构如图 2.12 所示，P3 口是个多功能端口，除了可以作为通用 I/O 端口外，还具有第二功能，详见表 2.3。

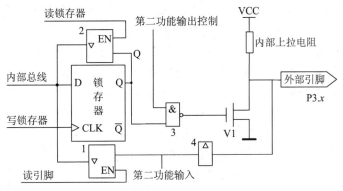

图 2.12　P3 口的位结构图

作为 I/O 端口时，第二功能输出控制信号为高电平，与非门 3 等效为一个反相器，与 P2 口情况类似。作为第二功能输出时，CPU 会自动向锁存器写入 "1"，打开与非门 3，这时与非门同样等效于一个反相器，第二功能输出信号经与非门 3→V1 管的栅极→控制漏极→P3.x 引脚；作为第二功能输入时，"第二功能输出" 控制端、锁存器输出端均为 "1"，与非门 3 输出低电平，V1 管截止，输入信号经引脚→缓冲器 4→第二功能输入。

2.5.2　并行端口的应用

经过上述图 2.9～图 2.12 对并行口 P0～P3 的内部结构的分析可以看出，P0 口在有外部扩展存储器时用作地址/数据总线，此时是一个真正的双向口；在没有外部扩展存储器时，P0 口可作为通用的 I/O 端口，此时只是一个准双向口。P0 口、P2 口和 P3 口都具有第二功能。而 P1 口只能用作通用 I/O 口。在此，对这些端口用作通用 I/O 端口的特点作如下说明：

1. P0 口～P3 口用作输入/输出端口

P0 口～P3 口用作通用 I/O 口时，P0 口必须外接上拉电阻，而其它端口不需要外接上拉电阻，除此之外，四个并行口用法相似。对于每一个并行口，如果作为普通的输入输出端口，则根据需要均可定义一部分引脚作为输入脚，另一部分引脚作为输出脚，没有使用的引脚也可悬空。

注意：系统复位后 P0 口、P1 口、P2 口和 P3 口均为输出高电平，在系统的软硬件设计时要特别注意被控对象的初始状态，防止出现误动作。

2. 端口的 "读-修改-写" 操作

CPU 在执行 MOV　A，P1 指令时，产生 "读引脚" 命令(见图 2.10)，所以，MOV 指令直接访问端口引脚，称为读引脚指令。除 MOV 指令读引脚外，51 单片机还有一类读锁存器指令，通常把这类指令称为 "读-修改-写" 指令。例如：

ANL　P1，A　　　　　　　; (P1)←(P1)∧(A)

ORL　P1，#data　　　　　; (P1)←(P1)∨data

DEC　P1　　　　　　　　; (P1)←(P1) - 1

这些指令均由读、修改、写三步完成，即先将 P1 口锁存器的数据读入 CPU，在 ALU 中进行运算，运算结果再送回 P1 口。执行"读-修改-写"类指令时，CPU 产生"读锁存器"命令，通过三态门 2 读回锁存器 Q 端的数据来代表引脚的状态。

　　如果要把某个端口的当前状态直接读入 CPU，则不能用 MOV 指令直接访问端口引脚，否则可能会发生错误。例如，用一根端口线去控制一个晶体管，如图 2.13 所示。向端口 P1.7 输出高电平，驱动外接三极管 V，当三极管导通时，引脚上的电平被拉到低电平(0.7 V 左右)，此时，若从引脚直接读回数据，原本输出为 1 的状态会错读为 0，所以此类指令是从锁存器 Q 端读取数据(见图 2.10)。读者写程序时只管正确使用指令，具体读取过程由 CPU 内部控制完成。

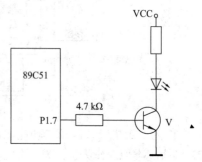

图 2.13　端口输出驱动

　　属于读锁存器而不是读引脚的指令有(指令的详细功能在第 3 章讨论)：

逻辑与指令 ANL，例如：ANL P1, A。

逻辑或指令 ORL，例如：ORL P2, A。

逻辑异或指令 XRL，例如：XRL P3, A。

位监测指令 JBC，例如：JBC P1.1, LABEL。

位取反指令 CPL，例如：CPL P3.0。

增量指令 INC，例如：INC P2。

减量指令 DEC，例如：DEC P2。

循环跳转指令 DJNZ，例如：DJNZ P2, LABEL。

2.5.3　并行端口的负载能力

　　Intel 公司的 8031、8051、8751 等产品，其 4 个并行端口中，P0 口的每个引脚输出能够驱动 8 个 TTL 门电路，即输出电流不大于 800 μA。其余 3 个端口 P1、P2 和 P3 口的每个引脚输出能够驱动 4 个 TTL 门电路。

　　AT89C51 系列及 STC89C51 系列等产品，其端口能提供 20 mA 的电流，可直接驱动 LED 显示器。随着新器件的不断推出，其驱动能力越来越强，读者在使用单片机时可查阅相关手册。

2.6　单片机时序

　　时序是 CPU 总线信号在时间上的顺序关系。CPU 的控制器实质上是一个复杂的同步时序电路，所有工作都是在时钟信号控制下进行的。每执行一条指令，CPU 的控制器都要发出一系列特定的控制信号，这些控制信号在时间上的相互关系就是 CPU 的时序。

　　CPU 发出的时序控制信号有两大类。一类是用于单片机内部协调控制的，对用户来说，并不直接接触这些信号，可不必了解太多。另一类时序信号是通过单片机控制总线送到片外，形成对片外的各种 I/O 接口、RAM 和 EPROM 等芯片工作的协调控制，对于这部分时序信号用户应该予以关心，并在系统设计时正确使用这部分时序信号。下面先介绍几个时序概念。

2.6.1　几个基本概念

1. 振荡周期

振荡周期是指为单片机提供定时信号的振荡源 OSC 的周期，即为 CPU 引脚 XTAL2 上振荡脉冲的周期，也叫时钟周期，如图 2.14 所示。一个振荡周期也称为一个节拍，用 P 表示，通常称为 P 节拍。

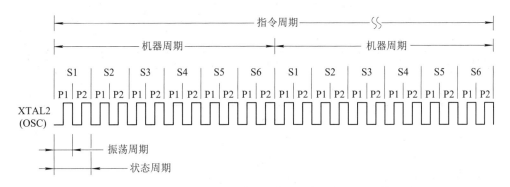

图 2.14　CPU 基本时序图

2. 状态周期

两个振荡周期为一个状态周期，简称为 S 状态或 S 状态周期。每个 S 状态周期包含两个节拍脉冲，S 的前半周期称为节拍 P1，S 的后半周期称为节拍 P2。一般情况下，CPU 中的算术逻辑运算在 P1 有效期间完成，在 P2 有效期间进行内部寄存器间的信息传送。

3. 机器周期

机器周期是单片机的基本操作周期。一个机器周期包含 6 个状态周期 S1～S6(12 个振荡周期)。也就是说，在 12 个节拍内，CPU 才可能完成一个独立的操作。

4. 指令周期

指令周期是指 CPU 执行一条指令所需要的时间，基本单位为机器周期。由于执行不同的指令所需要的时间长短不同，因此通常是以指令消耗的机器周期的多少为依据来确定指令周期的。MCS-51 系统中，一个指令周期通常含 1～4 个机器周期。大多数指令是单字节单周期指令，还有一些指令是单字节双周期指令和双字节双周期指令，只有乘法指令 MUL 和除法指令 DIV 是单字节四周期指令(参见附录 C 指令系统一览表)。

例 2.6.1　设 MCS-51 单片机的外接晶体振荡器的振荡频率为 12 MHz，求该单片机的振荡周期、状态周期、机器周期和指令周期。

解：
$$振荡周期 = \frac{1}{12} \, \mu s$$
$$状态周期 = 振荡周期 \times 2 = \frac{1}{6} \, \mu s$$
$$机器周期 = 振荡周期 \times 12 = 1 \, \mu s$$
$$指令周期 = (1\text{～}4) 个机器周期 = 1\text{～}4 \, \mu s$$

2.6.2　CPU 取指令和执行指令的时序

　　CPU 在执行指令时，对每条指令的执行都分为取指令和执行指令两个阶段，图 2.15 给出了 MCS-51 单片机取指令和执行指令的时序。由于取指令和执行指令是在单片机内部进行的，在外部无法观察到单片机内部的时序信号，所以在图 2.15 中画出了外部引脚 XTAL2 的振荡信号和 ALE 引脚上的输出信号作为时间参考，帮助读者理解取指令和执行指令的过程。

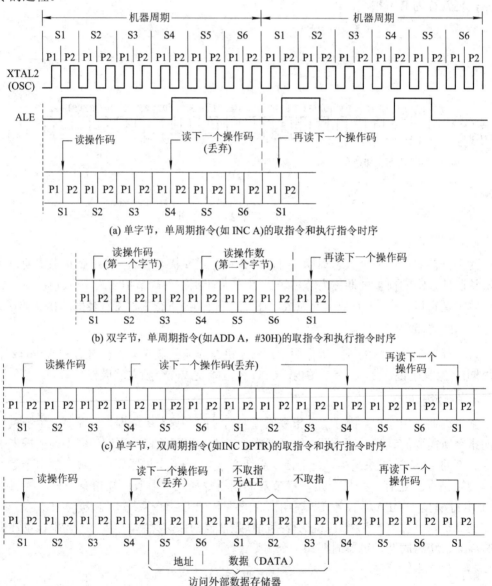

(a) 单字节，单周期指令(如 INC A)的取指令和执行指令时序

(b) 双字节，单周期指令(如 ADD A，#30H)的取指令和执行指令时序

(c) 单字节，双周期指令(如 INC DPTR)的取指令和执行指令时序

(d) MOVX 单字节，双周期指令的取指令和执行指令时序

图 2.15　MCS-51 指令的取指和执行指令时序

　　ALE 地址锁存允许信号，是输出信号。一般情况下，ALE 信号是周期信号，在每个机器周期内 ALE 信号会出现两个正脉冲，出现时刻为 S1P2 和 S4P2，信号的有效宽度为一个

S 状态。ALE 的主要作用是，当 CPU 访问外部存储器时，利用 ALE 上的正脉冲锁存出现在 P0 口的低 8 位地址，因此把 ALE 称为地址锁存允许信号。在不访问外部存储器时，ALE 端仍以上述不变的频率(振荡器频率的 1/6)周期性地出现正脉冲信号，因此，ALE 信号也可作为对外输出的时钟脉冲信号或用于定时目的。但要注意，在访问片外数据存储器期间，ALE 脉冲会跳过一个正脉冲信号，ALE 就不是周期信号了，此时作为时钟输出就不妥当了。但一般程序中，用于访问外存的指令使用得不多，因此，在对时钟频率要求不高的情况下，仍可用其作为时钟信号使用。例如，经常把 ALE 用作 A/D 转换器 ADC0809 的时钟信号。

执行指令时，CPU 从内部或外部 ROM 中取出指令操作码及操作数，然后再执行这条指令。大部分指令在整个指令执行过程中，在每个机器周期内 ALE 信号出现两次。每出现一次 ALE 信号，CPU 就依次进行取指令操作，但并不是每条指令在 ALE 生效时都能有效地读取指令。在此，我们针对单字节单周期指令、双字节单周期指令、单字节双周期指令及访问外部数据存储器 MOVX 等几种典型指令，介绍其取指令和执行指令的时序。

图 2.15(a)为单字节单周期指令(如指令 INC A)的取指令和执行指令的时序。CPU 在 S1P2 时刻开始读取指令操作码，在 S4P2 时刻开始仍有一次读操作，但读出的字节被丢弃(因为是单字节指令)，且读后的 PC 值不加 1，CPU 在 S6P2 时完成指令相应的操作。因此，对于单字节单周期指令，CPU 在一个机器周期内完成取指令和执行指令，一个指令周期包含一个机器周期。

图 2.15(b)为双字节单周期指令(如指令 ADD A，#30H)的取指令和执行指令的时序。CPU 在 S1P2 时刻开始读取指令代码的第一个字节，在 S4P2 时刻开始读取指令代码的第二个字节，在 S6P2 时完成指令相应的操作，取指令和执行指令共需要一个机器周期。

图 2.15(c)为单字节双周期指令的时序，在两个机器周期内发生 4 次读操作，后 3 次读操作是无效的，这时一个指令周期包含两个机器周期。

图 2.15(d)为访问外部数据存储器指令 MOVX 的取指令和执行指令的时序。MOVX 是一条单字节双周期指令，具有其特殊性。执行 MOVX 时，仍然在第一个机器周期的 S1P2 时刻开始读取指令操作码，在 S4P2 时刻开始仍有一次读操作，但读出的字节被丢弃，且读后的 PC 值不加 1。从第一个机器周期的 S5 开始，CPU 送出外部数据存储器的地址，随后读或写外部数据存储器，直到在第二个机器周期的 S3 结束，在此期间在 ALE 端不输出有效信号(即 ALE 会少输出一个正脉冲信号，ALE 就不是周期信号了)。在第二个机器周期，即外部数据存储器已被寻址和选通后，也不产生取指令操作，而是进行外部数据存储器的读写。

注意：当 CPU 对外部数据存储器 RAM 读写时，ALE 不是周期信号。

2.7　最小应用系统

最小应用系统是指单片机系统能够工作的最基本的硬件系统。时钟电路及复位电路是单片机工作的基本电路，加上单片机就构成了单片机最小系统，也称为最小应用系统。

2.7.1　时钟电路

在单片机内部有一个振荡器，可用两种方式为单片机提供时钟信号：一种是内部时钟方式；另一种是外部时钟方式，如图 2.16(a)、(b)所示。根据应用领域及完成的任务不同，可选用不同的时钟电路。一般情况下，单机系统采用外接石英晶振与内部运放组成时钟振荡器作为系统时钟源。而在多机系统中，单片机只作为一个功能模块使用时，为了节省硬件和统一系统的时钟信号，常采用外时钟源。

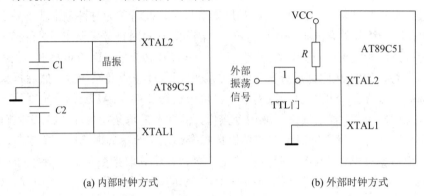

(a) 内部时钟方式　　　　　　　　　　　　　(b) 外部时钟方式

图 2.16　MCS-51 单片机时钟产生方式

采用内部时钟方式时，我们只需要提供振荡源，通常以石英晶体振荡器和两片电容组成外部振荡源，其电路如图 2.16(a)所示。片内的高增益反相放大器通过 XTAL1、XTAL2 外接作为反馈元件的片外晶体振荡器(呈感性)与电容组成的并联谐振回路构成一个自激振荡器，向内部时钟电路提供振荡时钟。振荡器的频率取决于晶体的振荡频率，振荡频率可在 1.2～12 MHz 之间，工程应用时通常采用 6 MHz 或 12 MHz。电容 $C1$、$C2$ 可在 10～30 pF 之间选择，电容的大小对振荡频率有微小的影响，可起频率微调作用。通常取 30 pF。

采用外部时钟方式时，利用外部振荡信号直接作为时钟源，电路如图 2.16(b)所示。外部振荡信号通过 XTAL2 端直接接至内部时钟电路，这时输入端 XTAL1 端应接地。通常外接振荡信号为低于 12 MHz 且与 TTL 电平兼容的方波信号。

2.7.2　复位电路

51 单片机的 RST 引脚即为复位(RESET)端。当单片机振荡器工作时，该引脚上出现持续两个机器周期的高电平，就可实现系统复位，使单片机回到初始状态。与其它计算机一样，51 单片机系统有上电复位和手动复位两种复位方法。所谓上电复位，是指计算机加电瞬间，要在 RST 引脚上形成一个正脉冲，使单片机进入复位状态。所谓手动复位，是指用户手动按下"复位"按钮，使单片机回到初始状态。图 2.17 是一种简单的复位电路，其中图 2.17(a)是上电复位电路，也称为自动复位电路。当接通电源的瞬间，RST 端与 VCC 同电位，随着电容上的电压逐渐上升，RST 端的电压逐渐下降，于是在 RST 端便形成了一个正脉冲，只要该正脉冲的宽度持续两个机器周期的高电平，就可实现系统自动复位。图 2.17(b)是上电复位和手动复位的组合，当人工按下 P 按钮后，就可实现系统复位。图中电路参数为：$C = 20$ μF，$R = 5$ kΩ，$R1 = 100$ Ω。

注意： 在单片机应用系统中，对系统进行可靠的复位是非常重要的，无论现场出现任何情况，上电后单片机系统都应正常复位。否则系统会出现严重事故，这在单片机应用系统中是绝对不允许的。只要 RST 引脚上持续出现两个机器周期的高电平就可实现系统复位，但为了使系统可靠复位，一般该脉冲宽度可取大一些，通常可取 RST 引脚上正脉冲宽度为 10 ms 左右。在一些重要场合也可使用看门狗电路，以保证系统的可靠性。

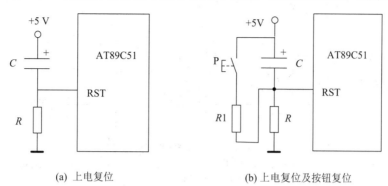

| (a) 上电复位 | (b) 上电复位及按钮复位 |

图 2.17　简单的复位电路

单片机在复位后，各寄存器和程序计数器 PC 的状态见表 2.9。

表 2.9　MCS-51 单片机复位状态表

寄存器	复位状态	寄存器	复位状态
PC	0000H	TCON	00H
A	00H	T2CON	00H
B	00H	TH0	00H
PSW	00H	TL0	00H
SP	07H	TH1	00H
DPTR	0000H	TL1	00H
P0～P3 端口	FFH	SCON	00H

(PSW) = 00H，由于 RS1(PSW.4) = 0，RS0(PSW.3) = 0，复位后单片机选择工作寄存器 0 组。(SP) = 07H，复位后堆栈在片内 RAM 的 08H 单元处建立。

TH1、TL1、TH0、TL0 的内容为 00H，定时器/计数器的初值为 0。

(TMOD) = 00H，复位后定时器/计数器 T0、T1 为定时器方式 0，非门控方式。

(TCON) = 00H，复位后定时器/计数器 T0、T1 停止工作，外部中断 0、1 为电平触发方式。

(T2CON) = 00H，复位后定时器/计数器 T2 停止工作。

(SCON) = 00H，复位后串行口工作在移位寄存器方式，且禁止串行口接收。

(IE) = 00H，复位后屏蔽所有中断。

(IP) = 00H，复位后所有中断源都设置为低优先级。

P0～P3 口锁存器都是全 1 状态，说明复位后 4 个并行接口设置为输入口。

2.7.3　最小系统

时钟电路及复位电路是单片机工作的基本电路，单片机再加上这两部分电路就构成了单片机最小系统。具备了单片机系统工作的必要条件，单片机就可以工作。

单片机最小系统加电后，前面介绍的所有功能都可以应用了，4 组独立的 8 位并行接口用来实现单片机信号输入和发出控制信号。89C52 单片机最小应用系统如图 2.18 所示。

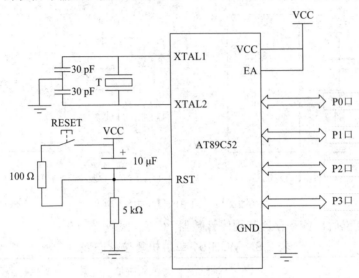

图 2.18　AT89C52 单片机最小系统

习　题　2

2.1　MCS-51 系列单片机的内部硬件结构主要包括哪几部分？各部分的作用是什么？

2.2　MCS-51 系列单片机总体上可分为两个子系列：MCS-51 子系列与 MCS-52 子系列。这两个子系列的主要产品有哪些？它们的主要区别是什么？

2.3　51 系列单片机的程序状态字 PSW 包含哪些程序状态信息？这些状态信息的作用是什么？

2.4　决定程序执行顺序的寄存器是哪个？它是几位寄存器？它是不是特殊功能寄存器？

2.5　简述 51 系列单片机片内 RAM 区地址空间的分配特点及各部分的作用。

2.6　51 系列单片机如何实现工作寄存器组 R0～R7 的选择？开机复位后，CPU 使用的是哪组工作寄存器？它们的地址是什么？

2.7　堆栈有哪些功能？堆栈指针寄存器(SP)的作用是什么？在程序设计时，为什么要对 SP 重新赋值？

2.8　51 系列单片机的存储器分哪几个空间？CPU 是如何对不同空间进行寻址的？

2.9　MCS-5l 单片机有多少 I/O 引脚？它们和单片机对外的地址总线和数据总线有何关系？

2.10　51 单片机的 ALE、$\overline{\text{PESN}}$ 信号各自的功能是什么？

2.11　什么是时钟周期、机器周期、指令周期？当单片机时钟频率为 12 MHz 时，一个机器周期是多少？

2.12　画出 89C52 单片机最小系统原理图，说明复位后内部各寄存器状态。

第 3 章　指令系统与编程技术

 本章要点与学习目标

　　本章介绍 MCS-51 系列单片机的寻址方式、指令系统和编程技术。在介绍寻址方式和指令系统的过程中配备有相应例题，以帮助读者理解单片机指令的特点和应用方法，并给出程序设计的一些典型示例。在本章学习过程中，请读者多读程序、勤于编写练习、不断上机调试，即多读多写多练，这样才能掌握编程技术。通过本章的学习，读者应掌握以下知识点：

　　　　◇ 单片机寻址方式
　　　　◇ 单片机指令系统及指令的功能
　　　　◇ 能够灵活运用常用指令解决实际问题
　　　　◇ 掌握程序设计的方法和技巧

3.1　51 系列单片机指令系统概述

　　指令就是程序员为了完成某种操作给计算机下达的指示和命令，所有指令的集合称为指令系统，它是表征 CPU 性能的重要标志，指令系统越丰富，CPU 的功能越强。各类 CPU 都有自己的指令系统，对于用户来说，指令系统是提供给用户使用计算机功能的软件资源。要用计算机解决问题，首先要编写程序，实际上是利用指令将设计者的思想和解决问题的方法告知计算机，计算机能够按照您的思路来解决问题。因此，学习指令系统要从编程使用的角度出发掌握常用指令格式及功能。

3.1.1　51 系列单片机指令特点及分类

　　MCS-51 单片机的指令系统具有功能强、指令短、执行速度快等特点。其指令系统共有 111 条指令，从功能上可划分成五大类指令：数据传送指令、算术运算指令、逻辑运算指令、位操作指令和控制转移指令，如图 3.1 所示。若按指令长度分类，可分为单字节指令(49 条)、双字节指令(46 条)和三字节指令(只有 16 条)。若按指令的执行时间分类，可分为单机器周期指令(64 条)、双机器周期指令(45 条)和 4 机器周期的指令，4 机器周期的指令只有乘、除法两条指令。

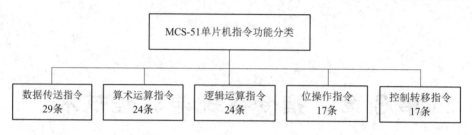

图 3.1　MCS-51 单片机指令功能分类

3.1.2　51 系列单片机汇编语言指令格式

指令的描述形式有三种：机器语言、汇编语言和高级语言。用机器语言编写的程序称之为目标程序，计算机能够直接识别并执行的只有机器语言。采用汇编语言编写的程序称之为汇编语言程序。汇编语言程序不能被计算机直接执行，必须经过一个中间环节把它翻译成机器语言程序，这个中间翻译过程叫作汇编。汇编有两种方法：机器汇编和手工汇编。机器汇编是用专门的汇编程序在计算机上进行翻译；手工汇编是程序员把汇编语言指令逐条翻译成机器代码输入计算机。由于单片机开发是在计算机和开发系统的基础上进行的，因此，主要采用机器汇编，使用十分方便。而高级语言程序设计在单片机系统中应用也十分普遍，大多数单片机开发系统均支持使用 C 语言等多种高级语言，使得编程更加轻松。

1. 汇编语言指令格式

[标号:] 操作码　[目的操作数] [, 源操作数]　[; 注释]

(1) 方括号[ ]表示该项是可选项，根据需要和指令格式选择，可有可无。

(2) 标号是用户设定的符号，它代表该指令所在的地址。标号是以字母开头的其后跟 1～8 个字母数字串，并以 ":" 结尾。

(3) 操作码是用英文缩写的指令功能助记符。它确定了本条指令完成什么样的操作功能。任何一条指令都必须有操作码，不得省略。如：ADD 表示加法操作。

(4) 目的操作数是参与操作并保存结果的项。其目标地址就是操作结果应存放的单元地址，它与操作码之间必须以一个或几个空格分隔。如上例中，A 表示操作对象是累加器 A 的内容，并指出操作结果又存放在 A 中。

(5) 源操作数是只参与操作的项。表示操作的对象或操作数的来源。它与目的操作数之间要用 "," 隔开。

(6) 注释部分是指在编写程序时，为了增加程序的可读性，由程序员拟写的对该条指令或该段程序功能的说明。它以分号 ";" 开头，可以用中文、英文或某些符号来表示，计算机对注释部分不进行编译，只在源程序中起说明作用。

例如：

LOOP1: ADD　A, #10H　　　; (A) ←(A)+10H

2. 指令常用符号

为了描述方便，在介绍指令系统之前，先对描述指令的一些符号意义作以简单介绍：

(1) Ri 和 Rn：R 表示当前工作寄存器区中的工作寄存器，i 表示 0 或 1，即 R0 或 R1。n 表示 0～7，即 R0～R7，当前工作寄存器的选定是由程序状态字 PSW 的 RS1 和 RS0 位决定的。

(2) #data：#表示立即数符号，data 为 8 位立即数。#data 是指包含在指令中的 8 位立即数。

(3) #data16：包含在指令中的 16 位立即数。

(4) rel：相对地址，以 8 位补码形式表示的地址偏移量，范围为 −128～+127，主要用于相对短转移指令中。

(5) addr16：16 位目的地址。目的地址可在全部程序存储器的 64 KB 空间范围内，主要用于无条件长转移指令 LJMP 和子程序长调用指令 LCALL 中。

(6) addr11：11 位目的地址。该目的地址应与下条指令处于相同的 2 KB 程序存储器地址空间范围内，主要用于绝对转移指令 AJMP 和子程序绝对调用指令 ACALL 中。

(7) direct：表示直接寻址的地址，即 8 位内部数据存储器 RAM 的单元地址(0～127/255)，或特殊功能寄存器 SFR 的地址。对于特殊功能寄存器 SFR 可直接用寄存器名称来代替其直接地址。

(8) bit：内部数据存储器 RAM 和特殊功能寄存器 SFR 中的可进行位寻址的位地址。

(9) @：间接寻址寄存器或基地址寄存器的前缀，如@Ri，@DPTR，表示寄存器间接寻址方式。

(10) (X)：表示 X 地址中的内容。

(11) ((X))：表示由 X 寻址的单元中的内容，即(X)作地址，该地址的内容用((X))表示。

(12) /：表示对该位操作数取反后参与运算，但不影响该位的值。

(13) →：表示指令操作流程，将箭头一方的内容，送入箭头另一方的单元中去。

3.1.3　指令长度和指令周期

1. 指令长度

指令长度是指指令的机器代码所占存储单元的字节数。为了节省程序存储器的空间，MCS-51 单片机采用变长的指令方式。从指令代码的结构来看，每条指令通常由操作码和操作数两部分组成。操作码表示计算机执行该指令将进行何种操作，操作数表示参与操作的数据本身或操作数所在的地址。根据指令中操作数的多少，51 单片机的指令可分为无操作数指令、单操作数指令和双操作数指令 3 种情况。按指令长度可分为 3 种类型的指令：单字节指令、双字节指令和三字节指令。在图 3.2 中给出了几种典型指令的机器码结构，其它指令的机器码参见附录 C。

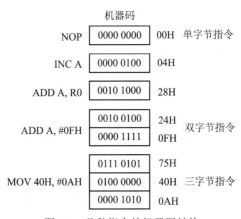

图 3.2　几种指令的机器码结构

2. 指令周期

指令周期是指 CPU 执行一条指令所花费的时间。由于执行不同的指令所需要的时间长短不同，因此通常是以指令消耗的机器周期数为单位来确定指令周期的。51 系列中，一个指令周期通常含 1～4 个机器周期，大多数指令是单字节、单机器周期指令，还有一些指令是单字节、双机器周期指令和双字节、双机器周期指令，只有乘法指令 MUL 和除法指令 DIV 是单字节 4 机器周期指令。

注意：指令的字节数越多，其机器代码所占的存储单元就越多。指令周期中包含的机器周期数越多，表明指令所需的执行时间越长。但指令周期并不与指令的字节数成比例。如乘除法指令，虽然都是单字节指令，但执行时间最长，需要 4 个机器周期。

3.2 51 系列单片机寻址方式

指令寻找操作数或转移地址的方式称为寻址方式。指令通常由操作码和操作数组成，而操作数又有目的操作数和源操作数之分，它们指出了参与运算的数或该数所在的单元地址。为了描述方便，对于有目的操作数和源操作数的双操作数指令，在无特别声明的情况下，某条指令的寻址方式一般是指寻找源操作数的方式。

寻址方式的多少是 CPU 功能强弱的重要标志之一。51 系列单片机有 7 种寻址方式。分别为：立即寻址、寄存器寻址、直接寻址、寄存器间接寻址、变址寻址、相对寻址和位寻址。

3.2.1 立即寻址

立即寻址是指指令中直接给出源操作数的寻址方式，它只适用对源操作数进行寻址。在立即寻址方式中，源操作数直接出现在指令中，跟在操作码的后面，作为指令的一部分与操作码一起存放在程序存储器内，CPU 可以立即得到源操作数并执行，不需要另去寄存器或存储器寻找和读取操作数，故称为立即寻址。立即寻址中，该操作数称为立即数，并在其前冠以"#"号作前缀，表示其为立即数。若立即数以十六进制数据表示时，应以 H 为后缀，当数据以 A～F 开头时必须加前导"0"。十进制数据可不带后缀。立即数长度可以是 8 位或 16 位。例如：

  MOV R0, #09H   ; (R0)←09H

立即数 09H 跟在操作码之后，成为指令代码的一部分，占用紧跟在后面的一个存储单元。故该指令为双字节指令，其机器码为 78H 09H。又如：

  MOV R0, #16H   ; (R0)←16H，其机器码为 78H 16H

  MOV R1, #16   ; (R1)←10H，其机器码为 79H 10H

  MOV A , #0C0H   ; (A)←0C0H，其机器码为 74H 0C0H

  MOV DPTR, #2510H   ; (DPTR)←2510H，其机器码为 90H 25H 10H

立即寻址方式主要用来给寄存器或存储单元赋初值，立即数只能用于源操作数，不能作为目的操作数。

3.2.2 寄存器寻址

将操作数存放于某寄存器中，CPU 执行指令时从寄存器中取出操作数，以完成指令规定的操作，称为寄存器寻址。例如：

```
MOV   A, R0                    ; (A)←(R0)
```
该指令的功能是把工作寄存器 R0 中的内容传送到累加器 A 中。如：R0 内容为 88H，则执行该指令后 A 的内容也为 88H。在该指令中，源操作数是从工作寄存器 R0 中取得的，故该指令的寻址方式称为寄存器寻址方式。

用寄存器寻址方式可以访问工作寄存器 R0～R7，也可把特殊功能寄存器 A、B、DPTR 和 Cy(Cy 称为布尔处理机的累加器)作为寻址的对象。如：
```
MOV   DPTR, #1234H。
```

3.2.3　直接寻址

指令中直接给出操作数所在的存储单元的地址，供指令读取数据或存储数据，把这种寻址方式称为直接寻址。例如：
```
MOV   A, 60H                   ; (A)←(60H)
```
该指令的功能是把内部数据存储器 RAM 60H 单元内的数据送到累加器 A。指令直接给出了源操作数的地址 60H，其机器码为 E5H 60H，源操作数属于直接寻址方式。

1. 直接地址

(1) 51 系列单片机的直接寻址用于访问内部 RAM 的低 128 个单元时，在指令中直接给出单元地址，地址范围为 00H～7FH。

(2) 直接寻址用于访问高 128 个单元(80H～FFH)的特殊功能寄存器 SFR 时，可在指令中直接给出特殊功能寄存器 SFR 的地址，但为了增强程序的可读性，一般都用寄存器名称来代替其地址。如：
```
MOV   P1, #35H        ; 目的操作数 P1 代表其口地址 90H
```
其实，该指令也可写成 MOV 90H, #35H，不过由于可读性差，一般不用此种写法。

(3) 直接寻址还可直接访问片内位地址空间。如：
```
MOV   C, P1.0
MOV   C, 20H          ; 此处的 20H 是位地址
```

(4) 直接寻址访问程序存储器的控制转移类指令有：长转移 LJMP addr16 与绝对转移 AJMP addr11 指令、长调用 LCALL addr16 与绝对调用 ACALL addr11 指令。它们都直接给出了程序存储器的 16 位地址(寻址范围覆盖 64 KB)或 11 位地址(寻址范围覆盖 2 KB)。执行这些指令后，程序计数器 PC 的 16 位或低 11 位地址将更换为指令直接给出的地址，机器将改为访问所给地址为起始地址的存储器区间，执行相应的指令。读者只需指导其转移范围，通常在程序中是直接给出标号。

2. 几点说明

(1) 注意区别立即寻址和直接寻址的书写方法。例如，说明下列指令中，源操作数的寻址方式：
```
MOV   R0, #30H        ; 立即寻址
MOV   R1, 30H         ; 直接寻址，访问片内 RAM 的 30H 单元
```

(2) A 累加器有 3 种表示方法，即 A、ACC 和 A 累加器地址 0E0H。使用这 3 种表示

方法时，对寻址方式的称呼虽然可能不同，但指令的执行结果完全一样。例如：

```
INC   A                   ; 寄存器寻址方式
INC   ACC                 ; 寄存器寻址方式
INC   0E0H                ; 直接寻址方式
```

(3) 由于特殊功能寄存器 SFR 占用片内 RAM 80H～FFH 间的地址区间，对于 51 子系列单片机，片内 RAM 只有 128 个单元，它与 SFR 的地址没有重叠；而对于 52 子系列，片内 RAM 有 256 个单元，其高 128 个单元与 SFR 的地址是重叠的，为避免混淆，规定：直接寻址的指令不能访问片内 RAM 的高 128 个单元(80H～FFH)，若要访问这些单元只能用寄存器间接寻址指令，而要访问 SFR 只能用直接寻址的指令。

3.2.4 寄存器间接寻址

指令中指定某一个寄存器的内容作为操作数的地址，而该地址指定的单元中的内容便是操作数。这种寻址方法称为寄存器间接寻址方式，简称寄存器间址，也称为间接寻址方式。通常将用来存放操作数地址的寄存器称为指针。

MCS-51 中，用于间接寻址的寄存器有 R0、R1、数据指针寄存器 DPTR 和堆栈指针 SP。用 R0、R1 或 DPTR 作为地址指针寄存器时，应在寄存器符号前加前缀"@"，用于表示间接寻址。

(1) 用 R0 和 R1 作为地址指针来寻址片内数据存储器 RAM(00H～FFH)中的 256 个单元。例如：

```
MOV   A, @R0             ; (A)←((R0))
```

该指令的功能是将 R0 所指示的片内 RAM 单元中的数据传送到累加器 A 中去。例如，若 R0 的内容为 30H，片内 RAM 30H 单元中的内容是 0FH，则执行该指令后，片内 RAM 30H 单元的内容 0FH 被送到累加器 A，如图 3.3(a)所示。

(2) 用 MOVX 指令和 R0、R1 可访问片外数据存储器(片外 RAM)的 00H～0FFH 单元。用 MOVX 指令和 DPTR 可访问片外 RAM 的 64 KB 空间。

例如，设(DPTR) = 2000H，则 MOVX   A, @DPTR 执行过程如图 3.3(b)所示。

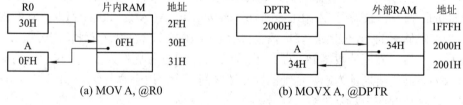

(a) MOV A, @R0   (b) MOVX A, @DPTR

图 3.3 寄存器间接寻址

(3) 堆栈操作指令也是间接寻址方式，它以 SP 为指针。

3.2.5 变址寻址

变址寻址是将基址寄存器与变址寄存器的内容相加，其结果作为操作数地址的寻址方式。它以数据指针 DPTR 或程序计数器 PC 作为基址寄存器，累加器 A 作为变址寄存器，两者的内容相加形成 16 位的程序存储器地址，该地址就是操作数所在地址。例如：

　　MOVC　A, @A+DPTR　　　; (A)←((A) + (DPTR))

设该指令执行之前, (A) = 05H, (DPTR) = 2000H, (2005H) = 35H, 则执行时, 将(A)+(DPTR)
的值 2005H 作为地址, 把程序存储器 2005H 单元的数据 35H 传送到累加器 A, 如图 3.4
所示。

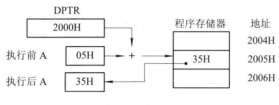

图 3.4　变址寻址

这种变址寻址方式用于对程序存储器的寻址, 变址寻址方式只有 3 条指令:

　　MOVC　A, @A + DPTR

　　MOVC　A, @A + PC

　　JMP　　@A + DPTR

主要用于访问程序存储器中的数据表格, 或实现程序的转移。

3.2.6　相对寻址

　　相对寻址是以当前程序计数器 PC 的值加上指令规定的偏移量 rel 构成实际操作数地址
的寻址方法。相对寻址用来访问程序存储器, 常用于相对转移指令中。

　　使用相对寻址时要注意以下两点:

　　(1) 当前 PC 值是指相对转移指令所在地址(一般称为源地址)加上转移指令的字节数。即:

$$当前 PC 值 = 源地址 + 转移指令字节数$$

　　例如:JZ rel 是一条累加器 A 为零转移的双字节指令。若该指令地址(源地址)为 5000H,
则执行该指令时的当前 PC 值即为 5002H。

　　(2) 偏移量 rel 是有符号的单字节数, 以补码表示, 其相对值的范围是 −128~+127,
负数表示从当前地址向前转移, 正数表示从当前地址向后转移。所以, 相对转移指令满足
转移条件后, 转移的地址(目的地址)应为

$$目的地址 = 当前 PC 值 + rel = 源地址 + 转移指令字节数 + rel$$

读者需明确其转移范围只能在 −128~+127 之间, 通常程序中都是使用标号。

3.2.7　位寻址

　　位寻址是指指令中直接给出位地址, CPU 则按位进行访问的一种寻址方式。位寻址方
式可以对内部数据存储器 RAM 20H~2FH 中的 128 位和特殊寄存器 SFR 中的可寻址位进
行位寻址, 位操作指令可对位寻址空间和相关端口的每一位进行传送及逻辑操作。例如:

　　SETB　P1.0　　　;(P1.0)←1

该指令的功能是将 P1 端口的第 0 位置 1。

　　综上所述, 在 51 系列单片机的存储空间中, 指令究竟对哪个存储器空间进行操作是
由指令操作码和寻址方式确定的。7 种寻址方式及适用空间见表 3.1。

表 3.1　7 种寻址方式及适用空间

序号	寻址方式	适 用 空 间
1	立即寻址	程序存储器
2	寄存器寻址	R0～R7，A，B，DPTR，Cy
3	直接寻址	内部 RAM(00H～7FH)，SFR，程序存储器(转移指令)
4	寄存器间接寻址	内部 RAM(00H～FFH)，外部 RAM
5	变址寻址	程序存储器
6	相对寻址	程序存储器
7	位寻址	内部 RAM(20H～2FH)的 128 位，SFR 中的相应位

3.3　指 令 系 统

本节分别介绍 51 单片机的数据传送指令、算术运算指令、逻辑运算指令、控制转移指令、位操作指令等五大类指令的功能和用法。

3.3.1　数据传送指令

在 51 系列单片机指令系统中，数据传送指令属于复制型传送，即源操作数传送给目的操作数后，源操作数保持不变。

数据传送指令分为五类：

(1) "MOV"：内部 RAM 与特殊功能寄存器之间的数据传送，这类指令使用的操作码助记符是 "MOV"。

(2) "MOVX"：外部 RAM 与累加器 A 之间的数据传送，这类指令使用的操作码助记符是 "MOVX"。

(3) "MOVC"：将程序存储器 ROM 中某一单元的信息传送到累加器 A 中的指令，这类指令使用的操作码助记符是 "MOVC"，也称查表指令。

(4) "PUSH 和 POP"：堆栈操作指令，分别使用 PUSH 和 POP 指令。

(5) "SCH、XCHD、SWAP"：字节交换指令，指令操作码助记符是 SCH、XCHD、SWAP 等几类。

1. 内部 RAM 与特殊功能寄存器之间的数据传送

这类指令使用 "MOV" 作为指令操作码的助记符，指令格式如下：

　　MOV　目的操作数, 源操作数　　　　　　　; 目的操作数←源操作数

指令的功能是：把源操作数的内容送入目的操作数。

例如，指令 MOV　A, R7 执行时将工作寄存器 R7 中的内容送入累加器 A 中。MOV 指令用于单片机内部的数据传送，主要指 A、Rn、片内 RAM、SFR 间的数据传送。图 3.5 给出了 MOV 指令的数据传送方向示意图。

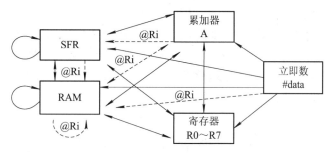

图 3.5　MOV 指令数据传送方向示意图

(1) 以累加器 A 为目的操作数的指令：

MOV	A, #data	; (A)←#data，#data 表示 8 位立即数
MOV	A, direct	; (A)←(direct)，direct 表示 8 位直接寻址的地址
		; 直接地址 00H～7FH，访问片内 RAM
		; 直接地址 80H～FFH，访问 SFR
MOV	A, Rn	; (A)←(Rn)，n = 0～7，Rn 表示 R0～R7
MOV	A, @Ri	; (A)←((Ri))，Ri 表示 R0 和 R1，@Ri 一定访问片内 RAM

(2) 以 Rn 为目的操作数的指令：

MOV	Rn, #data	; (Rn)←#data
MOV	Rn, A	; (Rn)←(A)
MOV	Rn, direct	; (Rn)←(direct)
		; 00H～7FH 访问片内 RAM，80H～FFH 访问 SFR

这组指令的功能是：把源操作数的内容送入当前工作寄存器区的 R0～R7 中的某一寄存器。(由于 16 位指针就此一个，所以就放在此处一并介绍。) 例如：

MOV	R0, 30H	; 将片内 RAM 30H 单元中的数据传送至工作寄存器 R0 中

(3) 以 direct 为目的操作数的指令：

MOV	direct, A	; 如：MOV　40H, A
MOV	direct, Rn	; 如：MOV　P1, R3
MOV	direct, direct	; 如：MOV　P1, P2
MOV	direct, #data	; 如：MOV　P1, #0FH
MOV	direct, @Ri	; 如：MOV　60H, @R0

这组指令的功能为：把源操作数的内容送入内部 RAM 单元或特殊功能寄存器。其中 MOV direct，direct 指令是三字节指令。直接地址之间的数传指令的功能很强，能实现内部 RAM 之间、特殊功能寄存器之间或特殊功能寄存器与内部 RAM 之间的直接数据传送。

(4) 以@Ri 为目的操作数的指令：

MOV	@Ri, A	; 如：MOV　@R0, A
MOV	@Ri, direct	; 如：MOV　@R0, 30H
MOV	@Ri, #data	; 如：MOV　@R0, #30H

(5) 以 DPTR 为目的操作数的指令：

MOV	DPTR, #data16	; 如：MOV　DPTR, #1234H

该指令的功能是将 16 位的立即数送入数据指针寄存器 DPTR。只有一条指令将 16 位立即

数送给 DPTR，一般用于给 DPTR 设置初值。

注意： MOV 指令用于单片机内部的数据传送，在图 3.5 中，虚线表示的数据传送是以 @Ri 间接寻址方式进行的，在此种指令中，不允许目的操作数和源操作数同时为间接寻址方式。另外，Rn 之间不允许相互传送数据。如下列各指令都是非法指令格式：

```
MOV    Rn, Rn        ; 非法指令格式
MOV    @Ri, @Ri      ; 非法指令格式
MOV    Rn, @Ri       ; 非法指令格式
MOV    @Ri, Rn       ; 非法指令格式
```

例 3.3.1　分析下列指令，判断其指令格式是否正确。

```
(1)   MOV    A, P1         ; 正确
(2)   MOV    30H, P1       ; 正确，目的操作数为片内 RAM，源操作数为 SFR
(3)   MOV    50H, 60H      ; 正确，源操作数和目的操作数均为片内 RAM
(4)   MOV    30H, #25H     ; 正确
(5)   MOV    30H, @R0      ; 正确，@R0 一定为片内 RAM
(6)   MOV    R0, R1        ; 非法指令
(7)   MOV    @R0, P1       ; 正确，@R0 一定为片内 RAM
(8)   MOV    @R0, A        ; 正确，@R0 一定为片内 RAM
(9)   MOV    @R0, @R1      ; 非法指令
(10)  MOV    R3, @R0       ; 非法指令
```

2. 累加器 A 与外部数据存储器之间的传送指令 MOVX

51 单片机用 MOVX 指令同外部数据存储器或 I/O 端口之间交换信息，只能通过累加器 A 实现 CPU 与外部的数据传送，即两个操作数中必定有一个是 A。MOVX 指令只有 4 条指令：

```
MOVX   A, @DPTR       ; 用@DPTR 访问外部 RAM 64 KB 空间
MOVX   A, @Ri         ; 用@Ri 访问外部 RAM 低 256 B 空间(00H～FFH)
MOVX   @DPTR, A
MOVX   @Ri, A
```

这组指令的功能为：在累加器 A 与外部数据存储器 RAM 单元或 I/O 端口之间进行数据传送，前两条指令执行时，P3.7($\overline{\text{RD}}$ 信号)引脚上输出 $\overline{\text{RD}}$ 有效信号，作为外部数据存储器的读选通信号；后两条指令执行时，P3.6($\overline{\text{WR}}$ 信号)引脚上输出 $\overline{\text{WR}}$ 有效信号，用作外部数据存储器的写选通信号。

例 3.3.2　把外部 RAM 3000H 单元的数据传送到 2000H 单元中(片外两单元之间的数据传送)。

解： 因为没有片外两存储单元之间直接传送数据的指令，只能通过累加器 A 进行中转才能完成把 3000H 单元中的数据传送到 2000H 单元中。参考程序如下：

```
MOV    DPTR, #3000H    ; 设置源数据指针，DPTR←3000H 单元地址
MOVX   A, @DPTR        ; A←(3000H)
MOV    DPTR, #2000H    ; 设置目的数据指针，DPTR←2000H 单元地址
```

MOVX　@DPTR, A　　　　　　　　　; (2000H)←A

例 3.3.3　把从 60H 单元开始的外部 RAM 中的 16 个字节的数据依次传送到以 30H 开始的内部 RAM 区域中(片外与片内的数据块传送)。

解：对于片外 RAM 与片内 RAM 间的数据传送，也只能通过累加器 A 进行传送。参考程序如下：

```
            MOV      R0, #30H      ; R0 为目的数据地址指针
            MOV      R7, #16       ; R7 为计数器
            MOV      R1, #60H      ; R1 为源数据地址指针
    NEXT:   MOVX     A, @R1
            MOV      @R0, A
            INC      R1
            INC      R0
            DJNZ     R7, NEXT
```

例 3.3.4　将外部 RAM 2000H～201FHH 单元的数据传送到以 3000H 为首址的外部 RAM 中。

解：在外部 RAM 之间进行批量数据传送时，可先将外部 RAM 数据传送到内部 RAM 中，然后再传送到外部 RAM 目标地址。参考程序如下：

```
            ; 先将外部 RAM 数据传送到内部 RAM 30H～4FH 中
            MOV      R0, #30H
            MOV      R7, #20H
            MOV      DPTR, #2000H
    LOOP1:  MOVX     A, @DPTR
            MOV      @R0, A
            INC      DPTR
            INC      R0
            DJNZ     R7, LOOP1
            ; 再将暂存于内部 RAM 30H～4FH 中的数据传送到外部 RAM 目标地址中
            MOV      R0, #30H
            MOV      R7, #20H
            MOV      DPTR, #3000H
    LOOP2:  MOV      A, @R0
            MOVX     @DPTR, A
            INC      DPTR
            INC      R0
            DJNZ     R7, LOOP2
```

3. 查表指令 MOVC

MOVC 指令称为查表指令，可用来查找存放在程序存储器中的常数表格。也只有两种格式：

```
MOVC    A, @A+DPTR      ; (A)←((DPTR) + (A))
MOVC    A, @A+PC        ; (A)←((PC) + (A))
```

第一条指令是以 DPTR 作为基址寄存器，累加器 A 的内容作为无符号数与 DPTR 的值相加，得到一个 16 位地址，并把该地址指示的程序存储器单元的内容送到累加器 A。这条指令的执行结果只与指针 DPTR 及累加器 A 的内容有关，与该指令存放的地址无关，因此，表格的大小和位置可以存放在 64 KB 程序存储器中任意位置，并且一个表格可以为各个程序块所共用。

第二条指令是以 PC 作为基址寄存器，A 的内容作为无符号数和 PC 的当前值(下一条指令的起始地址)相加后得到一个 16 位地址，并将该地址指示的程序存储器单元的内容送到累加器 A。这条指令的缺点是表格只能放在该条查表指令后面的 256 个单元之中，表格的大小受限制，而且表格只能被一段程序利用。

通常把 MOVC   A, @A+DPTR 称为远程查表指令，把 MOVC   A, @A+PC 称为近程查表指令。近程查表指令往往需要对地址增加适当的修正量。

例 3.3.5　编写一个子程序，其入口参数 A 为一个 0～9 的数(BCD 码)，利用查表指令找出其对应的 ASCII 码，求得的 ASCII 码存放于 A 中返回。

解：所谓表格，是指在程序中定义了一串有序的常数，如 ASCII 码表、平方表、字形码表、键码表等。因为程序一般都是固化在程序存储器(通常是只读存储器 ROM 类型)中，因此可以说表格是预先定义在程序的数据区中，然后和程序一起固化在 ROM 中的一串常数。查表程序的关键是表格的定义和如何实现查表。

程序 1，远程查表：

```
BCD-ASC1: MOV    DPTR, #TAB        ; 取表格首址 #TAB
          MOVC   A, @A+DPTR
          RET
   TAB:   DB    '0123456789'       ; 定义 ASCII 码表，TAB 为表格首址
```

程序 2，近程查表：

```
BCD-ASC2: INC A                    ; (A)←(A) + 1，增加的修正量
          MOVC   A, @A+PC
          RET
   TAB: DB    '0123456789'         ; ASCII 码表
```

执行 MOVC A, @A+PC 指令时，PC 的当前值指向的是 RET 指令，没有指向 TAB 的首地址。RET 指令代码占一个单元，子程序用 INC   A 指令对 A 加 1，是为了"绕过"RET 指令所占的一个单元而增加的修正量。

4. 堆栈操作指令

在程序实际运行中，需要一个先进后出的堆栈区，在子程序调用、执行中断服务程序等场合用以保护现场，这种先进后出的缓冲区称为堆栈。51 系列单片机的堆栈区设定在片内 RAM 中，SP 为堆栈指针寄存器，其长度为 8 位。系统复位后 SP 之值为 07H。单片机堆栈区域不是固定的，原则上可设在内部 RAM 的任意区域，但为了避开使用频率较高的工作寄存器区和位寻址区，一般设在 30H 以后的区域。

如用 MOV SP, #60H 设置 SP 为 60H，系统工作时堆栈就从 60H 开始向上生成。

堆栈有两种最基本操作：向堆栈存入数据称为"入栈"或"压入堆栈"(PUSH)；从堆栈取出数据称为"出栈"或"弹出堆栈"(POP)。堆栈中数据的存取采用先进后出的方式，即先入栈的数据，后弹出，类似货栈堆放货物的存取方式，"堆栈"一词也因此而得名。

入栈指令为

PUSH	direct	; (SP)←(SP) + 1
		; ((SP))←(direct)

例如：

MOV　SP, #60H

MOV　A, #78H

PUSH　A

数据入栈时，先将堆栈指针 SP 的内容加 1，然后将数据送入堆栈，如图 3.6 所示。

出栈指令为

POP	direct	; (direct)←((SP))
		; (SP)←(SP) - 1

数据出栈时，按 SP 的指示先把数据出栈，接着堆栈指针 SP 的内容自动减 1。

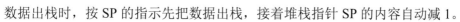

图3.6　入栈示意图

例 3.3.6　编写中断服务程序，进入中断服务程序时，需要把程序状态寄存器 PSW、累加器 A、数据指针 DPTR 进栈保护，成为保护现场，中断返回之前要恢复现场。

解： 中断服务程序如下：

```
PUSH  PSW
PUSH  ACC
PUSH  DPL
PUSH  DPH
      …              ; 中断处理程序
POP   DPH
POP   DPL
POP   ACC
POP   PSW
RETI                 ; 中断返回
```

例 3.3.7　设片内 RAM(30H) = 12H，(40H) = 34H，试用堆栈实现 30H 和 40H 单元中的数据互换。

解： 参考程序如下，堆栈变化如图 3.7 所示。

```
MOV   SP, #50H    ; 设置 SP 为 50H
PUSH  30H         ; 将 30H 单元的内容 12H 压栈，存入 51H 单元，注意，PUSH 后紧跟
                  ; 直接地址 30H
PUSH  40H         ; 将 40H 单元的内容 34H 压栈，存入 52H 单元
POP   30H         ; 34H 出栈，存入 30H 单元
POP   40H         ; 12H 出栈，存入 40H 单元
```

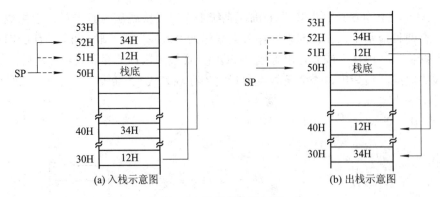

图 3.7　堆栈变化示意图

注意:

(1) 堆栈操作与 RAM 操作的区别。堆栈作为内部 RAM 的一个特殊区域,有其独特性。使用内部 RAM 必须知道单元具体地址,而堆栈只需设置好栈底地址,就可放心使用,无需再记住单元具体地址。堆栈所特有的先进后出的特点,使数据弹出之后,存储单元自动释放,虽然数据仍在 RAM 中,但从逻辑上认为该数据已不存在了,存储单元可再次使用,充分提高了内存的利用率;而内部 RAM 的操作是不可能实现存储单元自动释放和再利用的,必须通过编程重新分配,才能再次使用。

(2) 51 系列单片机的堆栈区是向上生成的,因此设置 SP 初值时要充分考虑堆栈的深度,预留出足够的内存空间,满足堆栈使用,否则就会发生堆栈溢出引起程序出错。

5. 字节交换指令

XCH	A, Rn	; (A)⇌(Rn)
XCH	A, @Ri	; (A)⇌((Ri))
XCH	A, direct	; (A)⇌(direct)
XCHD	A, @Ri	; (A)3~0⇌((Ri))3~0
SWAP	A	; (A)7~4⇌(A)3~0

XCH 指令是将累加器 A 的内容和源操作数内容相互交换;XCHD 是半字节交换指令,是将累加器 A 的低 4 位二进制数和(Ri)所指示的内部 RAM 单元的低 4 位相互交换,高 4 位数保持不变。SWAP 是将累加器 A 中的高 4 位二进制数与低 4 位进行交换。

例如,设累加器 A 的内容为 12H,而 R0 的内容为 34H,则执行 XCH　A,R0 指令后,累加器 A 的内容为 34H,R0 的内容为 12H,即 A 和 R0 的内容交换了。交换指令与数据传送指令不同,数据传送指令执行后,源操作数传送到目的操作数中覆盖了目的操作数原来的内容。

再如,设累加器 A 的值为 2EH,R0 的内容为 30H,内部 RAM 30 单元的内容为 48H,执行 XCHD　A,@R0 指令后,累加器 A 的内容为 28H,内部 RAM 30H 单元的内容将为 4EH,即 A 与寄存器 R0 指定的内存单元的低 4 位对调,而高 4 位不变。

3.3.2　算术运算指令

算术运算指令用来完成各种算术运算。51 系列单片机有加、减、乘、除四种算术运算。

1. 加法指令

1) 不带进位的加法指令

ADD	A, #data	; (A)←(A) + #data
ADD	A, Rn	; (A)←(A) + (Rn)
ADD	A, direct	; (A)←(A) + (direct)
ADD	A, @Ri	; (A)←(A) + ((Ri))

上述指令完成累加器 A 与相应源操作数相加，结果存放在累加器 A 中，且运算对程序状态寄存器 PSW 中的相关标志位产生影响。

注意：用户可根据需要把参与运算的数据看成无符号数(0~255)，也可以把它们看成有符号数(补码数)。无符号数参与运算时，我们关心进位标志位 Cy，若 Cy=0，则表示运算结果小于等于 255，运算正确；若 Cy=1，则表示运算结果大于 255，运算出错，需要进行出错处理。有符号数参与运算时，我们关心溢出标志位 OV，若 OV=0，则表示运算正确，运算结果在 −128~+127 范围内；若 OV=1，则表示运算出错，运算结果超出了 −128~+127 范围，需要进行出错处理。溢出标志 OV 和进位标志 Cy 是两种不同性质的标志。

例 3.3.8　试分析下列指令被执行后，PSW 中 Cy、OV、AC 及 P 标志位的状态。

　　　MOV　A, #0FFH

　　　ADD　A, #02H

解：ADD 指令的执行过程及运算结果如图 3.8 所示。溢出标志的判断方法为：OV = Cy⊕Cy′，其中 Cy′ 为次高位向最高位的进位。

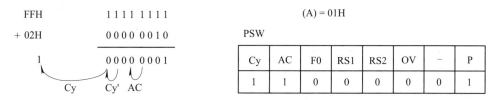

图 3.8　ADD 对 PSW 的影响

2) 带进位加法指令

ADDC	A, #data	; (A)←(A) + #data + Cy
ADDC	A, Rn	; (A)←(A) + (Rn) + Cy
ADDC	A, direct	; (A)←(A) + (direct) + Cy
ADDC	A, @Ri	; (A)←(A) + ((Ri)) + Cy

这组指令的功能与不带进位加法指令类似，所不同之处是，在执行加法运算时，还需将进位标志位 Cy 的内容加进去，对于标志位的影响与不带进位加法指令相同。

例如：可通过如下指令将存放在 30H、31H 单元中的 16 位二进制数与存放在 32H、33H 单元中的 16 位二进制数相加，并将结果存放在 30H、31H 中。

MOV	A, 30H	; 将被加数低 8 位送到累加器 A
ADD	A, 32H	; 与加数低 8 位(即 32H 单元内容)相加，结果存放在 A 中
MOV	30H, A	; 将和的低 8 位保存到 30H 单元
MOV	A, 31H	; 将被加数高 8 位送累加器 A

```
    ADDC   A, 33H        ; 与加数高 8 位(即 33H 单元内容)相加，结果存放在累加器 A 中，由于
                         ; 低 8 位相加时，结果可能大于 0FFH，产生进位，因此在高 8 位相加时
                         ; 用 ADDC 指令
    MOV    31H, A        ; 将和的高 8 位保存到 31H 单元中
```

3) 增量指令

```
    INC   A              ; (A)←(A) + 1
    INC   Rn             ; (Rn)←(Rn) + 1
    INC   direct         ; (direct)←(direct) + 1
    INC   @Ri            ; ((Ri))←((Ri)) + 1
    INC   DPTR           ; (DPTR)←(DPTR) + 1
```

这组指令的功能是将指令中所指出操作数的内容自增 1。除 INC A 影响 P 标志外，这组指令都不影响任何标志。如原来的内容为 0FFH，则加 1 后使操作数的内容变成 00H，但不影响标志(除 INC A 影响 P 标志外)。最后一条指令是对 16 位的数据指针寄存器 DPTR 加 1。

注意：INC 指令中，当操作数是某一 I/O 端口如"INC P1"时，先将 P1 口锁存器内容读出，加 1 后，再写入 P1 口锁存器中，因此 INC Pi(i = 0, 1, 2, 3)属于"读—修改—写"指令。

4) 十进制调整指令

```
    DA   A
```

这条指令用于压缩 BCD 码加法运算的十进制调整。它只能跟在 ADD 或 ADDC 指令之后，对累加器 A 中所获得的 8 位运算结果进行十进制调整，使 A 中的内容调整为二位 BCD 码。指令判断 A 中的低 4 位是否大于 9 和辅助进位标志 AC 是否为"1"，若两者有一个条件满足，则低 4 位加 6；同样，也判断 A 中的高 4 位大于 9 或进位标志 Cy 为"1"两者有一个条件满足时，高 4 位加 6。

例如，两个 BCD 数 36 与 45 相加，结果应为 BCD 码 81，程序如下：

```
    MOV   A, #00110110B        ; 36H CPU 只能按二进制数处理
    ADD   A, #01000101B
    DA    A
```

程序中，第一条指令将立即数 36H(BCD 码 36)送入累加器 A；第二条指令完成加法，结果为 7BH；第三条指令对累加器 A 进行十进制调整，低 4 位(为 0BH)大于 9，因此要加 6，得调整的 BCD 码 81。

注意：这条指令不能对减法指令的结果进行调整，且其结果不影响溢出标志位。

例 3.3.9 将 R2 中以压缩形式存放的两位 BCD 码减 1。

解：51 单片机没有减法的十进制调整指令，而 DA A 指令只能对加法进行调整。所以可将减法用加法来实现，减 1 相当于加 99。因此，实现两位 BCD 码减 1 的程序如下：

```
    MOV   A, R2
    ADD   A, #99H
    DA    A
    MOV   R2, A
```

2. 减法指令

1) 带借位减法指令

```
SUBB    A, #data    ; (A)←(A) − #data − Cy
SUBB    A, Rn       ; (A)←(A) − (Rn) − Cy
SUBB    A, direct   ; (A)←(A) − (direct) − Cy
SUBB    A, @Ri      ; (A)←(A) − ((Ri)) − Cy
```

这组指令的功能是：将累加器 A 的内容与第二操作数及进位标志相减，结果送回累加器 A 中。在执行减法过程中，如果 D7 有借位，则进位标志 Cy 置 "1"，否则 Cy 清零；如果 D3 有借位，则辅助进位标志 AC 置 "1"，否则清零；如 D6 有借位而 D7 没有借位，或 D7 有借位而 D6 没有借位，则溢出标志 OV 置 "1"，否则清零。若要进行不带借位的减法操作，可以先将 Cy 清零然后再用减法指令。

注意：51 单片机没有不带借位的减法指令。

例 3.3.10 求内部 RAM 两单元的差值，被减数存放在内部 30H 单元，减数存放在 31H 单元，将差放在 30H 单元。

解：参考程序如下：

```
MOV    A, 30H      ; 被减数送累加器 A
CLR    C           ; 进位标志 Cy 清零
SUBB   A, 31H      ; 与 31H 单元内容相减
MOV    30H, A      ; 将结果传保存在 30H 单元
```

2) 减 1 指令

```
DEC    A           ; (A)←(A) − 1
DEC    Rn          ; (Rn)←(Rn) − 1
DEC    direct      ; (direct)←(direct) − 1
DEC    @Ri         ; ((Ri))←((Ri)) − 1
```

这组指令的功能是将相应的操作数自减 1。除 DEC A 影响 P 标志外，这组指令不影响标志位。如原来的内容为 00H，则减 1 后使操作数的内容变成 0FFH，但不影响标志(除 DEC A 影响 P 标志外)。

3. 乘法指令

完成单字节乘法运算，只有一条指令：

```
MUL    AB          ; (B7~B0 A7~A0)←(A) × (B)
```

该条指令的功能是将累加器 A 的内容与寄存器 B 的内容相乘，乘积的低 8 位存放在累加器 A 中，高 8 位存放于寄存器 B 中。如果乘积超过 0FFH，则溢出标志 OV 置 "1"，否则清零。乘法指令执行后进位标志 Cy 总是为 "0"。

4. 除法指令

完成单字节的除法，只有一条指令：

```
DIV    AB          ; (A)←(A) / (B)的商
                   ; (B)←(A) / (B)的余数
```

该条指令的功能是将累加器 A 中的内容除以寄存器 B 中的 8 位无符号整数，所得商

存放在累加器 A 中，余数存放在寄存器 B 中，清进位标志 Cy 和溢出标志 OV。若原来 B 中的内容为 0(即除数为 0)，则执行该指令后 A 与 B 中的内容不定，并将溢出标志 OV 置 "1"，在任何情况下，进位标志 Cy 总是被清零。

3.3.3　逻辑运算指令与移位指令

1. 逻辑与指令

```
ANL   A, #data        ; (A)←(A)∧#data
ANL   A, Rn           ; (A)←(A)∧(Rn)
ANL   A, direct       ; (A)←(A)∧(direct)
ANL   A, @Ri          ; (A)←(A)∧((Ri))
ANL   direct, A       ; (direct)←(direct)∧(A)
ANL   direct, #data   ; (direct)←(direct)∧#data
```

这组指令的功能是将两个操作数的内容按位进行逻辑与操作，并将结果送回目的操作数单元中。

在控制系统中，我们时常会遇到要求一个端口某些位保持不变，某些位要求清零的操作，这种情况用逻辑与指令就很方便。

如(A) = 55H，执行 ANL A, #0FH 后，(A) = 05H，完成了低 4 位保持不变而高 4 位被清零的操作。

2. 逻辑或指令

```
ORL   A, #data        ; (A)←(A)∨#data
ORL   A, Rn           ; (A)←(A)∨(Rn)
ORL   A, direct       ; (A)←(A)∨(direct)
ORL   A, @Ri          ; (A)←(A)∨((Ri))
ORL   direct, A       ; (direct)←(direct)∨(A)
ORL   direct, #data   ; (direct)←(direct)∨#data
```

这组指令的功能是将两个操作数的内容按位进行逻辑或操作，并将结果送回目的操作数单元中。

在控制系统中，我们时常会遇到要求一个端口某些位保持不变，某些位要求置 1 的操作，这种情况用逻辑或指令就很方便。

如(A) = 55H，执行 ORL A, #0F0H 后，(A) = F5H，完成了低 4 位保持不变而高 4 位被置 1 的操作。

3. 逻辑异或指令

```
XRL   A, #data        ; (A)←(A)⊕#data
XRL   A, Rn           ; (A)←(A)⊕(Rn)
XRL   A, direct       ; (A)←(A)⊕(direct)
XRL   A, @Ri          ; (A)←(A)⊕((Ri))
XRL   direct, A       ; (direct)←(direct)⊕(A)
XRL   direct, #data   ; (direct)←(direct)⊕#data
```

这组指令的功能是将两个操作数的内容按位进行逻辑异或操作，并将结果送回到目的操作数单元中。

在控制系统中，我们时常会遇到要求一个端口某些位保持不变，某些位按位取反的操作，这种情况用逻辑异或指令就很方便。

如(A) = 55H，执行 XRL A, #0F0H 后，(A) = A5H，完成了低 4 位保持不变而高 4 位被按位取反的操作。

4. 移位指令

RL   A   ;累加器 A 的内容向左环移 1 位

RR   A   ;累加器 A 的内容向右环移 1 位

RLC   A   ;累加器 A 的内容带进位标志位向左环移 1 位

RRC   A   ;累加器 A 的内容带进位标志位向右环移 1 位

这组指令的功能是对累加器 A 的内容进行简单的移位操作。除了带进位标志位的移位指令外，其它都不影响 Cy，AC，OV 等标志。如图 3.9 所示。

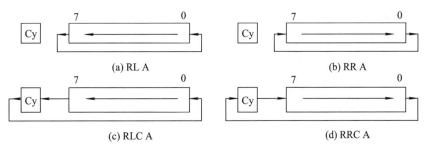

图 3.9 移位指令

5. 累加器 A 清零与取反指令

CLR   A   ;累加器 A 清零

CPL   A   ;累加器 A 按位取反

例 3.3.11 利用移位指令把片内 RAM 的 30H 单元的数据与 2 相乘，乘积的低 8 位存放于片内 RAM 的 30H 单元中，高 8 位存放于 31H 单元中。

解：参考程序如下：

```
MOV    A, 30H
CLR    C
RLC    A        ; 数据与 2 相乘，超出位存于 Cy
MOV    30H, A   ; 乘积的低 8 位存放在 30H 单元中
CLR    A        ; 累加器 A 清零
RLC    A        ; Cy 移入 A
MOV    31H, A   ; 乘积的高 8 位存放于 31H 单元中
```

例 3.3.12 求双字节数的补码。设有一个 16 位二进制数正数 X，X 的高 8 位存放在 R3 中，X 的低 8 位存放在 R2 中，求 -X 的补码。其补码仍存放于 R3 和 R2 中。

解：参考程序如下：

```
MOV    A, R2    ; 取低 8 位
```

```
CPL    A          ; 低 8 位取反
ADD    A, #01H    ; 低 8 位 + 1
MOV    R2, A      ; 存低 8 位
MOV    A, R3      ; 取高 8 位
CPL    A          ; 高 8 位取反
ADDC   A, #00H    ; 加低 8 位的进位
MOV    R3, A      ; 存高 8 位
```

3.3.4　控制转移指令

51 系列单片机提供了较丰富的控制转移指令, 编程相当灵活。其中有 64 KB 范围内的长转移指令 LJMP、长调用指令 LCALL; 有 2 KB 范围内的绝对转移 AJMP 和绝对调用指令 ACALL; 有一页范围内的相对转移指令 SJMP; 还有多种条件转移指令。

1. 无条件转移指令

1) 长转移指令

```
LJMP   addr16             ; (PC)←addr16
```

LJMP 为 3 字节指令, 其操作码为 02H, 随后的两个字节是要转向的 16 位的目标地址。执行该指令时, 直接将 16 位的目标地址 addr16 装入 PC, 程序无条件转向指定的目标地址。转移的目标地址可以在 64 KB 程序存储器地址空间的任何区域, 见图 3.10 所示。执行跳转时, 不影响任何标志位。

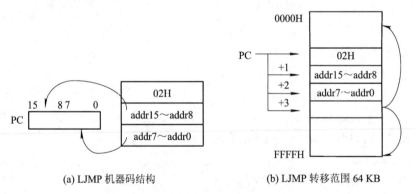

(a) LJMP 机器码结构　　　　(b) LJMP 转移范围 64 KB

图 3.10　LJMP addr16 指令示意图

如, 在 0000H 单元存放一条指令:
```
LJMP   0040H              ; addr16 = 0040H
```
其机器码的 3 个字节依次为 02H、00H、40H。上电复位后, (PC) = 0000H, 执行 LJMP 时, (PC)←0040H, 则程序转向 0040H 执行用户程序。书写程序时 addr16 用符号地址表示。通常我们只写出要转移到程序段的标号, 不写出具体地址。如:
```
ORG    0000H
LJMP   START              ; 上电复位时执行该指令, 再转向 START
ORG    0040H
START: …                  ; 用户程序从 0040H 开始
```

2) 绝对转移指令

AJMP   addr11   ; $(PC) \leftarrow (PC) + 2$

                                ; $(PC_{10\sim0}) \leftarrow a_{10\sim0}$

AJMP 为 2 字节指令,其机器码由要转向的 11 位的地址码和该指令特有的操作码 00001 组成,如图 3.11 所示。执行该指令时,先将 PC + 2,然后将 addr11(即 $a_{10\sim0}$)送入 $PC_{10\sim0}$,而 $PC_{15\sim11}$ 保持不变。这样得到跳转的目的地址。需要注意的是,由于 11 位地址的范围是 000 0000 0000B~111 1111 1111B,即 2 KB 范围,而目的地址的高 5 位是 PC 当前值,所以程序可转移的位置只能是和 PC 当前值在同一 2 KB 范围内。本指令执行后不影响状态标志位。

AJMP addr11 机器码结构	a_{10}	a_9	a_8	0	0	0	0	1	a_7	a_6	a_5	a_4	a_3	a_2	a_1	a_0
形成的目标地址 PC	PC_{15}	PC_{14}	PC_{13}	PC_{12}	PC_{11}	a_{10}	a_9	a_8	a_7	a_6	a_5	a_4	a_3	a_2	a_1	a_0

图 3.11　AJMP addr11 指令示意图

3) 相对转移指令

SJMP   rel   ; $(PC) \leftarrow (PC) + 2$

                            ; $(PC) \leftarrow (PC) + rel$

SJMP   rel 为双字节指令,其机器码由操作码 80H 和操作数 rel 组成,见图 3.12(a)所示,其中 rel 是用 8 位补码(带符号数)表示的一个偏移量。执行该指令时,先将 PC + 2(即, SJMP 指令所在地址 + 2,称为 PC 的当前值),再加 rel 便是要跳转到的目的地址。因为 8 位补码的取值范围为 −128~+127,所以该指令的转移范围是:相对于 PC 当前值向前跳转 128 字节,后向后跳转 127 字节。即

                目的地址 = SJMP 指令所在地址 + 2 + rel = PC 当前值 + rel

例如,在 2100H 单元有指令 SJMP   08H;指令执行情况如图 3.12(b)所示。在此 rel = 08H(正数),则转移的目的地址为 210AH(向后转);用汇编语言编程时,指令中的相对地址 rel 往往用标号表示。如写成 SJMP   KL0;其中 KL0 是用标号表示的目的地址,机器汇编时,能自动算出相对地址的值。

又如,在 3100H 单元有指令 SJMP   0F0H;指令执行情况如图 3.12(c)所示。在此 rel = 0F0H,是一个负数(−16),则转移目的地址为

                PC 当前值 + rel = PC 当前值 + (−16 的 16 位补码 FFF0H)

                = PC 当前值 − 16

                = 3102H − 10H

                = 30F2H

再如,在 4100H 单元有指令:

    HERE: SJMP HERE

执行情况如图 3.12(d)所示。在此 rel = 0FEH,是一个负数(−2),目的地址就是 SJMP 指令

的首地址，程序就不会再向后执行，造成单指令的无限循环，进入等待状态，往往用该指令作为停机指令使用。在汇编语言中可用$符号表示 SJMP 指令的地址，于是该指令即可写成 SJMP　$。

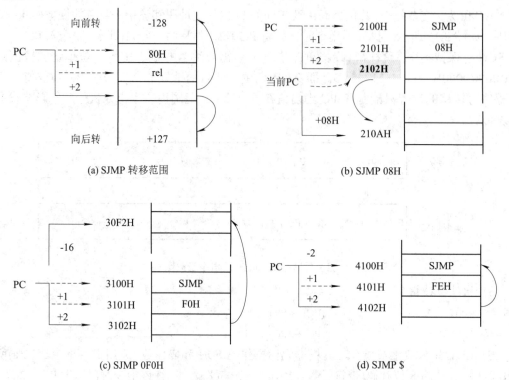

图 3.12　SJMP rel 指令示意图

注意：以上三种无条件转移指令在应用上的区别有以下几点：

① 转移距离不同，LJMP 可在 64 KB 范围内转移，AJMP 指令可以在本指令取出后的 2 KB 范围内转移，SJMP 的转移范围是相对 PC 当前值的 −128～+127 个字节。

② 汇编后机器码的字节数不同，LJMP 是三字节指令，AJMP 和 SJMP 都是两字节指令。

③ LJMP 和 AJMP 都是绝对转移指令，而 SJMP 是相对转移指令。当修改程序时，只要相对地址不变，SJMP 指令的机器码就无需改变。

选择无条件转移指令的原则是根据跳转的远近和 ROM 的存储空间大小而定。若 ROM 的存储空间有限时，尽可能选择占用字节数少的指令。例如，动态暂停指令一般都选用 SJMP　$，而不用 LJMP　$。若 ROM 的存储空间不受限制，尽可能使用 LJMP，因为 LJMP 的转移地址比较直观，便于调试程序。

4) 散转指令(间接长转移指令)

　　JMP　@A+DPTR　　　　　　; (PC)←(A) + (DPTR)

执行该指令时，把累加器 A 中的 8 位无符号数与数据指针中的 16 位数相加，结果作为下条指令的地址送入 PC，利用这条指令能实现程序的散转。该指令不改变累加器 A 和数据指针 DPTR 的内容，也不影响标志。

例 3.3.13　编写程序，根据累加器 A 的值转向不同的入口地址。当(A) = 0 时，转向

KL0；当(A) = 1 时，转向 KL1；当(A) = 2 时，转向 KL2……

　　解：参考程序如下：

```
        MOV   DPTR, #TABLE      ; 取转移表首址
        RL A                    ; (A)←(A)×2，因为 AJMP 占 2 个字节，所以要修正 A 值
        JMP   @A+DPTR
TABLE:  AJMP  KL0               ; 若原(A) = 0，则转向 KL0
        AJMP  KL1               ; 若原(A) = 1，则转向 KL1
        AJMP  KL2               ; 若原(A) = 2，则转向 KL2
        ...
```

2. 条件转移指令

```
        JZ    rel               ; 当 A = 0 时跳转，A ≠ 0 时顺序执行下面的指令，即不跳转
        JNZ   rel               ; 当 A ≠ 0 时跳转，A = 0 时不跳转，继续执行程序，如图 3.13 所示
```

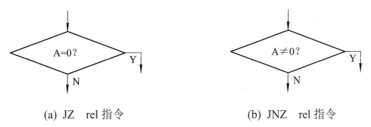

(a) JZ　rel 指令　　　　　　　　　　　(b) JNZ　rel 指令

图 3.13　判断 A 转移指令

　　这类指令是双字节指令，第一个字节是操作码，第二个字节是 8 位的相对偏移量(带符号数)。它们依据累加器 A 的内容是否为 "0" 进行转移。条件满足时程序跳转，条件不满足时则顺序执行下面的指令。当条件满足时，其转移情况类似于 SJMP 指令的转移。

　　　　　　　目的地址 = 指令所在地址 + 2 + rel = PC 当前值 + rel

　　它们的转移范围是相对于 PC 当前值的 −128～+127 个字节。指令不影响任何标志位。

　　例 3.3.14　在片外 RAM 中，从首地址为 DATA1 的存储区中有一个数据块，该数据块中不包含 0 元素。试将该数据块传送到片内 RAM 首地址为 DATA2 的存储区中，直至遇到 0 结束传送。

　　解：外部 RAM 向内部 RAM 的数据转送一定要经过累加器 A，正好利用判零条件转移可以判断是否要继续传送数据。完成数据传送的程序段如下：

```
        MOV   DPTR, #DATA1      ; DPTR 作为外部数据块的地址指针
        MOV   R1, #DATA2        ; R1 作为内部数据块的地址指针
LOOP:   MOVX  A, @ DPTR         ; 取外部 RAM 数据送入 A
        JZ    EXIT              ; 数据为零则结束传送
        MOV   @R1, A            ; 数据传送至内部 RAM 单元
        INC   DPTR              ; 修改指针，指向下一个地址
        INC   R1
        LJMP  LOOP              ; 循环
EXIT:   ...
```

3. 比较转移指令

在 51 系列单片机中没有专门的比较指令，但提供了下面 4 条比较不相等转移指令：

```
CJNE    A, direct, rel
CJNE    A, #data, rel
CJNE    Rn, #data, rel
CJNE    @Ri, #data, rel
```

这组指令是先对两个规定的操作数进行比较，根据比较的结果来决定是否转移。若两个操作数相等，则不转移，程序顺序执行；若两个操作数不等，则转移。

注意：

① 以上指令在执行时要进行一次比较操作，比较是要进行减法运算，但不保存结果，不影响操作数，只根据比较的结果影响程序状态字寄存器 PSW 的 Cy 标志。如果第一个操作数(无符号整数)小于第二个操作数，则进位标志 Cy 置 "1"，否则清零。利用标志位 Cy 作进一步的判断，可实现三分支转移。

② 转移地址的计算方法与 SJMP 指令相同。它们的转移范围是相对于 PC 当前值的 -128～+127 个字节。

例 3.3.15　设 P2 口为输入端口，不断检测 P2 口的输入数据，当从 P2 口输入的数据为 01H 时，程序继续执行，否则等待，直到 P2 口出现 01H。

解： 参考程序如下：

```
          MOV    A, #01H          ; 立即数 01H 送 A
WAIT: CJNE    A. P2, WAIT         ; (P2) ≠ 01H, 则等待
```

例 3.3.16　在图 3.14 中，P1 口控制了 8 个发光二极管 L7～L0。试编程序，使 L7～L0 按二进制计数规律从 1～128 增 1 计数，某位为 1，对应的发光二极管发亮，否则熄灭，计到 128 时从头再来。

解： 参考程序如下：

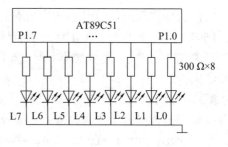

图 3.14　P1 口输出控制电路

```
          ORG    0000H
          LJMP   MAIN
          ORG    0040H
MAIN:   MOV    SP, #60H
LOOP1: CLR    A
          MOV    R5, #128
LOOP:   INC    A
          MOV    P1, A
          LCALL  DELAY
          DJNZ   R5, LOOP
          SJMP   LOOP1
DELAY: MOV    R7, #00H        ; 延时子程序
DELAY1: MOV    R6, #00H
DEL:    NOP
          DJNZ   R6, DEL
```

```
            DJNZ    R7, DELAY1
            RET
            END
```

4. 减 1 不为 0 转移指令

```
    DJNZ    Rn, rel
    DJNZ    direct, rel
```

减 1 条件转移指令有两条。每执行一次这种指令，就把第一操作数减 1，并把结果仍保存在第一操作数中，然后判断是否为零。若不为零，则转移到指定的地址单元，转移地址的计算方法与 SJMP 指令相同。它们的转移范围是相对于 PC 当前值的-128～+127 个字节。这组指令对于构成循环程序是十分有用的，可以指定任何一个工作寄存器或者内部 RAM 单元作为循环计数器。每循环一次，这种指令被执行一次，计数器就减 1。到达预定的循环次数，计数器就被减为 0，顺序执行下一条指令，也就结束了循环。

例 3.3.17　循环灯控制器设计，硬件电路仍如图 3.14 所示，编程使发光二极管 L7～L0 从右至左依次发亮，实现循环灯。

解： 参考程序如下：

```
            ORG     0000H
            LJMP    MAIN            ; 循环灯左循环
            ORG     0040H
MAIN:       MOV     SP, #60H
            MOV     A, #01H
LOOP:       MOV     P1, A
            LCALL   DELAY
            RL      A               ; A 的内容向左循环移一位
            SJMP    LOOP
DELAY:      MOV     R1, #00H        ; 延时子程序
DELAY1:     MOV     R0, #80H
DELAY2:     NOP
            NOP
            DJNZ    R0, DELAY2
            DJNZ    R1, DELAY1
            RET
            END
```

5. 进位条件转移指令

```
    JC     rel          ; 若 Cy = 1，则转移(PC)←(PC) + 2 + rel
    JNC    rel          ; 若 Cy = 0，则转移(PC)←(PC) + 2 + rel
```

这两条指令测试进位标志 Cy，并根据 Cy 的值完成转移。

6. 位测试转移指令

```
    JB     bit, rel          ; 若(bit) = 1，则转移(PC)←(PC) + 3 + rel
```

JNB　　bit, rel　　　　　; 若(bit) = 0，则转移(PC)←(PC) + 3 + rel

JBC　　bit, rel　　　　　; 若(bit) = 1，则转移(PC)←(PC) + 3 + rel，并 bit←0

这组指令测试指定位 bit 的值，并根据其值完成转移。

7. 调用及返回指令

程序设计时，为了提高编程效率，通常把具有一定功能的公用程序段编制成子程序，当主程序需要使用子程序时用调用指令，而在子程序的最后安排一条子程序返回指令，以便执行完子程序后能返回主程序继续执行。下列指令格式中给出的是地址，通常我们在编程时不必直接给出地址，而是给出子程序名，即子程序首指令的标号。

1) 长调用指令

LCALL　addr16　; (PC)←(PC) + 3

　　　　　　　　　; (SP)←(SP) + 1，((SP))←(PC$_{7\sim0}$)

　　　　　　　　　; (SP)←(SP) + 1，((SP))←(PC$_{15\sim8}$)

　　　　　　　　　; (PC)←addr16

LCALL 为 3 字节指令，其操作码为 12H，随后两个字节是 16 位的目标地址。如图 3.15 所示，执行该指令时，CPU 自动将 PC + 3 以获得下一条指令的首地址，并把它压入堆栈(先低字节后高字节)，SP 内容加 2，然后将 16 位目的地址 addr16 放入 PC 中，转去执行以该地址为入口的子程序。这条指令可以调用 64 KB 范围内存储器中的子程序，指令执行后不影响任何标志位。

LCALL addr16 的机器码	12H
	addr15～addr8
	addr7～addr0

图 3.15　LCALL 的机器码

2) 绝对调用指令

ACALL　addr11　　; (PC)←(PC) + 2

　　　　　　　　　; (SP)←(SP) + 1，((SP))←(PC$_{7\sim0}$)

　　　　　　　　　; (SP)←(SP) + 1，((SP))←(PC$_{15\sim8}$)

　　　　　　　　　; (PC$_{10\sim0}$)←addr11

ACALL 的机器码与 AJMP 指令类似，它为 2 字节指令，其机器码由 11 位的目标地址码和该指令特有的操作码 10001 组成，如图 3.16 所示。

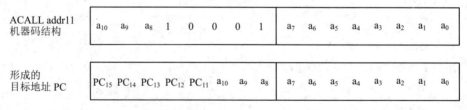

图 3.16　ACALL 指令与目标地址

执行该指令时，先将 PC + 2 以获得下一条指令的地址，然后将 PC 中 16 位地址压入堆栈(PCL 内容先进栈，PCH 内容后进栈)，堆栈指针 SP 内容加 2，最后把 PC 的高 5 位 (PC$_{15\sim11}$)与指令中提供的 11 位地址 addr11 相连接(PC$_{15\sim11}$，a$_{10\sim0}$)，形成子程序的入口地址送入 PC，使程序转向子程序执行。

注意：这是一条 2 KB 范围内的子程序调用指令。调用的子程序的入口地址必须与 ACALL 下面一条指令的第一个字节在同一个 2 KB 区域的存储器区域内。

3) 子程序返回指令

RET 　　　　; $(PC_{15\sim8})\leftarrow((SP))$, $(SP)\leftarrow(SP)-1$

　　　　　　　; $(PC_{7\sim0})\leftarrow((SP))$, $(SP)\leftarrow(SP)-1$

　　这条指令的功能是恢复断点，将调用子程序时压入堆栈的下一条指令的首地址弹出送回 PC，使程序返回主程序继续执行。

4) 中断返回指令

RETI 　　　　; $(PC_{15\sim8})\leftarrow((SP))$, $(SP)\leftarrow(SP)-1$

　　　　　　　; $(PC_{7\sim0})\leftarrow((SP))$, $(SP)\leftarrow(SP)-1$

　　这条指令的功能与 RET 指令相似，所不同的是它除了完成程序返回功能之外，还要清除单片机内部的中断状态标志位。

3.3.5　位操作指令

　　位操作指令的操作数只能是可进行位寻址的某一位(bit)，由于每一位的取值只能是"0"或"1"，故位操作指令也称为布尔变量操作指令。位操作指令可以完成以位为对象的数据传送、逻辑运算和控制转移等操作。

　　位操作指令在单片机指令系统中占有重要地位，这是因为单片机在控制系统中主要用于控制线路通、断，继电器的吸合与释放等，按位操作十分方便。MCS-51 单片机内部有一个功能相对独立的布尔处理机，它借用进位标志 Cy(在指令中可简写成 C)作为位累加器完成各种位操作。位操作指令的寻址范围是片内 RAM 的 20H～2FH 单元的 128 位(位址为 00H～7FH)和 SFR 中的可进行位寻址的寄存器中的每一位。

1. 位地址的表达形式

(1) 直接位地址方式，如 00H, 97H, 0A8H；

(2) 点操作符方式，如 20H.0, P1.7, IE.0；

(3) 位名称方式，如 EX0；

(4) 用户定义名方式，如用伪指令"BIT"定义"FLG BIT EX0"，则经定义后，允许指令中使用 FLG 代替 EX0。

2. 位数据传送指令

MOV　C, bit　　; Cy←(bit)

MOV　bit, C　　; (bit)←C

　　这组指令的功能是把源操作数指出的布尔变量送到目的操作数指定的位地址单元中。其中一个操作数必须为进位标志 Cy，另一个操作数可以是任何可直接寻址的位地址。

3. 位清零置 1 指令

CLR　C　　　　　; Cy←0

CLR　bit　　　　; (bit)←0

SETB　C　　　　; Cy←1

SETB　bit　　　; (bit)←1

　　这组指令对操作数所指出的位进行清零或置"1"操作，不影响其它标志位。

4. 位变量逻辑运算指令

1) 位逻辑与指令

ANL	C, bit	; Cy←Cy∧(bit)
ANL	C, /bit	; Cy←Cy∧/(bit)

这组指令的功能是位累加器 C 的值与指定位的位状态相"与"，结果保存在 C 中，不影响其它标志。bit 前的斜杠表示对(bit)取反，直接寻址的位状态取反后用作源操作数，但不改变直接寻址位原来的值。

例如指令：

ANL　C, /P1.7　　　　; 若执行前 P1.7 为"0"，C 为"1"，则指令执行后 C 为 1，而 P1.7 仍为 0

2) 位逻辑或指令

ORL	C, bit	; Cy←Cy∨(bit)
ORL	C, /bit	; Cy←Cy∨/(bit)

这组指令的功能是位累加器 Cy 的值与指定位的状态相"或"，结果保存在 Cy 中，不影响其它标志位。

3) 位取反指令

CPL	C	; Cy ← /Cy
CPL	bit	; (bit)←/(bit)

5. 空操作指令

NOP　　　　　　　　; (PC)←(PC)＋1

执行空操作指令 NOP 时，CPU 什么事也不做，只是完成 PC＋1 并消耗了 1 个机器周期的执行时间，常用于实现短时间的延迟等待，编程时处理少量的空余单元等。

6. 位变量条件转移指令

位变量条件转移指令在"3.3.4　控制转移指令"一节中已作了介绍，为便于大家学习和查找，把这些指令再罗列如下：

JC	rel	; 若 Cy＝1，则转移 PC←(PC)＋2＋rel
JNC	rel	; 若 Cy＝0，则转移 PC←(PC)＋2＋rel
JB	bit, rel	; 若(bit)＝1，则转移 PC←(PC)＋3＋rel
JNB	bit, rel	; 若(bit)＝0，则转移 PC←(PC)＋3＋rel
JBC	bit, rel	; 若(bit)＝1，则转移 PC←(PC)＋3＋rel，并 bit←0

例 3.3.18　试编程序，使用 8951 的 P1.7 引脚输出 8 个周期的脉冲信号。

解： 参考程序如下：

```
        ORG   0000H
        LJMP  MAIN
        ORG   0040H
MAIN: MOV   SP, #60H
        MOV   R7, #16
NEXT: CPL   P1.7              ; P1.7 取反，执行时间为 1 个机器周期
```

```
NOP                    ; 空操作 NOP，执行时间为 1 个机器周期
DJNZ   R7, NEXT        ; 执行时间为 2 个机器周期
END
```

该程序在 P1.7 引脚输出 8 个脉冲，每个脉冲的宽度为 4 个机器周期。当振荡频率为 12 MHz 时，1 个机器周期为 1 μs，脉冲宽度为 4 μs。读者只需将程序稍作修改就是一台方波发生器。

例 3.3.19　利用位操作指令实现图 3.17 所示逻辑电路的功能。

解：参考程序如下：

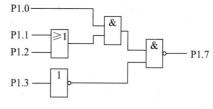

```
MOV   C, P1.1
ORL   C, P1.2
ANL   C, P1.0
ANL   C, /P1.3
CPL   C
MOV   P1.7, C
```

图 3.17　逻辑电路

此例说明一个问题，就是我们可以用硬件完成的逻辑关系用软件也能完成。工程实践中也是这样，有些硬件完成的功能软件也能完成，这就需要工程师们根据具体任务选择实现方式。

3.4　常用伪指令

伪指令是用来对汇编器提供信息的指令，它没有对应的机器码，不产生目标程序，不影响程序的执行，只是对汇编过程进行控制。下面介绍几种常用的伪指令。

1. 设置目标程序起始地址伪指令 ORG

格式：ORG　addr16

该伪指令的功能是规定其后面的目标程序或数据块的起始地址。它放在一段源程序(主程序、子程序)或数据块的前面，说明紧跟在其后的程序段或数据块的起始地址就是 ORG 后面给出的地址 addr16。

例如：

```
ORG   0040H
START: MOV   A, #8EH
```

表明指令 MOV　A, #8EH 的目标代码从 0040H 单元开始存放。

2. 结束汇编伪指令 END

格式：END

END 是汇编语言源程序的结束标志，表示汇编结束。在 END 以后所写的指令，汇编程序都不予处理。

3. 定义字节数据的伪指令 DB

格式：[标号：] DB 项　或　项表

其中，项或项表指一个字节数据，用逗号分开的字节数据串，或以引号括起来的字符串。该伪指令的功能是把项或项表的数据(字符串按字符顺序以 ASCII 码)存入从标号地址开始的连续存储单元中。

例如：

```
        ORG   5000H
TAB1: DB      12H, 34H, 0ABH, 100
        DB      '1234', 'A', 'B'
```

由于使用了 ORG　5000H，所以 TAB1 的首地址为 5000H。因此，以上伪指令经汇编后，将对 5000H 开始的连续存储单元赋值：

(5000H) = 12H, (5001H) = 34H, (5002H) = ABH, (5003H) = 64H(十进制数 100)；

(5004H) = 31H　　　　　; 31H 是数字 1 的 ASCII 码

(5005H) = 32H　　　　　; 32H 是数字 2 的 ASCII 码

(5006H) = 33H　　　　　; 33H 是数字 3 的 ASCII 码

(5007H) = 34H　　　　　; 34H 是数字 4 的 ASCII 码

(5008H) = 41H　　　　　; 41H 是字母 A 的 ASCII 码

(5009H) = 42H　　　　　; 42H 是字母 B 的 ASCII 码

4. 定义字数据的伪指令 DW

格式：[标号:] DW 项或项表

DW 伪指令与 DB 相似，用于定义字数据。项或项表指所定义的一个字数据(两个字节)或用逗号分开的字串。汇编时，机器自动按高 8 位先存入，低 8 位在后的格式排列。

例如：

```
        ORG   6000H
TAB2: DW   1234H, 5H
```

汇编以后：(6000H) = 12H，(6001H) = 34H，(6002H) = 00H，(6003H) = 05H

5. 预留存储空间伪指令 DS

格式：[标号:] DS　表达式

该伪指令的功能是从标号地址开始，保留若干个字节的内存空间以备存放数据用。保留的字节单元数由表达式的值决定。

例如：

```
        ORG   6100H
        DS    10H
TAB3: DB    'abcd'
```

汇编后从 6100H 开始，预留 16 个字节的内存单元，从 6110H 开始存放 'abcd'。

6. 等值伪指令 EQU

格式：标号：　EQU　项

该伪指令的功能是将指令中项的值赋予 EQU 前面的标号。项可以是常数、地址标号或表达式。

例如：

PORT1: EQU　8000H

PORT2: EQU　8001H

汇编后 PORT1、PORT2 分别具有值 8000H、8001H。

用 EQU 伪指令对某标号赋值后，该标号的值在整个程序中就不能再改变。往往用 EQU 定义端口的口地址，以增强程序的可读性。

7. 定义位地址的伪指令 BIT

格式：标号: BIT　位地址

该伪指令的功能是将位地址赋予 BIT 前面的标号，经赋值后可用该标号代替 BIT 后面的位地址。

例如：

K1: BIT　F0

K2: BIT　P1.0

汇编后，在程序中就可以把 K1 和 K2 作为位地址来使用。

3.5　程序设计技术

本节通过介绍汇编语言一些典型的程序设计实例，使读者进一步理解和掌握 51 系列单片机的指令系统，并熟练掌握程序设计的方法和技巧。

3.5.1　数据运算与处理

例 3.5.1　BCD 数运算。把 R1、R2、R3 三个工作寄存器中的压缩 BCD 码累加，要求计算结果存入片内 RAM 的 30H 和 31H 单元。

解：本题要求计算(R1) + (R2) + (R3)，其结果可能大于 100，所以把累加的高位存入片内 RAM 的 30H 单元，低位存入 31H 单元。则程序为：

```
ORG    0100H
MOV    A, R1
ADD    A, R2            ; 计算(R1) + (R2)
DA     A               ; 低位进行 BCD 调整
MOV    31H, A           ; 暂存于 31H 单元
MOV    A, #00H
ADDC   A, #00H          ; 处理进位位
MOV    30H, A           ; 高位暂存于 30H 单元
MOV    A, 31H
ADD    A, R3            ; 计算(R1) + (R2) + (R3)
DA     A               ; 低位进行 BCD 调整
MOV    31H, A
```

```
        MOV   A, 30H
        ADDC  A, #00H        ; 处理进位，因为高位不会大于 9，不需要进行 BCD 调整
        MOV   30H, A         ; 高位存入 30H 单元
        SJMP  $
        END
```

例 3.5.2 二进制数转换为 BCD 码。设 8 位二进制数已在 A 中，请将该数转换为 BCD 码，转换后的百位数存入 30H 单元，十位和个位数存入 31H 单元。

解：参考程序如下：

```
        MOV   B, #100        ; 设 A 为要转换的 8 位二进制数
        DIV   AB             ; 该数除 100，在 A 中是 BCD 码的百位数
        MOV   R0, #30H       ; R0 指向 30H 单元
        MOV   @R0, A         ; 百位数存入片内 RAM 的 30H 单元
        INC   R0             ; 调整 R0 指向 31H 单元
        MOV   A, #10
        XCH   A, B           ; 该 8 位二进制数除 100 所得余数自 B 交换到 A，A 中的 10 交换到 B
        DIV   AB             ; 除 10 后，十位数在 A 中，个位数在 B 中
        SWAP  A              ; A 的十位数调整到 A 的高半字节
        ADD   A, B           ; 十位数与个位数合并
        MOV   @R0, A         ; 十位数与个位数存入 31H 单元
        SJMP  $
```

例 3.5.3 数据拼拆程序。将内部 RAM 30H 单元中存放的压缩 BCD 数变换成相应的 ASCII 码，分别存放到 31H 和 32H 单元中，如图 3.18 所示。

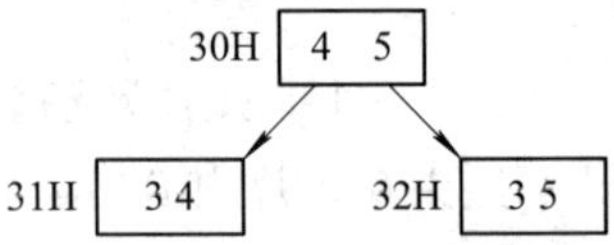

解：参考程序如下：

```
        MOV   R0, #30H
        MOV   A, #30H
        XCHD  A, @R0         ; A 的低 4 位与 30H 单元的低 4 位交换
        MOV   32H, A         ; A 中的数值为低位的 ASCII
        MOV   A, @R0
        SWAP  A              ; 将高位数据换到低位
        ORL   A, #30H        ; 装配成 ASCII 码
        MOV   31H, A
        SJMP  $
```

图 3.18 数据拼拆示意

3.5.2 程序分支与转移

分支程序比顺序程序的结构复杂一些，其主要特点是程序的流向有两个或两个以上的出口，编程的关键是如何确定判断或选择的条件以及选择合理的分支指令。要编写高质量的程序不但要熟悉 MCS-51 单片机的指令及功能，而且要有一定的编程技巧。

例 3.5.4 双分支程序设计。片内 RAM 的 20H 单元和 30H 单元各存放了一个 8 位无符号数，请比较这两个数的大小，利用图 3.19(a)中的发光二极管显示比较结果：

若(20H)≥(30H)，则 P1.0 管脚连接的 L0 发光；

若(20H)<(30H)，则 P1.1 管脚连接的 L1 发光。

解：本例是典型的分支程序，根据两个无符号数的比较结果(判断条件)，程序可以选择两个流向之中的某一个，分别点亮相应的 LED。

比较两个无符号数常用的方法是将两个数相减，然后判断有否借位 Cy。若 Cy = 0，无借位，(20H)≥(30H)；若 Cy = 1，有借位，(20H)<(30H)。程序的流程图如图 3.19(b)所示。

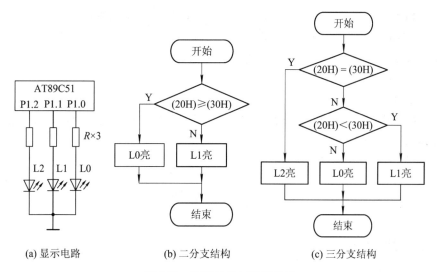

(a) 显示电路　　　　(b) 二分支结构　　　　(c) 三分支结构

图 3.19　程序分支与结果显示

参考程序如下：

```
        ORG    0100H
        MOV    A, 20H
        CLR    C            ; Cy = 0
        SUBB   A, 30H       ; 带借位减法
        JC     L1           ; 若 Cy = 1，转移到 L1
        SETB   P1.0         ; 若 Cy = 0，(20H)≥(30H)，点亮 L0
        SJMP   DOWN         ; 直接跳转到结束等待
L1:     SETB   P1.1         ; (20H) < (30H)，点亮 L1
DOWN:   SJMP   $
        END
```

例 3.5.5 三分支程序设计。片内 RAM 的 20H 单元和 30H 单元各存放了一个 8 位无符号数，请比较这两个数的大小，利用图 3.19(a)中的发光二极管显示比较结果：

若(20H) > (30H)，则 P1.0 管脚连接的 L0 发光；

若(20H) < (30H)，则 P1.1 管脚连接的 L1 发光；

若(20H) = (30H)，则 P1.2 管脚连接的 L2 发光。

解：程序的流程图如图 3.19(c)所示。源程序如下：

```
        ORG    0100H
```

```
            MOV    A, 20H
            CJNE   A, 30H, NEQUAL       ; (20H) ≠ (30H)，转移到 NEQUAL
    EQUAL:  SETB   P1.2                 ; (20H) = (30H)，点亮 L2
            SJMP   EXIT
    NEQUAL: CLR    C                    ; Cy = 0
            SUBB   A, 30H               ; 带借位减法
            JC     MIN                  ; 若 Cy = 1，(20H) < (30H)，转移到 MIN
    MAX:    SETB   P1.0                 ; 若 Cy = 0，(20H) > (30H)，点亮 L0
            SJMP   EXIT                 ; 直接跳转到结束等待
    MIN:    SETB   P1.1                 ; (20H) < (30H)，点亮 L1
    EXIT:   SJMP   $
            END
```

例 3.5.6　带符号数的大小比较。设 X 为一带符号数，X 存放在工作寄存器 R0 中。编写子程序求 Y，并把 Y 存入 R1 中。

$$Y = \begin{cases} 1 & X > 0 \\ 0 & X = 0 \\ -1 & X < 0 \end{cases}$$

解：参考程序如下：

```
            ORG    0100H
    SUB1:   MOV    A, R0               ; (A)←X
            JNZ    LL1                 ; (A) ≠ 0 转移
            MOV    R1, #00H            ; X = 0，(R1)←0
            SJMP   DOWN
    LL1:    JB     ACC.7, SS2          ; 若(A)为负数，转向 SS2
            MOV    R1, #01H            ; X > 0，则(R1)←01
            SJMP   DOWN
    SS2:    MOV    R1, #-1             ; X < 0，则(R1)←0FFH
    DOWN:   RET
```

3.5.3　程序的散转

在实际应用中，常常需要从两个以上的出口中选一个，这种程序称为多分支程序或散转程序。MCS-51 单片机指令系统中专门提供了散转指令，使得散转程序的编制更加简洁实用。

散转指令指令格式如下：

```
    JMP    @A+DPTR                     ; (PC)←((DPTR) + (A))
```

一般情况下，数据指针 DPTR 固定，根据累加器 A 的内容，程序转入相应的分支程序中去。

例 3.5.7　设计可多达 128 路分支出口的转移程序。

解：设 128 个出口分别转向 128 段小程序，它们的首地址依次为 L00、L01、L02、L03、……、L7F。要转移到某分支的信息存放在工作寄存器 R7 中，R7 的值为 0～127，根据 R7 的值进行转移。

参考程序(1)：

```
        MOV     DPTR, #TABLE
        MOV     A, R7
        RL      A                 ; 出口分支信息乘2(修正量)
        JMP     @A+DPTR
TABLE: AJMP    L00
        AJMP    L01
        AJMP    L02
        …
        AJMP    L7F
```

AJMP 指令的转移范围不超出所在的 2KB 区间，若各段小程序较长，在 2KB 范围内无法全部容纳，可改用 LJMP 指令，每条 LJMP 指令占用 3 个字节，修正量为 3 的倍数，这时应直接修改 DPTR，然后再用散转指令实现散转。

参考程序(2)：

```
        MOV    DPTR, #TABLE
        MOV    A, R7
        MOV    B, #3
        MUL    AB             ; 出口值乘3
        XCH    A, B           ; 积的高8位交换到A，低8位暂存于B
        ADD    A, DPH
        MOV    DPH, A         ; 把积的高8位叠加到DPH
        XCH    A, B           ; 积的低8位交换回A
        JMP    @A+DPTR
TABLE: LJMP   L00
        LJMP   L01
        LJMP   L02
        …
        LJMP   L7F
```

例 3.5.8　用图 3.20 中的 S1、S0 控制 8 个发光二极管的亮灭模式。假设 8 个发光二极管的显示方式如下：

P3.5	P3.4	显示方式
0	0	全亮
0	1	间隔发亮
1	0	L7～L4 灭，L3～L0 亮
1	1	L7～L4 亮，L3～L0 灭

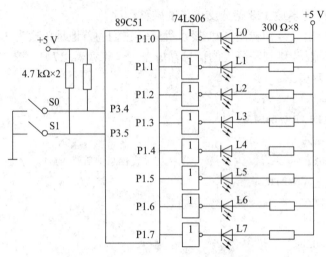

图 3.20 输入输出控制电路

解：参考程序如下：

```
                ORG   0100H
                MOV   DPTR, #TABLE        ; 转移指令表的基地址送数据指针 DPTR
                MOV   P3, #00110000B       ; 使 P3.5，P3.4 为输入方式
                MOV   A, P3                ; 读 S1、S0 信号
                ANL   A, #00110000B        ; 屏蔽无关位
                SWAP  A                    ; 将相应位移位到低位
                RL    A                    ; 左环移一位，(A)←(A)×2
                JMP   @A+DPTR              ; 散转指令
TABLE:   AJMP   ONE                        ; 转移指令表
                AJMP   TWO
                AJMP   THREE
                AJMP   FOUR
ONE:     MOV   P1, #0FFH                   ; 全亮
                SJMP   DOWN
TWO:     MOV   P1, #55H                    ; 间隔发亮
                SJMP   DOWN
THREE: MOV   P1, #0FH                      ; L7～L4 灭，L3～L0 亮
                SJMP   DOWN
FOUR:   MOV   P1, #0F0H                    ; L7～L4 亮，L3～L0 灭
DOWN: ...
```

通过此例读者可以举一反三，用于实际控制系统中。

3.5.4 循环程序设计

循环程序设计一般包含初始化、循环体和循环控制三部分。初始化是做好循环的准备，设置相关指针、控制计数器等；循环体是要多次反复完成的操作；循环控制是要明确循环结束的条件和变量修正。

例 3.5.9 单重循环程序设计。设在片内 RAM 的 BUFF 单元开始有 LEN 个字节的无符号数，试编写一个累加求和子程序，把这些数据累加，不考虑进位，并将累加和存入内部 RAM 的 SUM 单元。

解： 参考程序如下：

```
        BUFF   EQU   50H
        SUM    EQU   30H
        LEN    EQU   10              ; 数据长度为 10 个字节
        ORG    0100H
XHQH:   PUSH   A
        PUSH   R2
        PUSH   R1
        CLR    A                     ; 清累加器 A
        MOV    R2, #LEN              ; 数据块长度送 R2
        MOV    R1, #BUFF             ; 数据块首址送 R1
NEXT:   ADD    A, @R1                ; 数据累加
        INC    R1                    ; 修改地址指针
        DJNZ   R2, NEXT              ; 修改计数器并判断
        MOV    SUM, A                ; 存累加和
        POP    R1
        POP    R2
        POP    A
        RET
```

例 3.5.10 在片内 RAM 中从 STRING 单元开始存放了一个字符串，该字符串以 "$" 为结束标志。试编子程序，测试该字符串的长度(即字符个数，长度不包含字符 "$")，其长度存入 R6 中。

解： 参考程序如下：

```
        STRING EQU   40H
        ORG    0100H
START:  MOV    R6, #00H-1            ; R6 用作计数器
        MOV    R0, #STRING-1         ; 地址指针 R0 置初值为 STRING-1
NEXT:   INC    R0
        INC    R6
        CJNE   @R0, # '$', NEXT
        RET                          ; R6 为串长度
```

例 3.5.11 双重循环程序设计。分析下列子程序的功能。

```
        ORG    0100H
TEST:   PUSH   R7
```

```
        PUSH    R6
        MOV     R7, #8
L1:     CPL     P1.0                ; P1.0 取反，执行时间为 1 个机器周期
        MOV     R6, #10             ; MOV R6, #10 的执行时间为 1 个机器周期
L2:     NOP                         ; 空操作 NOP，执行时间为 1 个机器周期
        DJNZ    R6, L2              ; DJNZ 的执行时间为 2 个机器周期
        DJNZ    R7, L1              ; 执行时间为 2 个机器周期
        POP     R6
        POP     R7
        RET
```

解： 该子程序是典型的双重循环程序，其功能是在 P1.0 引脚输出脉冲信号。R7 控制脉冲的个数，(R7) = 8 时，输出 4 个周期脉冲。R6 控制脉冲的宽度，(R6) = 10 时，每个脉冲的宽度为 34 个机器周期。调整 R6 的值就能改变输出脉冲频率。

例 3.5.12 延时程序设计。设单片机时钟晶振频率为 $f_{osc} = 6\,\text{MHz}$，计算下列延时子程序的延时时间。

```
DELAY:  PUSH    R7
        PUSH    R6
        MOV     R6, #0FFH           ; 1 周期指令
DEL2:   MOV     R7, #0FFH           ; 1 周期指令
DEL1:   NOP                         ; 1 周期指令
        DJNZ    R7, DEL1            ; 2 周期指令
        DJNZ    R6, DEL2            ; 2 周期指令
        POP     R6
        POP     R7
        RET                         ; 2 周期指令
```

解： 所谓延时，就是让 CPU 做一些与主程序功能无关的操作来消耗掉 CPU 的时间。我们知道 CPU 执行每条指令的时间，也就可以计算出执行整个延时程序的时间。

首先计算程序所消耗掉的机器周期数。内循环的循环次数为 255(0FFH) 次，其中的两条指令占用 3 个机器周期，内循环一次需占用 $3 \times 255 = 765$ 个机器周期。外循环的循环次数也为 255 次，需占用 $(1 + 765 + 2) \times 255 = 195\,840$ 个机器周期。另外加上第一条指令所占用的 1 个机器周期和 RET 所占用的 2 个机器周期，上述程序段运行一次共需 195 843 个机器周期。

再计算每个机器周期所占用的时间。题目给定 $f_{osc} = 6\,\text{MHz}$，机器周期 = 2 μs。

因此执行整个延时程序的时间为 2 μs × 195 843 = 391 686 μs ≈ 392 ms。

延时程序在单片机汇编语言程序设计中广泛使用。例如，在键盘接口程序设计中的软件消除抖动、动态 LED 显示程序设计、串行通信接口程序设计中都用到延时程序。也就是说，延时程序是单片机应用系统中所必需的一种编程技术，通过增加循环层次我们可以写出延时长度任意的延时程序。

例 3.5.13 三重循环程序设计。设单片机时钟晶振频率为 $f_{osc} = 6\,\text{MHz}$，计算下列延时

子程序的延时时间。

```
DELAY: PUSH   R7
       PUSH   R6
       PUSH   R5
       MOV    R7, #100      ; 1 周期指令
DEL0:  MOV    R6, #10       ; 1 周期指令
DEL1:  MOV    R5, #125      ; 1 周期指令
DEL2:  NOP                  ; 1 周期指令
       NOP                  ; 1 周期指令
       DJNZ   R5, DEL2      ; 2 周期指令
       DJNZ   R6, DEL1      ; 2 周期指令
       DJNZ   R7, DEL0      ; 2 周期指令
       POP    R5
       POP    R6
       POP    R7
       RET                  ; 2 周期指令
```

解： 在例 3.5.12 中已计算过，若 $f_{osc} = 6$ MHz，那么机器周期 = 2 μs。因此可计算出每条指令的执行时间，如图 3.21 所示。内循环次数为 125 次，延时时间约为 1 ms，第二层循环延时达到 10 ms(循环次数为 10)，第三层循环延时到 1 S(循环次数为 100)，所以该子程序的延时时间约为 1 s。

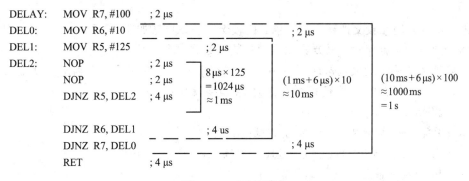

图 3.21　延时子程序

上述计算中忽略了比较小的时间段，有一定的误差，可用于时间精度要求不高的场合，若要求精确延时，一般要使用单片机的定时器来实现。

例 3.5.14　试编写一个子程序，在数据块中查找关键字。数据块位于片内 RAM 中，R0 指向块首地址，R1 中为数据块长度，关键字存放在累加器 A 中，请在该数据块中查找关键字。若找到关键字，把关键字在数据块中的序号存放到 A 中；若找不到关键字，A 中存放 FFH。

解： 参考程序如下：

```
; 程序名：FIND
; 功能：在片内 RAM 中查找关键字
```

```
      ; 入口参数：R0 指向块首地址，R1 为数据块长度，关键字存放在 A 中
      ; 出口参数：若找到关键字，把关键字在数据块中的序号存放到 A 中，若找不到关键字，则 A
              中存放 FFH
FIND:  PUSH  PSW
       PUSH  ACC
       MOV   R2, #00H         ; 序号从 1 开始，其初值取 0
LOOP:  POP   ACC
       INC   R0               ; 指向下一个数
       INC   R2               ; R2 中的序号加 1
       MOV   B, A
       XRL   A, @R0           ; 关键字与数据块中的数据进行异或运算
       JZ    LOOP1            ; 找到
       PUSH  B
       DJNZ  R1, LOOP
       MOV   R2, #0FFH        ; 找不到，R2 中存放 0FFH
LOOP1: MOV   A, R2
       POP   PSW
       RET
```

例 3.5.15 编写一个子程序，查找无符号数据块中的最大值。内部 RAM 有一无符号数据块，工作寄存器 R1 指向数据块的首地址，其长度存放在工作寄存器 R7 中，求出数据块中最大值，并存入累加器 A 中。

解： 本题采用比较交换法求最大值。比较交换法先将累加器 A 清零，然后把它和数据块中每个数逐一进行比较，只要累加器中的数比数据块中的某个数大就进行下一个数的比较，否则把数据块中的大数传送到 A 中，再进行下一个数的比较，直到 A 与数据块中的每个数都比较完，此时 A 中便可得到最大值。参考程序如下：

```
      ; 程序名：MAX
      ; 功能：查找内部 RAM 中无符号数据块的最大值
      ; 入口参数：R1 指向数据块的首地址，数据块长度存放在 R7 中
      ; 出口参数：最大值存放在累加器 A 中
MAX:  PUSH  PSW
      CLR   A                ; 清 A 作为初始最大值
LOOP: CLR   C                ; 清进位位
      SUBB  A, @R1           ; 最大值减去数据块中的数
      JNC   NEXT             ; 小于最大值，继续
      MOV   A, @R1           ; 较大值存放在 A 中
      LJMP  NEXT1
NEXT: ADD   A, @R1           ; 恢复原较大值
NEXT1: INC  R1               ; 修改地址指针
      DJNZ  R7, LOOP
```

```
        POP    PSW
        RET
```

3.5.5　常用子程序设计举例

下面列举几个实用数据转换实例，通过阅读这些子程序，读者可以进一步理解程序的编写思路和方法。

例 3.5.16　十六进制数到 ASCII 码的转换子程序。

子程序名称：HEXASC。

子程序功能：将内部 RAM 的 40H 单元中的一位十六进制数转换成 ASCII 码。

入口参数：内部 RAM 的 40H 单元中是待转换的十六进制数(低 4 位有效)。

出口参数：内部 RAM 的 41H 单元中是转换后的 ASCII 码。

解：本题可以有 3 种求解方案，请读者自行比较它们的优劣。

方案 1，若(40H)为 0～9，则加 30H，否则加 37H。参考程序如下：

```
HEXASC: MOV   A, 40H            ; 取转换值
        ANL   A, #0FH           ; 屏蔽高 4 位
        CJNE  A, #10, NEXT1
NEXT1:  JNC   NEXT2             ; 若(A) > 9，则转向 NEXT2
        ADD   A, #30H
        SJMP  DONE
NEXT2:  ADD   A, #37H
DONE:   MOV   41H, A
        RET
```

方案 2，先对(40H)加(-10)，再判断是否为 0～9，参考程序如下：

```
HEXASC: MOV   A, 40H            ; 取转换值
        ANL   A, #0FH           ; 屏蔽高 4 位
        PUSH  A                 ; 保存原值
        ADD   A, #(-10)         ; (A) + (-10)
        POP   A                 ; 恢复原值
        JNC   EXIT2             ; 若(A) < 10，则转向 EXIT2
EXIT1:  ADD   A, #07H
EXIT2:  ADD   A, #30H
        MOV   41H, A
        RET
```

方案 3，用查表法求解，参考程序如下：

```
HEXASC: MOV   A, 40H            ; 取待转换值
        ANL   A, #0FH           ; 屏蔽高 4 位
        MOV   DPTR, #ASCTAB
        MOVC  A, @A+DPTR
```

```
        MOV    41H, A
        RET
ASCTAB: DB     '0123456789'
        DB     'ABCDEF'
```

例 3.5.17　ASCII 码到十六进制数的转换子程序。

子程序名称：ASCHEX。

子程序功能：将内部 RAM 的 42H 单元中的 ASCII 码转换成十六进制数。

入口参数：内部 RAM 的 42H 单元中是待转换的 ASCII 码。

出口参数：内部 RAM 的 42H 单元中是转换后的一位十六进制数。

解：本题是例 3.5.16 的逆过程，给出如下参考程序：

```
ASCHEX: MOV  A, 42H        ; 取待转换的 ASCII 码
        CLR   C
        SUBB  A, #30H
        MOV   42H, A
        SUBB  A, #10
        JC    RETURN        ; 是 0～9, 则返回
        MOV   A, 42H        ; 是 A～F, 则再减 07H
        SUBB  A, #07H
        MOV   42H, A
RETURN: RET
```

例 3.5.18　二进制数到 BCD 码的转换子程序。

子程序名称：HEXBCD。

子程序功能：将一个字节二进制数转换成 3 位非压缩型 BCD 码。

入口参数：内部 RAM 的 40H 单元中是待转换的字节数据。

出口参数：转换结果放入内部 RAM 的 50H，51H，52H 单元中(高位在前)。

解：给出如下参考程序：

```
HEXBCD: MOV  A, 40H        ; 取待转换的二进制数
        MOV   B, #100       ; B, #100
        DIV   AB
        MOV   50H, A        ; 百位数存入 50H 单元
        MOV   A, #10
        XCH   A, B
        DIV   AB
        MOV   51H, A        ; 十位数存入 51H
        MOV   52H, B        ; 个位数存入 52H
        RET
```

例 3.5.19　两个无符号双字节数相加。

子程序名称：HEXADD。

子程序功能：把内部 RAM 40H～41H 单元中的无符数与 50H～51H 单元中的数据相加。

入口参数：被加数存于 40H(高位字节)和 41H 单元(低位字节)，

　　　　　加数存于 50H(高位字节)和 51H 单元(低位字节)。

出口参数：结果存于 40H(高位字节)和 41H 单元(低位字节)。

解：参考程序如下：

```
HEXADD: CLR   C
        MOV   R0, #41H
        MOV   R1, #51H
        MOV   A, @R0
        ADD   A, @R1
        MOV   @R0, A
        DEC   R0
        DEC   R1
        MOV   A, @R0
        ADDC  A, @R1
        MOV   @R0, A
        RET
```

例 3.5.20　多字节 BCD 码加法。

子程序名称：BCDADD。

子程序功能：把内部 RAM 区 BUFFER1 和 BUFFER2 中的压缩 BCD 码相加。

入口参数：R7 为字节数，R0 为 BUFFER1 首址，R1 为 BUFFER2 首址。

出口参数：结果存于 BUFFER1 中，最高位进位在 Cy 中，R7 为字节数。

解：参考程序如下：

```
BCDADD: MOV   A, R7        ; 取字节数至 R6 中
        MOV   R6, A        ; R6 为计数器
        ADD   A, R0        ; 初始化数据指针
        MOV   R0, A        ; R0 指向 BUFFER1 末地址
        MOV   A, R6
        ADD   A, R1
        MOV   R1, A        ; R1 指向 BUFFER2 末地址
        CLR   C
BCD1:   DEC   R0           ; 调整数据指针
        DEC   R1
        MOV   A, @R0
        ADDC  A, @R1       ; 按字节相加
        DA    A            ; 十进制调整
        MOV   @R0, A       ; 保存结果
        DJNZ  R6, BCD1     ; 处理完所有字节
        RET
```

例 3.5.21　两个无符号多字节数相减。

子程序名称：HEXSUB。

子程序功能：把内部 RAM 区 BUF1 和 BUF2 中的多字节数相减(假设被减数大于减数)。

入口参数：R7 为字节数，R0 为 BUF1 首址(被减数)，R1 为 BUF2 首址(减数)。

出口参数：差存于 BUF1 中，最高位借位在 Cy 中，R7 为字节数。

解：参考程序如下：

```
HEXSUB: MOV   A, R7          ;取字节数至 R6 中
        MOV   R6, A          ;R6 为计数器
        ADD   A, R0          ;初始化数据指针
        MOV   R0, A          ;R0 指向 BUF1 末地址
        MOV   A, R6
        ADD   A, R1
        MOV   R1, A          ;R1 指向 BUF2 末地址
        CLR   C
SUB1:   DEC   R0             ;调整数据指针
        DEC   R1
        MOV   A, @R0
        SUBB  A, @R1
        MOV   @R0, A         ;保存结果
        DJNZ  R6, SUB1       ;处理完所有字节
        RET
```

例 3.5.22　硬件如图 3.22 所示，用 P1.0～P1.3 作输入，读取开关 S0～S3 上的开关状态，用 P1.4～P1.7 作输出，发光二极管 L0～L3 显示。

注意：P1 口是准双向口，其特点是做输入端口时，应先把对应的输入位置 1。

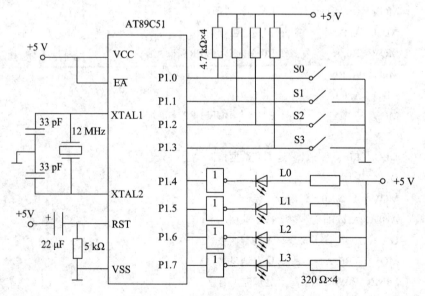

图 3.22　P1 口输入输出控制电路

用下列程序输入 S0～S3 上的数据，控制对应发光二极管 L0～L3 的亮和灭。

```
        ORG    0000H
        LJMP   MAIN
        ORG    0100H
MAIN:   MOV    SP, #60H        ; 设置堆栈指针
        MOV    A, #0FH
        MOV    P1, A           ; 数据送 P1 口，设置 P1.0～P1.3 为输入
NEXT:   MOV    A, P1           ; 读 S0～S3 上的数据
        SWAP   A               ; A 的低 4 位与高 4 位交换
        ORL    A, #0FH         ; A 的高 4 位不变，低 4 位为全 1
        MOV    P1, A           ; 送数据到 L0～L3，设置 P1.0～P1.3 为输入
        SJMP   NEXT            ; 循环
        END
```

习　题　3

3.1　简述 51 系列单片机有哪几种寻址方式？

3.2　如何访问内部 RAM 单元，可使用哪些寻址方式？对片内 RAM 的高 128B 的地址空间寻址要注意什么？

3.3　基址寄存器加变址寄存器间接寻址方式主要应用于什么场合？采用 DPTR 或 PC 作基址寄存器其寻址范围有何不同？

3.4　若要完成以下的数据传送，应如何用 MCS-51 的指令来实现？

① R1 内容传送到 R0。

② 外部 RAM 20H 单元内容送 R0，送内部 RAM 20H 单元。

③ 外部 RAM 1000H 单元内容送内部 RAM 20H 单元。

3.5　设 R0 的内容为 32H，A 的内容为 48H，内部 RAM 的 32H 单元内容为 80H，40H 单元内容为 08H，请指出在执行下列程序段后上述各单元内容变为什么？

```
        MOV    A, @R0
        MOV    @R0, 40H
        MOV    40H, A
        MOV    R0, #35H
```

3.6　试比较下列每组两条指令的区别。

(1) MOV   A, #24H   与   MOV   A, 24H

(2) MOV   A, R0   与   MOV   A, @R0

(3) MOV   A, @R0   与   MOVX   A, @R0

(4) MOVX   A, @R1   与   MOVX   A, @DPTR

3.7　已知(40H) = 50H，(41H) = 55H，阅读下列程序。

```
        MOV    R0, #40H
        MOV    A, @R0
```

```
        INC    R0
        ADD    A, @R0
        INC    R0
```

问，执行该程序后，(A) =＿＿＿＿＿，(R0) =＿＿＿＿＿。

3.8　PSW 中的 Cy 和 OV 有何不同？执行下列程序段后 Cy = ? OV = ?

```
        MOV    A, #56H
        ADD    A, #74H
```

3.9　设(A) = 83H，(R0) = 17H，(17H) = 34H。问执行以下指令后，(A) = ?

```
        ANL    A, #17H
        ORL    17H, A
        XRL    A, @R0
        CPL    A
```

3.10　判断下列指令的正误。

① MOV　28H, @R4

② MOV　E0H, @R0

③ MOV　A, @R1

④ INC　DPTR

⑤ DEC　DPTR

⑥ CLR　R0

3.11　用位操作指令，实现图示的逻辑功能。

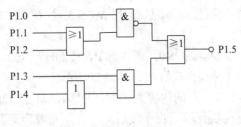

习题 3.11 图

3.12　编写程序，把外部 RAM 的 2000H～200FH 单元中的数据依次传送到外部 RAM 的 3000H～300FH 单元。

3.13　试编写程序，统计在内部 RAM 的 20H～50H 单元中出现 00H 的次数，并将统计的结果存入 51H 单元。

3.14　在片内 RAM 中有两个以压缩 BCD 码形式存放的十进制数(每个数是 4 位，占 2 个字节)，一个存放数在 30H～31H 单元中，另一个数存放在 40H～41H 的单元中。请编程求它们的和，结果放在 30H～31H 中(均前者为高位，后者为低位)。

3.15　在片内 RAM 中，有一个以 BLOCK 为首地址的数据块，块长度存放在 LEN 单元。请编程，若数据块中的字节数据是 0～9 之间的数，把它们转换为对应的 ASCII 码，存放位置不变；若不是 0～9 之间的数，把对应的单元清零。

3.16　试编写程序，查找在内部 RAM 的 20H～50H 单元中是否有 0AAH 这一数据。

若有，则将 51H 单元置为 01H；若未找到，则将 51H 单元置为"0"。

3.17　设时钟频率为 12 MHz，编写一个延时 1 ms 的子程序。

3.18　编写一个 4 字节数左移子程序。

3.19　设有 100 个有符号数，连续存放在片外 RAM 以 2000H 为首地址的存储区中，试编程统计其中正数、负数、零的个数。

3.20　硬件原理电路如习题 3.20 图所示，编程完成循环灯控制器。

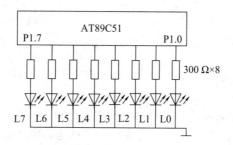

习题 3.20 图

3.21　硬件原理电路如习题 3.21 图所示，编程在 P1.7 端口输出 1000 Hz 方波。

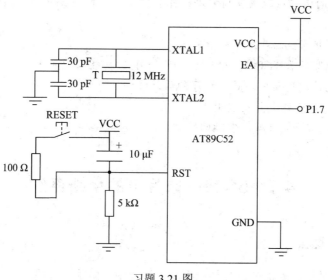

习题 3.21 图

第 4 章　中断系统及定时器/计数器应用

 本章要点与学习目标

中断系统和定时器/计数器是单片机的重要组成部分,利用中断技术可以更好地发挥单片机系统的快速处理能力, 及时响应突发事件, 有效地解决 CPU 与外设之间的速度匹配问题, 提高 CPU 的工作效率和实时处理能力。使用定时器/计数器可以实现定时控制、延时、脉冲计数、脉冲宽度测量和频率测量等。本章主要介绍了 51 系列单片机的中断系统和定时器/计数器的工作原理及使用方法,并给出了一些典型应用实例。通过本章的学习,读者应掌握以下知识点:

◇ 单片机中断系统的基本概念
◇ 特殊功能寄存器 TCON、TMOD、IE 和 IP 的功能及设置方法
◇ 中断系统的应用及中断服务程序的设计方法
◇ 定时器/计数器的设置及应用
◇ 利用定时器/计数器解决实际问题

4.1　51 系列单片机的中断系统

4.1.1　中断的概念

所谓中断,是指计算机在执行某一程序的过程中,由于计算机系统内部或外部的某种事件,CPU 必须暂时停止现行程序的执行,而自动转去执行预先安排好的处理该事件的服务程序,待处理结束,再回来继续执行被中止的程序的过程。实现这种中断功能的硬件系统及相应软件系统统称为中断系统。

中断系统是计算机的重要组成部分。实时控制、故障自动处理、计算机与外部设备间传送数据及实现人机对话常常采用中断方式。中断系统需要解决以下基本问题:

1. 中断源

中断源是指中断请求信号的来源,包括中断请求信号的产生及该信号怎样被 CPU 有效地识别。而且要求中断请求信号产生一次,只能被 CPU 接收处理一次,不能一次中断申请被 CPU 多次响应,这就涉及中断请求信号的及时撤除问题。

2. 中断响应与返回

CPU 采集到中断请求信号后，怎样转向特定的中断服务程序及执行完中断服务程序怎样返回被中断的程序继续执行。中断响应与返回的过程中涉及 CPU 响应中断的条件、现场保护、现场恢复等问题。

3. 优先级控制

一个计算机应用系统，特别是计算机实时测控系统，往往有多个中断源，各中断源的重要程度又有轻重缓急之分。与我们平时处理问题的思路一样，希望重要紧急的事件优先处理，而且如果当前处于正在处理某个事件的过程中，有更重要、更紧急的事件发生时，就应当暂停当前事件的处理，转去处理新的更重要的事件。这就是中断系统优先级控制所要解决的问题。中断优先级的控制形成了中断嵌套。

51 系列单片机中断系统原理及组成如图 4.1 所示，下面分别详述。

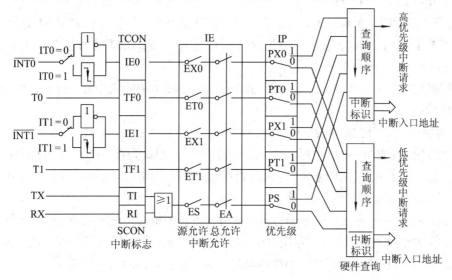

图 4.1　51 系列单片机中断系统原理图

4.1.2　中断源

中断源是指向 CPU 发出中断请求的信号来源，中断源可以人为设定，也可以是响应突发性随机事件。51 系列单片机有 5 个中断源，见表 4.1，其中两个是外部中断源，另外三个属于内部中断。(注：52 子系列有 6 个中断源，增加了一个定时器/计数器 T2 的溢出中断。)

表 4.1　MCS-51 单片机的中断源

中　断　源	说　　明
外部中断 0($\overline{INT0}$)	从 P3.2 引脚输入的中断请求
定时器/计数器 T0 中断	定时器 0 溢出发出的中断请求
外部中断 1($\overline{INT1}$)	从 P3.3 引脚输入的中断请求
定时器/计数器 T1 中断	定时器 1 溢出发出的中断请求
串行口中断	串行口收发时产生的中断请求

1. 外部中断

外部中断源有两个，外部中断 0($\overline{INT0}$)和外部中断 1($\overline{INT1}$)。外部中断请求有两种触发方式：电平触发及边沿触发。这两种触发方式可以通过对特殊功能寄存器 TCON(TCON称为定时器/计数器控制寄存器)编程来选择。下面给出 TCON 的位定义格式，并对与中断有关的位予以说明。

1) 定时器/计数器控制寄存器 TCON：地址为 88H

D7	D6	D5	D4	D3	D2	D1	D0
TF1	TR1	TF0	TR0	IE1	IT1	IE0	IT0

IT0：外部中断 0 的触发方式控制位。IT0 被设置为 0，则选择外部中断 0 为电平触发方式。即 IT0=0 时，$\overline{INT0}$ 低电平有效；IT0 被设置为 1，则选择外部中断 0 为边沿触发方式，即 IT0=1 时，$\overline{INT0}$ 负沿有效。

IT1：外部中断 1 的触发方式控制位。IT1 被设置为 0，则选择外部中断 1 为电平触发方式。即 IT1=0 时，$\overline{INT1}$ 低电平有效；IT1 被设置为 1，则选择外部中断 1 为边沿触发方式，即 IT1=1 时，$\overline{INT1}$ 负沿有效。

IE0：外部中断 0 的中断请求标志位。IE0=1，表示 $\overline{INT0}$ 有请求中断；IE0=0，表示 $\overline{INT0}$ 没有请求中断。

当 IT0=0 时，外部中断 0 为电平触发方式。在这种方式下，CPU 在每个机器周期的 S5P2 期间对 $\overline{INT0}$(P3.2)引脚采样，若 $\overline{INT0}$ 为低电平，则认为有中断申请，随即使 IE0 标志置位，以此向 CPU 发出中断请求；若 $\overline{INT0}$ 为高电平，则认为无中断申请，或中断申请已撤除，随即使 IE0 标志复位。

当 IT0=1 时，即外部中断 0 为边沿触发方式时，若第一个机器周期采样到 $\overline{INT0}$ 引脚为高电平，第二个机器周期采样到 INT0 引脚为低电平时，由硬件置位 IE0，向 CPU 发出请求中断。当 CPU 响应中断转向中断服务程序时由硬件自动将 IE0 清零。

IE1：外部中断 1 的中断请求标志位，其作用与 IE0 类似。

当 IT1=0 时，外部中断 1 为电平触发方式。在这种方式下，CPU 在每个机器周期的 S5P2 期间对 $\overline{INT1}$(P3.3)引脚采样，若 $\overline{INT1}$ 为低电平，则认为有中断申请，随即使 IE1 标志置位，并以此向 CPU 请求中断；若 $\overline{INT1}$ 为高电平，则认为无中断申请，或中断申请已撤除，随即使 IE1 标志复位。

当 IT1=1 时，即外部中断 1 为边沿触发方式时，若第一个机器周期采样到 $\overline{INT1}$ 引脚为高电平，第二个机器周期采样到 $\overline{INT1}$ 引脚为低电平时，由硬件置位 IE1，并以此向 CPU 请求中断。当 CPU 响应中断转向中断服务程序时由硬件自动将 IE1 清零。

2) 注意事项

若把外部中断设置为边沿触发方式，CPU 在每个机器周期都采样。为了保证 CPU 能检测到负跳变，输入到引脚上的高电平与低电平至少应保持 1 个机器周期。对于电平触发的外部中断，由外部中断的输入信号直接控制中断请求标志位 IE0(IE1)，CPU 响应中断后不能由硬件自动清除 IE0(IE1)标志，也不能由软件清除 IE0(IE1)标志。因此在中断返回之前，需要外接电路来撤消中断请求输入引脚上的低电平，否则将再次中断，导致一次中断申请被 CPU 多次响应而出错。

　　图 4.2 是电平触发方式下外部中断的请求及撤除电路。外部中断请求信号通过 D 触发器加到单片机 $\overline{\text{INT}x}$ 引脚上。当外部中断请求信号使 D 触发器的 CLK 端发生负跳变时，由于 D 端接地，则 Q 端输出 0，向单片机发出中断请求。CPU 响应中断后，利用一根端口线，如 P1.0 作应答线，用 P1.0 控制 D 触发器的置 1 端 $\overline{\text{S}}$。并在中断服务程序中用以下两条指令来撤消中断请求：

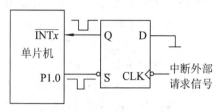

图 4.2　外部中断的请求及撤除电路

　　　　CLR　P1.0

　　　　SETB　P1.0

　　第一条指令使 P1.0 为 0，由于 P1.0 与 D 触发器置 1 端 $\overline{\text{S}}$ 相连，故 D 触发器 Q=1，撤除了中断请求信号。第二条指令将 P1.0 变成 1，即 D 触发器置 1 端 $\overline{\text{S}}$ 为 1 处于无效状态，以后产生的新的外部中断请求信号又能向单片机申请中断。

2. 内部中断

　　内部中断是单片机芯片内部信号产生的中断。51 系列单片机(51 子系列)的内部中断有定时器/计数器 T0、T1 的溢出中断，串行口的发送/接收中断。当定时器/计数器 T0、T1 计数溢出时，由硬件自动置位 TCON 的 TF0(定时器/计数器 T0 的中断标志位)或 TF1(定时器/计数器 T1 的中断标志位)，向 CPU 申请中断。CPU 响应中断而转向执行中断服务程序时，由硬件自动将 TF0 或 TF1 清零，即 CPU 响应中断后能自动撤除中断请求信号。当串行口发送完或接收完一帧信息，由接口硬件自动置位串行口控制寄存器 SCON(SCON 在 5.2 节介绍)的 TI(发送中断请求标志位)或 RI(接收中断请求标志位)，以此向 CPU 申请中断，CPU 响应中断后，硬件不能自动将 TI 或 RI 清零，即 CPU 响应中断后不能自动撤除中断请求信号，用户必须采用软件方法将 TI 或 RI 清零，来撤除中断请求信号，具体的撤除方法将在 5.2 节介绍。

4.1.3　中断控制

1. 中断允许寄存器 IE

　　MCS-51 单片机中没有专设的开中断和关中断指令，对各中断源的中断开放或关闭是由内部的中断允许寄存器 IE 的各位来控制的。中断允许寄存器 IE 的地址为 A8H，其格式如下：

D7	D6	D5	D4	D3	D2	D1	D0
EA		ET2	ES	ET1	EX1	ET0	EX0

　　EX0：外部中断 0 的中断允许位。EX0 = 0，禁止外部中断 0 中断；EX0 = 1 允许外部中断 0 中断。

　　ET0：定时器/计数器 T0 的溢出中断允许位。ET0 = 0，禁止 T0 中断；ET0 = 1，允许 T0 中断。

　　EX1：外部中断 1 的中断允许位。EX1 = 0，禁止外部中断 1 中断；EX1 = 1，允许外部中断 1 中断。

ET1：定时器/计数器 T1 的溢出中断允许位。ET1 = 0，禁止 T1 中断；ET1 = 1，允许 T1 中断。

ES：串行口中断允许位。ES = 0，禁止串行口中断；ES = 1 允许串行口中断。

ET2：定时器/计数器 T2 的溢出中断允许位，只用于 52 子系列，51 子系列无此位。ET2 = 0，禁止 T2 中断；ET2 = 1，允许 T2 中断。

EA：中断允许总控位。EA = 0，禁止所有的中断请求；EA = 1，开放所有的中断请求。但是否允许各中断源的中断请求，还要取决于各中断源的中断允许控制位的状态。

注意：单片机系统复位后，中断允许寄存器 IE 中各中断允许位均被清为 0，即禁止所有中断。

2. 中断优先级控制

51 单片机的中断源可设置两种中断优先级：高优先级中断和低优先级中断，从而可实现多级中断嵌套。中断响应，应根据其优先级的高低遵循如下规则：

(1) 先高后低——对于不同优先级的中断源同时请求中断时，CPU 首先响应优先级最高的中断请求。

(2) 约定顺序——相同优先级的中断源同时请求中断时，按约定的自然优先级顺序响应。

(3) 停低转高——正在处理低优先级中断而又有高优先级中断源请求中断时，暂停正在进行的操作，转去响应高优先级中断，待高优先级中断处理完成后再返回继续处理该低优先级中断。

(4) 高不理低——CPU 正在处理高优先级中断而又有低优先级中断源请求中断时，CPU 继续处理高优先级中断，而不理会低优先级的中断请求，待处理完高优先级中断后才响应低优先级的中断请求。

中断系统的上述规则，完全与日常社会中的上下级处理事务相类似。

3. 中断优先级控制寄存器 IP

我们用中断优先级控制寄存器来设置系统中各中断源的优先级，IP 锁存各中断源优先级控制位，IP 中的每一位均可由软件置"1"或清零，用来确定每个中断源的中断优先级，若置"1"表示对应中断源为高优先级中断，若清零表示低优先级。中断优先级控制寄存器 IP 的地址为 B8H，其格式如下：

D7	D6	D5	D4	D3	D2	D1	D0
—	—	PT2	PS	PT1	PX1	PT0	PX0

PX0：外部中断 0 的中断优先级控制位。

PT0：定时器/计数器 T0 的中断优先级控制位。

PX1：外部中断 1 的中断优先级控制位。

PT1：定时器/计数器 T1 的中断优先级控制位。

PS：串行口的中断优先级控制位。

PT2：定时器/计数器 T2 的中断优先级控制位，只用于 52 子系列。

注意：(1) 当系统复位后，IP 全部清为"0"，所有中断源均设定为低优先级中断。

(2) 如果几个同一优先级的中断源同时向 CPU 申请中断，CPU 通过内部硬件查询逻辑，按自然优先级约定顺序确定先响应哪个中断请求。自然优先级顺序见表 4.2 所示。

表 4.2　自然优先级顺序

中　断　源	同级的中断优先级
外部中断 0	最高
定时器/计数器 T0 中断	
外部中断 1	
定时器/计数器 T1 中断	
串行口中断	最低

4.1.4　中断响应

1. 中断响应的条件

必须同时满足以下 5 个条件，CPU 才能响应中断。

(1) 有中断源发出中断请求。

(2) 中断总允许位 EA = 1(CPU 中断允许)。

(3) 申请中断的中断源对应的中断允许控制位为 1。

(4) 当前指令执行完。但正在执行 RETI 中断返回指令或访问专用寄存器 IE 和 IP 的指令时，CPU 执行完该指令和紧随其后的另一条指令后才会响应中断。

(5) CPU 没有响应同级或高优先级的中断。

2. 中断响应过程

CPU 响应中断后，由硬件自动执行如下操作：

(1) 保护断点，即把程序计数器 PC 的内容压入堆栈保存。

(2) 清除中断请求标志位(IE0、IE1、TF0、TF1)。请注意，串行口中断标志位需要程序复位，不能自动复位(详见 5.2 节)。

(3) 把被响应的中断服务程序入口地址送入 PC，转向执行相应的中断服务程序。各中断服务程序的入口地址见表 4.3。

表 4.3　51 系列单片机的中断入口地址

功　　能	入口地址
系统复位	0000H
外部中断 0(INT0)	0003H
定时器/计数器 0 中断 T0	000BH
外部中断 1(INT1)	0013H
定时器/计数器 1 中断 T1	001BH
串行口中断	0023H
定时器/计数器 2 中断 T2(MCS-52 子系列)	002BH

3. 中断响应时间

所谓中断响应时间是指 CPU 从检测到中断请求信号到转入中断服务程序入口所需要

的机器周期数。了解中断响应时间对设计实时测控系统有重要指导意义。

51 系列单片机响应中断的最短时间为 3 个机器周期。若 CPU 检测到中断请求信号时间正好是一条指令的最后一个机器周期，则不需等待就可以立即响应。所谓响应中断，就是由硬件执行一条长调用指令，需要 2 个机器周期，加上检测需要 1 个机器周期，一共需要 3 个机器周期才开始执行中断服务程序。

中断响应的最长时间由下列情况所决定：若中断检测时正在执行 RETI 或访问 IE 或 IP 指令的第一个机器周期，这样包括检测在内需要 2 个机器周期(以上三条指令均需两个机器周期)；若紧接着要执行的指令恰好是执行时间最长的乘除法指令，其执行时间均为 4 个机器周期；再用 2 个机器周期执行一条长调用指令才转入中断服务程序。这样，最长响应事件需要 8 个机器周期。因此，中断响应时间一般为 3～8 个机器周期。

4.1.5　中断系统的应用

1. 必要工作

为了使读者对中断系统应用有一个全面的了解，我们简单归纳一下使用中断系统时要做的工作。

(1) 明确任务，确定采用哪些中断源。

(2) 确定中断源触发方式。外部中断有低电平触发和下降沿触发两种。

(3) 中断优先级分配。对于多个中断源，根据任务轻重缓急分配中断优先级。

(4) 中断源及中断标志位的撤除方法。外部中断源采用低电平触发时，就应在中断响应后及时清除中断信号；外部中断采用下降沿触发方式时，中断信号自动消失。外部中断和定时器/计数器中断标志位在 CPU 响应中断后由硬件自动清除，不需程序员管理；串行口的发送中断标志位 TI 和接收中断标志位 RI 则需要程序员在中断服务程序中清除。

(5) 中断服务程序要完成的任务。明确中断响应后要完成的任务，编写中断服务程序。

(6) 中断服务程序入口地址的设置。51 单片机各个中断服务程序入口地址是固定的，但它们之间只有 8 个单元，不能满足中断服务程序的需求，一般情况下，我们将中断服务程序存放在其它区域，所以，在其规定的入口地址放一条转移指令，转到中断服务程序入口。

(7) 中断允许设置。根据使用的中断源设置 IE 相应控制位。

2. 相关寄存器

我们对中断系统的设置实质上就是对相关寄存器功能位的设置。与中断系统相关的寄存器有：中断允许寄存器 IE、中断优先级控制寄存器 IP、串行口控制寄存器 SCON、中断标志位及外中断触发方式的设置所借助的定时器/计数器控制寄存器 TCON。各个寄存器相关位的功能及使用方法前面已作了介绍，读者只需按要求设置即可，这里不再繁述。

3. 中断系统应用举例

例 4.1.1　利用中断方式实现输入输出。硬件电路如图 4.3 所示，要求每按一次 P 按钮便在 $\overline{\text{INT0}}$ 的输入端产生一个负脉冲，向 CPU 请求中断，响应中断后，CPU 读取开关 S0～S3 的状态，将其输出到发光二极管 L0～L3 显示。当开关 S 为断开状态时，对应的发光管点亮，当开关闭合时，对应发光二极管熄灭。

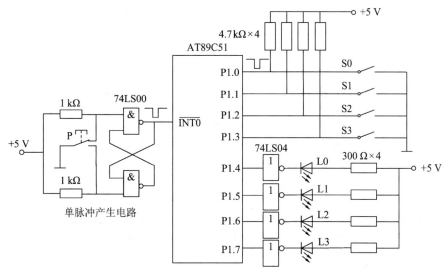

图 4.3　利用中断方式实现输入输出

解： 主程序和中断服务程序如下：

```
            ORG    0000H
            LJMP   MAIN        ; 上电自动转向主程序
            ORG    0003H
            LJMP   INT0SUB     ; 指向 INT0 的中断服务程序
            ORG    0040H
MAIN:       MOV    SP,#60H
            SETB   IT0         ; 选择 INT0 为负沿触发方式
            SETB   EX0         ; 允许 INT0 中断
            SETB   EA          ; 开 CPU 中断
            SJMP   $           ; 等待中断
                              ; INT0 的中断服务子程序
INT0SUB:    MOV    P1,#0FH     ; 数据送 P1 口，设置 P1.0～P1.3 为输入
            MOV    A,P1        ; 读 S0～S3 上的数据
            SWAP   A           ; A 的低 4 位与高 4 位交换
            ORL    A,#0FH
            MOV    P1,A        ; 数据送 L0～L3
            RETI               ; 中断返回
            END
```

例 4.1.2 中断源扩展。

解： 51 单片机有两个外部中断输入端，当需要 2 个以上中断源时，它的中断输入端就不够了，可以采用中断与查询相结合的方法来实现多中断源扩展。把一个外部中断源扩展为四个中断源的硬件电路如图 4.4 所示。

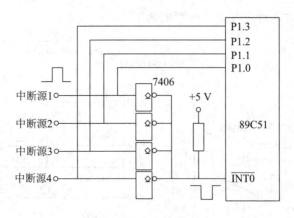

图 4.4　多中断源扩展

利用 P1 口作为多中断源情况下各中断源的识别。当扩展中断源为高电平时，$\overline{\text{INT0}}$ 输入端为低电平，向 CPU 请求中断。响应中断后，采用软件查询的方法进行相应的中断服务，$\overline{\text{INT0}}$ 的中断服务程序架构如下：

```
INT0SUB: PUSH  A            ; INT0 的中断服务程序
         JB    P1.0, ZD1    ; 软件查询
         JB    P1.1, ZD2
         JB    P1.2, ZD3
         JB    P1.3, ZD4
GOBACK:  POP   A
         RETI                ; 中断返回
ZD1:     …                   ; 扩展中断源 1 的中断服务程序
         …
         LJMP  GOBACK
ZD2:     …                   ; 扩展中断源 2 的中断服务程序
         …
         LJMP  GOBACK
ZD3:     …                   ; 扩展中断源 3 的中断服务程序
         …
         LJMP  GOBACK
ZD4:     …                   ; 扩展中断源 4 的中断服务程序
         …
         LJMP  GOBACK
```

4.2　定时器/计数器

51 系列单片机有两个 16 位定时器/计数器，可通过对机器周期计数，完成定时功能，通过对外部事件计数，达到计数之目的。

4.2.1　定时器/计数器的基本原理

1. 定时器的特点

对于定时器/计数器来说，不管是独立的定时器芯片还是单片机内的定时器，大都具有以下特点：

(1) 定时器/计数器有多种方式，可以是计数方式也可以是定时方式。

(2) 定时器/计数器的计数值是可变的，当然计数的最大值是有限的，这取决于计数器的位数。计数的最大值也就确定了作为定时器时的最大定时范围。

(3) 能够在到达设定的定时或计数值时发出中断申请，以便及时处理。

51 单片机(51 子系列)中的两个 16 位定时器/计数器 T0 和 T1，均可作为定时器或计数器使用。

2. 定时器/计数器工作原理

定时器/计数器原理框图如图 4.5 所示。定时器/计数器采用加法计数方式工作。两个定时器/计数器 T0 和 T1 的内部均有一个 16 位加法计数器(TH0，TL0 和 TH1，TL1)，用来完成加 1 计数。当加法计数器产生溢出时，硬件自动产生溢出中断请求信号，通过中断标志位可向 CPU 申请中断。由于加法计数器的初值可以由程序员设定，因此，其计数/定时范围就可利用软件来编程。

计数方式时，定时器/计数器对加在 T0(P3.4)、T1(P3.5)引脚的脉冲信号进行加 1 计数，我们可以通过设置不同的初值来控制计数次数。在定时/计数过程中，可以用指令将加法计数器的值读回 CPU。

定时方式时，定时器/计数器对内部机器周期 T_c 进行加 1 计数，因此其计数最小单位就是 1 个机器周期。如：当我们的应用系统采用的时钟频率为 12 MHz 时，其机器周期 $T_c = 1$ μs，其基本定时单位就是 1 μs。

如图 4.5 所示，TH1、TL1 和 TH0、TL0 分别为 T1 和 T0 的加 1 计数器，TMOD 用来设置 T1、T0 的工作方式，TCON 用来启动 T1 和 T0 开始计数和暂存各中断标志位。

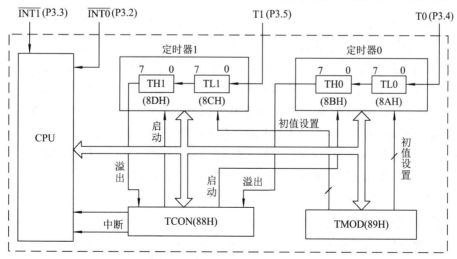

图 4.5　定时器/计数器原理框图

4.2.2　定时器/计数器的控制方式

1. 定时器方式寄存器 TMOD

TMOD 称为定时器方式寄存器，用来设置定时器/计数器的工作方式、是否需要门控信号等，其地址为 89H。定时器/计数器 T0、T1 都有四种工作方式，可通过对方式寄存器 TMOD 设置来选择工作方式。TMOD 的低 4 位用于设置定时器/计数器 T0 的工作方式，高 4 位用于设置定时器/计数器 T1 的工作方式，各位定义如图 4.6 所示。

TMOD 地址	用于设置T1				用于设置T0			
	D7	D6	D5	D4	D3	D2	D1	D0
89H	GATE	C/$\overline{\text{T}}$	M1	M0	GATE	C/$\overline{\text{T}}$	M1	M0

图 4.6　TMOD 功能图

M1、M0：工作方式选择，其值与工作方式对应关系见表 4.4。

表 4.4　定时器/计数器工作方式

M1	M0	工作方式	功　　能
0	0	方式 0	13 位定时器/计数器(TH 的 8 位和 TL 的低 5 位)
0	1	方式 1	16 位定时器/计数器
1	0	方式 2	具有自动重装初值的 8 位定时器/计数器
1	1	方式 3	定时器 0：分成两个 8 位计数器 定时器 1：无方式 3

C/$\overline{\text{T}}$：功能选择位，当 C/$\overline{\text{T}}$ = 1 时为计数方式；当 C/$\overline{\text{T}}$ = 0 时为定时方式。

GATE：门控位，用于控制定时器/计数器的启动是否受外部中断请求信号的影响。

(1) 对定时器/计数器 T0 来讲，当 GATE = 0 时，只要定时器控制寄存器 TCON 中的软件控制位 TR0 = 1 即可启动定时器 T0，与外部中断请求信号 $\overline{\text{INT0}}$ 无关。如果 GATE = 1，必须使软件控制位 TR0 = 1，且 $\overline{\text{INT0}}$ 为高电平方可启动定时器 T0。即定时器/计数器 T0 的启动要受外部中断请求信号 $\overline{\text{INT0}}$ 和软件控制位 TR0 共同控制，只有在外部中断请求信号 $\overline{\text{INT0}}$ 为高电平的情况下才允许启动定时器 T0。

(2) 对定时器/计数器 T1 来讲，当 GATE = 0 时，只要 TR1 = 1 即可启动定时器 T1，与外部中断请求信号 $\overline{\text{INT1}}$ 无关。如果 GATE = 1，必须使 TR1 = 1，且 $\overline{\text{INT1}}$ 为高电平方可启动定时器 T1。即定时器/计数器 T1 的启动要受外部中断请求信号 $\overline{\text{INT1}}$ 的和 TR1 共同控制，只有在外部中断请求信号 $\overline{\text{INT1}}$ 为高电平的情况下才允许启动定时器 T1。

注意：与其它寄存器(如 TCON、IP、IE 等)不同，定时器方式寄存器 TMOD 不能进行位寻址。只能用字节地址向 TMOD 中写命令字来设置 T1 和 T0 的工作方式。复位时，TMOD 所有位均为 "0"。

2. 定时器的控制寄存器 TCON

定时器的控制寄存器 TCON 地址为 88H，可以进行位寻址。用来控制定时器/计数器开始定时/计数、设置外部中断信号形式及暂存中断标志位。TCON 控制寄存器各位定义如下：

D7	D6	D5	D4	D3	D2	D1	D0
TF1	TR1	TF0	TR0	IE1	IT1	IE0	IT0

TF0(TF1)：定时器/计数器 T0(T1)的中断标志位。当 T0(T1)计数溢出时，由硬件置位，在允许中断的情况下，向 CPU 发出中断请求信号，CPU 响应中断转向中断服务程序时，由硬件自动将该位清零。

TR0(TR1)：T0(T1)的启动控制位。当 TR0(TR1) = 1 时可启动 T0(T1)；TR0(TR1) = 0 时关闭 T0(T1)。该位由软件设置，一般情况下，在定时器/计数器初始化完成后，GATE = 0 时，用指令将该位置为 1 即可启动 T0(T1)。

IE0(IE1)：外部中断 0(外部中断 1)请求标志位。为 1 表示有中断请求，为 0 表示没有中断请求。

IT0(IT1)：外部中断 0(外部中断 1)触发方式选择位。为 0 表示外部中断信号为低电平请求，为 1 表示外部中断信号为下降沿请求。如图 4.1 所示。

4.2.3　定时器/计数器的工作方式

1. 工作方式 1

将方式寄存器 TMOD 的方式选择位 M1M0 设置为 01B 时，定时器/计数器设定为方式 1，由 TH0 和 TL0(或 TH1 和 TL1)构成了 16 位的计数器。图 4.7 给出了定时器 T0 在方式 1 时的工作原理框图，T1 在方式 1 时的工作原理与此类似。

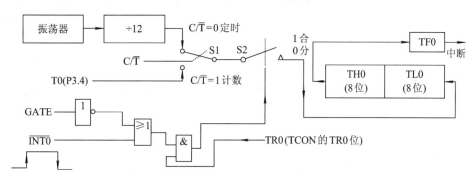

图 4.7　定时器/计数器 T0 方式 1 的逻辑结构

当 C/$\overline{T}$ = 1 时，图 4.7 中开关 S1 自动地接在下面，定时器/计数器工作在计数状态，TH0、TL0 构成了一个 16 位的加法计数器，它对 T0(P3.4)引脚上的外部脉冲计数。当计数到全 1(FFFFH)，再来一个外部脉冲便计数到 0，计数器溢出使 TF0 = 1，以此作为定时器/计数器的中断标志向 CPU 发出中断请求。

在方式 1 下，计数长度为 16 位二进制数，最大计数值 $M = 2^{16} = 65\,536$。如果要让计数器计数 N 次，则事先应向计数器中写入的计数初值 X 为：

$$计数初值 X = 最大计数值 M - 计数次数 N = 2^{16} - N = 65\,536 - N \tag{4.1}$$

在式 4.1 中，M 是计数器的最大计数值，N 为计数次数，X 是应写入 TH0、TL0 的计数初值。例如，让计数器计数 5 次，计数次数 $N = 5$，则计数初值 X 为

计数初值 $X = 2^{16} - N = 65\,536 - 5 = 65\,531 = \text{FFFBH}$

此例中应向 TH0 写入 FFH、向 TL0 写入 FBH 即可实现 5 次计数。

当计数初值 $X = 65\,535(\text{FFFFH})$ 时,只计数 1 次便产生溢出中断,所以 65 535 是方式 1 时的最小计数初值;$X = 0$ 时,计数器从 1 计数到 65 536,计数器溢出请求中断,所以 0 是方式 1 时的最大计数初值,最大计数次数 $N = 65\,536$。

注意: CPU 在每个机器周期的 S5P2 期间采样 T0(P3.4)引脚的输入信号,若一个机器周期的采样值为 1,下一个机器周期的采样值为 0,则计数器加 1。由于识别一个高电平到低电平的跳变需两个机器周期 $2T_c$,所以外部计数脉冲的频率应低于 $1/(2T_c) = f_{osc}/24$,且高电平与低电平的延续时间均不得小于 1 个机器周期。

$C/\overline{T} = 0$ 时为定时器方式,图 4.7 中开关 S1 接在上面,加法计数器对机器周期 T_c 计数,每个机器周期计数器加 1。根据计数次数 N 便可计算出定时时间,定时时间 t 由下式确定:

$$t = N \times T_c = (65\,536 - X)T_c \tag{4.2}$$

式中 T_c 为单片机的机器周期。如果振荡频率 $f_{osc} = 12\,\text{MHz}$,则 $T_c = 1\,\mu s$,定时范围为 $1 \sim 65\,536\,\mu s$。

定时器/计数器 T0 的启动或停止受 3 个条件的制约:控制寄存器 TCON 中的 TR0 位、门控位 GATE 及外部中断请求信号 $\overline{\text{INT0}}$。当 GATE = 0 时,只要用软件置 TR0 = 1,图 4.7 中开关 S2 闭合,定时器/计数器就开始工作;若置 TR0 = 0,开关 S2 断开,定时器/计数器停止工作。所以把 TR0 称为定时器/计数器 T0 的启动控制位。

GATE = 1 为门控方式。此时,只有 TR0 = 1 且 $\overline{\text{INT0}}$ (P3.2)引脚上出现高电平时,开关 S2 才闭合,定时器/计数器开始工作。如果引脚上出现低电平,则停止工作。所以,门控方式下,定时器/计数器的启动和停止受外部中断请求的影响,常用来测量 $\overline{\text{INT0}}$ 引脚上出现正脉冲的宽度,如图 4.7 所示。

2. 工作方式 0

将方式寄存器 TMOD 的方式选择位 M1M0 设置为 00B 时,定时器/计数器设定为工作方式 0,由 TH 的 8 位和 TL 的低 5 位构成了 13 位的计数器。图 4.8 给出了定时器 T1 在方式 0 时的工作原理框图,定时器 T0 在方式 0 时的工作原理与此类似。

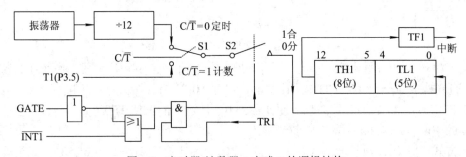

图 4.8　定时器/计数器 1 方式 0 的逻辑结构

如果 $C/\overline{T} = 1$,定时器/计数器 T1 工作在计数状态,由 TH1、TL1 构成的 13 位加法计数器对 T1(P3.5)引脚上的外部脉冲计数。当计数到全 1(即 8191,或 1FFFH),再来一个外部脉冲便计数到 0,计数器溢出使 TF1 = 1,以此作为定时器/计数器的中断标志。

在方式 0 下,计数长度为 13 位二进制数,最大计数值 $M = 2^{13} = 8192$。如果要让计数

器计数 N 次，则应向计数器中写入的计数初值 X 为

$$计数初值\ X = 最大计数值\ M - 计数次数\ N = 2^{13} - N = 8192 - N \quad (4.3)$$

例如，设置计数器计数 1000 次，计数次数 $N = 1000$，则计数初值 X 为

$$计数初值\ X = 2^{13} - N = 8192 - 1000 = 7192$$
$$= 1110\ 0000\ 11000B$$

但应注意，上述 13 位计数初值的高 8 位写入 TH1，而 13 位计数初值的低 5 位二进制数前面要加 3 个 0，凑成 8 位二进制数后写入 TL1。此例中应向 TH1 写入的数据是：1110 0000B(E0H)，向 TL1 写入的数据是：00011000B(18H)，即计数初值 $X =$ E018H。

TH1:

1	1	1	0	0	0	0	0

TL1:

0	0	0	1	1	0	0	0

在方式 0 下，$X = 8191$ 时是最小计数初值；$X = 0$ 时，计数器从 1 计数到 8192，$X = 0$ 是方式 0 时的最大计数初值，最大计数次数 $N = 8192$。

当 $C/\overline{T} = 0$ 时，为定时器方式，加法计数器对机器周期 T_c 计数，每个机器周期计数器加 1。根据计数次数 N 便可计算出定时时间，定时时间 t 由下式确定：

$$t = N \times T_c = (8192 - X)T_c \quad (4.4)$$

式中，T_c 为单片机的机器周期。如果振荡频率 $f_{osc} = 12$ MHz，则 $T_c = 1$ μs，定时范围为 $1 \sim 8192$ μs。

定时器/计数器 T1 的启动或停止受 3 个条件的制约：控制寄存器 TCON 中的 TR1 位、门控位 GATE 及外部中断请求信号 $\overline{INT1}$。

3. 工作方式 2

将方式寄存器 TMOD 的方式选择位 M1M0 设置为 10 B 时，定时器/计数器设定为工作方式 2，作为自动重新装入初值的 8 位定时器/计数器工作方式，通常用作为方波发生器。方式 0 和方式 1 都必须在每次定时/计数结束后重新装入初值，而方式 2 是一种自动装入初值的工作方式。方式 2 在程序初始化时，TL0 和 TH0 由软件赋予相同的计数初值。TL0 用作加 1 计数，TH0 用来保存初值，一旦 TL0 计数溢出，TF0 将被置位，同时，TH0 中的初值会自动重新装入 TL0，从而进入新一轮计数，如此循环。用方式 2 来产生方波非常方便，通常被用来作为串行通信口的波特率发生器。其内部结构如图 4.9 所示。图中以 T0 为描述对象，T1 的工作原理与此类似。

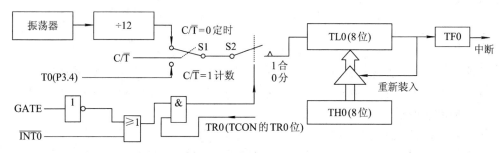

图 4.9　定时器/计数器 T0 方式 2 的逻辑结构

在工作方式 2 时，计数范围为 $1 \sim 256$。计数器的计数初值和定时时间 t 分别由下式确定：

$$计数初值 X = 最大计数值 M - 计数次数 N = 2^8 - N = 256 - N \qquad (4.5)$$
$$t = N \times T_c = (256 - X)T_c \qquad (4.6)$$

4. 工作方式 3

将方式寄存器 TMOD 的方式选择位 M1M0 设置为 11B 时，定时器/计数器设定为工作方式 3，其逻辑结构图如图 4.10 所示。

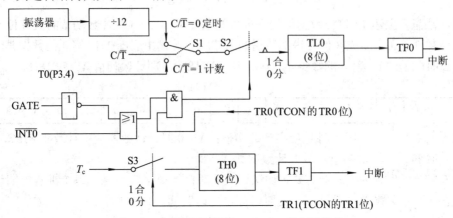

图 4.10　定时器/计数器 T0 方式 3 的逻辑结构

方式 3 时，定时器 T0 被分解成两个独立的 8 位计数器 TL0 和 TH0。其中，TL0 占用原定时器 T0 的控制位和中断标志位：GATE、TR0、TF0，也占用原定时器 T0 的引脚 T0(P3.4) 和 $\overline{INT0}$ (P3.2)。除计数位数不同于方式 0、方式 1 外，其功能、操作与方式 0、方式 1 完全相同，可定时亦可计数。TH0 占用原 T1 的控制位 TF1 和 TR1，同时还占用了定时器 1 的中断源，其启动和关闭仅受 TR1 置"1"或清零控制。此时，TH0 只能对机器周期进行计数，因此，TH0 只能用作简单的内部定时，不能用作对外部脉冲计数，它是定时器 T0 附加的一个 8 位定时器。

在工作方式 3 时，计数范围为 1～256。计数初值和定时时间分别由式(4.5)和式(4.6)确定。

定时器 T1 不工作于方式 3。当定时器 T0 工作于方式 3 时，定时器 T1 可设置为方式 0、方式 1 或方式 2，但由于 TR1、TF1 及 T1 的中断源已被定时器 T0 占用，此时，定时器 T1 只能用于不需要中断的场合，实际应用系统中，T1 常常用作串行口波特率发生器。

通常情况下，也只有 T1 作为串行口波特率发生器使用时，为了充分利用单片机资源，才将 T0 设置为方式 3 使用。

4.2.4　定时误差分析

在定时过程中，用定时器获得一个基本定时信号，当定时器溢出中断后单片机响应中断，进行定时处理。中断响应延迟时间，取决于 CPU 正在执行的是什么样的指令和 CPU 是否正响应其它中断。

若 CPU 正在执行某指令时，定时器发出溢出中断，就不能及时响应该定时器的溢出中断，当执行完此指令后才能响应中断，此时所延迟的最长时间为该指令的指令周期，即误差的最大值为执行该指令所需的时间。由于各指令的指令周期不同，因此这种误差将因

CPU 正在执行指令的不同而不同。如定时器溢出中断时，CPU 正在执行指令 MOV A, #data 时，其最大误差为 1 个机器周期。而执行指令 MOV direct,direct 时，其最大误差为 2 个机器周期。当 CPU 正在执行乘法或除法指令时，最大时间误差可达 4 个机器周期。在 51 单片机指令系统中，多数指令的指令周期为 1~2 个机器周期，若振荡器振荡频率 f_{osc} 为 12 MHz，一般由当前指令引起的误差时间为 1~2 μs，最大误差时间为 4 μs。

　　若 CPU 正在执行同级或高优先级中断服务程序时，定时器产生溢出中断，CPU 仍需继续执行完这一中断服务程序，不能及时响应定时器的溢出中断请求。其最大延迟时间由中断转移指令周期 T_1、当前中断的中断服务程序执行时间 T_2、中断返回指令的指令周期 T_3 及中断返回原断点后执行下一条指令周期 T_4(如乘法指令)组成。中断转移指令和中断返回指令的指令周期都是 2 个机器周期。中断服务程序的执行时间为该程序所含指令的指令周期的总和。因此，最大时间误差 Δt_{max} 为

$$\Delta t_{max} = \frac{12(T_1 + T_2 + T_3 + T_4)}{f_{osc}} = \frac{12(2 + T_2 + 2 + 4)}{f_{osc}} = \frac{12(T_2 + 8)}{f_{osc}}$$

若振荡器振荡频率为 12 MHz，则最大时间误差为

$$\Delta t_{max} = T_2 + 8 \text{ μs}$$

　　由上式可见，若 CPU 正在执行同级或高优先级中断服务程序时，定时器产生溢出中断，此时时间误差主要取决于中断服务程序的执行时间。

　　当 CPU 正在执行中断返回指令 RETI，或正在读写 IE 或 IP 指令时，CPU 至少需要再执行一条指令才可响应中断，这时误差在 5 个机器周期内。

　　由此可知，定时器溢出中断与 CPU 响应中断的时间误差具有非固定性特点。即这种误差因 CPU 正在执行指令的不同而有相当大的差异。如 CPU 正在执行某中断服务程序，这种误差将远远大于执行一条指令时的误差，它们可能相差几倍、几十倍，甚至更大。在精确定时的应用场合，必须考虑它们的影响，如尽可能把定时器中断设置成高优先级，以确保精确的定时控制。根据定时中断的不同应用情况，应选择不同的精确定时编程方法。

4.2.5　定时器/计数器的应用

1. 应用方法

　　由于定时器/计数器的功能是由软件编程实现的，所以，一般在使用定时器/计数器前都要对其进行初始化。所谓初始化实际上就是确定相关寄存器的值。初始化步骤如下：

　　(1) 确定工作方式——对 TMOD 赋值。

　　根据任务性质明确工作方式及类型，从而确定 TMOD 寄存器的值。如：要求定时器/计数器 T0 完成 16 位定时功能，TMOD 的值就应为 00000001B，用指令

　　　　MOV TMOD, #00000001B

即可完成工作方式的设定。

　　(2) 预置定时器/计数器的计数初值——写入计数初值

　　依据以上确定的工作方式和要求的计数次数，由式(4.1)～式(4.6)计算出相应的计数初值。直接将计数初值写入 TH0、TL0 或 TH1、TL1。

　　(3) 根据需要开放定时器/计数器中断——直接对 IE 寄存器赋值。

(4) 启动定时器/计数器工作——将 TR0 或 TR1 置 "1"。

GATE = 0 时，直接由软件置位启动；GATE = 1 时，除软件置位外，还必须在外中断引脚处加上相应的电平值才能启动。

2. 应用举例

在工程应用中，常常会遇到要求系统定时或对外部事件计数等类似问题，若用 CPU 直接进行定时或计数不但降低了 CPU 的效率，而且会无法响应实时事件。灵活运用定时器/计数器不但可减轻 CPU 的负担，简化外围电路，而且可以提高系统的实时性，能快速响应和处理外部事件。

例 4.2.1　方式 0 的应用。设系统时钟频率为 12 MHz，利用定时器/计数器 T0，在 P1.0 引脚输出频率为 500 Hz 的方波。

解：频率为 500 Hz 的方波其周期为 2 ms，可由间隔 1 ms 的高低电平相间而成，因而只要每 1 ms 对 P1.0 取反一次即可得到这个方波，如图 4.11 所示。可选用定时器/计数器 T0 工作为定时方式来实现 1 ms 的定时。定时器工作在定时方式时，计数器对机器周期 T_c 计数，每个机器周期计数器加 1。因为单片机晶振频率为 12 MHz，则机器周期为：

$$机器周期 T_c = 12 \times 振荡周期 = \frac{12}{f_{osc}} = 1\ \mu s$$

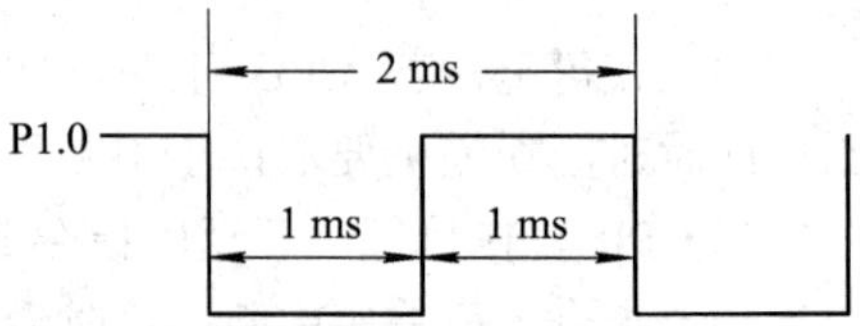

要实现 1 ms 的定时，定时器 0 在 1 ms 内需要计数 N 次：

$$N = \frac{1\ ms}{1\ \mu s} = 1000\ 次$$

图 4.11　周期为 2 ms 的方波

设定时器 T0 工作在方式 0，则计数初值 X 为

$$X = 最大计数值\ M - 计数次数\ N = 2^{13} - N = 8192 - 1000 = 7192$$
$$= 1110000011000B$$

13 位的计数初值的高 8 位写入 TH0，低 5 位二进制数前要加 3 个 0，凑成 8 位二进制数后写入 TL0。即向 TH0 写入的数据是：1110 0000B(E0H)，向 TL0 写入的数据是：0001 1000B(18H)。

TMOD 初始化：TMOD = 0000 0000B = 00H，(GATE = 0，C/$\overline{T}$ = 0，M1 = 0，M0 = 0)。

TCON 初始化：TR0 = 1，启动 T0。

IE 初始化：开放中断，EA = 1；允许定时器 T0 中断，ET0 = 1。

程序如下：

```
        ORG    0000H
        LJMP   START          ; 复位入口
        ORG    000BH
        LJMP   T0INT          ; T0 中断入口
        ORG    0040H
START:  MOV    SP,  #60H       ; 初始化程序
        MOV    TH0, #0E0H      ; T0 赋初值
        MOV    TL0, #18H
```

```
           MOV    TMOD, #00H        ; T0 为方式 0 定时。注，不能对 TMOD 位操作
           SETB   TR0               ; 启动 T0
           SETB   ET0               ; 开 T0 中断
           SETB   EA                ; 开总允许中断
           SJMP   $                 ; 等待中断
    T0INT: MOV    TH0, #0E0H        ; T0 中断服务子程序，T0 赋初值，再次启动 T0
           MOV    TL0, #18H
           CPL    P1.0              ; 输出周期为 2 ms 的方波
           RETI                     ; 中断返回
           END
```

注意： T0 溢出时中断标志位 TF0 = 1 请求中断，CPU 响应中断时，由硬件自动将该位清零。但在中断服务程序中，必须重新写入计数初值方可再次启动定时器。

例 4.2.2　软件计数器的应用。设单片机时钟频率为 12 MHz，利用定时器/计数器 T0 在引脚 P1.0 和 P1.1 分别输出周期为 2 ms 和 6 ms 的方波。如图 4.12 所示。

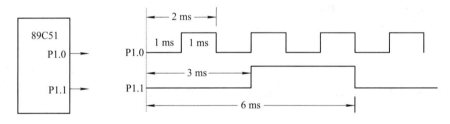

图 4.12　输出不同周期的方波

解： 在例 4.2.1 中，T0 每 1 ms 中断一次，对 P1.0 取反一次得周期为 2 ms 的方波。例 4.2.1 中只要对 T0 中断服务子程序略加修改，使用片内 RAM 的 30H 单元进行软件计数，每计数(中断) 3 次，对 P1.1 取反一次可得到周期为 6 ms 的方波。参考程序如下：

```
           ORG    0000H
           LJMP   START             ; 复位入口
           ORG    000BH
           LJMP   T0INT             ; T0 中断入口
           ORG    0040H
    START: MOV    SP, #60H          ; 初始化程序
           MOV    TH0, #0E0H        ; T0 赋初值
           MOV    TL0, #18H
           MOV    TMOD, #00H        ; T0 为方式 0 定时。注，不能对 TMOD 位操作
           SETB   TR0               ; 启动 T0
           SETB   ET0               ; 开 T0 中断
           SETB   EA                ; 开总允许中断
           MOV    30H, #00H
           SJMP   $                 ; 等待中断
    T0INT: MOV    TH0, #0E0H        ; T0 中断服务子程序，T0 赋初值，再次启动 T0
```

```
            MOV   TL0, #18H
            CPL   P1.0                ; 输出周期为 2 ms 的方波
            INC   30H                 ; 每 1 ms 软件计数值加 1
            MOV   A, 30H
            CJNE  A, #03, RETURN
            CPL   P1.1                ; 每 3 ms 对 P1.1 取反一次
            MOV   30H, #00H           ; 软件计数初值为 0
    RETURN: RETI                      ; 中断返回
            END
```

以此例为基础，读者通过修改程序，就可得到多路方波发生器。

例 4.2.3　方式 1 的应用。设单片机晶振频率为 12 MHz，利用定时器/计数器 T0 在 P1.0 引脚输出频率为 50 Hz 的方波。

解：频率为 50 Hz 其周期就是 20 ms。方波可由间隔 10 ms 的高低电平相间而成，只要每 10 ms 对 P1.0 取反一次即可得到这个方波。系统时钟频率为 12 MHz，则机器周期为 1 μs。要实现 10 ms 的定时，在 10 ms 内需要计数 N 次：

$$N = \frac{10 \text{ ms}}{1 \text{ μs}} = 10\ 000 \text{ 次}$$

定时器工作在方式 0 时，其最大计数值 $M = 2^{13} = 8192$，无法实现 10 ms 的定时，即无法实现 10 000 次的计数。所以必须使定时器/计数器 T0 工作在方式 1 下，此时计数初值 X 为

$X = $ 最大计数值 $M - $ 计数次数 $N = 2^{16} - N = 65\ 536 - 10\ 000 = 55\ 536 = $ D8F0H

即向 TH0 写入计数初值 D8H，向 TL0 写入计数初值 F0H。

TMOD 初始化：TMOD = 00000001B = 01H，(GATE = 0，C/$\overline{\text{T}}$ = 0，M1 = 0，M0 = 1)。

TCON 初始化：TR0 = 1，启动 T0。

IE 初始化：开放中断 EA = 1，允许定时器 T0 中断 ET0 = 1。

程序清单如下：

```
            ORG   0000H
            LJMP  START               ; 复位入口
            ORG   000BH
            LJMP  T0INT               ; T0 中断入口
            ORG   0040H
     START: MOV   SP, #60H
            MOV   TH0, #0D8H          ; T0 赋初值
            MOV   TL0, #0F0H
            MOV   TMOD, #01H          ; T0 为方式 1 定时
            SETB  TR0                 ; 启动 T0
            SETB  ET0                 ; 开 T0 中断
            SETB  EA                  ; 开总允许中断
            SJMP  $                   ; 等待中断
```

T0INT: MOV	TH0, #0D8H	; T0 中断服务子程序，T0 赋初值，再次启动 T0
MOV	TL0, #0F0H	
CPL	P1.0	; 输出周期为 20 ms 的方波
RETI		; 中断返回
END		

在实际应用中，由于方式 1 计数范围大，设置方便，所以应用最多。

例 4.2.4　利用定时器/计数器对生产过程进行控制。图 4.13 给出了一个生产过程的示意图，当生产线上无工件传送时，在光线的照射下，光敏管导通，T1 为低电平；当工件通过时，工件会遮挡光线，光敏管截止，T1 为高电平。每传送一个工件，T1 端会出现一个正脉冲。利用定时器/计数器 T1 对生产过程进行控制，每生产出 10 000 个工件，使 P1.7 输出一个正脉冲，用于启动下一个工序。

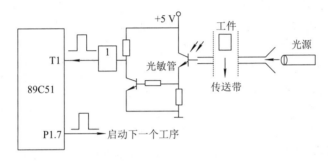

图 4.13　生产过程控制

解：设置定时器/计数器 T1 工作在方式 1，对工件进行计数。计数次数 $N = 10\,000$，则计数初值 X 为

$$X = \text{最大计数值 } M - \text{计数次数 } N = 2^{16} - N = 65\,536 - 10\,000 = 55\,536 = \text{D8F0H}$$

初始化：TMOD = 01010000B = 50H (GATE = 0，C/$\overline{\text{T}}$ = 1，M1M0 = 01)。

TCON 初始化：TR1 = 1，启动 T1。

IE 初始化：开放中断 EA = 1，允许定时器 T1 中断 ET1 = 1。

程序清单如下：

ORG	0000H	
LJMP	START	; 复位入口
ORG	001BH	
LJMP	T1INT	; T1 中断入口
ORG	0040H	
START: MOV	SP, #60H	
CLR	P1.7	; 初始化 P1.7=0
MOV	TH1, #0D8H	; T0 赋初值
MOV	TL1, #0F0H	
MOV	TMOD, #50H	; T1 为方式 1 计数
SETB	TR1	; 启动 T1
SETB	ET1	; 开 T1 中断

```
         SETB   EA                   ; 开总允许中断
         SJMP   $                    ; 等待中断
T1INT:   MOV    TH1, #0D8H           ; T1 中断服务子程序，T1 赋初值，再次启动 T1
         MOV    TL1, #0F0H
         SETB   P1.7                 ; 使 P1.7 输出正脉冲，启动下一个工序
         NOP
         CLR    P1.7
         RETI                        ; 中断返回
         END
```

例 4.2.5　方式 2 的应用。设系统时钟频率为 12 MHz，在 P1.7 引脚接有一个发光二极管，如图 4.14 所示，用定时器/计数器控制，使发光二极管亮 1 s 灭 1 s，周而复始。

解：由于定时间隔太长，用一个定时器/计数器无法直接实现 1 s 的定时。可使定时器工作在方式 1，得到 10 ms 的定时间隔，再进行软件计数 100 次，便可实现 1 s 的定时，读者可参照例 4.2.2 和例 4.2.3 来完成。

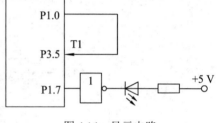

图 4.14　显示电路

在此，我们采用多个定时器/计数器复合使用的方法完成此题。可将定时器 T0 设定为 10 ms 的定时间隔，当 T0 定时时间到时，把 P1.0 的输出取反，再把 P1.0 的输出信号加到定时器 T1 的计数脉冲的输入端进行计数。只要 T1 计数 50 次，便可实现 1 s 的定时：

$$(10 \text{ ms} + 10 \text{ ms}) \times 50 = 1000 \text{ ms} = 1 \text{ s}$$

在 T1 的计数次数 $N = 50$ 的情况下，令定时器 T1 工作在方式 2，计数器的计数初值由下式确定：

$$X = 最大计数值 M - 计数次数 N = 2^8 - N = 256 - 50 = 206 = \text{CEH}$$

即，把 CEH 同时写入 TH1 和 TL1。

TMOD 初始化：TMOD = 01100001B = 61H，T0 为方式 1 定时，T1 为方式 2 计数。

用于设置 T1				用于设置 T0			
GATE	C/$\overline{\text{T}}$	M1	M0	GATE	C/$\overline{\text{T}}$	M1	M0
0	1	1	0	0	0	0	1
	计数	方式 2			定时	方式 1	

TCON 初始化：TCON = 01010000B = 50H，启动 T0，启动 T1。

D7	D6	D5	D4	D3	D2	D1	D0
TF1	TR1	TF0	TR0	IE1	IT1	IE0	IT0
0	1	0	1	0	0	0	0

IE 初始化：IE = 10001010B，开放中断 EA = 1，允许定时器 T0 中断 ET0 = 1，允许定

时器 T1 中断 ET1 = 1。

中断允许寄存器 IE：

EA	—	ET2	ES	ET1	EX1	ET0	EX0
1	0	0	0	1	0	1	0

程序清单如下：

```
            ORG   0000H
            LJMP  START              ; 复位入口
            ORG   000BH
            LJMP  T0INT              ; T0 中断入口
            ORG   001BH
            LJMP  T1INT              ; T1 中断入口
            ORG   0040H
START: MOV   SP, #60H
            MOV   TH0, #0D8H          ; T0 赋初值
            MOV   TL0, #0F0H
            MOV   TH1, #0CEH          ; T1 赋初值
            MOV   TL1, #0CEH
            MOV   TMOD, #61H          ; T0 为方式 1 定时，T1 为方式 2 计数
            SETB  TR0                 ; 启动 T0
            SETB  TR1                 ; 启动 T1
            MOV   IE, #8AH            ; 开 T0、T1 中断
            SJMP  $                   ; 等待中断
T0INT: MOV   TH0, #0D8H          ; T0 中断服务子程序，T0 赋初值，再次启动 T0
            MOV   TL0, #0F0H
            CPL   P1.0                ; P1.0 输出周期为 20 ms 的方波
            RETI                      ; 中断返回
T1INT: CPL   P1.7                ; T1 中断服务子程序
                                      ; P1.7 使发光二极管亮 1 s 灭 1 s，周而复始
            RETI                      ; 中断返回
            END
```

方式 2 是定时器自动重装载的操作方式，在这种方式下，在溢出的同时将 8 位二进制初值自动重新装载，即在中断服务程序中，不需要编程再送计数初值。

4.3　应用实例分析

下面通过几个典型应用实例，使读者更加清楚单片机系统的应用及设计方法，这些应用也可以作为初学者设计和训练的基础。

4.3.1　比赛计分器设计

计分器是一个典型的中断应用实例，该系统同时使用了外部中断 $\overline{INT0}$ 和 $\overline{INT1}$ 。通过该实例读者应掌握下列要点：

- 外部中断源的设置
- 中断触发方式的选择
- 中断服务程序的编写

计分器是各种比赛和娱乐活动中常用的计分装置，图 4.15 是一个简易计分器硬件原理图。计分器采用两位 LED 显示器显示，用 S0 和 S1 分别控制计数的增和减。系统运行时，显示器显示计数初值 10，按动 S0 一次，显示值加 1，按动 S1 一次，显示值减 1。图中用 P3.7 经三极管 9013 驱动蜂鸣器，每当按下 S0 或 S1 时蜂鸣器发提示音。利用中断请求 INT0 和 INT1 识别 S0 和 S1，以低电平方式触发中断。编程时首先要对定时器控制寄存器 TCON 和中断允许寄存器 IE 初始化。

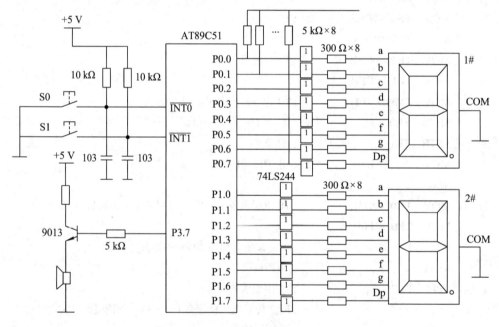

图 4.15　计分器硬件原理图

定时器控制寄存器 TCON 的初始化：令 IT0 = 0，IT1 = 0，即 $\overline{INT0}$ 和 $\overline{INT1}$ 低电平方式触发中断。

TF1	TR1	TF0	TR0	IE1	IT1	IE0	IT0
0	0	0	0	0	0	0	0

中断允许寄存器 IE 的初始化：开放中断 EA = 1，EX0 = 1，EX1 = 1。

EA	—	ET2	ES	ET1	EX1	ET0	EX0
1	0	0	0	0	1	0	1

　　图 4.16 给出了计分器的主程序和中断服务程序的流程图。系统用 COUNT 单元存放计分值，为了便于处理，COUNT 单元采用十进制计数方式进行计数。请读者注意，由于 51 单片机没有减法的十进制校正指令，程序中用加法的十进制校正指令"DA　A"实现十进制减法运算。

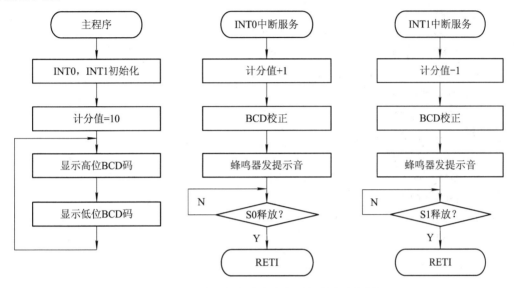

图 4.16　计分器主程序和中断服务程序流程图

```
; 计分器程序清单
        ORG     0000H           ; 复位入口
        LJMP    MAIN
        ORG     0003H           ; INT0 中断入口
        LJMP    PINT0
        ORG     0013H           ; INT1 中断入口
        LJMP    PINT1
        ORG     0040H           ; 主程序
        COUNT EQU 30H           ; 定义计数单元
MAIN:   MOV     SP, #60H        ; 设栈底
        MOV     COUNT, #10      ; 计分单元初值为 10
        SETB    EX0             ; 开 INT0 中断
        SETB    EX1             ; 开 INT1 中断
        SETB    IT0             ; INT0 为边沿触发方式
        SETB    IT1             ; INT1 为边沿触发方式
        SETB    EA              ; 开 CPU 中断
        MOV     DPTR, #TABLE    ; 取显示码表首地址
NEXT:   MOV     A, COUNT        ; 取计数值
        SWAP    A
        ANL     A, #0FH         ; 处理高位 BCD 码
```

```
        MOVC   A, @A+DPTR
        MOV    P0, A              ; 显示高位 BCD 码
        MOV    A, COUNT
        ANL    A, #0FH            ; 处理低位 BCD 码
        MOVC   A, @A+DPTR
        MOV    P1, A              ; 显示低位 BCD 码
        LJMP   NEXT
TABLE: DB   3FH, 06H, 5BH, 4FH, 66H, 6DH, 7DH, 07H, 7FH, 6FH
     ; INT0 中断服务程序
        ORG    0200H
PINT0: MOV    A, COUNT
        ADD    A, #01H            ; 计数值+1
        DA     A                  ; BCD 校正
        MOV    COUNT, A
WAIT0: CPL    P3.7               ; 蜂鸣器发提示音
        NOP
        JNB    P3.2, WAIT0
        RETI
     ; INT1 中断服务程序
        ORG    0300H
PINT1: CLR    C
        MOV    A, #9AH
        SUBB   A, #01             ; -1 对 100 的补码
        ADD    A, COUNT           ; 计数值加 -1
        DA     A                  ; BCD 校正
        MOV    COUNT, A
WAIT1: CPL    P3.7               ; 蜂鸣器发提示音
        NOP
        NOP
        NOP
        JNB    P3.3, WAIT1
        RETI
        END
```

4.3.2 八路抢答器设计

通过该实例读者应掌握下列要点：
- 外部中断源的扩展与中断源的识别。
- 定时器工作方式的选择。

• 中断服务程序的编写。

抢答器共有 8 个抢答台，分别安装一个抢答按钮。按钮 S1～S8 抢答成功对应的指示灯为 L1～L8，若某抢答台抢答成功则该抢答台上的抢答成功指示灯点亮。用 $\overline{INT0}$ 识别是否有键按下，用定时器 T0 实现 10 s 定时。八路抢答器硬件原理图如图 4.17 所示。

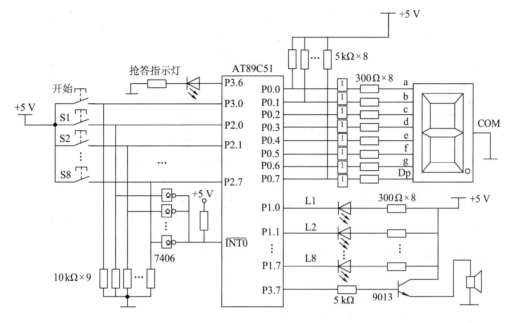

图 4.17　八路抢答器设计图

为比赛主持人设置了抢答"开始"按钮和抢答指示灯，以便确认是否有人抢答成功。主持人按下"开始"按钮后抢答指示灯点亮，若有人抢答，则抢答指示灯灭，用 7 段 LED 显示器显示抢答者的号码，同时点亮对应抢答台上的抢答成功指示灯。

为了快速检测各抢答按钮，此处用中断方式识别按钮 S1～S8。51 单片机只有两个外部中断输入端，当有 8 个中断源时，它的中断输入端就不够了。此时，可以采用中断与查询相结合的方法来实现中断源扩展。图 4.17 中 8 个中断源 S1～S8 都通过 OC 门 7406 接在同一个外部中断输入 0 端 $\overline{INT0}$ 上，S1～S8 任一个按钮按下都会使 $\overline{INT0}$ 输入端为低电平，向 CPU 请求中断，CPU 响应中断后读取 P2 口的数据，再用软件方法识别是哪个台在抢答。

若主持人按下"开始"按钮后 10 s 内无人抢答，单片机便会发出超时报警声，则此题作废，主持人可按"开始"按钮进行下一题的抢答。

为了实现 10 s 的时间限制，当主持人按下"开始"按钮后应进行 10 s 定时。由于定时间隔太长，可使定时器 T0 工作在方式 1，得到 50 ms 的定时间隔，再进行软件计数 200 次，便可实现 10 s 的定时。若单片机晶振频率为 12 MHz，则机器周期为 1 μs。要实现 50 ms 的定时，定时器 T0 在 50 ms 内需要计数 N 次：

$$N = \frac{50 \text{ ms}}{1 \text{ μs}} = 50\,000 \text{ 次}$$

定时器 T0 工作在方式 1 下的计数初值 X 为

$$X = 最大计数值 M - 计数次数 N = 2^{16} - N = 65\ 536 - 50\ 000 = 15\ 536 = 3CB0H$$

即向 TH0 写入计数初值 3CH，向 TL0 写入计数初值 0B0H。

对方式寄存器 TMOD 的初始化：TMOD = 00000001B = 01H，T0 为方式 1 定时。

用于设置 T1				用于设置 T0			
GATE	C/$\overline{\text{T}}$	M1	M0	GATE	C/$\overline{\text{T}}$	M1	M0
0	0	0	0	0	0	0	1
					定时	方式 1	

控制寄存器 TCON 初始化：TR0 = 1，启动 T0。

TF1	TR1	TF0	TR0	IE1	IT1	IE0	IT0
0	0	0	1	0	0	0	0

中断允许寄存器 IE 初始化：开放中断 EA = 1，中断 ET0 = 1，允许定时器 T0 中断。

EA	—	ET2	ES	ET1	EX1	ET0	EX0
1	0	0	0	1	0	1	0

图 4.18 给出了抢答器的主程序和中断服务程序的流程图。

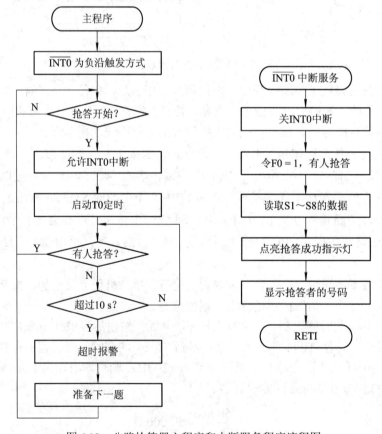

图 4.18　八路抢答器主程序和中断服务程序流程图

```
; 八路抢答器程序清单
        ORG    0000H
        LJMP   MAIN
        ORG    0003H
        LJMP   PINT0                ; INT0 中断入口
        ORG    000BH                ; T0 中断入口
        LJMP   T0INT
        ORG    0040H
        COUNT  EQU 30H              ; 定义计数单元
MAIN:   MOV    SP, #60H             ; 主程序
        SETB   EA
        SETB   IT0                  ; INT0 为负沿触发方式
AGAIN:  MOV    P1, #0FFH            ; 抢答成功指示灯 L1～S8 灭
        CLR    IE0                  ; 清除 INT0 中断标志
        CLR    P3.6                 ; 抢答指示灯灭
        CLR    F0                   ; F0=0，无人抢答
HERE:   JNB    P3.0, HERE           ; 等待"开始"按钮
        SETB   EX0                  ; 允许 INT0 中断
        SETB   P3.6                 ; 抢答指示灯亮
        MOV    COUNT, #00H          ; 计数单元清零
        MOV    TMOD, #01H           ; 初始化 T0
        MOV    TH0, #3CH            ; 计数初值
        MOV    TL0, #0B0H
        SETB   TR0                  ; 启动 T0
        SETB   ET0                  ; 允许 T0 中断
WAIT:   JB     F0, AGAIN            ; 有人抢答，准备下一题
        MOV    A, COUNT             ; 无人抢答，等待 10 s 定时
        CLR    C
        SUBB   A, #200
        JC     WAIT
        CLR    TR0                  ; 关 T0
        MOV    R5, #90              ; 超过 10 s 则报警
NEXT1:  CPL    P3.7
        NOP
        NOP
        NOP
        DJNZ   R5, NEXT1
        LJMP   AGAIN
```

```
        ; 定时器 T0 中断服务程序
TOINT:  MOV   TH0, #3CH          ; 再次启动计数器
        MOV   TL0, #0B0H
        INC   COUNT              ; 计数单元加 1
        RETI
        ; INT0 中断服务程序
PINT0:  CLR   EX0                ; 关 INT0 中断
        PUSH  A
        SETB  F0                 ; F0 = 1，有人抢答
        MOV   R5, #40            ; 有人抢答提示音
NEXT2:  CPL   P3.7
        NOP
        NOP
        DJNZ  R5, NEXT2
        MOV   A, P2              ; 读取 P2 口的数据
        CLR   P3.6              ; 熄灭抢答指示灯
        PUSH  A
        CPL   A
        MOV   P1, A             ; 点亮抢答成功指示灯
        POP   A
        MOV   R7, #8            ; 计数器 R7 = 8
        MOV   R6, #1            ; R6 为抢答者的号码
NEXT3:  RRC   A
        JC    EXIT
        INC   R6               ; 抢答者的号码加 1
        DJNZ  R7, NEXT3
EXIT:   MOV   DPTR, #TABLE      ; 取显示码表首址
        MOV   A, R6
        MOVC  A, @A+DPTR
        MOV   P0, A             ; 显示抢答者的号码
        POP   A
        RETI
TABLE:  DB    3FH, 06H, 5BH, 4FH, 66H, 6DH, 7DH, 07H, 7FH, 6FH
        END
```

4.3.3　脉冲信号测量仪设计

脉冲信号测量仪是一种常用设备，用来测量脉冲信号宽度、频率等参数。通过该实例

读者应掌握下列要点：

- 门控信号 GATE 的作用及使用方法。
- 脉冲宽度测量原理。
- 脉冲频率测量原理。
- 动态显示器的接口原理与编程。

利用定时器的门控信号 GATE 可以实现脉冲宽度的测量。对定时器 T0 来讲，如果 GATE = 1，必须使软件控制位 TR0 = 1，且 $\overline{INT0}$ 为高电平方可启动定时器 T0，即定时器 T0 的启动要受外部中断请求信号 $\overline{INT0}$ 的控制。利用此特点，我们可以将被测信号从 $\overline{INT0}$ 端引入，被测脉冲信号上升沿启动 T0 计数，被测脉冲信号下降沿停止 T0 计数。定时器的计数值乘以机器周期即为脉冲宽度。脉冲宽度测量的硬件原理图如图 4.19 所示。

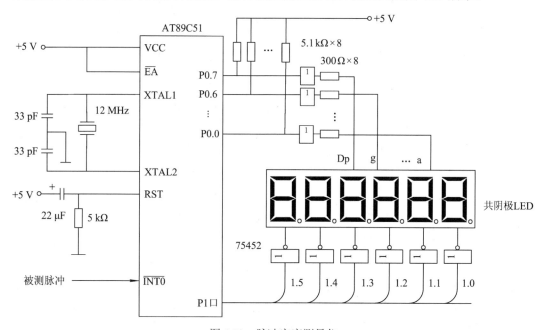

图 4.19　脉冲宽度测量仪

用 6 位 LED 数码管动态显示测量值，各位数码管的段选线相应并联在一起，由 P0 端口送字形代码；各位 LED 显示器的位选线(COM 端)由 P1 端口控制。图中，数码管采用共阴极 LED，P1 端口输出经过 6 路反相驱动器 75452 后接至数码管的 COM 端。当位选控制口 P1 的某位输出"1"时，75452 反相器驱动相应的 LED 位发光。

在单片机应用系统中，为了便于对 LED 显示器编程，需要建立一个显示缓冲区。显示缓冲区 DISBUF 是片内 RAM 的一个区域，占用片内 RAM 的 70H～75H 单元。它的作用是存放待显示的字符，其长度与 LED 的位数相同。显示程序的任务是把显示缓冲区中待显示的字符送往 LED 显示器显示。在进行动态扫描显示时，从 DISBUF 中依次取出待显示的字符，采用查表的方法得到其对应的字形代码，逐个点亮各位数码管，每位显示 1 ms 左右，即可使各位数码管显示需要显示的字符。动态扫描显示子程序 DISPLAY 的流程图如图 4.20 所示。

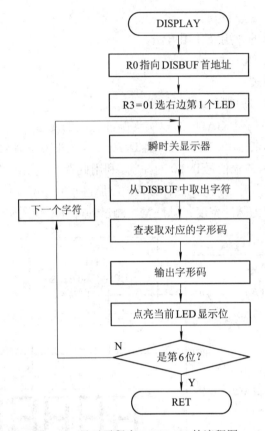

图 4.20　显示子程序 DISPLAY 的流程图

主程序将定时器 T0 设置为方式 1，门控信号 GATE＝1，在被测脉冲信号 $\overline{INT0}$ 的上升沿启动 T0 计数，被测脉冲信号下降沿停止 T0 计数，脉宽测量过程如图 4.21 所示。

定时器 T0 以方式 1 对机器周期计数，16 位计数值存放在 40H(高字节)和 41II 单元(低字节)，调用 WDISBUF 子程序将该 16 位计数值换成 6 位非压缩型 BCD 码放入显示缓冲区 DISBUF 中。例如，16 位计数值若为 38C8H，调用 WDISBUF 子程序后，显示缓冲区 DISBUF(70H～75H 单元)中的数据如图 4.22 所示。

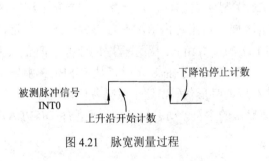

图 4.21　脉宽测量过程

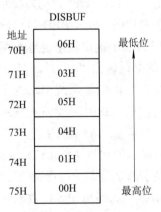

图 4.22　DISBUF 示意图

主程序最后调用 DISPLAY 子程序显示测量值为 014536，主程序流程图如图 4.23 所示。

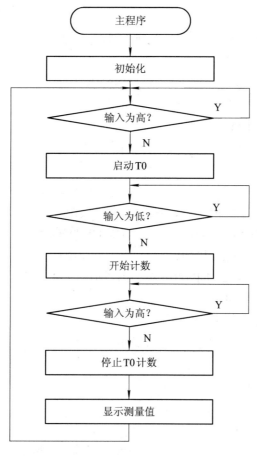

图 4.23　主程序流程图

```
; 脉冲宽度测量仪程序清单
        ORG   0000H
        LJMP  START
        ORG   0040H
        COUNT EQU  40H          ; COUNT，COUNT+1 单元存放测量值
START:  MOV   SP, #60H          ; 主程序
        MOV   TMOD, #0000 1001B ; T0 方式 1，GATE = 1
AGAIN:  MOV   TH0, #00H         ; 计数初值 = 0000H
        MOV   TL0, #00H
WAIT0:  JB    P3.2, WAIT0       ; INT0 输入为高则等待
        SETB  TR0               ; INT1 为低时启动 T0
WAIT1:  JNB   P3.2, WAIT1       ; INT0 输入为高则开始计数
WAIT2:  JB    P3.2, WAIT2       ; 等待 INT0 下降沿
```

```
        CLR     TR0                 ; 下降沿后停止 T0 计数
        MOV     A, TH0              ; 取计数值高字节
        MOV     COUNT, A
        MOV     A, TL0              ; 取计数值低字节
        MOV     COUNT+1, A
        LCALL   WDISBUF             ; 写 DISBUF
        LCALL   DISPLAY             ; 显示测量值
        LCALL   DISPLAY
        SJMP    AGAIN
; 写 DISBUF 子程序
; 子程序名称：WDISBUF
; 子程序功能：将一个双字节二进制数转换成 6 位非压缩型 BCD 码，写入显示缓冲区 DISBUF 中
; 入口参数：内部 RAM 的 40H(高字节)和 41H(低字节)单元中是待转换的数据
; 出口参数：转换结果放入 DISBUF
                ; (内部 RAM 70H～75H 单元中，70H 单元中为最低位)
        HEX     EQU     40H
        DISBUF  EQU     70H
WDISBUF: CLR    A                   ; 压缩 BCD 码初始化
        MOV     R3, A               ; R3R4R5 暂存压缩 BCD 码
        MOV     R4, A
        MOV     R5, A
        MOV     R2, #16
HB1:    MOV     R6, HEX             ; 数据高字节暂存于 R6 中
        MOV     R7, HEX+1           ; 数据低字节暂存于 R7 中
HB2:    MOV     A, R7               ; 从高端移出待转换数的一位到 Cy 中
        RLC     A
        MOV     R7, A
        MOV     A, R6
        RLC     A
        MOV     R6, A
        MOV     A, R5               ; BCD 码带进位自身相加，相当于乘 2
        ADDC    A, R5
        DA      A                   ; 十进制调整
        MOV     R5, A
        MOV     A, R4
        ADDC    A, R4
        DA      A
```

```
            MOV    R4, A
            MOV    A, R3
            ADDC   A, R3
            MOV    R3, A              ;双字节十六进制数的万位数不超过 6,不用调整
            DJNZ   R2, HB1            ;处理完 16 位
            MOV    R0, DISBUF+5       ;转换成分离 BCD 码存于 70H~75H 单元中
            MOV    A, #00H
            MOV    @R0, A
            MOV    A, R3              ;R3 不超过 6,不用转换
            DEC    R0
            MOV    @R0, A
            MOV    A, R4
            SWAP   A
            ANL    A, #0FH
            DEC    R0
            MOV    @R0, A
            MOV    A, R4
            ANL    A, #0FH
            DEC    R0
            MOV    @R0, A
            MOV    A, R5
            SWAP   A
            ANL    A, #0FH
            DEC    R0
            MOV    @R0, A
            MOV    A, R5
            ANL    A, #0FH
            DEC    R0
            MOV    @R0, A
            RET
;动态扫描显示子程序
;子程序名称:DISPLAY
;子程序功能:从 DISBUF 中依次取出待显示的字符,逐个点亮各数码管
;入口参数:DISBUF(内部 RAM 70H~75H 单元中,70H 单元中为最低位)中是待显示的字符
;出口参数:无。
DISPLAY: MOV   R0, #70H              ;R0 指向 DISBUF 首地址
         MOV   R3, #01H              ;右起第一个 LED 的选择字
```

```
NEXT:   MOV    A, #00H          ; 取位选控制字为全灭
        MOV    P1, A            ; 瞬时关显示器
        MOV    A, @R0           ; 从 DISBUF 中取出字符
        MOV    DPTR, #DSEG      ; 取段码表首地址
        MOVC   A, @A+DPTR       ; 查表, 取对应的字形码
        MOV    P0, A            ; 输出字形码
        MOV    A, R3            ; 取当前位选控制字
        MOV    P1, A            ; 点亮当前 LED 显示位
        LCALL  DELAY            ; DELAY 延时 1 ms
        INC    R0               ; R0 指向下一个字符
        JB     ACC.5, EXIT      ; 若当前显示位是第 6 位则结束
        RL     A                ; 下一个 LED 的选择字
        MOV    R3,A
        SJMP   NEXT
EXIT:   RET                     ; 返回
        ; 段码表 0~9, A~F, 空白, P
DSEG:   DB     3FH, 06H, 5BH, 4FH, 66H, 6DH, 7DH, 07H, 7FH
        DB     6FH, 77H, 7CH, 39H, 5EH, 79H, 71H, 00H, 73H
DELAY:  MOV    R7, #02H         ; 延时 1 ms 的子程序
DEL1:   MOV    R6, #0FFH
DEL2:   DJNZ   R6, DEL2
        DJNZ   R7, DEL1
        RET
        END
```

4.3.4　电子琴设计

利用单片机控制可以设计一个电子琴，也可以实现乐曲的自动演奏。通过该实例读者应掌握下列要点：

- 音频信号的产生原理。
- 音符节拍的控制方法。
- 矩阵键盘的接口原理与琴键识别方法。

1. 演奏电子琴设计

音阶与频率有确定的对应关系，电子琴的琴键与频率的对应关系如图 4.24 所示。设计一个电子琴，用单片机识别琴键，控制扬声器发音，硬件原理图如图 4.25 所示。图中使用音频功率放大器 LM386 驱动扬声器。LM386 的外围元件少，电压增益内置为 20，在 1 脚和 8 脚之间增加一只外接电阻和电容，便可调整电压增益，它的静态功耗仅为 24 mW，适用于电池供电的场合。

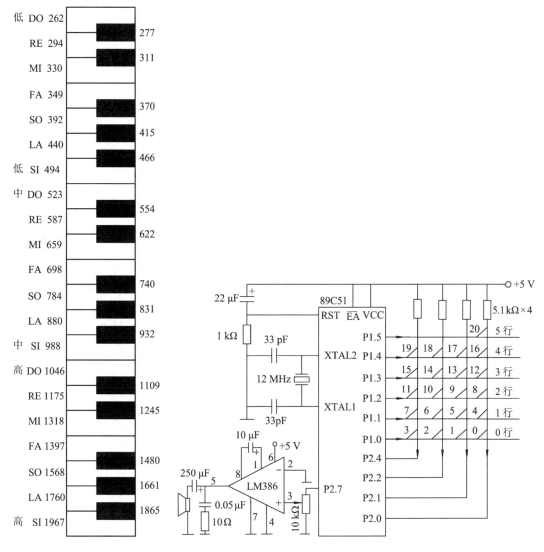

图 4.24　音阶对应频率　　　　　　　　　　　图 4.25　电子琴硬件原理图

图 4.25 中设置了高、中、低音的 DO、RE、MI、FA、SO、LA、SI 共 21 个琴键，21 个琴键排列成 6 行×4 行的矩阵键盘。其中按键 0～6 对应低音 DO、RE、MI、FA、SO、LA、SI，按键 7～13 为中音，按键 14～20 为高音。用该系统可以演奏一些简单乐谱。

用单片机产生音频信号非常方便。将定时器 T0 设置为工作方式 1，向 T0 的计数单元 TH0 和 TL0 写入计数初值 X，当 T0 溢出时对 P2.7 取反经音频放大器输出。写入不同的计数初值 X，可使扬声器发出不同频率的声音。选用 $f_{osc} = 12\,MHz$，若要产生频率为 f 的音频信号，计数初值 X 计算公式如下：

$$计数初值\ X = 2^{16} - f_{osc} \div 12 \div 2 \div f$$

音阶与定时器计数初值 X 的对应关系如表 4.5 所示。程序首先对定时器 T0 初始化，然后识别琴键是否按下，采用行扫描法识别按键，程序流程图如图 4.26 所示。

表 4.5　音阶与定时器计数初值 X 的对应关系

音　符	频率 f/Hz	计数初值 X	音　符	频率 f/Hz	数初值 X
低 1　DO	262	63628	#4　FA#	740	64860
#1　DO#	277	63731	中 5　SO	784	64898
低 2　RE	294	63835	#5　SO#	831	64934
#2　RE#	311	63928	中 6　LA	880	64968
低 3　MI	330	64021	#6　LA#	932	64994
低 4　FA	349	64103	中 7　SI	988	65030
#4　FA#	370	64185	高 1　DO	1046	65058
低 5　SO	392	64260	#1　DO#	1109	65085
#5　SO#	415	64331	高 2　RE	1175	65110
低 6　LA	440	64400	#2　RE#	1245	65134
#6　LA#	466	64463	高 3　MI	1318	65157
低 7　SI	494	64524	高 4　FA	1397	65178
中 1　DO	523	64580	#4　FA#	1480	65198
#1　DO#	554	64633	高 5　SO	1568	65217
中 2　RE	587	64684	#5　SO#	1661	65235
#2　RE#	622	64732	高 6　LA	1760	65252
中 3　MI	659	64777	#6　LA#	1865	65268
中 4　FA	698	64820	高 7　SI	1967	65283

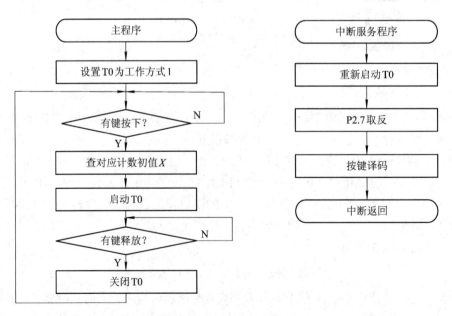

图 4.26　电子琴程序流程图

```
;  电子琴程序清单
            ORG    0000H
            LJMP   START
            ORG    000BH
            LJMP   T0INT
            ORG    0040H
            KEY    EQU   30H          ; KEY 单元存放按键值
            XTH    EQU   31H          ; XTH 和 XTL 单元保存计数初值 X
            XTL    EQU   32H
START:      MOV    SP, #60H
            MOV    TMOD, #01H         ; 定时器 T0 工作在方式 1
            SETB   ET0                ; 允许 T0 中断
            SETB   EA
AGAIN:      MOV    P1, #0FFH
            CLR    P1.0               ; 识别琴键 KEY0~KEY3
            MOV    A, P2              ; 列输入
            ANL    A, #0FH
            XRL    A, #0FH
            JZ     NK0_3              ; KEY0~KEY3 未按下则转
            LCALL  DELAY             ; 延时 10 ms，消抖动
            MOV    A, P2
            ANL    A, #0FH
            XRL    A, #0FH
            JZ     NK0_3
            MOV    A, P2
            ANL    A, #0FH
            CJNE   A, #0EH, NK0
            MOV    KEY, #0            ; 0 按下
            LJMP   DKEY
NK0:        CJNE   A, #0DH, NK1
            MOV    KEY, #1            ; 1 按下
            LJMP   DKEY
NK1:        CJNE   A, #0BH, NK2
            MOV    KEY, #2            ; 2 按下
            LJMP   DKEY
NK2:        CJNE   A, #07H, NK3
            MOV    KEY, #3            ; 3 按下
            LJMP   DKEY
NK3:        LJMP   AGAIN
```

```
NK0_3:   MOV    P1, #0FFH          ; 识别琴键 KEY4～KEY7
         CLR    P1.1
         MOV    A, P2
         ANL    A, #0FH
         XRL    A, #0FH
         JZ     NK4_7
         LCALL  DELAY
         MOV    A, P2
         ANL    A, #0FH
         XRL    A, #0FH
         JZ     NK4_7
         MOV    A, P2
         ANL    A, #0FH
         CJNE   A, #0EH, NK4
         MOV    KEY, #4
         LJMP   DKEY
NK4:     CJNE   A, #0DH, NK5
         MOV    KEY, #5
         LJMP   DKEY
NK5:     CJNE   A, #0BH, NK6
         MOV    KEY, #6
         LJMP   DKEY
NK6:     CJNE   A, #07H, NK7
         MOV    KEY, #7
         LJMP   DKEY
NK7:     LJMP   AGAIN
NK4_7:   MOV    P1, #0FFH              ; 识别琴键 KEY8～KEY11
         CLR    P1.2
         MOV    A, P2
         ANL    A, #0FH
         XRL    A, #0FH
         JZ     NK8_11
         LCALL  DELAY
         MOV    A, P2
         ANL    A, #0FH
         XRL    A, #0FH
         JZ     NK8_11
         MOV    A, P2
         ANL    A, #0FH
```

```
            CJNE    A, #0EH, NK8
            MOV     KEY, #8
            LJMP    DKEY
NK8:        CJNE    A, #0DH, NK9
            MOV     KEY, #9
            LJMP    DKEY
NK9:        CJNE    A, #0BH, NK10
            MOV     KEY, #10
            LJMP    DKEY
NK10:       CJNE    A, #07H, NK11
            MOV     KEY, #11
            LJMP    DKEY
NK11:       LJMP    AGAIN
NK8_11:     MOV     P1, #0FFH            ; 识别琴键 KEY12～KEY15
            CLR     P1.3
            MOV     A, P2
            ANL     A, #0FH
            XRL     A, #0FH
            JZ      NK12_15
            LCALL   DELAY
            MOV     A, P2
            ANL     A, #0FH
            XRL     A, #0FH
            JZ      NK12_15
            MOV     A, P2
            ANL     A, #0FH
            CJNE    A, #0EH, NK12
            MOV     KEY, #12
            LJMP    DKEY
NK12:       CJNE    A, #0DH, NK13
            MOV     KEY, #13
            LJMP    DKEY
NK13:       CJNE    A, #0BH, NK14
            MOV     KEY, #14
            LJMP    DKEY
NK14:       CJNE    A, #07H, NK15
            MOV     KEY, #15
            LJMP    DKEY
NK15:       LJMP    AGAIN
```

```
NK12_15: MOV    P1, #0FFH              ; 识别琴键 KEY16～KEY19
         CLR    P1.4
         MOV    A, P2
         ANL    A, #0FH
         XRL    A, #0FH
         JZ     NK16_19
         LCALL  DELAY
         MOV    A, P2
         ANL    A, #0FH
         XRL    A, #0FH
         JZ     NK16_19
         MOV    A, P2
         ANL    A, #0FH
         CJNE   A, #0EH, NK16
         MOV    KEY, #16
         LJMP   DKEY
NK16:    CJNE   A, #0DH, NK17
         MOV    KEY, #17
         LJMP   DKEY
NK17:    CJNE   A, #0BH, NK18
         MOV    KEY, #18
         LJMP   DKEY
NK18:    CJNE   A, #07H, NK19
         MOV    KEY, #19
         LJMP   DKEY
NK19:    LJMP   AGAIN
NK16_19: MOV    P1, #0FFH              ; 识别琴键 KEY20
         CLR    P1.5
         MOV    A, P2
         ANL    A, #01H
         XRL    A, #01H
         JZ     NK20
         LCALL  DELAY
         MOV    A, P2
         ANL    A, #01H
         XRL    A, #01H
         JZ     NK20
         MOV    KEY, #20
         LJMP   DKEY
```

```
NK20:   LJMP   AGAIN
DKEY:   MOV    A, KEY                        ; 查对应计数初值 X
        MOV    B, #2
        MUL    AB
        MOV    R1, A
        MOV    DPTR, #TABLE
        MOVC   A, @A+DPTR
        MOV    XTH, A
        MOV    TH0, A
        INC    R1
        MOV    A, R1
        MOVC   A, @A+DPTR
        MOV    XTL, A
        MOV    TL0, A
        SETB   TR0                           ; 启动 T0
        MOV    P1, #00H
WAIT:   MOV    A, P2
        ANL    A, #0FH
        XRL    A, #0FH
        JNZ    WAIT
        CLR    TR0                           ; 关闭 T0
        LJMP   AGAIN
    ; 延时 10 ms 子程序
DELAY:  MOV    R6, #10
DEL1:   MOV    R5, 125
DEL2:   NOP
        NOP
        DJNZ   R5, DEL2
        DJNZ   R6, DEL1
        RET
    ; T0 中断服务子程序
T0INT:  MOV    TH0, XTH
        MOV    TL0, XTL
        CPL    P2.7
        RETI
TABLE:  DW    63628, 63835, 64021, 64103, 64260, 64400, 64524
        DW    64580, 64684, 64777, 64820, 64898, 64968, 65030
        DW    65058, 65110, 65157, 65178, 65217, 65252, 65283
        END
```

2. 乐曲自动演奏程序

硬件电路仍采用图 4.25 所示电路,设计音乐自动演奏器。要演奏一首乐曲,一是要控制每个音符的发声频率,二是要控制每个音符所占的节拍,我们用一个字节存放音符代码,用另一个字节存放音符所占的节拍。表 4.6 定义了部分音符的音符代码,其中,低音 DO(1)、RE(2)、MI(3)、FA(4)、SO(5)、LA(6)、SI(7)的音符代码是 1~7,8~14 代表中音段的 7 个音符,15~21 代表高音段的 7 个音符。设 1/4 拍的发声时间为 T(62.5 ms),则一个节拍的时间为 $4T$,如某一音符节拍为 2/4 拍,则声音的延续时间为 $2T$,在 $2T$ 时间里,P2.7 输出的即为此音符的音频脉冲。

表 4.6　部分音符的音符代码

低音音符	音符代码	中音音符	音符代码	高音音符	音符代码
1	1	1	8	1	15
2	2	2	9	2	16
3	3	3	10	3	17
4	4	4	11	4	18
5	5	5	12	5	19
6	6	6	13	6	20
7	7	7	14	7	21

我们以歌曲《两只老虎》为例介绍自动演奏程序的设计过程。歌曲《两只老虎》的简谱如下:

| 1 2 3 1 | 1 2 3 1 | 3 4 5 － | 3 4 5 － | 56 54 3 1 | 56 54 3 1 | 2 5 1 － | 2 5 1 － |

首先建立一个曲调代码表 TAB1,每个音符占两个字节,一个字节存放音符代码,另一个字节存放音符所占的节拍。如简谱中音音符 1 的两个字节为 08 和 04,简谱中音音符 2 的两个字节为 09 和 04……曲调代码表 TAB1 以 "'$'" 作为结束标志。歌曲《两只老虎》的曲调代码表如下:

```
TAB1    DB 08, 04, 09, 04, 10, 04, 08, 04
        DB 08, 04, 09, 04, 10, 04, 08, 04
        DB 10, 04, 11, 04, 12, 08
        DB 10, 04, 11, 04, 12, 08
        DB 12, 02, 13, 02, 12, 02, 11, 02, 10, 04, 08, 04
        DB 12, 02, 13, 02, 12, 02, 11, 02, 10, 04, 08, 04
        DB 09, 04, 05, 04, 08, 08
        DB 09, 04, 05, 04, 08, 08, '$'
```

程序运行时,从曲调代码表 TAB1 中依次读出各音符代码,根据音符代码从 TAB1 表中取出相应的计数值送 TH0 和 TL0,当计数器 T0 溢出时对 P2.7 取反,使扬声器发出不同频率的声音。由计数器 T1 确定每个音符的延时时间,根据节拍数控制计数器 T1。本程序流程图如图 4.27 所示。

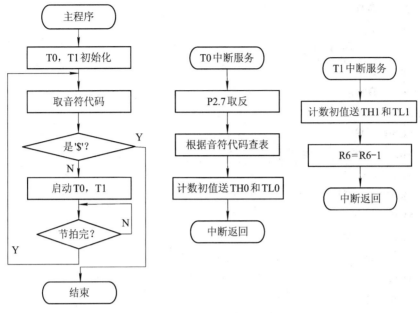

图 4.27　乐曲自动演奏程序流程图

; 乐曲自动演奏程序清单

```
        ORG    0000H
        LJMP   START
        ORG    000BH
        LJMP   T0INT
        ORG    001BH
        LJMP   T1INT
        ORG    0040H
START:  MOV    SP, #60H
        MOV    IP, #08H
        MOV    TMOD, #11H
        SETB   EA
        SETB   ET1
        SETB   ET0
        SETB   TR1
        SETB   TR0
        MOV    DPTR, #TAB1
NEXT:   MOV    A, #00H
        MOVC   A, @A+DPTR
        CJNE   A, #'$', COUNT
        LJMP   EXIT
COUNT:  RL     A
        MOV    R7, A
```

```
        INC    DPTR
        MOV    A, #00H
        MOVC   A, @A+DPTR
        MOV    R6, A
        INC    DPTR
        PUSH   DPH
        PUSH   DPL
        MOV    DPTR, #TABLE
        MOV    A, R7
        MOVC   A, @A+DPTR
        MOV    TH0, A
        MOV    A, R7
        INC    A
        MOVC   A, @A+DPTR
        MOV    TL0, A
        MOV    TH1, #0BH
        MOV    TL1, #0DCH        ; 0BDCH = 62.5 ms
        POP    DPL
        POP    DPH
HERE1:  CJNE   R6, #00H, HERE1
        LJMP   NEXT
EXIT:   CLR    TR0
        CLR    TR1
        CLR    P2.7
HERE:   AJMP   HERE
; 外部中断 0 中断服务程序
T0INT:  CPL    P2.7
        PUSH   DPH
        PUSH   DPL
        MOV    DPTR, #TABLE
        MOV    A, R7
        MOVC   A, @A+DPTR
        MOV    TH0, A
        MOV    A, R7
        INC    A
        MOVC   A, @A+DPTR
        MOV    TL0, A
        POP    DPL
        POP    DPH
```

```
        RETI
    ; 外部中断 1 中断服务程序
T1INT: MOV   TH1, #0CH
        MOV   TL1, #0DCH
        DEC   R6
        RETI
    ; 曲调代码表
TAB1: DB 08, 04, 09, 04, 10, 04, 08, 04
        DB 08, 04, 09, 04, 10, 04, 08, 04
        DB 10, 04, 11, 04, 12, 08
        DB 10, 04, 11, 04, 12, 08
        DB 12, 02, 13, 02, 12, 02, 11, 02, 10, 04, 08, 04
        DB 12, 02, 13, 02, 12, 02, 11, 02, 10, 04, 08, 04
        DB 09, 04, 05, 04, 08, 08
        DB 09, 04, 05, 04, 08, 08, '$'
        ORG 200H
TABLE: DW   0
        DW 63628, 63835, 64021, 64103, 64260, 64400, 64524
        DW 64580, 64684, 64777, 64820, 64898, 64968, 65030
        DW 65058, 65110, 65157, 65178, 65217, 65252, 65283
        END
```

4.3.5　航标灯控制器设计

单片机和一些简单的外围电路可以组成航标灯控制器，该实例利用了单片机门控位 GATE 的功能，使得系统的硬件结构简单，程序非常简练。通过该实例读者应掌握下列要点：

- 光敏器件在控制系统中的使用方法。
- 门控信号 GATE 的功能及使用方法。
- 2 s 定时信号的产生原理。

用 89C51 单片机设计一个航标灯控制器。要求当夜幕降临时，"航标灯"自动启动，亮 2 s，灭 2 s，闪闪发光，指明航向。天亮时，"航标灯"不再闪动。

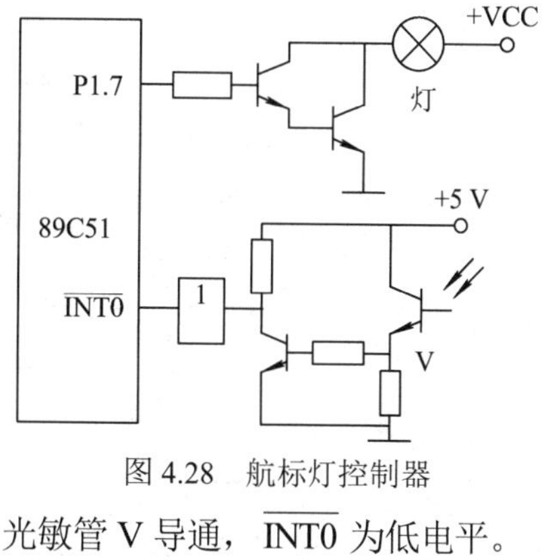

首先考虑用什么方法能够自动区别白天和黑夜，通常采用简单实用的光敏管，将光敏管的输出电路接到 89C51 单片机的 $\overline{\text{INT0}}$ 引脚，原理电路如图 4.28 所示。当夜幕降临时，由于光线暗淡，光敏管 V 截止，检测电路输出高电平(即 $\overline{\text{INT0}}$ 为高电平)；当"白天"到来时，光敏管 V 导通，$\overline{\text{INT0}}$ 为低电平。

图 4.28　航标灯控制器

其次，选择定时器的工作方式。可使定时器 T0 的启动或停止受 3 个条件制约：控制寄存器 TCON 中的 TR0 位、门控位 GATE 及外部中断请求信号 $\overline{\text{INT0}}$ 。令 GATE = 1 为门控方式，且 TR0 = 1。当夜幕降临时，$\overline{INT0}$ 为高电平，定时器 T0 开始工作。设定时器 T0 为方式 1，时钟频率为 12 MHz，得到 10 ms 的定时间隔，再进行软件计数 200 次，便可实现 2 s 的定时。每 2 s 对 P1.7 取反一次，"航标灯"自动启动，亮 2 s，灭 2 s；当白天到来时，$\overline{INT0}$ 为低电平，定时器会自动停止工作，"航标灯"不再闪动。白天，$\overline{INT0}$ 为低电平会请求中断，若无其它事务要进行处理，可以禁止 $\overline{INT0}$ 中断。

若单片机晶振频率为 12 MHz，则机器周期为 1 μs。要实现 10 ms 的定时，在 10 ms 内需要计数 N 次：

$$N = \frac{10\ ms}{1\ \mu s} = 10\ 000\ 次$$

定时器 T0 工作在方式 1 下，此时计数初值 X 为：

$X = $ 最大计数值 $M - $ 计数次数 $N = 2^{16} - N = 65\ 536 - 10\ 000 = 55\ 536 = $ D8F0H

即向 TH0 写入计数初值 D8H，向 TL0 写入计数初值 F0H。

方式寄存器 TMOD 初始化：TMOD = 00001001B = 09H，T0 为方式 1 定时。

用于设置 T1				用于设置 T0			
GATE	C/$\overline{T}$	M1	M0	GATE	C/$\overline{T}$	M1	M0
0	0	0	0	1 门控方式	0 定时	0 方式 1	1

TCON 初始化：TR0 = 1，启动 T0。

TF1	TR1	TF0	TR0	IE1	IT1	IE0	IT0
0	0	0	1	0	0	0	0

IE 初始化：开放中断 EA = 1，中断 ET0 = 1，允许定时器 T0 中断。

EA	—	ET2	ES	ET1	EX1	ET0	EX0
1	0	0	0	1	0	1	0

航标灯控制器主程序和中断服务程序的流程图如图 4.29 所示。

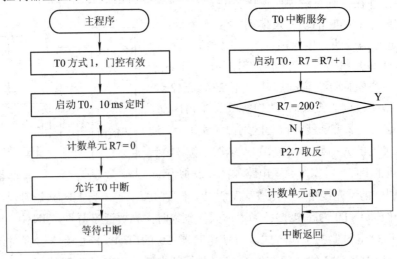

图 4.29　航标灯控制器流程图

```
; 航标灯控制器程序清单
        ORG     0000H
        LJMP    START           ; 复位入口
        ORG     000BH
        LJMP    T0INT           ; T0 中断入口
        ORG     0040H
START:  MOV     SP, #60H
        MOV     TH0, #0D8H      ; T0 赋初值
        MOV     TL0, #0F0H
        MOV     TMOD, #09H      ; T0 为方式 1 定时
        SETB    TR0             ; 启动 T0
        SETB    ET0             ; 开 T0 中断
        SETB    EA              ; 开总允许中断
        MOV     R7, #00H
        SJMP    $               ; 主程序等待中断
; T0 中断服务子程序
        ORG     0200H
T0INT:  MOV     TH0, #0D8H      ; T0 赋初值，再次启动 T0
        MOV     TL0, #0F0H
        INC     R7
        MOV     A, R7
        CJNE    A, #200, EXIT
        MOV     R7, #00H
        CPL     P1.7
EXIT:   RETI                    ; 中断返回
        END
```

4.3.6　智能报警器设计

利用单片机完成声光报警器比较简单。该实例中要求扬声器用 1 kHz 信号响 100 ms，500 Hz 信号响 200 ms，交替进行声响报警，使得定时器 T0 的计数初值不断变化。该实例用定时器 T0 控制产生分别 1 kHz 和 500 Hz 信号，用定时器 T1 实现 100 ms 和 200 ms 的定时。因此，在分析该实例时读者应重点理解下列要点：用定时器 T0 交替产生 1 kHz 和 500 Hz 信号的方法；用定时器 T1 交替实现 100 ms 和 200 ms 定时的方法。

本节用 AT89C51 设计一个声光报警器，当报警按钮按下时扬声器报警,扬声器用 1 kHz 信号响 100 ms，500 Hz 信号响 200 ms，交替进行声响报警，在报警期间报警指示灯亮，当报警解除按钮按下时解除报警。报警器电路如图 4.30 所示，图中，S1 为报警按钮，S2 为报警解除按钮，用 P1.7 经音频功率放大器 LM386 驱动扬声器发音，用 P1.6 驱动发光二极管作为报警指示灯。

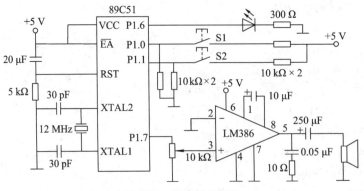

图 4.30　报警器电路图

　　程序用定时器 T0 工作在方式 1，分别产生 1 kHz 和 500 Hz 的音频信号。1 kHz 的信号周期为 1 ms，P1.7 引脚的信号电平每 500 μs 取反 1 次。500 Hz 信号周期为 2 ms，P1.7 引脚的信号电平为每 1 ms 取反 1 次。用定时器 T1 工作在方式 1，得到 50 ms 的定时间隔，再分别进行软件计数 2 次和 4 次，控制 1 kHz 和 500 Hz 音频信号的发音时间，即扬声器用 1 kHz 信号响 100 ms，500 Hz 信号响 200 ms，交替进行，表 4.7 给出了定时器的定时时间、计数次数及计数初值，程序流程图如图 4.31 和图 4.32 所示。

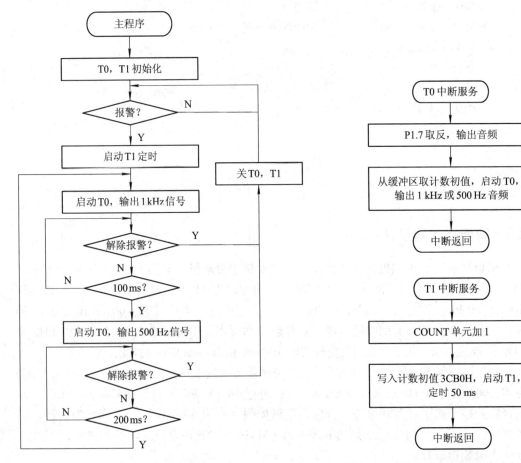

图 4.31　报警器主程序流程图　　　　　　　　图 4.32　报警器中断服务程序流程图

表 4.7　定时器的有关参数

定时器用途	定时时间	计数次数	计数初值
T0 产生 1 kHz 信号	500 μs	500 次	0FE0CH
T0 产生 500 Hz 信号	1 ms	1000 次	0FC18H
T1 定时 50 ms	50 ms	50 000 次	3CB0H

```
;  声光报警器程序清单
        ORG     0000H
        LJMP    MAIN
        ORG     000BH           ; T0 中断入口
        LJMP    T0INT
        ORG     001BH           ; T1 中断入口
        LJMP    T1INT
        ORG     0040H
        COUNT EQU   30H         ; 定义计数单元，用于 100 ms，200 ms 定时
        XTH0    EQU   31H       ; 定义缓冲区，存放 T0 计数初值高字节
        XTL0    EQU   32H       ; 存放 T0 计数初值低字节
MAIN:   MOV     SP, #60H        ; 主程序
        MOV     COUNT, #00H     ; 计数单元清零
        MOV     TMOD, #11H      ; 初始化 T0，T1
        SETB    TR0             ; 启动 T0
        SETB    ET0             ; 允许 T0 中断
        SETB    TR1             ; 启动 T1
        SETB    ET1             ; 允许 T1  中断
        SETB    EA
        CLR     P1.6            ; 报警指示灯灭
WAIT:   JNB     P1.0, WAIT
        SETB    P1.6            ; 报警指示灯亮
        MOV     TH1, #03CH      ; T1 计数初值高字节
        MOV     TL1, #0B0H      ; T1 计数初值低字节
NEXT:   MOV     TH0, #0FEH      ; T0 计数初值高字节
        MOV     XTH0, #0FEH
        MOV     TL0, #0CH       ; T0 计数初值低字节
        MOV     XTL0, #0CH
W100:   JB      P1.1, EXIT
        MOV     A, COUNT
        CJNE    A, #2, W100
        MOV     COUNT, #00H
        MOV     TH0, #0FCH      ; T0 计数初值高字节
```

```
          MOV     XTH0, #0FCH
          MOV     TL0, #18H                 ;T0 计数初值低字节
          MOV     XTL0, #18H
W200: JB          P1.1, EXIT
          MOV     A, COUNT
          CJNE    A, #4, W200
          MOV     COUNT, #00H
          JB      P1.1, EXIT
          LJMP    NEXT
EXIT: CLR         TR0                       ;关 T0
          CLR     TR1
          LJMP    MAIN
      ;定时器 T0 中断服务程序
TOINT: PUSH  ACC
          CPL     P1.7
          MOV     A, XTH0
          MOV     TH0, A                    ;再次启动计数器
          MOV     A, XTL0
          MOV     TL0, A
          POP     ACC
          RETI
      ;定时器 T1 中断服务程序
T1INT: PUSH  ACC
          INC     COUNT
          MOV     TH1, #3CH                 ;再次启动计数器
          MOV     TL1, #0B0H
          POP     ACC
          RETI
          END
```

4.3.7　智能门铃设计

硬件电路仍采用图 4.30 所示的电路，只需要进行重新编程即可成为一个电子门铃。在该实例中，定时器 T0 和 T1 的作用与在声光报警器中的使用方法类似，只要注意定时器计数初值的计算即可。

重新定义 S1 和 S2 按钮的功能，使其成为一个叮咚电子门铃。当 S1 按钮按下，扬声器用 700 Hz 信号响 0.5 s，500 Hz 信号响 0.5 s，交替发出叮咚门铃声，在扬声器发声的同时发光二极管指示灯亮。扬声器发声 6 s 后，或当应答按钮 S2 按下则停止发声。

程序用定时器 T0 工作在方式 1，分别产生 700 Hz 和 500 Hz 的音频信号。700 Hz 的信

号周期为 1428 μs，P1.7 引脚的信号电平每 714 μs 取反 1 次，则

$$\text{T0 的计数初值} = 2^{16} - 714 = 64\,822 = \text{FD36H}$$

500 Hz 信号周期为 2 ms，P1.7 引脚的信号电平为每 1 ms 取反 1 次，则

$$\text{T0 的计数初值} = 2^{16} - 1000 = 64\,536 = \text{FC18H}$$

用定时器 T1 实现 0.5 s 定时，工作在方式 1，得到 50 ms 的定时间隔，再进行软件计数 10 次，控制 700 Hz 和 500 Hz 音频信号各发音 0.5 s。

$$\text{T1 的计数初值} = 2^{16} - 50\,000 = 15\,536 = \text{3CB0H}$$

表 4.8 给出了定时器的用途、定时时间、计数次数及计数初值，程序流程图如图 4.33 所示。

表 4.8　定时器的有关参数

定时器用途	定时时间	计数次数	计数初值
T0 产生 700 Hz 信号	714 μs	714 次	FD36H
T0 产生 500 Hz 信号	1 ms	1000 次	FC18H
T1 定时 50 ms	50 ms	50 000 次	3CB0H

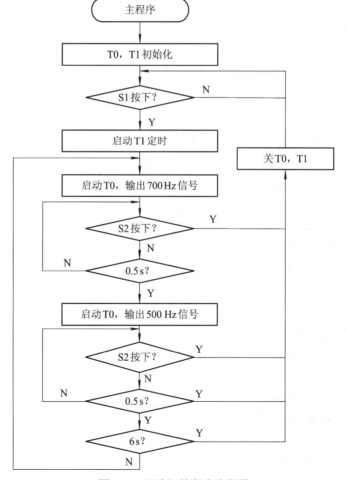

图 4.33　叮咚门铃程序流程图

```
; 叮咚门铃程序清单
        ORG    0000H
        LJMP   MAIN
        ORG    000BH              ; T0 中断入口
        LJMP   T0INT
        ORG    001BH              ; T1 中断入口
        LJMP   T1INT
        ORG    0040H
        COUNT  EQU  30H           ; 定义计数单元，用于 0.5 s 定时
        XTH0   EQU  31H           ; 存放 T0 计数初值高字节
        XTL0   EQU  32H           ; 存放 T0 计数初值低字节
MAIN:   MOV    SP, #60H           ; 主程序
MAIN1:  MOV    COUNT, #00H        ; 计数单元清零
        MOV    TMOD, #11H         ; 初始化 T0，T1
        SETB   TR0                ; 启动 T0
        SETB   ET0                ; 允许 T0 中断
        SETB   TR1                ; 启动 T1
        SETB   ET1                ; 允许 T1 中断
        SETB   EA
        CLR    P1.6               ; 指示灯灭
        MOV    R7, #6
WAIT:   JNB    P1.0, WAIT
        MOV    TH1, #03CH         ; T1 计数初值高字节
        MOV    TL1, #0B0H         ; T1 计数初值低字节
NEXT:   MOV    TH0, #0FDH         ; T0 计数初值高字节
        MOV    XTH0, #0FDH
        MOV    TL0,#36H           ; T0 计数初值低字节
        MOV    XTL0,#36H
W05:    JB     P1.1, EXIT
        CPL    P1.6               ; 指示灯亮
        MOV    A, COUNT
        CJNE   A, #10, W05
        MOV    COUNT, #00H
        MOV    TH0, #0FCH         ; T0 计数初值高字节
        MOV    XTH0, #0FCH
        MOV    TL0, #18H          ; T0 计数初值低字节
        MOV    XTL0, #18H
W051:   JB     P1.1, EXIT
```

```
          CPL    P1.6                    ; 指示灯亮
          MOV    A, COUNT
          CJNE   A, #10, W051
          MOV    COUNT, #00H
          JB     P1.1, EXIT
          DJNZ   R7, NEXT
EXIT:     CLR    TR0                     ; 关 T0
          CLR    TR1
          LJMP   MAIN1
; 定时器 T0 中断服务程序
TOINT:    PUSH   ACC
          CPL    P1.7
          MOV    A, XTH0
          MOV    TH0, A                  ; 再次启动计数器
          MOV    A, XTL0
          MOV    TL0, A
          POP    ACC
          RETI
; 定时器 T1 中断服务程序
T1INT:    PUSH   ACC
          INC    COUNT
          MOV    TH1, #3CH               ; 再次启动计数器
          MOV    TL1, #0B0H
          POP    ACC
          RETI
          END
```

4.3.8　智能电子钟设计

用单片机实现电子钟的方案很多,本实例采用 1 个 BCD 七段译码器 74LS47 驱动数码管的段选端,输出字形码,用 3-8 译码器 74LS138 的输出作为动态扫描时数码管的位选通信号,这在一定程度上节约了单片机的硬件资源,简化了软件设计的任务量。在分析该实例时读者应重点理解下列要点:

- 数码管接口方法与动态扫描原理;
- 时、分、秒计数单元的地址分配及 BCD 码的调整方法;
- 按键的识别与消除抖动方法。

电子钟的原理电路如图 4.34 所示。单片机采用通用的 AT89C51 芯片,显示器为 6 个共阳极 LED 数码管,用 1 个 BCD 七段译码器 74LS47 驱动数码管,(74LS47 的输入为 BCD

码，其输出级为集电极开路输出，可直接驱动七段数码管，具有首尾消零等特点)用 3-8 译码器 74LS138 的输出作为动态扫描时数码管的选通信号。因为采用了上述两个芯片，所以在对数码管进行扫描显示时，只需要单片机的 7 条 I/O 线就能完成显示功能。

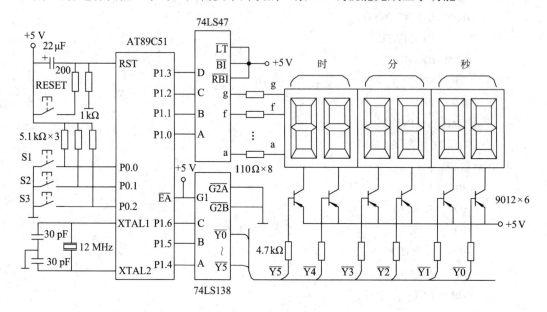

图 4.34　时钟电路图

图 4.34 中用 P1.0～P1.3 作为显示数据值的输出，连接在 BCD 七段译码器 74LS47 的 13～10 管脚上(译码器 74LS47 的 BCD 码输入端)；P1.4～P1.6 作为扫描值的输出连接在 3-8 译码器 74LS138 的输入端(74LS138 的 A，B，C)。因此，写程序时应将 P1 口高 4 位为位扫描值，低 4 位为显示数据值(分离 BCD 码)。由于 LED 数码管点亮时耗电量较大，故使用了 6 只 PNP 型晶体管 9012 作电源驱动输出，以保证数码管的正常亮度。单片机的 P0.0～P0.2 口分别接在 3 个开关上，以控制"时""分""秒"的调整。

电子钟系统功能如下：

(1) 开机时，电子钟从 12:00:00 开始自动计时。

(2) 按键 S1 控制对"秒"的调整，每按一次秒计数值加 1。

(3) 按键 S2 控制对"分"的调整，每按一次分计数值加 1。

(4) 按键 S3 控制对"时"的调整，每按一次小时计数值加 1。

由于许多功能都可以由硬件完成，因此软件设计就比较简单了。下面介绍软件设计要点。

主程序：首先进行初始化。设置电子钟的计时初值为 12:00:00，设置 T0 为定时器工作方式完成 4 ms 定时，且允许 T0 中断。然后检测 S1～S3 是否按下，当按键 S1～S3 按下时，转入时、分、秒计数值的调整程序。系统主程序流程图如图 4.35 所示。

定时器 T0 中断服务程序：中断服务程序的作用是进行"时"、"分"、"秒"的计时与显示。定时器 T0 用于定时，定时周期设为 4 ms，中断累计 250 次(即 1 s)时，对秒计数单元进行加 1 操作。时间计数单元分别在 2CH(s)，2BH(min)，2AH(h)内存单元中。在计数单元中采用组合 BCD 码计数，满 60 进位。定时器 T0 中断服务程序流程图如图 4.36 所示。

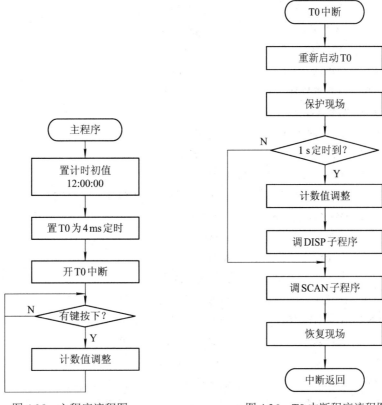

图 4.35　主程序流程图　　　　　　　图 4.36　T0 中断程序流程图

显示子程序 DISP：DISP 子程序的作用是分别将时间计数单元 2CH(s)，2BH(min)，2AH(h) 中的十进制时间值 (组合 BCD 码) 转化为个位和十位 (分离 BCD 码) 存放在显示缓冲区中。显示缓冲区地址为 20H～25H。其中 20H～21H 存放 "秒" 数据，22H～23H 存放 "分" 数据，24H～25H 存放 "时" 数据。由于每一个地址单元内均为分离 BCD 码，用 BCD-七段译码器 74LS47 直接进行译码，因此不需要软件方式对 BCD 码数据进行译码。

扫描子程序 SCAN：SCAN 的作用是把显示缓冲区中的数据依次送往显示器显示。把扫描值作为高 4 位，显示数据值作为低 4 位，输出到 P1 口，以完成显示。因为采用 3-8 译码器 74LS138 作为扫描输出，故用 28H 单元存放扫描指针，即 28H 中存放的是数码管的序号。显示时，只需取出 20H～25H 某一地址中的数据，并从 P1 口的低 4 位输出，同时 P1 口的高 4 位作为扫描值输出，这样就能保证数码管的正常工作。

源程序清单：

```
        ; 主程序
        ORG   0000H              ; 主程序起始地址
        JMP   START
        ORG   000BH              ; T0 中断子程序起始地址
        JMP   TIM0
        ORG   0100H
START:  MOV   SP, #60H           ; 设置堆栈在 60H
        MOV   28H, #00           ; (28H)为扫描指针，初值为 0
```

```
        MOV   2AH, #12H          ; 时初值为 12H
        MOV   2BH, #00           ; 分初值为 00H
        MOV   2CH, #00           ; 秒初值为 00H
        MOV   TMOD, #01H         ; 设 T0 为方式 1
        MOV   TH0, #0F0H         ; 计时中断为 4ms
        MOV   TL0, #60H
        MOV   IE, #10000010B     ; T0 中断使能
        MOV   R4, #250           ; 中断 250 次
        SETB  TR0                ; 启动 T0
LOOP:   JB    P0.0, N2           ; S1(秒)按下? 不是则跳至 N2 检查 S2
        CALL  DELAY              ; 消除抖动
        MOV   A, 2CH             ; 将秒值存入 A
        ADD   A, #01             ; A 的内容加 1
        DA    A                  ; 做十进位调整
        MOV   2CH, A             ; 将 A 的值存入秒单元
        CJNE  A, #60H, N1        ; 是否等于 60 s? 不是则跳至 N1
        MOV   2CH, #00           ; 是则清除秒的值(为 00)
N1:     JNB   P0.0, $            ; S1(秒)放开了?
        CALL  DELAY              ; 消除抖动
N2:     JB    P0.1, N4           ; S2(分)按了吗? 不是则跳至 N4 检查 S3
        CALL  DELAY              ; 消除抖动
        MOV   A, 2BH             ; 将分的值存入 A
        ADD   A, #01             ; A 的内容加 1
        DA    A                  ; 做十进位调整
        MOV   2BH, A             ; 将 A 的值存入分单元
        CJNE  A, #60H, N3        ; 是否等于 60 min? 不是则跳至 N3
        MOV   2BH, #00           ; 是则清除分的值(为 00)
N3:     JNB   P0.1, $            ; S2(分)放开了?
        CALL  DELAY              ; 消除抖动
N4:     JB    P0.2, LOOP         ; S3(时)按了吗? 不是则跳至 LOOP
        CALL  DELAY              ; 消除抖动
        MOV   A, 2AH             ; 将时的值存入 A
        ADD   A, #01             ; A 的内容加 1
        DA    A                  ; 做十进位调整
        MOV   2AH, A             ; 将 A 的值存入时单元
        CJNE  A, #24H, N5        ; 是否等于 24 h? 不是则跳至 N5
        MOV   2AH, #00           ; 是则清除时的值(为 00)
N5:     JNB   P0.2, $            ; S3(分)放开了?
```

```
        CALL    DELAY           ; 消除抖动
        JMP     LOOP
     ; T0 中断服务子程序
TIM0:   MOV     TH0, #0F0H      ; 重新启动 T0
        MOV     TL0, #60H
        PUSH    ACC             ; 将 A 的值暂时存于堆栈
        PUSH    PSW             ; 将 PSW 的值暂时存于堆栈
        DJNZ    R4, X2          ; 计时 1 秒
        MOV     R4, #250
        CALL    CLOCK           ; 调用计时子程序 CLOCK
        CALL    DISP            ; 调用显示子程序
X2:     CALL    SCAN            ; 调用扫描子程序
        POP     PSW             ; 从堆栈取出 PSW 的值
        POP     ACC             ; 从堆栈取出 A 的值
        RETI
     ; 显示器扫描子程序
SCAN:   MOV     R0, #28H        ; (28H)为扫描指针
        CJNE    @R0, #6, X3     ; 扫描完 6 个数码管？不是则跳至 X3
        MOV     @R0, #00        ; 是则扫描指针为 0
X3:     MOV     A, @R0          ; 扫描指针存入 A
        ADD     A, #20H         ; A 加 20H 即为显示缓冲区地址
        MOV     R1, A           ; 将各地址存入 R1
        MOV     A, @R0          ; 扫描指针存入 A
        SWAP    A               ; 将 A 高低 4 位交换(P1 高 4 位为扫描值)
        ORL     A, @R1          ; P1 高 4 位为扫描值，低 4 位为显示数据值
        MOV     P1, A           ; 输出至 P1
        INC     @R0             ; 扫描指针加 1
        RET
     ; 时、分、秒计数值调整程序
CLOCK:  MOV     A, 2CH          ; 2CH 为秒计数单元
        ADD     A, #1           ; 秒加 1
        DA      A               ; 做十进制调整
        MOV     2CH, A          ; 存入秒计数单元
        CJNE    A, #60H, X4     ; 是否等于 60 s？不是则跳至 X4
        MOV     2CH, #00        ; 是则清除(为 00)
        MOV     A, 2BH          ; 2BH 为分计数单元
        ADD     A, #1           ; 分加 1
```

```
          DA    A                ; 做十进制调整
          MOV   2BH, A           ; 存入分计数单元
          CJNE  A, #60H, X4      ; 是否等于 60 min？不是则跳至 X4
          MOV   2BH, #00         ; 是则清除(为 00)
          MOV   A, 2AH           ; 2AH 为时计数单元
          ADD   A, #1            ; 时加 1
          DA    A                ; 做十进制调整
          MOV   2AH, A           ; 存入时计数单元
          CJNE  A, #24H, X4      ; 是否等于 24 h？不是则跳至 X4
          MOV   2AH, #00         ; 是则清除(为 00)
    X4:   RET
          ; 向显示缓冲区写数据
    DISP: MOV   R1, #20H         ; 20H 为显示缓冲区首址
          MOV   A, 2CH           ; 将秒计数单元的值存入 A
          MOV   B, #10H          ; 设 B 累加器的值为 10H
          DIV   AB               ; A 除以 B，商(十位数)存入 A，余数(个位数)存入 B
          MOV   @R1, B           ; 将 B 的值存入 20H
          INC   R1               ; R1 增为 21H
          MOV   @R1, A           ; 将 A 的值存入 21H
          INC   R1               ; R1 增为 22H
          MOV   A, 2BH           ; 将分计数单元的值存入 A
          MOV   B, #10H          ; 设 B 累加器的值为 10H
          DIV   AB               ; A 除以 B，商(十位数)存入 A，余数(个位数)存入 B
          MOV   @R1, B           ; 将 B 的值存入 22H
          INC   R1               ; R1 增为 23H
          MOV   @R1, A           ; 将 A 的值存入 23H
          INC   R1               ; R1 增为 24H
          MOV   A, 2AH           ; 将时计数单元的值存入 A
          MOV   B, #10H          ; 设 B 累加器的值为 10H
          DIV   AB               ; A 除以 B，商(十位数)存入 A，余数(个位数)存入 B
          MOV   @R1, B           ; 将 B 的值存入 24H
          INC   R1               ; R1 增为 25H
          MOV   @R1, A           ; 将 A 的值存入 25H
          RET
    DELAY: MOV  R6, #60          ; 5 ms 延迟子程序
    D1:   MOV   R7, #248
          DJNZ  R7, $
          DJNZ  R6, D1
```

RET

END

习　题　4

4.1　什么是中断和中断系统？中断系统的主要功能是什么？

4.2　什么是中断源？51 单片机有哪几个中断源？

4.3　试编写一段对中断系统初始化的程序，使之允许 INT0，INT1，T0，串行口中断，且使 T0 中断为高优先级。

4.4　在 51 单片机中，外部中断有哪两种触发方式？如何加以区分？

4.5　单片机在什么条件下可响应 INT0 中断？简要说明中断响应的过程。

4.6　若 MCS-51 单片机的晶振频率为 12 MHz，要求用定时器/计数器 T0 产生 1 ms 的定时，试确定计数初值以及 TMOD 寄存器的内容。

4.7　若 AT89C51 单片机的晶振频率为 12 MHz，要求用定时器/计数器产生 100 ms 的定时，试确定计数初值以及 TMOD 寄存器的内容。

4.8　设晶振频率为 12 MHz。编程实现以下功能：利用定时器/计数器 T0 通过 P1.0 引脚输出一个 50 Hz 的方波。

4.9　简要说明若要扩展定时器/计数器的最大定时时间，可采用哪些方法？

4.10　用 AT89C51 单片机设计一个时、分、秒脉冲发生器。使 P1.0 每秒输出一个正脉冲，P1.1 每分钟输出一个正脉冲，P1.2 每小时输出一个正脉冲，如习题 4.10 图所示。上述正脉冲的宽度均为一个机器周期。

4.11　利用如习题 4.11 图所示的 AT89C51 单片机，完成以下功能（时钟频率 f_{osc} = 12 MHz）：

(1) 补充电路元器件构成最小应用系统。

(2) 请编程在 P1.7 输出一组频率为 500 Hz 的方波。

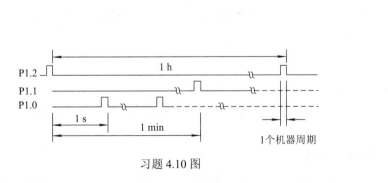

习题 4.10 图

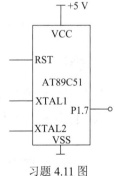

习题 4.11 图

第 5 章　串行通信技术

 本章要点与学习目标:

　　单片机广泛应用于现场控制、嵌入式系统、物联网、数据采集系统等领域,不仅要实现本地数据采集和现场控制,而且还要完成远距离数据传输,将采集到的数据上传到上位机,接收上位机下发的控制和采集命令,这就要求单片机必须具有通信功能。本章将从实用角度出发介绍单片机串行通信方式及相关知识。通过本章的学习,读者应掌握以下知识点:

　　◇　通信的基本概念
　　◇　51 系列单片机串行通信口的基本结构及工作原理
　　◇　能够通过对相关寄存器编程设置串行通信口
　　◇　51 系列单片机串行通信的四种工作方式及特点
　　◇　单片机在多机通信中的应用
　　◇　工业控制串行接口及其应用

5.1　基　本　概　念

　　计算机数据通信是计算机科学与通信技术的有机结合,是控制系统的重要组成部分。

5.1.1　通信分类

1. 按通信对象数量分类

　　按通信对象数量的不同,通信可分为点到点通信、一点到多点通信和多点到多点通信三种方式。

2. 按通信终端间的连接方式分类

　　按通信终端间的连接方式,通信可划分为两点间直通方式和交换方式。直通方式是通信双方直接用专线连接;而交换方式是通信双方必须经过交换机才能连接起来的一种通信方式,如电话系统。

3. 按传输信号形式分类

　　按传输信号形式,通信可分为模拟通信和数字通信。

4. 按数字信号传输的顺序分类

按数字信号传输的顺序，通信方式又有串行通信与并行通信之分。

5.1.2　常见通信方式

下面简要介绍单片机应用系统中常用的通信方式。有关通信原理的进一步介绍请读者参考相关著作。

1. 并行通信

并行通信是指数据在整个传输过程中，并排前进，有多少根数据线就能同时传送多少位数据。并行通信的特点是硬件连线多、传送速率高，一般适用于近距离、高速率、大数据量的通信领域。如计算机主板与硬盘、与打印机等之间的通信。图 5.1(a)是并行通信示意图。

2. 串行通信

串行通信是指数据在传输过程中一位一位地串行传输，硬件连接比较简单。最简单时只需 3 根连线即可实现串行通信，相对于并行通信来讲，其通信速率低，一般适用于短距离数据量不大的数据通信系统。在单片机应用系统中常采用串行通信方式。图 5.1(b)是串行通信示意图。

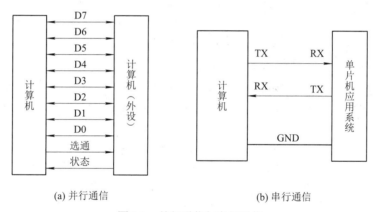

(a) 并行通信　　　　　　　　　(b) 串行通信

图 5.1　并行通信与串行通信

在串行通信中，按同步方式的不同，又分为同步通信和异步通信。

3. 异步通信

异步通信(Asynchronous Communication)是指数据通常是以字符为单位组成字符帧传送的。字符帧由发送端一帧一帧地发送，一帧数据低位在前，高位在后，接收端一帧一帧地接收。发送端和接收端可以由各自独立的时钟来控制数据的发送和接收，这两个时钟间彼此独立。接收端是依靠字符帧格式来判断发送端是何时开始发送，何时发送结束的，其基本特征是每个字符帧必须用起始位和停止位作为字符帧开始和结束的标志。

字符帧格式和波特率是异步通信的重要指标。

1) 字符帧

字符帧(Character Frame)也叫字符格式或数据帧，由起始位、数据位、奇偶校验位和停止位等 4 部分组成，如图 5.2 所示。

(1) 起始位：位于字符帧开头，只占一位，为逻辑 0，低电平。用起始位表示发送端开始发送一帧数据信号，是字符帧的起始标志。

(2) 数据位：紧跟起始位之后，用户根据情况可设置数据位为 5 位、6 位、7 位或 8 位，低位在前，高位在后。

(3) 奇偶校验位：位于数据位之后，占 1 位，用来作为一帧数据的奇/偶校验位。

(4) 停止位：位于字符帧最后，为逻辑 1，高电平。通常可设置停止位为 1 位、1.5 位或 2 位，用于向接收端表示一帧字符信息已经发送完毕，是字符帧的结束标志。

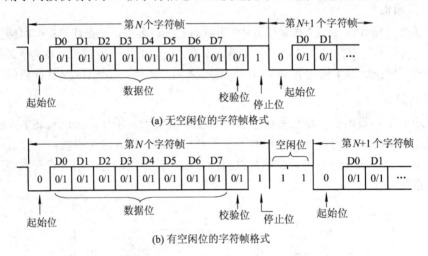

(a) 无空闲位的字符帧格式

(b) 有空闲位的字符帧格式

图 5.2　串行异步传送的字符帧格式

例如，设定串行传送的字符格式为：1 位起始位、8 位数据位、1 位偶校验位和 1 位停止位。用该格式分别串行传送字符"B"和"C"的字符帧结构如图 5.3 所示。

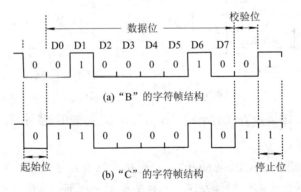

(a) "B"的字符帧结构

(b) "C"的字符帧结构

图 5.3　"B"和"C"的字符帧结构

字符"B"的 ASCII 码为 100 0010B，发送的 8 位数据位为：0100 0010B，采用偶校验，由于"1"的个数为偶数，所以校验位为"0"。

字符"C"的 ASCII 码为 100 0011B，发送的 8 位数据位为：0100 0011B，采用偶校验，由于"1"的个数为奇数，所以校验位为"1"。

2) 波特率

波特率(Baud Rate)是指数据传输的速率，是数据通信的一个重要指标。波特率为每秒钟传送二进制码元的位数，单位为 b/s，即位/秒。波特率用于表征数据传输的速度，波特率越高，数据传输速度越快。

单片机应用系统通常采用串行异步通信方式。通信时要求发送端与接收端的波特率必须一致，波特率一般为 50～9600 b/s。由工程师根据传输信道质量选择。

异步通信传输效率不高，因此，只适用于要求传输数据量不太大的应用场所。

4. 同步通信

同步通信(Synchronous Communication)是将一大批数据分成若干个数据块，数据块之间用同步字符隔开，而传输的各位二进制码之间都没有间隔。同步通信是一种连续串行传送数据的通信方式，一次通信可传输一帧数据。这里的数据帧和异步通信的字符帧不同，其数据块通常由若干个数据字符组成，如图 5.4 所示。图 5.4(a)为单同步字符帧结构，图 5.4(b)为双同步字符帧结构。其一帧由同步字符、数据块和校验字符三部分组成。在同步通信中，同步字符是由通信规约确定的。

| 同步字符 | 数据块 | 校验字符1 | 校验字符2 |

(a) 单同步字符帧结构

| 同步字符1 | 同步字符2 | 数据块 | 校验字符1 | 校验字符2 |

(b) 双同步字符帧结构

图 5.4 同步通信的格式

5. 串行通信数据传送的三种方式

根据信号传输方向与传输时间的不同，串行通信有三种通信方式：单工通信、全双工通信和半双工通信。通信方式示意图如图 5.5 所示。

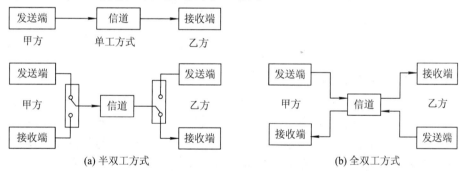

(a) 半双工方式　　　　　　　　　　　(b) 全双工方式

图 5.5 串行通信数据传送的三种方式

单工通信(Simplex)：信号只能从甲方向乙方单向传输，甲方只能发信，乙方只能收信。比如广播电台与收音机、电视台与电视机的通信(一点到多点)、遥控玩具、航模(点到点)、寻呼系统等均属此类。

全双工通信(Full-Duplex)：信号能够同时双向传输，每一方都能同时进行收信与发信。如普通电话、手机、RS-232C 通信接口等。

半双工通信(Half-Duplex)：信号能够双向传输，但在任何一个时刻，信号只能单向传输，或从甲方传向乙方，或从乙方传向甲方，但不能同时双向传送。比如对讲机、收发报机以及问询、检索等之间的通信。

5.2　51 单片机串行通信接口

51 系列单片机有一个串行通信接口，能够方便地与外部计算机及其它终端实现数据通信。

5.2.1　串行口组成及相关寄存器

51 单片机串行接口主要由串行口数据缓冲器 SBUF、串行口控制寄存器 SCON，对外接口 TXD、RXD 及相关控制电路等组成，其内部结构如图 5.6 所示。使用串行口时，不仅与 SBUF 和 SCON 寄存器有关，还会涉及电源控制寄存器 PCON、定时器控制寄存器 TCON 及中断允许寄存器 IE 等相关寄存器。

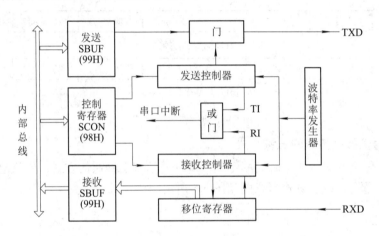

图 5.6　串行通信口内部结构框图

1. 串行口数据缓冲器 SBUF

SBUF 是两个在物理上独立的接收、发送寄存器，接收 SBUF 用于存放接收到的数据，发送 SBUF 用于存放欲发送的数据，发送和接收数据可同时进行。两个缓冲器共用一个地址 99H，通过对 SBUF 的读、写指令来区别是对接收缓冲器还是发送缓冲器操作。CPU 在写 SBUF 操作时，就是将要发送的数据写入发送缓冲器；读 SBUF 操作就是读取接收缓冲器的内容。接收或发送数据，是通过串行口对外的两条独立收发信号线 RXD(P3.0)、TXD(P3.1)来实现的，因此可以同时发送、接收数据，其工作方式为全双工方式。

2. 串行口控制寄存器 SCON

串行口控制寄存器 SCON 用来控制串行口的工作方式和状态，其地址为 98H，可进行位寻址。单片机复位时，SCON 的所有位全为 0。串行口控制寄存器 SCON 的格式如下：

位	D7	D6	D5	D4	D3	D2	D1	D0
功能	SM0	SM1	SM2	REN	TB8	RB8	TI	RI

　　SM0、SM1：由软件设置，用于选择串行口的工作方式，可以设置 4 种工作方式(见表 5.1，具体内容将在 5.2.2 节详细介绍)。

表 5.1　串行口的工作方式

SM0 SM1	工作方式	功　　能	波　特　率
0　　0	方式 0	移位寄存器方式	$f_{osc}/12$
0　　1	方式 1	8 位通用异步接收器/发送器	可变
1　　0	方式 2	9 位通用异步接收器/发送器	$f_{osc}/32$ 或 $f_{osc}/64$
1　　1	方式 3	9 位通用异步接收器/发送器	可变

　　SM2：多机通信控制位。在方式 2 和方式 3 中，当 SM2 = 1 时，接收到的第 9 位数据(RB8)为 0 则不启动接收中断标志 RI(即 RI = 0)，并且将接收到的前 8 位数据丢弃；RB8 为 1 时，才将接收到的前 8 位数据送入 SBUF，并置位 RI，产生中断请求。当 SM2 = 0 时，不论第 9 位数据为 0 或 1，则都将接收到的前 8 位数据装入 SBUF 中，并置位 RI 产生中断请求。在方式 0 时，SM2 必须为 0。

　　REN：串行接收允许控制位。REN = 0，禁止接收；REN = 1，允许接收，该位由软件设置。

　　TB8：发送数据 D8 位。在方式 2 和方式 3 时，TB8 为所要发送的第 9 位信息。在多机通信中，以 TB8 位的状态表示主机发送的是地址还是数据：若 TB8 = 1，则表示主机发送的是地址信息。若 TB8=0，则表示主机发送的是数据信息；也可用 TB8 作为数据的奇偶校验位。在通信规约中应明确约定。

　　RB8：接收数据 D8 位。在方式 2 和方式 3 时，RB8 是接收到的第 9 位信息。RB8 可作为地址信息或数据信息的标志或奇偶校验位。方式 1 时，若 SM2 = 0，则 RB8 是接收到的停止位。在方式 0 时，不使用 RB8 位。

　　TI：发送中断标志位。方式 0 时，当发送数据第 8 位结束后，或其它方式中发送停止位后，即将一帧数据发送完毕，由内部硬件置位 TI，向 CPU 请求中断。CPU 响应中断后，必须用软件把 TI 清零。此外，TI 也可供程序查询。

　　RI：接收中断标志位。方式 0 时，当接收数据的第 8 位结束后，或其它方式中接收到停止位后，即已完成一帧数据的接收，由内部硬件置位 RI，向 CPU 请求中断。同样，CPU 响应中断后，也必须用软件把 RI 清零。RI 也可供程序查询。

　　注意：TI 为"1"是指一帧数据发送完毕的中断请求；RI 为"1"是指一帧数据接收完毕的中断请求。响应中断后，程序员要先清除相应的中断标志位。

3. 电源控制寄存器 PCON

　　PCON 主要是为 CHMOS 型单片机的电源控制而设置的专用寄存器，不可以进行位寻址，字节地址为 87H。在 CHMOS 的 8051 单片机中，PCON 除了最高位以外，其它位都是虚设的。

　　电源控制寄存器的格式如下：

位	D7	D6	D5	D4	D3	D2	D1	D0
功能	SMOD	—	—	—	CF1	CF0	PD	IDL

PCON 的最高位 SMOD 是串行口波特率系数控制位。SMOD = 1 时，波特率提高 1 倍。其余各位与串行口无关，在此暂不作介绍。

5.2.2 串行口的工作方式

51 系列单片机的串行口有 4 种工作方式，通过 SCON 中的 SM0、SM1 位来设置。

1. 方式 0——同步移位寄存器方式

若 SM0 SM1 = 00B，串行口工作于方式 0，这时串行口作同步移位寄存器使用。这种方式常用于扩展 I/O 端口，一般外接移位寄存器，实现数据串/并转换或并/串转换。串行数据从 RXD(P3.0)端输入或输出，同步移位脉冲由 TXD(P3.1)送出，波特率固定为 f_{osc}/12。

1) 方式 0 发送

当一个数据写入串行口发送缓冲器 SBUF 时，串行口将 8 位数据以 f_{osc}/12 的波特率从 RXD 引脚输出(低位在前，高位在后)，发送完毕置中断标志 TI 为 1，请求中断。再次发送数据之前，必须由软件将 TI 清零。方式 0 移位输出接口电路如图 5.7 所示。RXD 输出数据，TXD 作为移位时钟信号，每个机器周期输出 1 位。

74LS164 为 8 位串入并出移位寄存器。时钟(CP)每次由低变高时，数据右移 1 位。

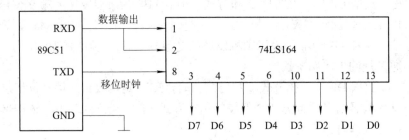

图 5.7 方式 0 移位输出电路图

2) 方式 0 接收

在满足 REN = 1 和 RI = 0 的条件下，串行口即开始从 RXD 端以 f_{osc}/12 的波特率输入数据(低位在前)，当接收完 8 位数据后，置中断标志 RI 为 1，请求中断。再次接收数据之前，必须由软件将 RI 清零。具体接线图如图 5.8 所示。其中，74LS165 为并入串出移位寄存器。

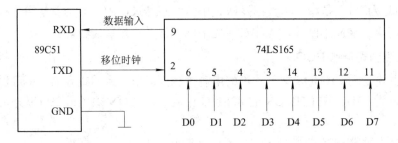

图 5.8 方式 0 移位输入电路图

串行口控制寄存器 SCON 中的 TB8 和 RB8 在方式 0 中未用。值得注意的是，每当发送或接收完 8 位数据后，硬件会自动置 TI 或 RI 为"1"，CPU 响应发送或接收中断后，必须由用户用指令将 TI 或 RI 清零。方式 0 时，SM2 必须为 0。

2. 方式 1——8 位异步串行通信接口

若 SM0 SM1 = 01B，串行口工作于方式 1。方式 1 是波特率可变的 8 位通用异步串行通信方式。发送或接收一帧信息为 10 位，其中包括 1 个起始位 0，8 个数据位和 1 个停止位 1，帧格式如图 5.9 所示。

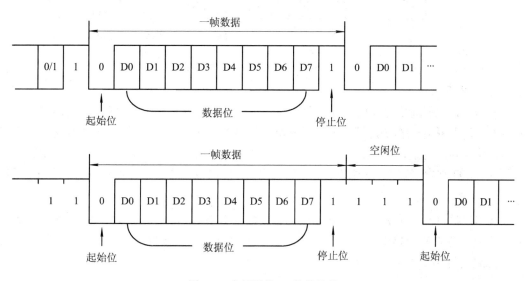

图 5.9　串行通信 10 位帧结构

1) 方式 1 发送

当 CPU 执行一条将数据写入发送缓冲器 SBUF 的指令时便启动发送器发送。发送时，数据从 TXD 端输出，当发送完一帧数据后，置中断标志位 TI 为 "1"。方式 1 所传送的波特率取决于定时器 T1 的溢出率和 PCON 中的 SMOD 位。

2) 方式 1 接收

当 REN = 1，RI = 0 时，允许串口接收数据。串行口采样 RXD，当采样到由 "1" 到 "0" 跳变时，确认是起始位 "0"，便开始接收一帧信息。方式 1 接收时，必须同时满足以下两个条件：

(1) RI = 0；

(2) 停止位为 1 或 SM2 = 0。

此时接收到的一帧信息才有效，一帧信息中的 8 位数据送入接收缓冲器 SBUF，停止位送入串行口控制寄存器 SCON 的 RB8 位，同时置中断标志位 RI 为 "1"；若不满足上述两个条件，则信息将丢失(无效)。所以，方式 1 接收时，应先用指令清除 RI，并设置 SM2 = 0。

3. 方式 2——9 位异步通信接口

若 SM0 SM1 = 10B，串行口工作于方式 2。方式 2 为波特率固定的 9 位异步串行通信方式，传送波特率与 SMOD 有关。发送或接收一帧信息为 11 位，其中包括 1 个起始位 "0"，8 个数据位，1 个可编程位(用于奇偶校验或多机通信)和 1 个停止位 "1"，其帧格式如图 5.10 所示。(波特率设置将在 5.2.3 节介绍。)

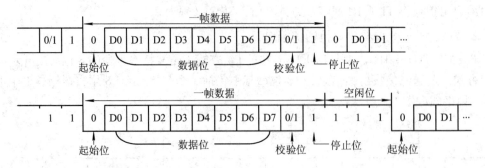

图 5.10　串行通信 11 位帧结构

1) 方式 2 发送

发送时，根据通信协议由软件设置 TB8，然后用指令将要发送的数据写入 SBUF，启动发送器。写 SBUF 的指令，除了将 8 位数据送入 SBUF 外，同时还将 TB8 装入发送移位寄存器的第 9 位，并启动发送控制器进行一次发送。一帧信息即从 TXD 发送出去。在送完一帧信息后，TI 被自动置 1，在发送下一帧信息之前，TI 必须由中断服务程序或查询程序清零。

2) 方式 2 接收

当 REN = 1 时，允许串行口接收数据。数据由 RXD 端输入，当接收器采样到 RXD 端的负跳变，并判断起始位有效后，开始接收一帧信息，每帧接收 11 位信息。方式 2 接收时，必须同时满足以下两个条件：

(1) RI = 0；

(2) SM2 = 0 或接收到的第 9 位数据为 1。

此时接收数据才有效，8 位数据送入 SBUF，第 9 位送入 RB8，并置 RI = 1；若不满足上述两个条件，则信息丢弃。

4. 方式 3——波特率可变的 9 位异步通信接口

若 SM0 SM1 = 11B，串行口工作于方式 3，为波特率可变的 11 位异步串行通信方式。除了波特率以外，方式 3 和方式 2 完全相同。

5.2.3　波特率设置

在串行通信中，收发双方对传送的数据速率即波特率(Baud Rate)B[①]必须事先约定。通过前面的论述我们已经知道，51 单片机的串行口通过编程可以有 4 种工作方式。其中，方式 0 和方式 2 的波特率是固定的，方式 1 和方式 3 的波特率是可变的。下面分别介绍。

1. 方式 0 和方式 2 的波特率

方式 0 波特率是固定的，波特率是振荡频率 f_{osc} 的 12 分频，即

$$B = \frac{f_{osc}}{12} \tag{5.1}$$

方式 2 波特率由振荡频率 f_{osc} 和 SMOD(PCON.7)所决定，其对应公式为

[①] 在二进制条件下，数据传输速率与波特率大小一致，即 1 Bd/s = 1 b/s。因为本书只涉及二进制条件下的数据传输，因此为方便起见，文中统一使用波特率，单位采用 b/s。

$$B = f_{osc} \times \frac{2^{SMOD}}{64} \tag{5.2}$$

当 SMOD = 0 时，波特率为 $f_{osc}/64$；当 SMOD = 1 时，波特率为 $f_{osc}/32$。

2. 方式 1 和方式 3 的波特率

方式 1 和方式 3 的波特率由定时器 T1 的溢出率和 SMOD 决定，即由下式确定：

$$B = \text{定时器 T1 溢出率} \times \frac{2^{SMOD}}{32}$$

实际上，当定时器 T1 作波特率发生器使用时，通常是工作在方式 2，即自动重装载的 8 位定时器方式，此时 TL1 作计数用，自动重装载的值保存在 TH1 内。设计数器的预置值 (计数初值)为 X，那么每过 $256 - X$ 个机器周期，定时器溢出一次。为了避免因溢出而产生不必要的中断，此时应禁止 T1 中断。

T1 的溢出率为 $\dfrac{f_{osc}}{12 \times (256 - X)}$，其波特率为

$$B = \frac{2^{SMOD}}{32} \times \frac{f_{osc}}{12(256 - X)} \tag{5.3}$$

通常在系统设计时，大多数情况是先确定了系统的波特率 B，而我们则要根据系统的波特率 B 计算定时器 T1 的计数初值，由式(5.3)我们可求出计数初值 X 为

$$X = 256 - \frac{2^{SMOD} \times f_{osc}}{32 \times 12 \times B} = 256 - \frac{2^{SMOD} \times f_{osc}}{384 \times B} \tag{5.4}$$

由式(5.4)可求出不同波特率所对应的定时器 T1 的计数初值，如表 5.2 所示。

表 5.2　定时器 T1 产生的常用波特率($f_{osc} = 6\,\text{MHz}$)

串行口 工作方式	波特率 B /(b/s)	SMOD	定时器 T1		
			C/$\overline{\text{T}}$	工作方式	计数初值
方式 0	500k	×	×	×	×
方式 2	93.75k	0	×	×	×
	187.5k	1	×	×	×
方式 1、3	19.2k	1	0	2	FEH
	9.6k	1	0	2	FDH
	4.8k	0	0	2	FDH
	2.4k	0	0	2	FAH
	1.2k	0	0	2	F3H
	600	0	0	2	E8H

例如：设串行通信口工作于方式 1，波特率 $B = 9.6\,\text{kb/s}$，SMOD = 1，$f_{osc} = 6\,\text{MHz}$，求 T1 的计数初值 X。

只要将以上值代入式(5.4)即可求得 $X = 252.75 \approx 253 = \text{FDH}$。其中 $253 - 252.75 = 0.25$ 是初值误差，会引起波特率误差。一般情况下，因误差较小，不会影响通信。实际应用时，若误差影响到通信效果，可通过精选晶振频率来减小误差。

3. 波特率误差及选择

波特率是串行通信中的一个重要参数。理想情况下,通信双方的波特率应该完全一致,波特率的一致性直接影响数据传输的正确性。但在实际情况下,由于时钟振荡频率、系统参数设置等不会完全一致,通信双方的波特率也就不可能达到完全一致。一般情况下,对于 11 位的串行数据帧(带奇偶校验位),通信双方波特率的最大误差不应超过 4.5%。

由上节波特率的计算方法可知,当系统时钟为 6 MHz 时,通信口采用方式 1 要产生的波特率为 $B = 4800$ b/s,定时器 T1 为方式 2,SMOD = 0,此时 T1 的计数初值 X 为

$$X = 2^8 - \frac{f_{osc}}{32 \times 12 \times B} = 2^8 - \frac{6 \times 10^6}{32 \times 12 \times 4800} \approx 252.75$$

由于 X 必须是整数,四舍五入后初值取 $X = 253$(FDH),实际的波特率为

$$B = \frac{f_{osc}}{32 \times 12 \times (2^8 - X)} = \frac{6 \times 10^6}{32 \times 12 \times 3} \approx 5208 \ (b/s)$$

波特率误差为

$$\Delta B = \frac{5208 - 4800}{4800} = 8.5\%$$

当用 6 MHz 晶振设定 1200 b/s 的波特率时,其误差仅为 0.1%。而使用 11.0592 MHz 晶振时,设定各标准波特率误差都很小。这也是在系统设计时,对于要和其它系统(设备)通信的单片机应用系统,选用晶体振荡器是要考虑的一个重要因素。

在 51 系列单片机之间进行串行通信时,若各单片机的晶振和定时常数相同,尽管实际波特率可能与设定值相差较远,但双方之间的误差仍很小,只是由于晶振频率误差引起的,并不影响正常通信。

当单片机之间的晶振频率和定时常数不同或单片机与其它设备(DSP 处理器、PC 机等)之间进行串行通信时,就必须考虑波特率误差问题了。为了满足通信波特率的要求,可能要选用特殊晶振频率,或者采用非标准波特率。表 5.3 列出了使用 6 MHz 晶振时,误差较小的波特率。

表 5.3　供选择的部分非标准波特率(SMOD = 0)

波特率/(b/s)	T1 计数初值 X	相对误差
5026	FDH	0.5%
3125	FBH	0.4%
2232	F9H	0.7%
1302	F4H	0.5%
1200	F3H	0.1%

同样,也可计算出 SMOD = 1 时的各波特率的误差情况。

一般情况下,在工程应用中,采用标准波特率有 100、300、600、1200、2400、4800、9600、19 200 b/s 等;主要是根据传输信道的质量来确定,既能达到误码率要求,又能满足实际通信要求的波特率。

4. 波特率的自动检测

在分布式多波特率通信系统中，常常要求从设备在软件上能做到波特率可随主设备自动调整，使系统适应性更强，智能化程度更高。当然，一般情况下，波特率自动检测的范围仅限于标准波特率。

常用实现波特率自动检测的方法有三种：

(1) 从设备启动通信程序后，逐一选择标准波特率，向主设备发送某个事先约定的握手代码，直到收到主设备发回的确认码，即可判定通信波特率。

(2) 利用串行异步通信每一帧起始位为低电平、停止位为高电平，用定时器记录每帧长度，从而判定系统通信波特率。

(3) 利用主设备发送某一特殊码型，从设备收到的码值会随主设备的波特率不同而不同；当从机收到约定的特殊码型时，便可确认系统的通信波特率。

5.2.4　多机通信

51 系列单片机的多机通信通常采用主从式多机通信方式。在主从式多机系统中，有一台主机，多台从机，利用这种方式可以构成各种分布式控制系统，其系统结构如图 5.11 所示。其中，n 个从机各有唯一的一个地址码，地址码是识别从机身份的标志。主机发出的信息可以传送到各个从机或传送到某个指定的从机，而从机发出的信息只能被主机接收。

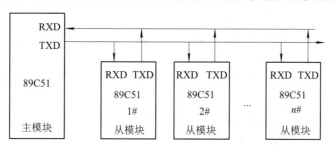

图 5.11　主从式多机通信系统

多机通信中，要保证主机与从机间进行可靠的通信，通信接口必须具有从机身份的识别功能。串行口控制寄存器 SCON 中的 SM2 位就是为满足这一要求而设置的多机通信控制位。串行口以方式 2 或 3 实现多机通信。主机发出的信息有两类，一类为地址信息，用来确定需要和主机通信的从机，其特征是主机串行传送的第 9 位信息 TB8 为 1，即主机令 TB8=1 呼叫从机；另一类是数据信息，特征是串行传送的第 9 位信息 TB8 为 0，实现主从间的数据传送。

对从机来说，也要利用 SCON 寄存器中的 SM2 位的控制功能来区分地址信息和数据信息。在接收时，令 RI=0，若 SM2 为 "1"，则仅当接收到的第 9 位信息 RB8 为 "1" 时，接收到的一帧信息才有效，接收到的数据才装入 SBUF，置位 RI，请求 CPU 对主机发出的信息进行处理。若 SM2 为 "1"，接收到的第 9 位信息 RB8 为 "0" 时，接收到的一帧信息无效。

若从机令 SM2 为 "0"，则接收到一个数据后，不管第 9 位信息 RB8 是 "0" 还是 "1"，都将数据装入接收缓冲器 SBUF，并置位中断标志 RI，请求 CPU 处理。因此，对于从机来说，在接收地址时，应使 SM2=1，以便接收到主机发来的地址码，从而确定主机是否打算和从机通信；一经确认后，从机应使 SM2＝0，以便接收数据或识别下一个地址码。

主从式多机通信的一般过程如下：

(1) 使所有从机的 SM2 位置 1(此时，所有的从机处于监听状态)，以便接收主机发来的地址码。

(2) 主机发出一帧地址信息，其中包括 8 位需要与之通信的从机地址码，第 9 位信息 TB8 为 1。

(3) 所有从机接收到地址帧后，各自将所接收到的地址与本机地址相比较，若与本机地址相同，则该从机便使 SM2 位清零以接收主机随后发来的数据信息；对于地址不符合的从机，仍保持 SM2 ＝ 1 的状态(仍处于监听状态)，对主机随后发来的数据不予理睬，直至主机发送一个新的地址帧。

(4) 主机给已被寻址的从机发送控制指令和数据(数据帧的第 9 位为 0)。

5.3　串行口应用实例

前面介绍了串行通信口的基础知识。为了读者对串行通信口的应用有一个全面了解，在此对串行通信口的应用过程中要做的工作进行简要归纳。

1. 确定通信规约

通信双方要明确约定以下内容：

通信方式——明确采用何种通信方式、帧结构、每一位数据的含义等。

通信速率——规定通信波特率。

校验方式——确定传输数据的校验方式。通常采用奇/偶校验，同步传输时有纵校验、横校验等。

回送信息——传输信息被确认后，向对方回送何种信息。

代码含义——传输 1 帧数据中各个代码的含义。

2. 确定相关寄存器的值

各寄存器的具体设定方法在前面已作了详细介绍，这里仅简要归纳：

(1) 串行口控制寄存器 SCON。

(2) 电源控制寄存器 PCON 的 PCON.7，波特率加倍系数位 SMOD。

(3) 对于方式 1、方式 3 要设置波特率，实际上就是设置定时器 T1 为方式 2，相关的寄存器有定时器/计数器方式寄存器 TMOD、定时器/计数器控制寄存器 TCON 以及初值寄存器 TH1、TL1。定时器 T1 的计数初值 X 可用式(5.4)计算。

3. 编写程序

依照以上确定的各寄存器的值对串行口初始化，并编写中断服务程序。

5.3.1　利用串行口扩展 LED 显示器

单片机中并行口总是有限的，根据需要可用串行口扩展并行口。在此，利用串行口扩展一个 8 位 LED 显示器，硬件电路如图 5.12 所示。图中串行口工作在方式 0，串行数据从 RXD(P3.0)端输出。74LS164 是一个串行输入并行输出的 8 位移位寄存器，其引脚 1 和 2 是串行数据输入端；引脚 3～6、10～13 是并行数据的输出端，每个 74LS164 的输出端 Q7～Q0 各驱动一个共阴极 LED 显示器；CLR 是 74LS164 的清零端，由 P1.6 提供清零信号，当 CLR 为 "0" 时，Q7～Q0 输出为 "0"，8 个 LED 显示空白字符；同步移位脉冲由 TXD(P3.1)送出，P1.7=1 时允许 74LS164 串行接收数据，其波特率固定为 $f_{osc}/12$。

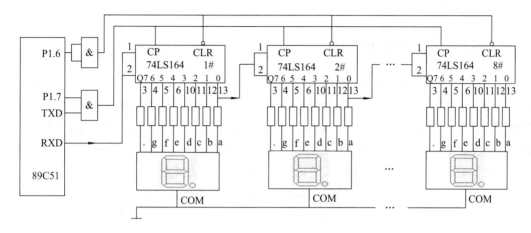

图 5.12 扩展一个 8 位 LED 显示器

利用下列程序可将显示缓冲区 DISBUF(片内 RAM 70H～77H)中的字符显示在 8 位 LED 显示器上：

```
            ORG     0000H
            LJMP    START
            ...
            ORG     0100H
START:  MOV     SP, #60H
            MOV     SCON, #00H        ; 串口工作在方式 0
            MOV     R7, #08H          ; R7 为计数器，显示 8 个字符
            MOV     R0, #77H          ; R0 指向 DISBUF 的末地址
            LCALL   DISP              ; 调用显示子程序
            ...
DISP:   CLR     P1.6              ; 清显示器
            SETB    P1.6
            SETB    P1.7              ; 允许 74LS164 串行接收数据
DISP1:  MOV     A, @R0            ; 取显示字符
            MOV     DPTR, #TABL
            MOVC    A, @A+DPTR        ; 查表获得显示码
            MOV     SBUF, A           ; 串行发送
DISP2:  JNB     TI, DISP2         ; 等待发送完毕
            CLR     TI                ; 发送完毕则清中断标志
            DEC     R0                ; R0 指向下一字符
```

```
         DJNZ   R7, DISP1
         CLR    P1.7                          ; 禁止 74LS164 接收数据
         RET
TABL:    DB     3FH, 06H, 5BH, 4FH, 66H, 6DH, 7DH, 07H    ; 0～F 的显示码
         DB     7FH, 6FH, 77H, 7CH, 39H, 5EH, 79H, 71H
         END
```

5.3.2　利用串行口输入开关量

　　用 AT89C51 的串行口外接 74LS165 移位寄存器扩展的 8 位开关量输入端口，输入数据由 8 个开关 S7～S0 提供，电路如图 5.13 所示。74LS165 是 8 位并入/串出移位寄存器。当控制端 SHIFT/$\overline{\text{LOAD}}$ 为"0"时，74LS165 并行装入 S0～S7 提供的数据；当 SHIFT/$\overline{\text{LOAD}}$ 为"1"时，在时钟 CK 的作用下 H～A 依次由 QH 端移位输出；CP 为时钟禁止控制端，高电平禁止；DS 为数据串行输入端，在此未用。

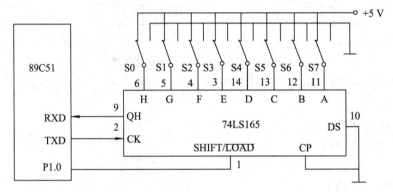

图 5.13　用串行口输入开关量

　　当 CPU 需要输入 S7～S0 提供的数据时，将串行口设置为方式 0(SM0 SM1 = 00B)启动串行口，串行输入 8 位开关量，然后根据开关 S7～S0 的功能转向不同的处理程序，参考程序如下：

```
START: …
         ; 必要时启动串行口
         CLR    P1.0              ; SHIFT/LOAD = 0，74LS165 并行装入数据 S0～S7
         STEB   P1.0              ; SHIFT/LOAD = 1，允许 74LS165 串行移位
         MOV    SCON, #10H        ; 设置串行口方式 0，REN = 1 允许接收
         JNB    RI, $             ; 查询 RI
         CLR    RI                ; 查询结束，清 RI
         MOV    A, SBUF           ; 输入数据
         ; S7～S0 的功能处理程序
         JB     ACC.0, KEY0       ; 转向 S0 的处理程序
         JB     ACC.1, KEY1       ; 转向 S1 的处理程序
         …
```

5.3.3 双机通信系统

利用串行口可以实现两台机器间的全双工通信。如图 5.14 所示，设甲乙两台机器按全双工方式收发 ASCII 码字符，数据位为 8 位，其中最高 1 位用来做校验位，采用偶校验方式，要求传送的数据为 1200 波特。假设发送缓冲区 OUTBUF 首址为片内 RAM 60H，接收缓冲区 INBUF 首址为 RAM 70H，时钟频率 $f_{osc}=6\,\mathrm{MHz}$。试编写有关的通信程序。

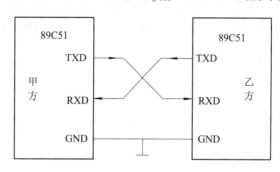

图 5.14 双机通信系统

1. 确定通信方式

根据系统要求，通信双方要相互约定：7 位 ASCII 码加 1 位校验位共 8 位数据，故可采用串行口方式 1 进行通信。51 单片机的奇偶校验位 P 是：当累加器 A 中"1"的个数为奇数时，P = 1；为偶数时，P = 0。直接把 P 的值放入 ASCII 码的最高位(奇偶校验位)，即为偶校验方式。

2. 计算定时器 T1 的计数初值

对于串行口方式 1，波特率由定时器 T1 的溢出率和 SMOD 决定，定时器 T1 采用定时工作方式 2。取 SMOD = 0，按式(5.4)可求得计数初值 X 为

$$X = 256 - \frac{2^{SMOD} \times f_{osc}}{384 \times 1200} = 256 - \frac{2^{0} \times 6\,\mathrm{MHz}}{384 \times 1200} = 243 = \mathrm{F3H}$$

也可以通过查表 5.2 确定 X = F3H。

3. 确定相关寄存器参数

1) 串行口控制寄存器 SCON

位	D7	D6	D5	D4	D3	D2	D1	D0
功能	SM0	SM1	SM2	REN	TB8	RB8	TI	RI

SM0、SM1 = 01 时为方式 1；在 SM2 = 0 和 REN = 1 条件下，允许接收数据，其余各位均取"0"。(SCON) = 01010000B = 50H。

2) 电源控制寄存器 PCON

位	D7	D6	D5	D4	D3	D2	D1	D0
功能	SMOD	—	—	—	CF1	CF0	PD	IDL

由于 SMOD = 0，所以(PCON) = 00H(同系统复位以后的状态，可不赋值)。

3) 确定定时器方式寄存器 TMOD

定时器	T1				T0			
位	D7	D6	D5	D4	D3	D2	D1	D0
功能	GATE	C/$\overline{T}$	M1	M0	GATE	C/$\overline{T}$	M1	M0

由于只用 T1，且为定时方式 2，所以(TMOD) = 00100000B = 20H。

注意：串行通信端口的接收中断 RI、发送中断 TI 共用一个中断向量(0023H)，因此，串行口中断请求后，中断服务程序首先要判断是 RI、TI 当中的哪个请求中断。

4. 编写有关的通信程序

主程序：

```
              ORG    0000H
              LJMP   MAIN
              ORG    0023H            ; 串行中断入口
              LJMP   SINOUT
              ORG    0100H
MAIN:   MOV    SP, #60H
              MOV    TMOD, #20H       ; 定时器 T1 设为方式 2
              MOV    TL1, #0F3H       ; 装入定时器初值
              MOV    TH1, #0F3H       ; 8 位重装值
              SETB   TR1              ; 启动定时器 T1
              MOV    SCON, #50H       ; 串行口设为方式 1
              MOV    R0, #60H         ; OUTBUF 首址
              MOV    R1, #70H         ; INBUF 首址
              SETB   EA               ; 开中断
              SETB   ES               ; 允许串行口中断
              LCALL  SOUT             ; 先发送 1 个字符
              LJMP   $                ; 等待中断
     ; 中断服务程序：
SINOUT: JNB    RI, SEND              ; 不是接收，则转向发送
              LCALL  SIN              ; 是接收，则调用接收子程序
              RETI                    ; 中断返回
SEND:   LCALL  SOUT                  ; 是发送，则调用发送子程序
              RETI                    ; 中断返回
     ; 发送子程序：
SOUT:   MOV    A, @R0               ; 取发送数据到 A
              MOV    C, P             ; 偶校验位赋予 C
              MOV    ACC.7, C         ; 送入 ASCII 码最高位中
              INC    R0               ; 修改发送数据指针
              MOV    SBUF, A          ; 发送数据
```

```
        CLR    TI              ; 清发送中断标志
        RET                    ; 子程序返回
    ; 接收子程序：
  SIN:  MOV    A, SUBF         ; 读入接收缓冲区内容
        JNB    P, EXIT         ; 若 P = 0，则接收正确
  ERROR: …                     ; 若 P = 1，则接收错误
         …                     ; 出错处理
  EXIT: ANL    A, #7FH         ; 删去校验位
        MOV    @R1, A          ; 存入接收缓冲区
        INC    R1              ; 修改接收缓冲区指针
        CLR    RI              ; 清接收中断标志
        RET                    ; 子程序返回
        END
```

图 5.14 所示的系统也可以用方式 2 实现两台机器间的全双工通信。在方式 2 下，串行口为 9 位 UART，发送或接收一帧数据包括 1 位起始位 0，8 位数据位，1 位可编程位(TB8)和 1 位停止位 1。此时，可编程位 TB8 用于奇偶校验位，发送子程序直接把 PSW 中的 P 标志送入串行口控制寄存器 SCON 的 TB8 位，作为一帧信息的第 9 位数据一起发送，接收子程序对接收到的 RB8 进行再次校验；若接收错误，则进行出错处理。方式 2 的编程方法与上述过程相似，主程序完成对相关寄存器和中断系统的初始化后，先调用发送子程序，发完一帧信息后 TI 被置"1"，向 CPU 请求中断；CPU 响应中断后再发送下一帧信息或接收一帧信息。请读者完成主程序的编写。下面给出发送子程序和接收子程序仅供参考：

```
    ; 发送子程序：
  SOUT2: PUSH   PSW
         PUSH   ACC
         CLR    TI            ; 清发送中断标志
         MOV    A, @R0        ; 取发送数据
         MOV    C, P
         MOV    TB8, C        ; 标志 P 送入 TB8 位
         MOV    SBUF, A       ; 发送数据
         INC    R0            ; 修改发送数据指针 R0
         POP    ACC
         POP    PSW
         RET                  ; 子程序返回
    ; 接收子程序
  SIN2: PUSH   PSW
        PUSH   ACC
        CLR    RI             ; 清接收中断标志
        MOV    A, SBUF        ; 读入接收缓冲区内容
        MOV    C, P           ; 取奇偶校验位
```

```
        JNC    S1                      ; P 为 0，偶校验正确
        JNB    RB8, ERROR              ; 两次校验位不一致，出错
        LJMP   S2
S1: JB     RB8, ERROR              ; 双方的校验位不一致则出错
S2: MOV    @R1, A                  ; 存入接收缓冲区
        INC    R1                      ; 修改接收缓冲区指针 R1
        POP    ACC
        POP    PSW
        RET                            ; 子程序返回
    ; 误码处理子程序
ERRO: …
        …                              ; 出错处理
        RET
```

5.3.4　电流环在通信系统中的应用

在串行通信中，一般用传输线上的高低电平表示"1"和"0"，用 TTL 电平进行通信时，有效通信距离短，往往满足不了工程中的实际需求。为了实现远距离通信，或连接干扰较大的设备，常常采用 20 mA 的电流环进行串行通信。

图 5.15 给出了用 20 mA 的电流环进行远距离通信的接口电路。图中，甲方发送数据，经 SN75452 进行功率放大送往接收方的光电隔离器 4N25 进行光电隔离转换。当发送数据为"1"时，SN75452 导通，传输线上约有 20 mA 的电流流过，光电隔离器 4N25 中的发光管发光，光敏三极管导通，使得 7404 输入为低电平，反相后 RXD 接收端数据为"1"；当发送端数据为"0"时，SN75452 截止，传输线上无电流流过，光电隔离器 4N25 中的发光管不发光，使得 7404 输入为高电平，反相后 RXD 接收端数据为"0"。

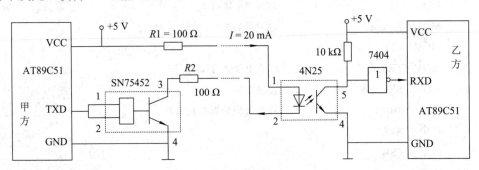

图 5.15　用电流环进行远距离通信

上述电路中，利用传输线上有无电流流过表示"1"和"0"，20 mA 电流环传输线的低阻特性使其对电气噪声不敏感，信号不易受干扰，不但提高了系统的抗干扰能力，而且能实现远距离通信，是控制系统中常用的电路形式。若对图 5.15 中的电路进行适当的扩展便可实现甲乙双方的双向通信。

需要注意的是，电流环电路在信号传输过程中，信号要进行电压→电流→光→电压的

一连串物理量的转换，这些转换是需要时间的。因此，在电流环电路中，一般数据的传送速率不宜过高。

5.4　RS-232C 串行总线及应用

5.4.1　RS-232C 总线

RS-232C 标准是美国电子工业协会(EIA)在 1969 年颁布的一种推荐标准，RS 是 Recommended Standard 的缩写。RS-232C 总线的诞生是人们普遍采用公用电话网为媒体进行数据通信的结果，也是调制解调器商品化的产物。RS-232C 总线是一种 DTE 和 DCE 间的信号传输线，DTE(Data Terminal Equipment)是数据终端设备的简称，DCE(Data Communication Equipment)是数据通信设备的简称。

RS-232C 在当代微型计算机系统中得到了广泛使用。PC 机通过 25 线或 9 线的 D 型连接器实现主机与 RS-232C 的连接，连接器的引脚定义如图 5.16 所示。

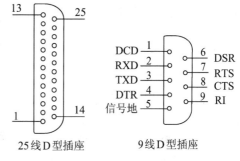

图 5.16　DB-25/DB-9 连接器

RS-232C 的标准定义为 25 条信号线，引脚定义见表 5.4。

表 5.4　RS-232C 各信号引脚定义

引脚	符号	助记符	名　称	引脚	符号	助记符	名　称
1	AA	GND	保护地线	14	SBA	STXD	次级发送数据线
2	BA	TXD	发送数据线	15	DB		发送信号码元定时线
3	BB	RXD	接收数据线	16	SBB	SRXD	次级接收数据线
4	CA	RTS	请求发送线	17	DD		接收信号码元定时线
5	CB	CTS	允许发送线	18			未定义
6	CC	DSR	数据设备就绪线	19	SCA	SRTS	次级请求发送线
7	AB	GND	信号地线	20	CD	DTR	数据终端就绪线
8	CF	DCD	数据载波检测线	21	CG		信号质量检测线
9			未定义	22	CE	R1	振铃指示线
10			未定义	23	CH/CI		数据速率选择线
11			未定义	24	DA		发送信号码元定时线
12	SCF	SDCD	次级载波检测线	25			未定义
13	SCB	SCTS	次级允许发送线				

每条引脚在"符号"一栏中按第一个字母分为五类：A 表示地线或公共回线，B 表示数据线，C 表示控制线，D 代表定时线，S 代表次级信道线。

1) 本地通信线(6 条)

AA 和 AB：AA 为保护地线，常与机壳相连，以构成屏蔽地；AB 为信号地线，是除保护地外其它信号线的测量基准点。

BA 和 BB：BA 为发送数据线 TXD，数据由 DTE 发送 DCE 接收；BB 为接收数据线 RXD，信号由 DCE 发送 DTE 接收。平时，TXD 线始终保持逻辑 1(传号)状态，只有在发送数据时才有可能变为逻辑"0"(空号)状态。RXD 线在不发送数据的全部时间里以及发送数据的间隔期内，也始终保持逻辑"1"(传号)状态。

CA 和 CB：CA 为请求发送线 RTS，由 DTE 发送 DCE 接收；CB 为允许发送线 CTS，由 DCE 发送 DTE 接收。这一对线主要用于 DTE 询问 DCE 对信道的连接状况。当 DTE 需要发送数据时，它就使 RTS 变为逻辑"1"有效，用于请求 DCE 去接通通信链路。一旦 DCE 和通信链路接通，DCE 就使 CTS 变为逻辑"1"有效，通知 DTE 可以在 TXD 线上发送数据了。

上述 6 条线通常可以实现本地微型计算机系统间的串行通信，故常称之为本地通信线。这类通信的距离短，DCE 可以采用零调制解调器或一般的 Modem，不需另附数据通信设备。

2) 远程通信线(7 条)

CD：为数据终端就绪线 DTR。DTR 由 DTE 发出 DCE 接收，用于表示数据终端(DTE)的状态。若 DTR = 1，则表示 DTE 准备就绪；若 DTR = 0，表示 DTE 尚未准备就绪。通常，DTE 在加电启动后就准备就绪了。

CC：为数据装置就绪线 DSR，由 DCE 发出 DTE 接收，是 DTE 的应答线，用于表示 DCE 中数据装置的状态。若 DSR = 1，则表示 DCE 的数据设备已准备好(例如：自动呼叫成功)，但 DCE 是否和信道接通应由 CTS 指示；若 DSR = 0，则表示 DCE 中数据装置尚未准备好。

CE：为振铃指示器线 RI，由 DCE 发出 DTE 接收，用于表示通信的另一方有无振铃。若 RI = 1，则表示 DCE 正在接收对方 DCE 发来的振铃信号。RI 在 DCE 没有收到振铃信号的所有其它时间内都维持在逻辑"0"电平状态。

CF：为数据载波检测线 DCD，又称为接收线路信号检测线。DCD 信号由 DCE 发出 DTE 接收。当本地 DCE 正接收来自远程的 DCE 载波信号时，DCE 变为逻辑"1"。在调制解调器中，DCD 常接到标有载波(Carrier)的发光二极管指示器上。

DA/DB：在同步通信方式必须使用的两条线，两个信号不能同时使用，只能使用其中一个。DA 是 DTE 为源的发送信号码元定时线，该信号是由 DTE 产生的同步时钟，用于使 Modem 能和 DTE 同步地发送数据；DB 是 DCE 为源的发送信号码元定时线，同步时钟由 DCE 产生，用于使 Modem 和 DTE 同步发送数据。

DD：接收信号码元定时线，该信号由 DCE 产生，用作同步接收时钟，接收时必须把此信号从解调器发送给 DTE。

以上 7 条通信线配合 6 条本地通信线，常在以公用电话网为媒体的远程通信中使用，以协调 DTE 和 DCE 间的数据传送。

应当指出：在以公用电话网为媒体的远程通信中，TXD 线上发送数据的条件是 RTS、CTS，DTR 和 DSR 皆应为逻辑"1"有效状态，但在没有专用数据装置的本地通信中 DTR 和 DSR 两条线是可以不用的。

3) 其它引线(12 条)

这些引线的定义和名称已在表 5.4 列出。其中，5 条留作用户定义，其余 7 条在大多数微型计算机系统中都空出不用，故在此略过。

5.4.2　RS-232C 在工程中的应用

为了提高数据通信的可靠性和抗干扰能力，RS-232C 标准中规定发送端信号逻辑"0"(空号)电平范围为 +5～+15 V，逻辑"1"(传号)电平范围为 −5～−15 V；接收端逻辑"0"为 +3～+15 V，逻辑"1"为 −3～−15 V。噪声容限为 2 V。−5～+5 V 以及 −3～+3 V 之间分别为发送端和接收端点信号的不确定区。通常，RS-232C 总线逻辑电平采用 +12 V 表示"0"，−12 V 表示"1"。

为了实现上述电平转换，RS-232C 可采用运算放大器、晶体管和光电隔离器电路来完成电平转换，或采用专用集成电路来完成电平转换。例如，常常采用电平转换器 MCl488 和 MCl489 完成电平转换，器件的外特性如图 5.17 所示。MCl488 将 TTL 电平转换成 RS-232C 电平，MCl489 将 RS-232C 电平转换成 TTL 电平。

在工程应用中，单片机与单片机之间可以采用 RS-232C 进行通信，如图 5.18 所示，它不但能提高系统的抗干扰能力，而且能实现远距离通信。

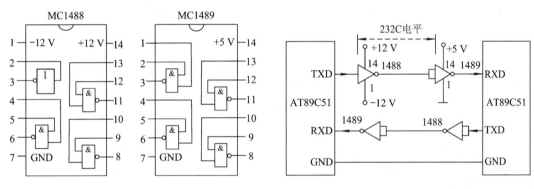

图 5.17　MC1488、1489 引脚图　　　　　　　　图 5.18　单片机系统之间通信

单片机与 PC 机之间进行通信时，在单片机一侧需要进行电平转换，如图 5.19 所示。

在分布式控制系统中，各个单片机与后台机之间也可以采用 RS-232C 进行通信，如图 5.20 所示。

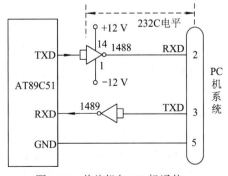 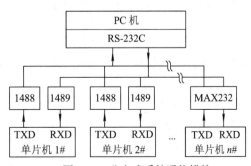

图 5.19　单片机与 PC 机通信　　　　　　　　　图 5.20　分布式系统通信模块

工程应用中，除使用 MC1488 和 MC1489 进行电平转换外，另一个常用器件是 MAX232。由于 MC1488 需要 ±12 V 两组电源，对某些系统就不太方便了。MAX232 芯片是一种典型的单电源双组驱动器/接收器，每组驱动器/接收器均能将输入 RS-232C 电平转换为 TTL/CMOS 电平，并可将输入的 TTL/CMOS 电平转换为 RS-232C 电平。MAX232 的最大特点是采用 +5 V 单电源供电，对于大多数单片机应用系统来说，简化了系统对电源的要求。MAX232 使用起来非常方便，只需按照典型应用电路连接即可实现电平转换。图 5.21 是 MAX232 驱动器/接收器的管脚分布图。图 5.22 为 MAX232 芯片的典型应用电路。推荐工作条件见表 5.5。

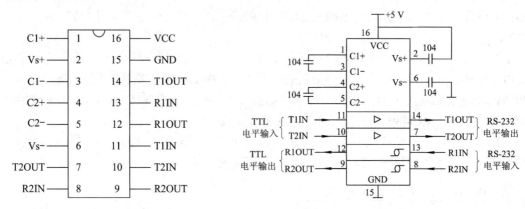

图 5.21　MAX232 引脚图　　　　图 5.22　MAX232 典型应用电路

表 5.5　MAX232 的推荐工作条件

名　　称	符　　号	最小	典型	最大	单位
电源电压	VCC	4.5	5	5.5	V
输入高电平	V_{IH}(T1IN、T2IN)	2			V
输入低电平	V_{IL}(T1IN、T2IN)			0.8	V
接收器输入电压	R1IN、R2IN			±30	V
工作温度	TA	0		70	℃

RS-232C 总线除采用电平转换接口外，还可采用电流输出接口方式，即用有无电流来传输信号。常用的有 20 mA 和 60 mA 两种电流环回路，请参阅 5.3.4 节。

5.4.3　单片机与 PC 机通信实例

在数据采集和过程控制应用领域，通常需要一台 PC 机作为主机来管理一台或若干台以单片机为核心的智能测量控制系统，这就需要实现 PC 机和单片机之间的通信。本节介绍 PC 机和单片机的通信接口设计和软件编程。

PC 机与单片机之间可以由 RS-232C、RS-422 或 RS-485 等接口相连。下面以最常用的 RS-232C 接口为例，介绍其通信接口和应用。

PC 机内装有异步通信适配器，利用它可以方便地实现异步串行通信。该适配器的核心元件是可编程的 Intel 8250 芯片，它使 PC 机有能力与其它具有标准的 RS-232C 接口的计算机或设备进行通信。而 MCS-51 单片机本身具有一个全双工的串行口，因此只要配以电平转换电路、隔离电路就可组成一个简单可行的通信接口。

PC 机和单片机间最简单的连接是零调制三线经济型。这是进行全双工通信所必需的最少线路。因为 MCS-51 单片机输入、输出电平为 TTL 电平，而 PC 机配置的是 RS-232C 标准接口，二者的电气规范不同，所以要用电平转换电路。常用的电平转换电路有 MC1488、MC1489 或 MAX232 等。图 5.23 给出了采用 MAX232 芯片的单片机与 PC 机间的串行接口电路图，PC 机采用 9 芯标准插座。

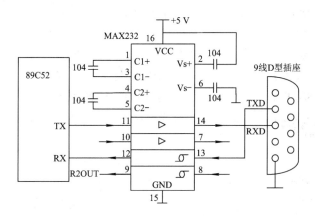

图 5.23 PC 机和单片机串行通信接口

这里，我们列举一个实用的通信测试软件，其功能为：将 PC 机键盘输入的字符发送给单片机，单片机收到 PC 机发来的数据后，回送同一数据给 PC 机，并在屏幕上显示出来。只要屏幕上显示的字符与所键入的字符相同，说明二者之间的通信正常。

通信双方约定：波特率为 2400 b/s；信息格式为 8 个数据位，1 个停止位，无奇偶校验位。

1. 单片机通信软件

MCS-51 通过中断方式接收 PC 机发送的数据，并回送数据。单片机串行口工作在方式 1，晶振为 11.059 MHz，波特率为 2400 b/s，定时器 T1 按方式 2 工作；经计算，定时器预置值为 0F4H，SMOD = 0。

程序参考如下：

```
        ORG    0000H
        LJMP   START
        ORG    0023H
        LJMP   INTS              ; 转串行口中断程序
        ORG    0050H
START:  MOV    SP, #60H
        MOV    TMOD, #20H        ; 设置定时器 1 为方式 2
        MOV    TL1, #0F4H        ; 设置预置值
        MOV    TH1, #0F4H
        SETB   TR1               ; 启动定时器 1
        MOV    SCON, #50H        ; 串行口初始化
```

```
        MOV    PCON, #00H
        SETB   EA                        ; 允许串行口中断
        SETB   ES
        SJMP   $


INTS:   CLR    EA                        ; 串行口中断服务程序
        CLR    RI                        ; 清串行口中断标志
        PUSH   DPL                       ; 保护现场
        PUSH   DPH
        PUSH   A
        MOV    A, SBUF                   ; 接收 PC 机发送的数据
        MOV    SBUF, A                   ; 将数据回送给 PC 机
WAIT:   JNB    TI, WAIT                  ; 等待发送
        CLR    TI
        POP    A                         ; 发送完，恢复现场
        POP    DPH
        POP    DPL
        SETB   EA                        ; 开中断
        RETI                             ; 返回
        END
```

2. PC 机通信软件

PC 机的通信程序可以用汇编语言编写，也可以用其它高级语言例如 VC、VB 来编写。为了便于在 PC 机上实现，这里只介绍用 8086 汇编语言编写的程序，供读者参考。

参考程序如下：

```
        stack   Segment para stack 'stack'
        DW      256   dup(0)
        Stack   ends
        Code    Segment
        Start   proc        far
        Assume  cs:code, ss:stack
        PUSH    DS
        MOV     AX,0
        PUSH    AX
        CLI
INPUT:  MOV     AL, 80H           ; 置 DLAB = 1
        MOV     DX, 3FBH          ; 写入通信线控制寄存器
        OUT     DX, AL
        MOV     AL, 30H           ; 置产生 2400 b/s 除数低位
```

```
          MOV   DX, 3F8H
          OUT   DX, AL        ; 写入除数锁存器低位
          MOV   AL, 00H       ; 置产生 2400 b/s 除数高位
          MOV   DX, 3F9H
          OUT   DX, AL        ; 写入除数锁存器高位
          MOV   AL, 03H       ; 设置数据格式
          MOV   DX, 3FBH      ; 写入通信线路控制寄存器
          OUT   DX, AL
          MOV   AL, 00H       ; 禁止所有中断
          MOV   DX, 3F9H
          OUT   DX, AL
WAIT1:    MOV   DX, 3FDH      ; 发送保持寄存器不空则循环等待
          IN    AL, DX
          TEST  AL, 20H
          JZ    WAIT1
WAIT2:    MOV   AH, 1         ; 检查键盘缓冲区，无字符则循环等待
          INT   16H
          JZ    WAIT2
          MOV   AH, 0         ; 若有，则取键盘字符
          INT   16H
SEND:     MOV   DX, 3F8H      ; 发送键入的字符
          OUT   DX, AL
RECE:     MOV   DX, 3FDH      ; 检查接收数据是否准备好
          IN    AL, DX
          TEST  AL, 01H
          JZ    RECE
          TEST  AL, 1AH       ; 判断接收到的数据是否出错
          JNZ   ERROR
          MOV   DX, 3F8H
          IN    AL, DX        ; 读取数据
          AND   AL, 7EH       ; 去掉无效位
          PUSH  AX
          MOV   BX, 0         ; 显示接收字符
          MOV   AH, 14
          INT   10H
          POP   AX
          CMP   AL, 0DH       ; 接到的字符若不是回车则返回
          JNZ   WAIT1
          MOV   AL, 0AH       ; 是回车则回车换行
```

```
            MOV   BX, 0
            MOV   AH, 14H
            INT   10H
            JMP   WAIT1
    ERROR: MOV   DX, 3F8H              ; 读接收寄存器，清除错误字符
            IN    AL, DX
            MOV   AL, '?'              ; 显示?
            MOV   BX, 0
            MOV   AH, 14H
            INT   10H
            JMP   WAIT1               ; 继续循环
    Start   endp
    Code    ends
    end     start
```

习　题　5

5.1　什么是串行异步通信？它有哪些特点？

5.2　串行异步通信的字符格式由哪几个部分组成？某异步通信接口，其帧格式由 1 个起始位(0)，7 个数据位，1 个偶校验位和 1 个停止位组成。用图示方法画出发送字符"5" (ASCII 码为 0110101B)时的帧结构示意图。

5.3　51 单片机的串行口由哪些功能模块组成？各有什么作用？

5.4　51 单片机的串行口有哪几种工作方式？有几种帧格式？各工作方式的波特率如何确定？

5.5　设 $f_{osc} = 6$ MHz。试编写一段程序，其功能为对串行口初始化，使之工作于方式 1，波特率为 1200 b/s；并用查询串行口状态的方式，读出接收缓冲器的数据并回送到发送缓冲器。

5.6　若晶振为 11.0592 MHz，串行口工作于方式 2，波特率为 4800 b/s，试写出用 T1 作为波特率发生器的方式字并计算 T1 的计数初值。

5.7　为什么定时器 T1 用作串行口波特率发生器时，常选用工作方式 2？若已知系统时钟频率和通信用的波特率，如何计算其初值？

5.8　习题 5.8 图中 AT89C51 串行口按工作方式 2 进行串行数据通信。请编写全双工通信程序，将甲机片内 30H～3FH 单元的数据送到乙机片内 40H 开始的单元中。(波特率为 1200 b/s。)

5.9　简述 RS-232C 的通信方式及应用。

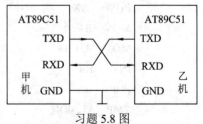

习题 5.8 图

第6章　单片机系统扩展及应用

 本章要点与学习目标

　　单片机的应用领域很广，控制形式多种多样，不同场合下的技术要求各不相同，因此，单片机应用系统的软硬件结构差别很大，系统扩展的内容及接口形式也不尽相同，但单片机系统扩展的原理和方法基本相同。本章针对不同的应用场合介绍了单片机系统扩展的主要内容与技术要点，并给出了单片机系统扩展的几个典型实例供大家参考学习。

　　通过本章的学习，读者应掌握以下知识点：

◇　单片机系统总线的形成方法与控制信号的作用

◇　外部数据存储器和程序存储器的扩展方法

◇　译码电路设计及硬件电路地址确定

◇　简单 I/O 接口的扩展

◇　LED 数码显示器和键盘接口的扩展

◇　A/D 和 D/A 转换器接口扩展

6.1　系统总线的形成

　　51 系列单片机的种类很多，单片机的性能和实用性得到很大的提升。在许多应用场合，一个单片机就能构成一个应用系统，完成独立的系统功能，不需再对系统进行扩展，许多应用系统就是由这种低成本和小体积的单片机构成的。

　　图 6.1 是单片机最小系统的一般结构，单片机的四个并行口都可以与外部电路直接相连。在图 6.1 和图 6.2 中，由于 AT89C51 内部含程序存储器，故 $\overline{EA}$ 引脚(31 脚)应接+ 5 V，加电后，在上电复位电路的作用下，CPU 从内部程序存储器的 0000H 处开始执行程序，系统便可根据用户程序的功能正常运行。在实际应用中，有时还需要设计手动复位电路，关于复位电路和时钟电路的细节请参阅第 2 章的有关内容，在此不再赘述。

　　单片机本身的资源总是有限的，如 51 系列单片机的片内 RAM 容量一般为 128 B 或 256 B，片内程序存储器为 4 KB 或 8 KB。对复杂系统来说，若单片机本身的资源满足不了实际要求时，就需要进行系统扩展。

　　图 6.2 是单片机最小系统的一个简单例子，P1 口的 P1.0～P1.3 作输入，读取开关 S0～

S3 上的数据，用 P1.4～P1.7 作输出，控制发光二极管 L0～L3。

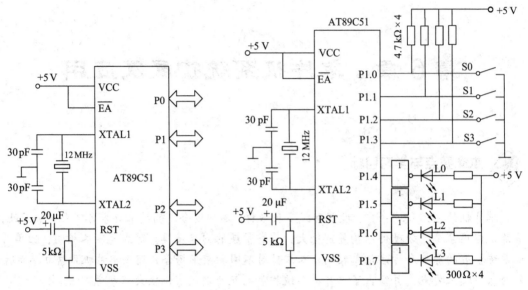

　　图 6.1　AT89C51 单片机最小系统　　　　　图 6.2　最小系统应用实例

　　系统扩展的主要内容有如下几个方面：

① 外部数据存储器扩展；

② 外部程序存储器扩展；

③ 输入/输出接口扩展；

④ A/D 和 D/A 扩展；

⑤ 管理功能器件的扩展(如扩展定时器/计数器、键盘/显示器等)。

　　为了使单片机能方便地与各种芯片连接，常用单片机的外部连线构成 3 总线结构，即地址总线、数据总线和控制总线。对于 51 系列单片机，总线形成如图 6.3 所示。

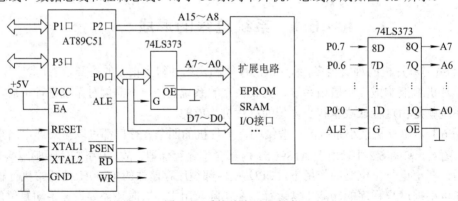

图 6.3　系统总线形成电路

　　地址总线：对单片机进行系统扩展时，P2 口作为高 8 位地址总线。单片机访问外部程序存储器、外部数据存储器和扩展 I/O 端口(即执行 MOVX A, @DPTR 和 MOVX @DPTR, A 指令)时，由 P2 口输出高 8 位地址信号 A15～A8，P2 口具有输出锁存功能，在 CPU 访问外部部件期间，P2 口能保持地址信息不变。PO 口为地址/数据分时复用口。它分时用作低 8 位地址总线和 8 位双向数据总线。因此，构成系统总线时，应加 1 个锁存器 74LS373，用于锁存低 8 位地址信号 A7～A0，这样就构成了 16 位地址线，确定了其最大寻址空间为 $2^{16} = 64$ KB。锁存器真值表见表 6.1 所示。

表 6.1　74LS373 真值表

使能 G	输出允许 $\overline{OE}$	输入 D	输出 Q
H	L	L	L
H	L	H	H
L	L	×	Q
×	H	×	Z

74LS373 是一个 8 位锁存器，三态输出。在图 6.3 所示的电路中，74LS373 的 8 个输入端 8D～1D 分别与 P0.7～P0.0 相连。G 为 74LS373 的使能端，用地址锁存允许信号 ALE 控制，当 ALE 为 "1" 时，使能端 G 有效，P0 口提供的低 8 位地址信号被 74LS373 锁存，其输出 8Q～1Q 即为地址信号 A7～A0；当 ALE 为 "0" 时，CPU 用 P0 口传送指令代码或数据，此时，使能端 G 无效，锁存器 74LS373 输出的地址信号 A7～A0 保持不变，从而保证了 CPU 访问外部部件(外部程序存储器或外部 RAM，也可能是扩展的 I/O 端口)期间地址信号不会发生变化。

数据总线：P0 口作为数据总线 D7～D0。数据总线是双向三态总线。

控制总线：系统扩展时常用的控制信号有：

ALE——地址锁存允许信号。当 CPU 访问外部部件时，利用 ALE 信号的正脉冲锁存出现在 P0 口的低 8 位地址，因此把 ALE 称为地址锁存允许信号。

$\overline{PSEN}$——片外程序存储器访问允许信号，低电平有效。当 CPU 访问外部程序存储器时，该信号有效，CPU 通过数据总线读回指令或常数。扩展外部程序存储器时，用该信号作为程序存储器的读出允许信号。当 CPU 访问外部数据存储器期间，该信号无效。

$\overline{RD}$——片外数据存储器读信号，低电平有效。

$\overline{WR}$——片外数据存储器写信号，低电平有效。

当 CPU 访问外部数据存储器或访问外部扩展的 I/O 端口时(执行 MOVX 指令时)，会产生相应的读或写信号。扩展外部数据存储器和 I/O 端口时，$\overline{RD}$ 和 $\overline{WR}$ 用于外部数据存储器芯片和 I/O 接口芯片的读写控制。

6.2　外部数据存储器扩展

谈到硬件系统扩展，核心是译码电路设计并通过分析硬件原理图明确各存储器及端口的地址。希望通过学习，读者能够根据给定地址而设计出译码电路；拿到硬件电路图能够分析出相关存储器及端口的地址。

51 系列单片机内部 RAM 的容量是有限的，只有 128 B 或 256 B。当单片机用于实时数据采集或处理大批量数据时，仅靠片内提供的 RAM 是远远不够的。此时，我们可以利用单片机的扩展功能，扩展外部数据存储器。单片机的地址总线为 16 位 A15～A0，可以寻址外部数据存储器的最大空间为 64 KB，用户可根据系统的需要确定扩展存储器容量的大小。

数据存储器即随机存取存储器(Random Access Memory)，简称 RAM，用于存放可随时修改的数据信息。常用的外部数据存储器有静态 RAM(Static Random Access Memory，SRAM)和动态 RAM(Dynamic Random Access Memory，DRAM)两种。前者读/写速度高，不需要刷新电路，使用方便，易于扩展；缺点是集成度低，成本高，功耗大。后者集成度高，成本低，功耗相对较小；缺点是需要增加动态刷新电路，硬件电路复杂。因此，对单片机扩展数据存储器时一般都采用静态 RAM。

常用的静态 RAM 芯片有 6264(8 K × 8)、62128(16 K × 8)、62256(32 K × 8)等芯片，其管脚配置均为 28 脚，使用方便，工程师可结合系统成本及性能需求选用。最常用的 RAM 芯片是 6264。其引脚图和真值表如图 6.4 所示。

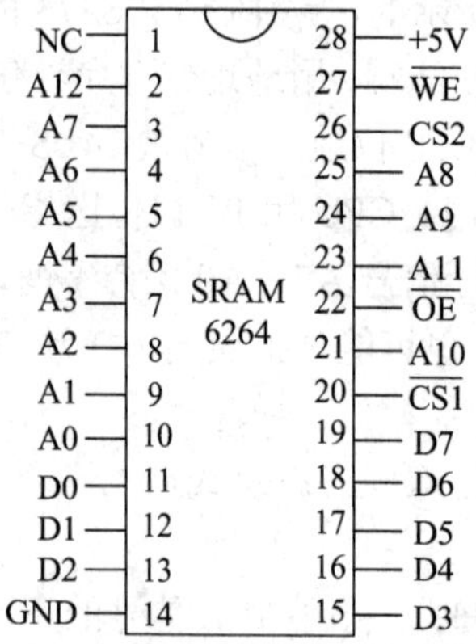

SRAM6264 真值表

$\overline{CS1}$	CS2	$\overline{OE}$	$\overline{WE}$	D7~D0
0	1	0	1	读出
0	1	1	0	写入
0	0	×	×	三态（高阻）
1	1	×	×	
1	0	×	×	

图 6.4　SRAM6264 引脚图和真值表

存储器扩展的核心问题是存储器的编址问题，就是给存储单元分配地址。由于存储器通常由多块芯片组成，因此，存储器的编址分为两个层次：存储器芯片内部存储单元编址和存储器芯片编址。前者，靠存储器芯片内部的译码器选择芯片内部的存储单元。后者，必须利用译码电路实现对芯片的选择。译码电路是将输入的一组二进制编码变换为一个特定的输出信号，即：将输入的一组高位地址信号通过译码，产生一个有效的输出信号，用于选中某一个存储器芯片，从而确定该存储器芯片所占用的地址范围，这一过程称为地址译码。常用的译码方法有三种：全译码、部分译码和线选法译码。

6.2.1　全译码方式

全译码是用全部的地址信号作为译码电路的输入信号进行译码。其特点是：地址与存储单元一一对应，也就是说 1 个存储单元占用 1 个唯一的地址，地址空间的利用率高。对于要求存储器容量大的系统，采用这种方法译码。

例 6.2.1　利用全译码为 AT89C51 扩展 16 KB 的外部数据存储器，存储器芯片选用 SRAM 6264，要求外部数据存储器占用从 0000H 开始的连续地址空间。

解：首先确定要使用的 6264 芯片的数目：

$$芯片数目 = \frac{系统扩展的存储容量}{6264\,芯片的容量} = \frac{16\,\text{KB}}{8\,\text{KB}} = 2\,片$$

然后进行地址分配，画出地址译码关系图。所谓地址译码关系图，是一种用简单的符号来表示系统地址与芯片所占用的地址之间相互关系的示意图，如下所示：

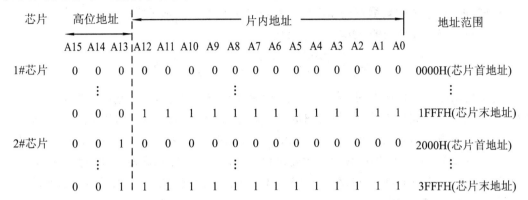

芯片	高位地址			片内地址														地址范围
	A15	A14	A13	A12	A11	A10	A9	A8	A7	A6	A5	A4	A3	A2	A1	A0		
1#芯片	0	0	0	0	0	0	0	0	0	0	0	0	0	0	0	0	0000H(芯片首地址)
	⋮			⋮													
	0	0	0	1	1	1	1	1	1	1	1	1	1	1	1	1	1FFFH(芯片末地址)
2#芯片	0	0	1	0	0	0	0	0	0	0	0	0	0	0	0	0	2000H(芯片首地址)
	⋮			⋮													
	0	0	1	1	1	1	1	1	1	1	1	1	1	1	1	1	3FFFH(芯片末地址)

最后，根据地址译码关系画出电路原理图，如图 6.5 所示。图中，系统的数据线与芯片的数据线一一对应相连；片内地址线与芯片的地址线一一对应相连，高位地址信号作为译码电路的输入信号进行译码。当 CPU 执行 MOVX 指令时，若指令给出的地址在 0000H～1FFFH 范围内，1 号或门输出为低电平，1# SRAM 6264 的片选信号 $\overline{CS1}$ 有效，CPU 访问1# 存储器芯片；若指令给出的地址在 2000H～3FFFH 范围内，2 号或门输出为低电平，2# SRAM 6264 的片选信号 $\overline{CS1}$ 有效，CPU 访问 2#存储器芯片。$\overline{RD}$ 和 $\overline{WR}$ 用于外部数据存储器芯片的读写控制。

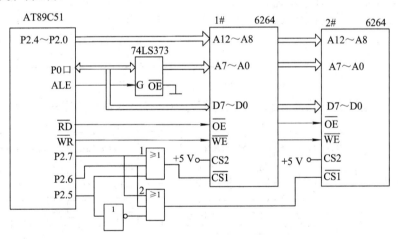

图 6.5　全译码方式扩展 16 KB 的外部数据存储器

如把外部 RAM 的 1000H 单元的数据传送到外部 RAM 的 2000H 单元的程序段为：

```
MOV    DPTR, #1000H      ; 设置源数据指针
MOVX   A, @DPTR          ; 产生 RD 信号，读 1# 存储器芯片
MOV    DPTR, #2000H
MOVX   @DPTR, A          ; 产生 WR 信号，写 2# 存储器芯片
```

该例中采用的是全译码，故 1# 和 2# 存储器芯片的每一个存储单元各占用 1 个唯一的地址，每个芯片为 8 KB 存储容量，扩展的外部数据存储器总容量为 16 KB，地址范围为：

0000H～3FFFH。

例 6.2.2　利用全译码为 AT89C51 扩展 40 KB 的外部数据存储器，存储器芯片选用 SRAM 6264。要求外部数据存储器占用从 6000H 开始的连续地址空间。

解：首先确定要使用的 6264 芯片的数目：

$$芯片数目 = \frac{系统扩展的存储容量}{6264\ 芯片容量} = \frac{40\ KB}{8\ KB} = 5\ 片$$

对于要求存储器容量大的系统，一般使用全译码方法进行译码。这时扩展的芯片数目较多，译码电路多采用专用译码器。3-8 译码器 74LS138 是一种常用的地址译码器，其管脚图和真值表如图 6.6 所示。其中，$\overline{G2A}$、$\overline{G2B}$ 和 G1 为控制端，只有当 G1 为 "1"，且 $\overline{G2A}$ 和 $\overline{G2B}$ 均为 "0" 时，译码器才能进行译码输出，否则译码器的 8 个输出端全为高阻状态。使用 74LS138 时，$\overline{G2A}$、$\overline{G2B}$ 和 G1 可直接接固定电平，也可参与地址译码，但其译码关系必须为 001。

74LS138真值表

$\overline{G2A}$	$\overline{G2B}$	G1	C	B	A	输　出
0	0	1	0	0	0	$\overline{Y0}=0$，其余为1
0	0	1	0	0	1	$\overline{Y1}=0$，其余为1
0	0	1	0	1	0	$\overline{Y2}=0$，其余为1
0	0	1	0	1	1	$\overline{Y3}=0$，其余为1
0	0	1	1	0	0	$\overline{Y4}=0$，其余为1
0	0	1	1	0	1	$\overline{Y5}=0$，其余为1
0	0	1	1	1	0	$\overline{Y6}=0$，其余为1
0	0	1	1	1	1	$\overline{Y7}=0$，其余为1

图 6.6　74LS138 管脚图和真值表

在本例中，通过进行地址分配可以很方便地画出存储器系统的连接图，如图 6.7 所示。

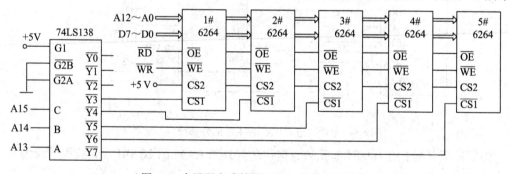

图 6.7　全译码方式扩展 40 KB 的数据存储器

在图 6.7 中，各芯片的地址范围分别为

1# 芯片：6000H～7FFFH　　　　　(A15A14A13 = 011)

2# 芯片：8000H～9FFFH　　　　　(A15A14A13 = 100)

3# 芯片：A000H～BFFFH　　　　　(A15A14A13 = 101)

4# 芯片：C000H～DFFFH　　　　　(A15A14A13 = 110)

5# 芯片：E000H～FFFFH　　　　　(A15A14A13 = 111)

6.2.2 部分译码方式

部分译码是只用部分地址信号(而不是全部)作为译码电路的输入信号进行译码。其特点是:地址与存储单元不是一一对应,而是一个存储单元占用多个地址。即在部分译码电路中,有若干根地址线不参与译码,会出现地址重叠现象。我们把不参与译码的地址线称为无关项,若 1 根地址线不参与译码,一个单元占用 $2(2^1)$ 个地址;若 2 根地址线不参与译码,一个单元占用 $4(2^2)$ 个地址;若 n 根地址线不参与译码,则一个单元占用 2^n 个地址,n 为无关项的个数。部分译码会造成地址空间的浪费,但译码器电路简单,对地址译码电路的设计带来很大方便。一般在较小的系统中常采用部分译码方式。

例 6.2.3 分析图 6.8 中的译码方法,写出存储器芯片 SRAM 6264 占用的地址范围。

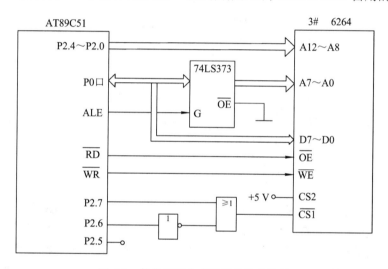

图 6.8 部分译码方式数据存储器扩展

解: 从图 6.8 可知,P2.5(A13)没参与译码,即 A13 为无关项。要分析硬件电路地址,只需画出地址译码关系,就能很容易得到其地址。本例译码地址关系如下:

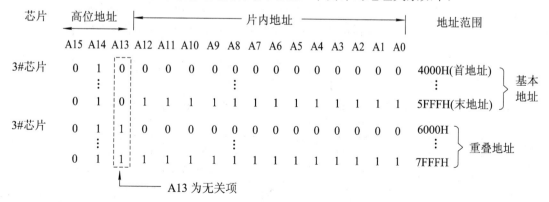

通过地址译码关系图可知图 6.8 采用的是部分译码,地址线 A13 不参与译码,为无关项。当 A13 = 0 时,6264 占用的地址空间为 4000H~5FFFH,当 A13 = 1 时,6264 占用的地址空间为 6000H~7FFFH,出现地址重叠现象。由于存在无关项,使得 4000H 和 6000H

这两个地址指向同一个单元，4001H 和 6001H 这两个地址指向同一个单元，以此类推，5FFFH 和 7FFFH 这两个地址指向同一个单元。即存储器芯片的每个单元都占用两个地址，其地址空间示意图如图 6.9 所示：一个 8 KB 的存储器芯片占用了 16 KB 的地址空间，其实际存储容量只有 8 KB。

| 0000H |
| 3FFFH |
| 4000H |
| 基本地址 8 KB |
| 5FFFH |
| 6000H |
| 重叠地址 8 KB |
| 7FFFH |
| 8000H |
| FFFFH |

图 6.9　一片 6264 芯片占用了 16 KB 地址空间

我们把无关项为 0 时的地址称为基本地址，无关项为 1 时的地址称为重叠地址。编程时一般使用基本地址(4000H～5FFFH)访问该芯片，而重叠地址空着不用。

6.2.3　线选法方式

所谓线选法，是利用系统的某一根地址线作为芯片的片选信号。线选法实际上是部分译码的一种极端应用，具有部分译码的所有特点，译码电路最简单，甚至不使用译码器。如直接以系统的某一条地址线作为存储器芯片的片选信号，只需把用到的地址线与存储器芯片的片选端直接相连即可。当一个应用系统需要扩展的芯片数目较少，需要的实际存储空间较小时，可采用线选法译码方式。

例6.2.4　分析图 6.10 中的译码方法,写出各存储器芯片 SRAM 6264 占用的地址范围。

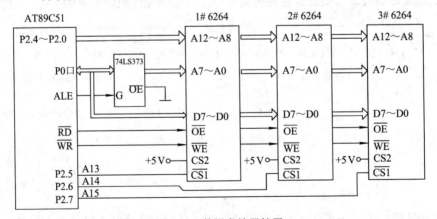

图 6.10　数据存储器扩展

解：图中，使用线选法选择芯片，直接把地址线 A15、A14 和 A13 作为芯片的片选信号，地址译码关系如下：

芯片	片选			片内地址														地址范围
	A15	A14	A13	A12	A11	A10	A9	A8	A7	A6	A5	A4	A3	A2	A1	A0	
1# 芯片	1	1	0	0	0	0	0	0	0	0	0	0	0	0	0	0	C000H (首地址)
	⋮		0	⋮													⋮
	1	1	0	1	1	1	1	1	1	1	1	1	1	1	1	1	DFFFH (末地址)
2# 芯片	1	0	1	0	0	0	0	0	0	0	0	0	0	0	0	0	A000H (首地址)
	⋮			⋮													⋮
	1	0	1	1	1	1	1	1	1	1	1	1	1	1	1	1	BFFFH (末地址)
3# 芯片	0	1	1	0	0	0	0	0	0	0	0	0	0	0	0	0	6000H (首地址)
	⋮			⋮													⋮
	0	1	1	1	1	1	1	1	1	1	1	1	1	1	1	1	7FFFH (末地址)

　　线选法的优点是硬件简单，不需要译码器。缺点是各存储器芯片的地址范围不连续，给程序设计带来不便。但在单片机应用系统中，一般要扩展的芯片数目较少，广泛使用线选法作为芯片的片选信号，尤其在 I/O 端口扩展中更是如此。

6.3　外部程序存储器扩展

　　51 系列单片机具有 64 KB 的程序存储器空间，其中 87C51、AT89C51 单片机含有 4 KB 的片内程序存储器，而 8031 则无片内程序存储器。当采用 87C51、AT89C51 单片机而程序大小超过 4 KB，或采用 8031 型单片机时，就需要扩展程序存储器。这里要注意的是，51 系列单片机有一个管脚 $\overline{\text{EA}}$ 跟程序存储器的扩展有关。如果 $\overline{\text{EA}}$ 接低电平，则不使用片内程序存储器，片外程序存储器地址范围为 0000H～FFFFH(64 KB)。如果 $\overline{\text{EA}}$ 接高电平，那么片内存储器和片外程序存储器的总容量为 64 KB。

6.3.1　EPROM 扩展

　　扩展程序存储器常用的器件是 EPROM 芯片，如 2764(8 K × 8 bit)、27128(16 K × 8 bit)、27256(32 K × 8 bit)等。它们均为 28 脚双列直插式封装，管脚如图 6.11 所示。

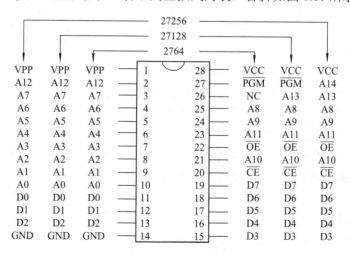

图 6.11　EPROM 2764、27128 和 27256 的管脚图

我们以 EPROM 2764 芯片为例介绍其性能和扩展方法，其它 EPROM 芯片的使用方法与其相似。2764 是 8K×8 位的 EPROM，单一 +5 V 供电，工作电流为 75 mA，维持电流为 35 mA，读出时间最大为 250 ns。其引脚有：

A12～A0：13 条地址线。

D7～D0：8 位数据线。

$\overline{CE}$：片选信号，低电平有效。

$\overline{OE}$：输出允许信号，当 $\overline{CE}=0$，且 $\overline{OE}=0$ 时，被寻址单元的内容才能被读出。

VPP：编程电源，当芯片编程时，该端加编程电压 (+25 V 或 +12 V)；正常使用时，该端接 +5 V 电源。(NC 为不用的管脚)。

在使用 EPROM 2764 时，只能将其所存储的内容读出，读出过程与 SRAM 的读出十分相似。即首先送出要读出的单元地址，然后使 $\overline{CE}$ 和 $\overline{OE}$ 均有效(低电平)，则在芯片的 D0～D7 数据线上就可以输出要读出的内容，其读出时序关系如图 6.12 所示。

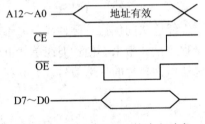

图 6.12　EPROM 2764 的读出时序

例 6.3.1　图 6.13 所示的电路为 AT89C51 扩展外部程序存储器的电路图，用 $\overline{PSEN}$ 作为 EPROM 的读出允许信号。分析该电路，写出该系统的程序存储器容量及地址范围。

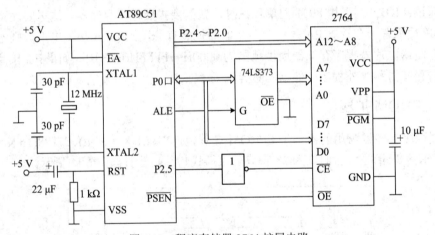

图 6.13　程序存储器 2764 扩展电路

解：图 6.13 中，AT89C51 内部含 4 KB 的程序存储器，外部扩展的程序存储器为 8 KB，故该系统的程序存储器总容量为 12 KB。外部扩展的程序存储器使用线选法选择芯片，当地址线 A13(P2.5) = 1 时选中外部扩展的程序存储器 2764 芯片。系统的程序存储器的地址空间示意图见图 6.14 所示。

该系统中，既有片内程序存储器，又有片外程序存储器。执行程序时，CPU 是从片内程序存储器取指令，还是从片外程序存储器取指令，是由单片机 $\overline{EA}$ 引脚电平的高低来决

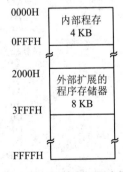

图 6.14　地址空间示意图

定的。该例中，$\overline{EA}=1$ 为高电平，加电后，CPU 先执行片内程序存储器的程序，当 PC 的值超过 0FFFH 时将自动转向片外程序存储器执行指令。但应当注意，由于该系统中的程序存储器的地址是不连续的，在编程时应当合理地进行程序的转移。

例 6.3.2　利用全译码方式为 AT89C51 扩展 40 KB 的外部数据存储器和 40 KB 的外部程序存储器，存储器芯片选用 SRAM 6264 和 EPROM 2764。要求 6264 和 2764 占用从 6000H 开始的连续地址空间。

解：要扩展 40 KB 的外部数据存储器和 40 KB 的外部程序存储器需要 6264 和 2764 各 5 片，使用专用译码器 74LS138 进行译码，其存储器系统的连接图如图 6.15 所示。其中，各芯片的地址范围分别为

芯片 1、6：6000H～7FFFH

芯片 2、7：8000H～9FFFH

芯片 3、8：A000H～BFFFH

芯片 4、9：C000H～DFFFH

芯片 5、10：E000H～FFFFH

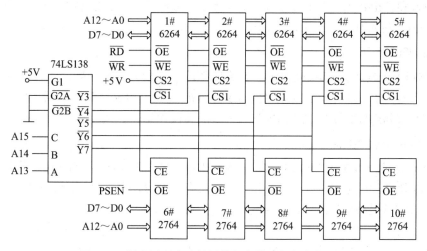

图 6.15　用全译码方式扩展数据存储器和程序存储器

6.3.2　E²PROM 扩展举例

E²PROM(EEPROM)是一种电擦除可编程只读存储器，其特点是能在计算机系统中进行在线修改，它既有 RAM 可读可改写的特性，又具有非易失性存储器 ROM 在掉电后仍能保持所存数据的优点，因而在智能仪器仪表、控制装置等领域得到了普遍应用。

E²PROM 在单片机存储器扩展中，可以用作程序存储器，也可以用作数据存储器，至于具体做什么使用，由硬件电路确定。E²PROM 作为程序存储器使用时，CPU 读取 E²PROM 中的数据同读取一般 EPROM 的操作相同；E²PROM 作为数据存储器使用时，总线连接及读取 E²PROM 数据同读取 RAM 的操作相同，但 E²PROM 的写入时间较长，必须用软件或硬件来检测写入周期。常用的 E²PROM 芯片有 Intel 2816A、2817A 和 2864A 等芯片，其管脚如图 6.16 所示。

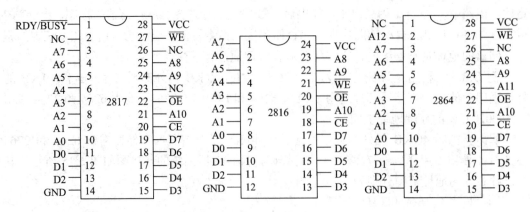

图 6.16　E^{2}PROM 管脚图

1. E^{2}PROM 2816A

2816A 的存储容量为 2K×8 位，单一 +5 V 供电，不需要专门配置写入电源。2816A 能随时写入和读出数据，其读取时间完全能满足一般程序存储器的要求，但写入时间较长，需 9～15 ms，写入时间完全由软件延时控制。

2. E^{2}PROM 2817A

与 2816A 一样，2817A 也均属于 5 V 电擦除可编程只读存储器，其容量也是 2K×8 位。不同之处在于：2816A 的写入时间为 9～15 ms，完全由软件延时控制，与硬件电路无关；2817A 可利用硬件引脚 RDY/$\overline{\text{BUSY}}$ 来检测写操作是否完成。

3. E^{2}PROM 2864A

2864A 是 8K×8 位 E^{2}PROM，单一 +5 V 供电，最大工作电流 160 mA，最大维持电流 60 mA，典型读出时间 250 ns。由于芯片内部设有"页缓冲器"，因而允许对其快速写入。2864A 内部可以提供编程所需的全部定时控制，编程结束可以给出查询标志。

在此，我们以 2817A 芯片为例介绍其性能和扩展方法。2817A 的封装是 DIP28，采用单一 +5 V 供电，最大工作电流为 150 mA，维持电流为 55 mA，读出时间最大为 250 ns。片内设有编程所需的高压脉冲产生电路，无需外加编程电源和编程脉冲即可工作。2817A 的读操作与普通 EPROM 的读出相同，其写入时序如图 6.17 所示。

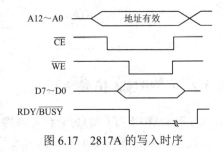

图 6.17　2817A 的写入时序

2817A 的写入过程如下：CPU 向 2817A 发出字节写入命令后，即当地址有效、数据有效及控制信号 $\overline{\text{CE}}$ = 0、$\overline{\text{OE}}$ = 1，且在 $\overline{\text{WE}}$ 端加上 100 ns 的负脉冲，便启动一次写操作。但应注意的是，写脉冲过后并没有真正完成写操作，还需要一段时间进行芯片内部的写操作，在此期间，2817A 的引脚 RDY/$\overline{\text{BUSY}}$ 为低电平，表示 2817A 正在进行内部的写操作，此时它的数据总线呈高阻状态，因而允许 CPU 在此期间执行其它的任务。当一次写入操作完毕，2817A 便将 RDY/$\overline{\text{BUSY}}$ 置高，由此来通知 CPU。

例 6.3.3　为 AT89C51 单片机扩展 2 KB 的 E^{2}PROM，选用芯片为 2817A。

解：单片机扩展 2817A 的硬件电路图如图 6.18 所示。

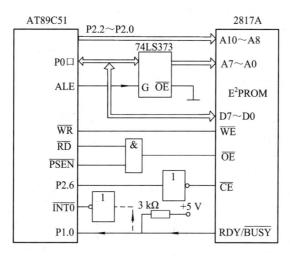

图 6.18　扩展 2KB 的 E^{2}PROM

图 6.18 中，P2.6 反相后与 2817A 的片选端 $\overline{CE}$ 相连，2817A 的地址范围是 4000H～47FFH(无关项取 0，该地址范围不是唯一的)。

2817A 的读写控制线连接采用了将外部数据存储器空间和程序存储器空间合并的方法，使得 2817A 既可以作为程序存储器使用，又可以作为数据存储器使用。如果只是把 2817A 作为程序存储器使用，使用方法与 EPROM 相同。E^{2}PROM 也可以通过编程器将程序固化进去。如果将 2817A 作为数据存储器，读操作同使用静态 RAM 一样，用 MOVX A，@DPTR 指令直接从给定的地址单元中读取数据即可。向 2817A 中写数据采用 MOVX @DPTR，A 指令。

2817A 的 RDY/$\overline{BUSY}$ 引脚是一个漏极开路的输出端，故外接上拉电阻后，将其与 AT89C51 的 P1.0 相连。采用查询方式对 2817A 的写操作进行管理。在写操作期间，RDY/$\overline{BUSY}$ 脚为低电平，当写操作完毕时，RDY/$\overline{BUSY}$ 变为高电平。其实，检测 2817A 写操作是否完成也可以用中断方式实现，方法是将 2817A 的 RDY/$\overline{BUSY}$ 反相后与 AT89C51 的外部中断输入脚相连(图 6.18 中的虚线所示)，当 2817A 每写完一个字节，便向单片机提出中断请求。

6.4　并行 I/O 端口的扩展

虽然单片机本身具有 I/O 端口，但其数量有限，在工程应用中有时需要扩展外部 I/O 端口。扩展方法有三种：简单 I/O 端口扩展、可编程并行 I/O 端口扩展以及利用串行口进行 I/O 端口的扩展。由于可编程 I/O 接口器件功耗较大、还需要编程，因此在单片机应用系统中较少采用，为了突出重点，在此只介绍目前工程应用较多的简单 I/O 端口扩展。串行口扩展的方法已在第 5 章作了介绍。

6.4.1　简单 I/O 端口的扩展

对一些简单外设的接口，只要按照"输入三态，输出锁存"与总线相连的原则，选择 74LS 系列的 TTL 或 MOS 器件即能组成扩展接口电路。例如，可采用 8 位三态缓冲器 74LS244、74LS245 等作为输入端口，采用 8D 锁存器 74LS273、74LS373、74LS377 等作为输出端口。采用这些简单接口芯片进行系统扩展，接口电路简单、配置灵活、编程方便、且价格低廉，是 I/O 端口扩展的首选方案。

图 6.19 给出了 74LS244 的管脚图与真值表，它是双 4 位三态缓冲器，在系统设计时常常用作系统总线的单向驱动或输入接口芯片。

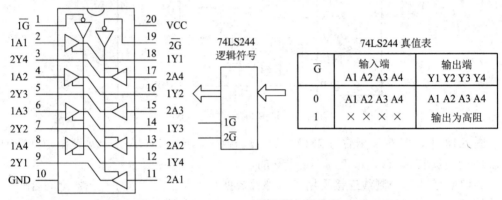

图 6.19　74LS244 管脚图与真值表

图 6.20 给出了 74LS273 的管脚图与真值表。74LS273 是 8D 触发器，$\overline{CLR}$ 为低电平有效的清零端，当其为"0"时，输出全为"0"，且与其它输入端无关；CP 端是时钟信号，当 CP 由低电平向高电平跳变时，D 端输入数据传送到 Q 端输出。在系统设计时常用 74LS273 作为输出接口芯片。

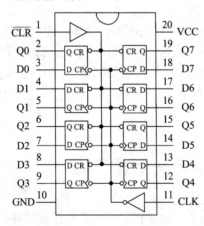

$\overline{CLR}$	CLK	D	Q
0	×	×	0
1	↑	1	1
1	↑	0	0
1	0	×	保持

74LS273 真值表

图 6.20　74LS273 管脚图与真值表

例 6.4.1　采用 74LS244 和 74LS273 为 AT89C51 单片机扩展 8 位输入端口和 8 位输出端口。

解：单片机采用 74LS244 和 74LS273 进行 I/O 端口扩展的硬件电路图如图 6.21 所示。

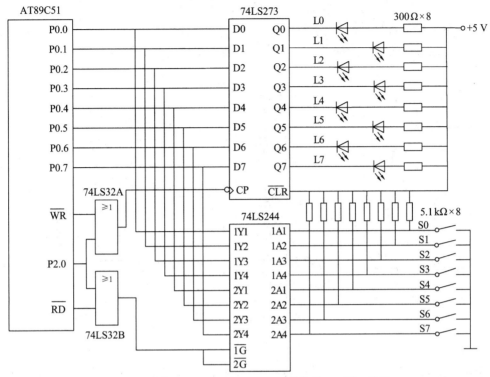

图 6.21 采用 74LS244 和 74LS273 做简单 I/O 端口扩展

图 6.21 中, P0 口作为双向 8 位数据线, 既能够从 74LS244 输入数据, 又能够从 74LS273 输出数据。P2.0 分别与 $\overline{RD}$、$\overline{WR}$ "或运算" 作为输入口和输出口的选通及锁存信号。因为 74LS244 和 74LS273 都是在 P2.0 为 0 时被选通的, 所以二者的口地址都为 FEFFH(由于采用了线译码, 因此这个地址不是唯一的, 只要保证 P2.0 = 0, 其它地址位无关)。

在 51 单片机应用系统中, 扩展的 I/O 端口采用与片外数据存储器相同的寻址方法, 所有扩展的 I/O 端口与片外 RAM 统一编址, 因此, 对片外 I/O 端口的输入/输出指令就是访问片外 RAM 的指令, 即:

```
    MOVX   A, @DPTR        ; 产生读信号 RD
    MOVX   A, @Ri          ; 产生读信号 RD
    MOVX   @DPTR, A        ; 产生写信号 WR
    MOVX   @Ri, A          ; 产生写信号 WR
```

针对图 6.21 中的电路可编写程序, 实现用开关 S0～S7 控制对应的发光二极管 L0～L7 发光。程序如下:

```
NEXT: MOV    DPTR, #0FEFFH   ; 数据指针指向口地址
      MOVX   A, @DPTR        ; 输入数据
      MOVX   @DPTR, A        ; 向 74LS273 输出数据
      SJMP   NEXT            ; 循环
```

6.4.2 LED 数码显示器扩展

LED 数码显示器(又称为 LED 数码管)是单片机应用系统中最常用的显示器之一。它

由 8 个发光二极管(以下简称字段)构成,通过不同的组合可用来显示数字 0~9、字符 A~F、P、空白字符、符号"–"及小数点"."等。LED 数码管分为共阳极和共阴极两种产品,无论是共阳极还是共阴极其外形结构与封装形式相同,其封装形式和等效电路如图 6.22 所示。

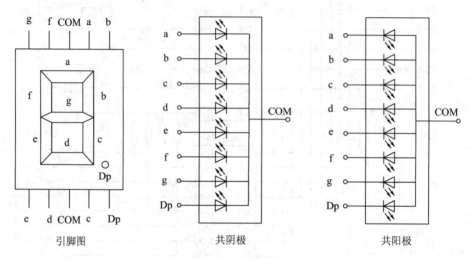

图 6.22　LED 数码显示器

共阳极数码管的 8 个发光二极管的阳极(二极管正端)连接在一起,即公共端 COM。通常,公共阳极 COM 端接高电平,其它管脚接发光段驱动电路输出端。当某段驱动电路的输出端为低电平时,则该端所连接的字段导通并点亮。根据发光字段的不同组合可显示出各种数字或字符。此时,要求段驱动电路能吸收发光段的导通电流,还需根据外接电源及发光段的导通电流来确定相应的限流电阻(发光段的导通电流一般为 5~20 mA)。

共阴极数码管的 8 个发光二极管的阴极(二极管负端)连接在一起,即公共 COM 端。通常,公共阴极 COM 端接低电平,其它管脚接段驱动电路输出端。当某段驱动电路的输出端为高电平时,该端所连接的字段导通并点亮,根据发光字段的不同组合可显示出各种数字或字符。此时,要求段驱动电路能提供额定的导通电流,还需根据外接电源及导通电流来确定相应的限流电阻。

要使数码管显示出相应的数字或字符,必须为 LED 显示器提供显示段码(也称为字形代码)。因为 LED 显示器共有 8 个发光段,故一个字形代码正好为一个 8 位二进制数。设字形代码的各二进制位与发光段的连接对应关系如下:

段码位	D7	D6	D5	D4	D3	D2	D1	D0
发光段	Dp	g	f	e	d	c	b	a

如使用共阳极数码管时,若字形代码的某位数据为"0"表示对应字段亮,数据为"1"表示对应字段不亮;若使用共阴极数码管,字形代码的某位数据为"0"表示对应字段不亮,数据为"1"表示对应字段亮。如要显示"0",共阳极数码管的字形代码应为 11000000B(即 C0H);共阴极数码管的字形代码应为 00111111B(即 3FH)。依此类推,可求得数码管常用的字形代码如表 6.2 所示。

表 6.2　LED 显示器字形代码(显示段码)

字形	共阳极代码	共阴极代码	字形	共阳极代码	共阴极代码
0	C0H	3FH	9	90H	6FH
1	F9H	06H	A	88H	77H
2	A4H	5BH	b	83H	7CH
3	B0H	4FH	C	C6H	39H
4	99H	66H	d	A1H	5EH
5	92H	6DH	E	86H	79H
6	82H	7DH	F	8EH	71H
7	F8H	07H	空白	FFH	00H
8	80H	7FH	P	8CH	73H

1. 静态显示接口

　　静态显示是指数码管显示某一字符时，相应的发光二极管恒定导通或恒定截止，就是在同一时刻只显示一种字符，或者说被显示的字符在同一时刻是稳定不变的。这种显示方式的各位数码管相互独立，公共端恒定接地(共阴极)或接正电源(共阳极)。每个数码管的 8 个字段分别与一个 8 位 I/O 端口相连，I/O 端口只要有字形代码输出，相应字符即显示出来，并保持不变，直到 I/O 端口输出新的字形代码。采用静态显示方式，具有较高的显示亮度，占用 CPU 时间少，编程简单等优点，但其占用的端口线多，硬件电路复杂，成本高，只适合于显示位数较少的场合。

　　图 6.23 是数码管静态显示方式的一种典型应用。

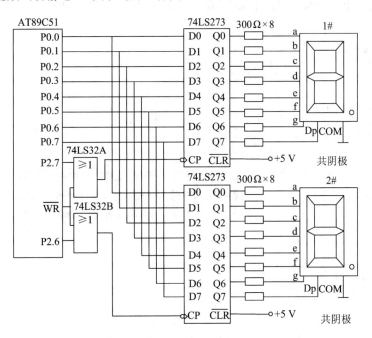

图 6.23　2 位静态 LED 显示器

图 6.23 用两片 74LS273 驱动 2 位静态 LED 显示器(共阴极数码管)。P2.7 = 0 时选通 1# 显示器，其地址为 7FFFH。P2.6 = 0 时选通 2#显示器，其地址为 BFFFH。用下列程序可在显示器上显示字符"1"和"2"：

```
MOV    DPTR, #7FFFH
MOV    A, #06H              ; "1"的字形代码
MOVX   @DPTR, A
MOV    DPTR, #0BFFFH
MOV    A, #5BH              ; "2"的字形代码
MOVX   @DPTR, A
```

2. 动态显示接口

动态显示是一位一位地轮流点亮各位数码管，这种逐位点亮显示器的方式称为动态扫描。通常，各位数码管的段选线相应并联在一起，由一个 8 位的 I/O 端口控制；各位 LED 显示器的位选线(COM 端)由另外的 I/O 端口控制。动态方式显示时，各数码管分时轮流选通，要使其稳定显示，必须采用动态扫描方式，即在某一时刻只选通一位数码管，并送出相应的字形代码，在另一时刻选通另一位数码管，并送出相应的字形代码。依此规律循环，逐个循环点亮各位数码管，每位显示 1 ms 左右，即可使各位数码管显示要显示的字符。虽然这些字符是在不同的时刻分别显示，但由于人眼存在视觉暂留效应，可以给人以同时显示的感觉。

采用动态显示方式节省 I/O 端口，硬件电路也较静态显示方式简单，但其亮度不如静态显示方式亮，而且在显示位数较多时，CPU 要依次扫描，仍占用 CPU 较多的时间。用 51 系列单片机构建数码管动态显示系统时，采用简单的接口芯片即可进行系统扩展，其特点是接口电路简单、编程方便、价格低廉。其典型应用如图 6.24 所示。

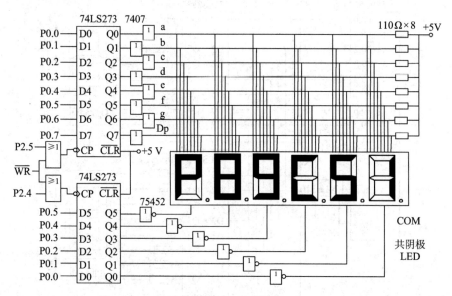

图 6.24　6 位动态 LED 显示器

图 6.24 中，数码管采用共阴极 LED，字形码输出口 74LS273 经过 8 路同相驱动电路

7407 后接至数码管的各段，当口线输出 1 时，驱动数码管发光。7407 是集电极开路的同相驱动器，能为发光段提供更大的导通电流，增强 LED 的发光亮度，其输出端经 110 Ω 的限流电阻接至 +5 V 电源，改变电阻的大小即可调节发光亮度。用另一个输出口 74LS273 作为 LED 的位选控制口，其输出经过 6 路反相驱动器 75452 后接至数码管的 COM 端。当位选控制口的某位输出"1"时，75452 反相器驱动相应位的 LED 发光。字形码输出口和位选控制口的地址分别为 DFFFH(地址不是唯一的)和 EFFFH(地址不是唯一的)。

3. 动态扫描程序

在单片机应用系统中，为了便于对 LED 显示器进行管理，需要建立一个显示缓冲区。显示缓冲区 DISBUF 设在片内 RAM 的一个区域，它的作用是存放要显示的字符，其长度与 LED 的位数相同。对图 6.24 中的动态显示器，DISBUF 为 6 个字节，设 DISBUF 占用片内 RAM 的 70H～75H 单元。显示缓冲区 DISBUF 中的内容是事先存入 DISBUF 中的，再由运行显示程序完成显示。设要显示的内容为 P89C51(P89C51 是 Philips 公司的 51 系列单片机产品)，则 P89C51 在 DISBUF 中的存放形式见表 6.3 所示。数码显示器的低位(最右边的位)显示的是显示缓冲区中的低地址单元中的数，因此在显示缓冲区中存放的次序为低地址单元存低位，高地址单元存高位。

表 6.3　6 位 LED 显示缓冲区

地址	DISBUF
70H	01H
71H	05H
72H	0CH
73H	09H
74H	08H
75H	11H

需说明的是，显示程序是利用查表方法来得到要显示字符的字形代码的，在显示程序的字形代码(显示段码)表中，字形代码存放的次序依次为"0"～"9"，"A"～"F"，"空白"和"P"。其中，"P"的序号为 17(即 11H)，故在 DISBUF 中的 75H 单元用 11H 代表"P"。

显示程序的任务是把显示缓冲区中待显示的字符送往 LED 显示器显示。在进行动态扫描显示时，从 DISBUF 中依次取出待显示的字符，采用查表的方法得到其对应的字形代码，逐个地循环点亮各位数码管，每位显示 1 ms 左右，即可使各位数码管显示出应要显示的字符。设 DISBUF 中的信息为 P89C51，可由下列程序在显示器上显示 P89C51。

```
        ...
LOOP1:  LCALL   DISPLAY         ; 调用显示子程序
        ...
        LJMP    LOOP1           ; 循环
DISPLAY: MOV    R0, #70H        ; R0 指向 DISBUF 首地址
         MOV    R3, #01H        ; 右起第一位 LED 的选择字
NEXT:    MOV    A, #00H         ; 取位选控制字为全灭
         MOV    DPTR, #0EFFFH   ; 取位选控制口地址
         MOVX   @DPTR, A        ; 瞬时关显示器
         MOV    A, @R0          ; 从 DISBUF 中取出字符
         MOV    DPTR, #DSEG     ; 取段码表首地址
         MOVC   A, @A+DPTR      ; 查表，取对应的字形码
```

	MOV	DPTR, #0DFFFH	; 取字形码输出口地址
	MOVX	@DPTR, A	; 输出字形码
	MOV	DPTR, #0EFFFH	; 取位选控制口地址
	MOV	A, R3	; 取当前位选控制字
	MOVX	@DPTR, A	; 点亮当前 LED 显示位
	LCALL	DELAY	; 延时 1 ms
	INC	R0	; R0 指向下一个字符
	JB	ACC.5, EXIT	; 若当前显示位是第 6 位则结束
	RL	A	; 下一位 LED 的选择字
	MOV	R3, A	
	SJMP	NEXT	
	; 段码表 0~9，A~F，空白，P		
DSEG:	DB	3FH, 06H, 5BH, 4FH, 66H, 6DH, 7DH, 07H, 7FH	
	DB	6FH, 77H, 7CH, 39H, 5EH, 79H, 71H, 00H, 73H	
DELAY:	MOV	R7, #02H	; 延时 1 ms 的子程序
DEL1:	MOV	R6, #0FFH	
DEL2:	DJNZ	R6, DEL2	
	DJNZ	R7, DEL1	
EXIT:	RET		; 返回

例 6.4.2 针对图 6.24 所示的电路，编写一显示程序，调用动态扫描显示子程序 DISPLAY，使数码显示器显示 "012345" 共 6 个字符。

解： 参考程序如下：

	MOV	A, #05H	; 取最右边一位字符
	MOV	R0, #70H	; 指向 DISBUF 首址(最低位)
	MOV	R1, #06H	; 共送入 6 个字符
LOOP2:	MOV	@R0, A	; 将字符送入 DISBUF
	INC	R0	; 指向下一位显示单元
	DEC	A	; 下一位显示字符
	DJNZ	R1, LOOP2	; 6 个数未送完，则重复
LOOP3:	LCALL	DISPLAY	; 扫描显示一遍
	SJMP	LOOP3	; 重复扫描

6.4.3 键盘接口

1. 按键的分类

在很多情况下，由于单片机应用系统都是按实际需要设置外部设备及接口的，所以，一个系统设置几个按键都是根据具体应用而定的，并且在多数情况下，都是一键多用的，其目的就是尽量精简硬件设备。

键盘按照其接口原理可分为编码键盘与非编码键盘两类，这两类键盘的主要区别是识别键符及给出相应键码的方法不同。

编码键盘主要是用硬件来实现对按键的识别，键盘接口电路能够由硬件逻辑自动提供与按键对应的编码。此外，编码键盘一般还具有去抖动电路和多键、窜键保护电路。这种键盘使用方便，但需要较多的硬件，一般的单片机应用系统较少采用。

非编码键盘的接口电路只是简单地提供按键的行列矩阵，对按键的识别、编码、去抖动等工作均由软件完成。由于其经济实用、设置灵活，常应用于单片机系统中。下面将重点介绍非编码键盘。

2. 矩阵键盘的结构及原理

在单片机应用系统中，除了复位按键有专门的复位电路及专一的复位功能外，其它按键都是以开关状态来设置控制功能或输入数据的。当所设置的功能键或数字键按下时，单片机应用系统即完成该按键所设定的功能。一组键或一个键盘，总有一个接口电路与 CPU 相连。当按键较多时一般采用行列式结构并按矩阵形式排列，如图 6.25 所示。

图 6.25 给出了 4×4 行列式键盘的基本结构示意图。4×4 表示有 4 根行线和 4 根列线，在每根行线和列线的交叉点上有 1 个按键，组成了一个有 16 个按键的矩阵键盘。列线通过上拉电阻接到 +5 V 上。当无键按下时，列线处于高电平状态；当有键被按下时，行、列线将导通，此时，列线电平将由与此列线相连的行线电平决定，这是识别按键是否按下的关键。然而，矩阵键盘中的行线、列线和多个键相连，因此，必须将行线、列线信号配合起来

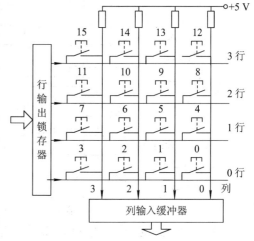

图 6.25　矩阵键盘的结构

作适当处理，才能确定闭合键的位置。识别按键是否按下的方法很多，其中，最常见的方法是行扫描法。

3. 矩阵键盘的行扫描法

所谓行扫描法，就是通过对行线逐行发出低电平信号，如果该行线所连接的键没有被按下，则列线的电平信号是全"1"；如果有键按下的话，则列线得到的是非全"1"信号。即根据列线的电平信号是否有"0"信号来判断有无键被按下。

在使用行扫描法时，为了提高效率，首先快速检查整个键盘中是否有键被按下，若无键按下，则结束键盘扫描程序。若有键被按下，再用逐行扫描的方法来确定闭合键的具体位置(按下的是哪一个键)。方法：先扫描第 0 行，行输出值为 1110B，第 0 行为"0"，其余 3 行为"1"(通常，把行输出值为"0"的行称为当前行)，然后读入列信号，判断是否为全"1"。若列输入值为全"1"，则当前行无键按下，行输出 1101(第 1 行为"0"，其余 3 行为"1")，再扫描下一行……依此规律逐行扫描，直到扫描某行时，其列输入值不为全"1"，则根据行输出值和列输入值中"0"的位置确定闭合键的具体位置，从而用计算法或查表法得到闭合键的键值。

　　下面通过实例说明矩阵键盘的接口原理与编程方法。

　　例 6.4.3　为单片机设计一个 8×4 矩阵键盘，并编写键盘扫描程序。

　　解：接口电路如图 6.26 所示。用 74LS273 作为行输出口，输出 8 位行扫描信号。用 74LS244 作为列输入口，输入 4 位列输入值。其口地址分别是 F7FFH(行)和 FBFFH(列)。

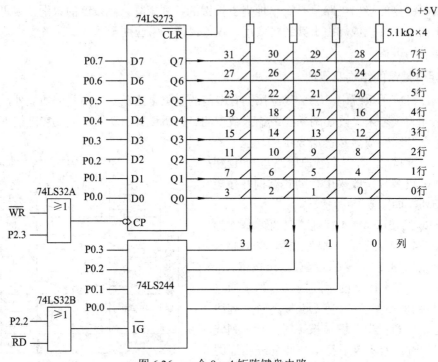

图 6.26　一个 8×4 矩阵键盘电路

　　键盘采用行扫描法方式工作，键盘扫描子程序应具有以下功能：

　　(1) 判断有无键被按下。其方法为：行输出口输出全为 0，读列输入口信息，若列输入值为全 1，则说明无键被按下；若不为全 1，则说明有键被按下。

　　(2) 消除按键的抖动。微机键盘通常使用机械触点式按键。机械式按键在按下或释放时，由于机械弹性作用的影响，通常伴随有一定时间的触点机械抖动，然后其触点才稳定下来。其抖动过程如图 6.27 所示，抖动时间的长短与触点的机械特性有关，一般为 $5 \sim 10 \text{ ms}$。

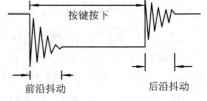

图 6.27　按键抖动示意图

　　在触点抖动期间检测按键的通断状态，可能导致判断出错，即一次按下按键被错误地认为是多次操作，这种情况是不允许出现的。为了克服由于按键触点机械抖动所导致的检测误判，必须采取消除抖动措施。

　　在此，使用软件延时的方法消除按键的抖动。当检测到有按键按下时，调用两次显示子程序，每调用一次延时 6 ms，共延时 12 ms。既消除了按键的抖动，又保持显示器有稳定的显示。同样，在检测到闭合键释放后，也采用软件延时的方法消除按键释放的抖动。

　　(3) 逐行扫描。若有键被按下，则逐行扫描，以判别闭合键的具体位置。

　　(4) 计算闭合键的键值。计算公式为

$$键值 = 行号 \times 4 + 列号$$

(5) 判断按键是否释放。计算出闭合键的键值后，再判断按键是否已释放？若按键未释放，则等待；若键已释放，则再延时消抖。

(6) 命令处理。根据闭合键的键值，执行相应程序完成该按键所设定的功能。若按下的是命令键，则转入命令键处理程序，完成命令键的功能；若按下的是数字键，则转入数字键处理程序，进行数字的存储和显示等操作。

键盘扫描程序如下：

```
        ; KEY 键盘扫描程序
        ; 入口参数：无
        ; 出口参数：A 为返回值
        ;         若有键被按下，则 A 为闭合键的键值 0~31；若无键被按下，则 A 为 FFH
        ; 占用寄存器：R3 为行计数器，R2 存放行扫描值
        ;             R4、R5 为暂存器
KEY:  LCALL  KS1           ; 快速检查整个键盘中是否有键按下
      JNZ    LK1           ; A 非 0，有键按下则转至 LK1
      LJMP   LK8           ; 无键按下则返回
LK1:  LCALL  DISPLAY       ; 有键闭合，则调显示子程，延时 12 ms
      LCALL  DISPLAY       ; 消抖动
      LCALL  KS1           ; 再次检查有键闭合否？
      JNZ    LK2           ; 有键闭合，则转入逐行扫描
      LJMP   LK8           ; 无键闭合则返回
KL2:  MOV    R3, #00H      ; 行号初值送 R3
      MOV    R2, #0FEH     ; 行扫描初值送 R2
LK3:  MOV    DPTR, #0F7FFH ; 行输出口地址，F7FFH
      MOV    A, R2         ; 行扫描值送 A
      MOVX   @DPTR, A      ; 扫描当前行
      MOV    DPTR, #0FBFFH ; 列输入口地址，FBFFH
      MOVX   A, @DPTR      ; 读入列值
      ANL    A, #0FH       ; 保留低 4 位
      MOV    R4, A         ; 暂存列值
      CJNE   A, #0FH, LK4  ; 列值非全"1"则转
      MOV    A, R2         ; 行扫描值送 A
      JNB    ACC.7, LK8    ; 已扫到最后 1 行则转
      RL     A             ; 未扫完，则准备扫下一行
      MOV    R2, A         ; 行值存入 R2 中
      INC    R3            ; 行号加 1
      LJMP   LK3           ; 转至扫描下一行
LK4:  MOV    A, R3         ; 行号送入 A
```

```
        ADD    A, R3          ; 行号 × 2
        MOV    R5, A          ; 暂存
        ADD    A, R5          ; 行号 × 4
        MOV    R5, A          ; 存入 R5 中
        MOV    A, R4          ; 列值送入 A
LK5: RRC    A              ; 列值右移 1 位
        JNC    LK6            ; 该位为 0 则转
        INC    R5             ; 键值加 1
        SJMP   LK5            ; 列号未判完继续
LK6: PUSH   R5             ; 保护键值
LK7: LCALL  DISPLAY        ; 扫描一遍显示器
        LCALL  KS1            ; 发全扫描信号
        JNZ    LK7            ; 键未释放则等待
        LCALL  DISPLAY        ; 键已释放
        LCALL  DISPLAY        ; 延时 12 ms，消抖
        POP    A              ; 键值存入 A 中
KND: RET                   ; 返回
LK8: MOV    A, #0FFH       ; 无闭合键标志，FFH 存入 A 中
        RET                   ; 返回
KS1: MOV    DPTR, #0F7FFH  ; 行输出口地址：F7FFH
        MOV    A, #00H        ; 取 8 行全扫描信号
        MOVX   @DPTR, A       ; 同时扫描 8 行
        MOV    DPTR, #0FBFFH  ; 列输入口地址：FBFFH
        MOVX   A, @DPTR       ; 列输入
        ANL    A, #0FH        ; 保留低 4 位
        ORL    A, #0F0H       ; 高 4 位取 "1"
        CPL    A              ; 取反，无键按下则全 0
        RET                   ; 返回
```

6.5　D/A 转换器及应用

D/A 转换器输入的是数字量，输出的是经转换后的模拟量，常用在需要模拟量输出的场合。下面对其主要的技术指标及应用作一介绍。

6.5.1　D/A 转换器的主要性能指标

1. 分辨率

分辨率是 D/A 转换器对输入量变化敏感程度的描述，与输入数字量的位数相关。如果数字量的位数为 n 位，则 D/A 转换器的分辨率为 $1/2^n$。这就意味着数/模转换器能对满刻度

的 $1/2^n$ 输入量作出反应。

例如，8 位 D/A 转换器的分辨率为 1/256，10 位 D/A 转换器的分辨率为 1/1024 等。因此，数字量位数越多，分辨率也就越高，亦即转换器对输入量变化的敏感程度也就越高。使用时，应根据分辨率的需要来选定转换器的位数。常用的 D/A 转换器有 8 位、10 位和 12 位三种。

2. 建立时间

建立时间是描述 D/A 转换速度快慢的一个参数，指从输入数字量变化起到输出达到终值误差为 ±(1/2)LSB(最低有效位)止所需的时间。通常以建立时间来表达转换速度。

转换器的输出为电流信号时，建立时间较短；输出形式为电压信号时，由于建立时间还要加上运算放大器的延迟时间，因此建立时间要长一点。但总的来说，D/A 转换速度远高于 A/D 转换速度，快速的 D/A 转换器的建立时间约为 1 μs。

3. 接口形式

D/A 转换器与单片机接口简便与否，主要取决于转换器本身是否带数据锁存器。有两类 D/A 转换器，一类是不带锁存器的，另一类是带锁存器的。对于不带锁存器的 D/A 转换器，为了保存来自单片机的转换数据，接口时要另加锁存器，因此这类转换器必须接在系统的输出端口上；而带锁存器的 D/A 转换器，可以把它看作是一个输出口，直接连在系统总线上，而不需另加锁存器。

6.5.2　典型 D/A 转换器芯片 DAC0832

DAC0832 是一个 8 位 D/A 转换器芯片。单电源供电，从 +5～+15 V 均可正常工作。基准电压的范围为 ±10 V；电流建立时间为 1 μs；CMOS 工艺，低功耗 20 mW。DAC0832 转换器芯片有 20 个引脚，双列直插式封装，其内部结构和引脚排列如图 6.28 所示。

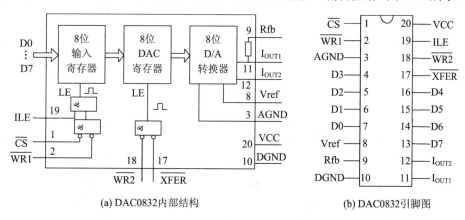

(a) DAC0832内部结构　　　　　　(b) DAC0832引脚图

图 6.28　DAC0832 内部结构及引脚图

该转换器采用了两次缓冲输入方式，即由输入寄存器和 DAC 寄存器构成两级数据输入锁存。这样可以在输出的同时接收下一个输入数据，以提高转换速度。更重要的是它能够实现多个模拟量的同步输出。DAC0832 转换电路是一个 R-2R T 型电阻网络，实现 8 位数据的转换。对各引脚信号说明如下：

D7～D0：转换数据输入。

ILE：数据锁存允许信号(输入)，高电平有效。

$\overline{CS}$：片选信号(输入)，低电平有效。

$\overline{WR1}$：第 1 写信号(输入)，低电平有效。

$\overline{WR2}$：第 2 写信号(输入)，低电平有效。

$\overline{XFER}$：数据传送控制信号(输入)，低电平有效。

I_{OUT1}：电流输出 1。

I_{OUT2}：电流输出 2。DAC 转换器的特性之一是：$I_{OUT1} + I_{OUT2} =$ 常数。

Rfb：反馈电阻端。

DAC 0832 的输出是电流输出，为了取得电压输出，需在电流输出端接运算放大器，Rfb 即为运算放大器的反馈电阻端。

Vref：基准电压，其电压可正可负，范围是 −10～+10 V。

AGND：模拟地。

DGND：数字地。

6.5.3　DAC0832 的接口与应用

DAC0832 与 51 单片机的接口有 3 种连接方式：即直通方式、单缓冲方式及双缓冲方式。直通方式不能直接与系统的数据总线相连，需另加锁存器，故应用较少。下面介绍单缓冲与双缓冲两种连接方式。

1. 单缓冲方式的应用

所谓单缓冲方式就是使 DAC0832 的两个输入寄存器中有一个处于直通方式，而另一个处于受控的锁存方式，当然也可使两个寄存器同时选通及锁存。在实际应用中，如果只有一路模拟量输出，或虽有几路模拟量但并不要求同步输出时，就可采用单缓冲方式。单缓冲方式的 3 种连接方式如图 6.29 所示。其中，图(a)为 DAC 寄存器直通方式；图(b)为输入寄存器直通方式；图(c)为两个寄存器同时选通及锁存方式。

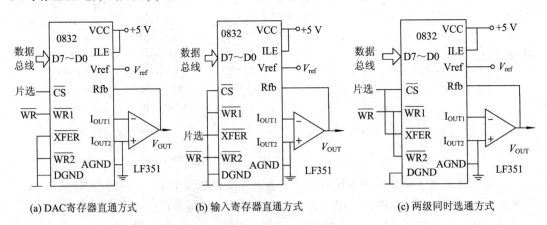

(a) DAC寄存器直通方式　　　(b) 输入寄存器直通方式　　　(c) 两级同时选通方式

图 6.29　DAC0832 的 3 种单缓冲方式

在许多控制系统中，要求有一个线性变化的电压输出量，用来控制检测过程，如移动记录笔或移动电子束等。对此可在 DAC0832 的输出端接一运算放大器，电路连接如图 6.30 所示。

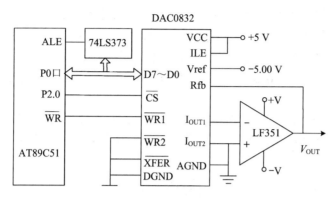

图 6.30　DAC0832 工作于单缓冲方式

图 6.30 中的 DAC8032 工作于单缓冲方式，其中输入寄存器受控，而 DAC 寄存器直通。可选用输入寄存器地址为 FE00H 对其编程。由于其基准电压 $V_{ref} = -5.00$ V，用下列程序可以产生幅度为 $0 \sim +5$ V 的锯齿波：

```
        ORG     0200H
START:  MOV     DPTR, #0FE00H        ; DAC0832 输入寄存器地址
        MOV     A, #00H             ; 转换初值
NEXT:   MOVX    @DPTR, A            ; D/A 转换
        INC     A
        NOP                         ; 延时
        NOP
        SJMP    NEXT
```

执行上述程序，在运算放大器的输出端就能得到如图 6.31(a) 所示的锯齿波。对锯齿波的产生作如下说明：

程序每循环一次，A 加 1，因此实际上锯齿波的上升边是由 256 个小阶梯构成的，但由于阶梯很小，所以宏观上看就是如图 6.31(a) 中所表示的线性增长的锯齿波。

图 6.31　D/A 输出波形

通过循环程序段的机器周期数可计算出锯齿波的周期，并可根据需要，通过延时程序来改变波形的周期。当延迟时间较短时，可用 NOP 指令来实现；当需要延迟时间较长时，可以使用一个延时子程序。延迟时间不同，波形周期不同，锯齿波的斜率就不同。

程序中 A 的变化范围是 $0 \sim 255$，因此得到的锯齿波是满幅度的。如需得到非满幅度的锯齿波，可通过计算求得数字量的初值和终值，然后在程序中通过置初值，判终值的办

法即可实现。

用同样的方法也可以很方便地产生三角波、矩形波、梯形波，相信读者能自行编写程序。

2. 双缓冲方式的应用

所谓双缓冲方式，就是把 DAC0832 的两个锁存器都接成受控锁存方式。双缓冲方式用于多路 D/A 转换系统，以实现多路模拟信号的同步输出。双缓冲 DAC0832 的连接如图 6.32 所示。两片 DAC0832 共占据两个地址，其中第一片 DAC0832 的输入寄存器占一个地址(FE00H)，而第二片 DAC0832 的输入寄存器、DAC 寄存器及第一片 DAC0832 的 DAC 寄存器合用一个地址(FD00H)。

编程时，先用一条传送指令把数据传送到 1# DAC0832 的输入寄存器，再用一条传送指令把数据传送到 2# DAC0832 的输入寄存器，使得两路模拟信号 V_{OUT1} 和 V_{OUT2} 同步输出。

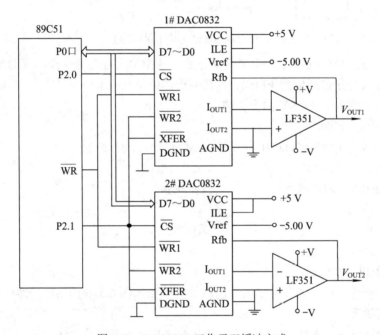

图 6.32　DAC0832 工作于双缓冲方式

6.5.4　单极性与双极性输出电路

在图 6.30 和图 6.32 的电路中，运算放大器 LF351 的作用是把 DAC0832 的电流输出变换为电压信号输出，其电压输出范围为 0～+5 V，且为单极性信号输出。在控制系统中，有时需要双极性信号输出。例如，在伺服系统中对马达的控制，控制输出量不仅有大小差别，而且有极性之分，这时应采用双极性输出电路。

在图 6.33 中给出了一个双极性输出电路。其中，Vref = +5.00 V，运算放大器 A1 的电压输出范围为 0～ -5 V。A2 运算放大器的作用是把运算放大器 A1 的单极性输出变为双极性输出。例如，当 $V_{OUT1} = 0$ V 时，$V_{OUT2} = -5$ V；当 $V_{OUT1} = -2.5$ V 时，$V_{OUT2} = 0$ V；当 $V_{OUT1} = -5$ V 时，$V_{OUT2} = +5$ V。V_{OUT2} 的输出范围为 -5～+5 V。

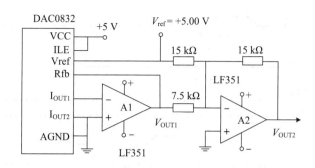

图 6.33　双极性输出电路

6.6　A/D 转换器及应用

A/D 转换器用于实现模拟量到数字量的转换，按转换方式的不同可分为 4 种：计数式 A/D 转换器、双积分式 A/D 转换器、逐次逼近式 A/D 转换器和并行式 A/D 转换器。

目前最常用的是双积分式 A/D 转换器和逐次逼近式 A/D 转换器。双积分式 A/D 转换器的主要优点是转换精度高，抗干扰性能好，价格便宜。其缺点是转换速度较慢，因此，这种转换器主要用于速度要求不高的场合。逐次逼近式 A/D 转换器是一种速度较快，精度较高的转换器，其转换时间大约在几 μs 到几百 μs 之间。通常使用的逐次逼近式典型 A/D 转换器芯片是 ADC0809。

6.6.1　典型 A/D 转换器芯片 ADC0809

ADC0809 是典型的 8 位 8 通道逐次逼近式 A/D 转换器，CMOS 工艺。ADC0809 内部逻辑结构如图 6.34 所示，其引脚排列如图 6.35 所示。图 6.34 中，8 路模拟电子开关可用来选通 8 个模拟通道，允许 8 路模拟量共用一个 A/D 转换器进行转换。8 路模拟量由地址信号 C、B、A 进行通道选择，ADC0809 的时序如图 6.36 所示。

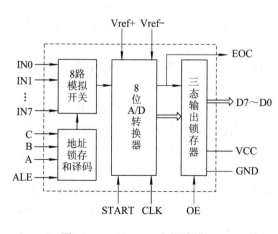

图 6.34　ADC0809 内部结构

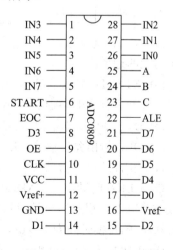

图 6.35　ADC0809 引脚图

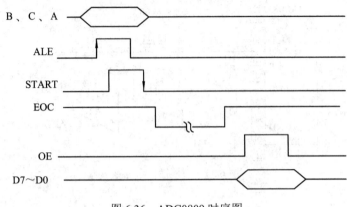

图 6.36　ADC0809 时序图

现对其主要信号的功能说明如下：

(1) IN7～IN0：模拟量输入通道，允许输入 0～5 V 的单极性信号。注意：对变化速度快的模拟量，在输入前应增加采样保持电路。

(2) C、B、A：地址线。C 为高位地址，A 为低位地址，用于对模拟通道进行选择。其地址状态与通道相对应的关系见表 6.4。

表 6.4　ADC0809 通道选择表

C	B	A	通道
0	0	0	IN0
0	0	1	IN1
0	1	0	IN2
0	1	1	IN3
1	0	0	IN4
1	0	1	IN5
1	1	0	IN6
1	1	1	IN7

(3) ALE：地址锁存信号。在 ALE 的上跳沿，C、B、A 地址信号送入地址锁存器中，选中对应的通道。

(4) START：转换启动信号。在 START 上跳沿，所有内部寄存器清零；START 下跳沿时，开始进行 A/D 转换；在 A/D 转换期间，START 应保持低电平。

(5) D7～D0：数据输出线。其为三态缓冲输出形式，可以和单片机的数据线直接相连。

(6) OE：输出允许信号。用于控制三态输出锁存器向单片机输出转换的结果数据，若 OE=1，输出转换得到的数据；OE = 0，输出数据线呈高电阻。

(7) CLK：时钟信号。ADC0809 的内部没有时钟电路，所需时钟信号由外界提供，因此设置有 CLK 引脚。外接时钟频率为 10 kHz～1.2 MHz，当时钟频率为 640 kHz 时，ADC0809 的转换时间为 100 μs。单片机应用系统中，通常使用 CLK 频率为 500 kHz。

(8) EOC：转换结束状态信号。EOC = 0，转换正在进行中；EOC = 1，转换结束。该状态信号既可作为查询的状态标志，又可以作为中断请求信号使用。

(9) VCC：+5 V 电源。

(10) Vref：参考电源。其参考电压用来与输入的模拟信号进行比较，作为逐次逼近的基准，因此在应用系统中必须保证其精度。Vref 的典型值为 +5.00 V(Vref+ = + 5.00 V，Vref- = 0 V)。

6.6.2 51 单片机与 ADC0809 连接

ADC0809 与单片机的连接形式多种多样。由于 ADC0809 内部具有地址锁存器和三态输出锁存器，所以，ADC0809 可以和单片机的总线直接相连，这种相连方式也是最简单的接口形式。图 6.37 给出了一种典型的连接方法(f_{osc} = 6 MHz)。

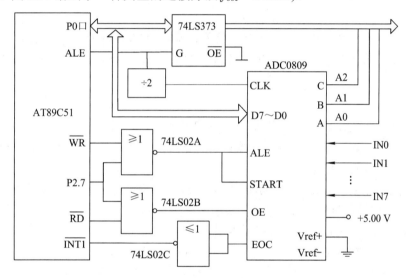

图 6.37 ADC0809 的接口电路

电路连接主要涉及两个问题，一是 8 路模拟信号通道选择，二是 A/D 转换完成后转换数据的传送。

1．8 路模拟通道选择

图 6.37 中使用的是线选法，ADC0809 地址由 P2.7 确定。CPU 写外部端口时，只要 P2.7 = 0，便可使 ALE 产生上升沿锁存通道地址。A、B、C 分别接地址锁存器的低三位地址，只要把三位地址写入 ADC0809 中的地址锁存器，就实现了模拟通道选择。故通道 IN0～IN7 的地址可分别取值为 7F00H～7F07H。

从图中可以看到，把 ADC0809 的 ALE 信号与 START 信号连接在一起，这样使得在 ALE 信号的前沿写入地址信号，紧接着在其后沿就启动转换。因此，图 6.42 中启动 ADC0809 进行转换只需要下面的指令(以通道 5 为例)：

```
MOV    DPTR, #7F05H    ; 选中通道 5
MOVX   @DPTR, A        ; ALE 和 START 信号有效，启动 ADC0809
```

注意：在此用 MOVX   @DPTR，A 指令启动 ADC0809，只与 DPTR 中的通道地址有关，而与累加器 A 的值无关。

2. 转换数据的传送

A/D 转换后得到的是数字量数据，这些数据应传送给单片机进行处理。数据传送的关键问题是如何确认 A/D 转换完成，因为只有确认 A/D 转换完成后，才能进行数据传送。为此，可采用下述三种方式。

1) 定时传送方式

对于一种 A/D 转换器来说，转换时间作为一项技术指标是已知的和固定的。例如在图6.37 中，设 $f_{osc} = 6\ \text{MHz}$，则 ALE 的信号频率为 1 MHz，2 分频后得到 500 kHz 的时钟信号，与 ADC0809 的 CLK 相连，转换时间为 128 μs，相当于 6 MHz 的 51 单片机 64 个机器周期。可据此设计一个延时子程序，A/D 转换启动后即调用这个延时子程序，延迟时间一到，转换肯定已经完成了，接着就可进行数据传送。

2) 查询方式

A/D 转换芯片有表明转换完成的状态信号，例如 ADC0809 的 EOC 端就是转换结束信号。因此，可以用查询方式，软件测试 EOC 的状态，即可确知转换是否完成，然后进行数据传送。

3) 中断方式

把表明转换完成的状态信号(EOC)作为中断请求信号，以中断方式进行数据传送。

在图 6.37 中，EOC 信号经过反相器后送到单片机的 $\overline{\text{INT0}}$，因此可以采用查询该引脚或中断的方式进行数据传送。

不管使用上述哪种方式，一旦确认转换完成，即可通过指令进行数据传送。

首先送出端口地址(P2.7=0)，选通 DAC0809，当读信号有效时，即 OE 信号有效，把转换数据送上数据总线传送到单片机，即：

```
    MOV    DPTR, #7F05H          ; 选中通道 5
    MOVX   A, @DPTR             ; OE 信号有效，转换的数据送到累加器 A
```

注意：在此，DPTR 中的通道地址为 7F05H，用 MOVX　A, @DPTR 指令读取通道 5(IN5)的转换数据。实际上 DPTR 中可以是 7F00H～7F07H 中任一个地址均可正确读取相应通道的转换数据。

综上所述，针对图 6.37 中的 A/D 转换电路，设计一个 8 路模拟量输入的巡回检测系统，采样数据依次存放在片内 RAM 70H～77H 单元中，其数据采样的初始化程序和中断服务程序如下：

```
    ;***** 主程序 *****
        ORG    0000H            ; 主程序入口地址
        LJMP   MAIN             ; 跳转主程序
        ORG    0013H            ; 中断入口地址
        LJMP   INT1             ; 跳转中断服务程序
        ORG    0100H
MAIN:  MOV    SP, #60H
        MOV    R0, #70H         ; 数据暂存区首址
        MOV    R2, #08H         ; 8 路计数初值
```

```
        SETB    IT1                 ; 外部中断 1 为边沿触发
        SETB    EA                  ; 开中断
        SETB    EX1                 ; 允许外部中断 1 中断
        MOV     DPTR, #7F00H        ; 指向 0809 IN0 通道地址
        MOV     A, #00H             ; 此指令可省，A 可为任意值
LOOP:   MOVX    @DPTR, A            ; 启动 A/D 转换
HERE:   SJMP    HERE                ; 等待中断
        DJNZ    R2, LOOP            ; 巡回未完继续等待
        ; ***** 中断服务程序 *****
INT1:   MOVX    A, @DPTR            ; 读 A/D 转换结果
        MOV     @R0, A              ; 存数
        INC     DPTR                ; 更新通道
        INC     R0                  ; 更新暂存单元
        RETI                        ; 中断返回
        END
```

上述程序是用中断方式来完成数据传送的，也可以用查询的方式实现之，参考程序如下：

```
        ORG     0000H               ; 主程序入口地址
        LJMP    MAIN                ; 跳转主程序
        ORG     0040H
MAIN:   MOV     SP, #60H
        MOV     R0, #70H
        MOV     R2, #08H
        MOV     DPTR, #7F00H
        MOV     A, #00H
NEXT:   MOVX    @DPTR, A
L1:     JB      P3.3, L1            ; 查询 INT1 是否为 "0"
        MOVX    A, @DPTR            ; 为 0, 则转换结束, 读数据
        MOV     @R0, A              ; 存数
        INC     R0
        INC     DPTR
        DJNZ    R2, NEXT
        SJMP    $
        END
```

6.6.3　A/D 转换应用实例

下面以智能温度计的设计为例介绍 A/D 转换的应用系统设计方法。在各种控制系统中，常常要用到温度检测和控制。这里我们介绍一种采用热敏电阻作为温度传感器的测温

系统，具有使用方便、扩充性强等优点，尤其适用于工业控制和温度监测等领域。

1. 测温原理

热敏电阻是一种新型半导体感温元件，具有灵敏度高、体积小、寿命长、价格低等优点，因此本电路采用热敏电阻作为温度传感器。按其特性分为正温度系数和负温度系数两种类型。

正温度系数热敏电阻是当温度升高时电阻值增大，当温度降低时电阻值减小；负温度系数热敏电阻是当温度升高时电阻值减小，当温度降低时电阻值增大。为了方便电路设计使系统性能稳定，我们选用负温度系数的热敏电阻，其阻值温度特性曲线如图 6.38 所示。利用热敏电阻的温度特性曲线，通过测量热敏电阻的阻值就可以计算出对应的温度值。热敏电阻的阻值温度特性曲线是一条指数曲线，非线性较大，实际应用中要进行线性化处理，一般只使用线性度较好的一段，如图 6.38 所示 AB 段。

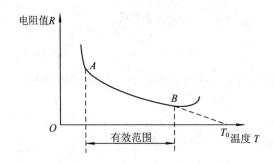

图 6.38　热敏电阻的温度特性曲线

2. 硬件电路

用热敏电阻测温的硬件电路见图 6.39。将热敏电阻 R_T 与固定电阻 R 串联接 5 V 电源，当温度改变时，R_T 的阻值改变，其两端的电压随之改变，测量两端的电压通过下式求得温度值：

$$T = T_0 - K \cdot U_T$$

其中：T 为被测温度，T_0 为与热敏电阻特性有关的温度参数，K 为与热敏电阻特性有关的系数，U_T 为热敏电阻两端的电压。

选用的负温度系数热敏电阻 MFD-502-34，其线性化较好的一段在 −20～80℃ 之间。

固定电阻 R 阻值的选取：因 MFD-502-34 型热敏电阻线性化较好的一段是 −20～80℃，为了在最高温度和最低温度时，使被测信号基本接近满量程值，采取线性区域内中间某一点温度的阻值作为固定电阻的值，它们分压后 A/D 的输入电压是 A/D 输入电压范围的一半，在 25℃ 时热敏电阻的阻值为 5 kΩ，所以选取固定电阻 R 的值为 5 kΩ。

在 −20℃ 时热敏电阻的阻值为 37.399 kΩ，两端电压为 4.41 V 接近 A/D 输入电压的上限 5.0 V，在 80℃ 时热敏电阻的阻值为 0.796 kΩ，两端电压为 0.687 V，接近 A/D 输入电压的下限 0 V。

按照图 6.39 所示硬件电路图，根据以上公式和参数，测出热敏电阻两端的电压就可以求出被测温度。

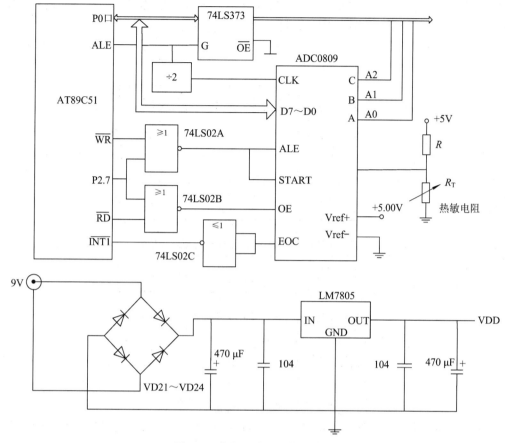

图 6.39　智能温度计硬件电路图

3. 温度计算

为了稳定起见，在每次 A/D 转换前都做一次初始化，由于每个热敏电阻的特性不一致、与热敏电阻串联的电阻 R 阻值不精确等原因，每台温度计在整个测量范围内至少找 5 个点进行校正并适当修改参数以达到最佳状态。(温度采集和计算程序略。)

6.7　系统扩展实例及分析

6.7.1　LED 点阵式大屏幕显示器设计

无论是单个 LED(发光二极管)还是 LED 七段码显示器(数码管)，都不能显示字符(含汉字)及更为复杂的图形信息，这主要是因为它们没有足够的信息显示点。点阵式 LED 显示是把许多的 LED 按矩阵方式排列在一起，通过对各 LED 发光与不发光的控制来完成各种字符或图形的显示。

下面以常见的 LED 点阵显示模块 8×8 结构为例说明其应用方法，其硬件原理如图 6.40 所示。在图 6.40 中，只要使 LED 处于正偏(X 方向为"1"，Y 方向为"0")，则对应的 LED 发光。如 X7 = 1，Y7 = 0 时，则其对应的右下角的 LED 会发光。各 LED 还需接限流电阻，实际应用时，限流电阻既可接在 X 向，也可接在 Y 向。

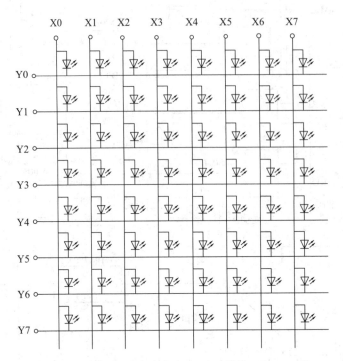

图 6.40　点阵式 LED 显示原理

用 8×8 的 LED 显示模块可以显示数字和常用西文字符，通过适当的驱动电路控制各 LED 发光与不发光来显示点阵字形。如用 8×8 模块显示字符"P"的点阵码，只需 Y 方向接地，X 方向接驱动接口，其对应值为：7CH，22H，22H，22H，3CH，20H，20H 和 70H(如图 6.41 所示)。字符"→"的点阵码为：08H，04H，02H，FFH，FFH，02H，04H，和 08H。字符"←"的点阵码为：10H，20H，40H，FFH，FFH，40H，20H，10H。

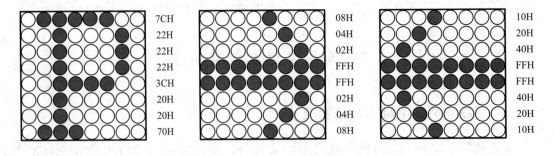

图 6.41　8×8 点阵字形

8×8 的 LED 显示模块是组建大型电子显示屏的基本单元。用 8×8 模块组成的大屏幕显示器，不仅能显示文字，还可以显示图形、图像，而且能产生各种动画效果，是广告宣传、新闻传播的常用工具。LED 大屏幕显示器不仅有单色显示，还有彩色显示，其应用越来越广泛，已渗透到人们的日常生活之中。用大型电子显示屏显示汉字时，简易型汉字为

16×16 点阵, 精美型汉字为 24×24 点阵或 32×32 点阵。图 6.42 给出了汉字 "雷" 的 16×16 点阵字形, 其点阵码为 32 个字节。依此原理读者可以设计出自己需要的字符或图形。

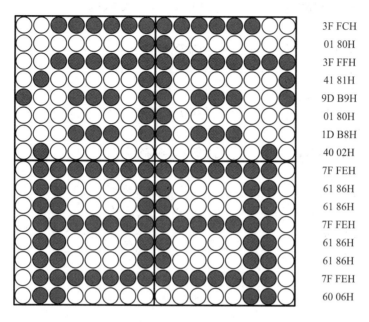

	3F FCH
	01 80H
	3F FFH
	41 81H
	9D B9H
	01 80H
	1D B8H
	40 02H
	7F FEH
	61 86H
	61 86H
	7F FEH
	61 86H
	61 86H
	7F FEH
	60 06H

图 6.42　16×16 汉字点阵

例 6.5.1　矩阵式 LED 显示器接口硬件电路如图 6.43 所示。显示数据由 P0 口提供,
P0.7～P0.0 经 8 路驱动器(7407)驱动 LED 的 X0～X7。显示屏以行扫描方式进行显示,
用 74LS138 选通显示器的各行(Y0～Y7), 扫描显示过程每一次显示一行(8 个 LED 点)。
编写程序, 显示字母 "P"。

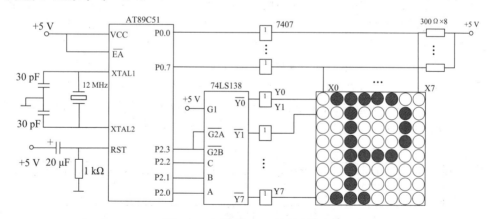

图 6.43　矩阵式 LED 显示器接口

解: 设从程序存储器的 TABLE 开始存放待显示字符 "P" 的点阵码。用 R2 寄存器指
示点阵码的字节顺序, 同时 R2 寄存器也是扫描行的行计数器。程序如下:

```
            ORG    0000H
            LJMP   MAIN
            ORG    0040H
```

```
MAIN:  MOV   SP, #60H
MAIN1: MOV   R2, #0                  ; R2 指示第 0 行
       MOV   DPTR, #TABLE            ; DPTR 为点阵码表首地址
NEXT:  MOV   A, R2
       MOV   P2, A                   ; 选通第 R2 行
       MOVC  A, @A+DPTR              ; 取第 R2 个字节数据
       MOV   P0, A                   ; 送显示数据
       LCALL DELAY                   ; 调延时子程序
       INC   R2                      ; R2 指示下一行
       CJNE  R2, #8, NEXT            ; 8 行未完则继续
       SJMP  MAIN1
DELAY: MOV   R7, #02H                ; 延时 1 ms 的子程序
DEL1:  MOV   R6, #0FAH
DEL2:  DJNZ  R6, DEL2
       DJNZ  R7, DEL1
       RET
TABLE: DB    7CH, 22H, 22H, 22H, 3CH, 20H, 20H, 70H   ; 点阵码
       END
```

例 6.5.2 利用单片机设计一个大屏幕显示器。

解：按大屏幕显示器设计过程中要解决的主要问题逐一处理。

(1) 8×8 显示模块的基本用法。

用 8×8 的 LED 显示模块组成大屏幕显示器。大屏幕 LED 显示器的行、列控制信号的传输若采用并行方式，扫描驱动电路相对简单，但其占用单片机的资源较多，且信号传输线较多，成本高，抗干扰性能差，不适合远距离控制。在实际应用中，一般屏幕控制器与显示屏之间都有一段距离。因此，经常采用串行传输方式。采用串行传输占用的信号传输线少，成本低，抗干扰能力强。不足之处是需要增加移位寄存器，硬件电路相对复杂一些。

图 6.44 所示为大屏幕显示器的接口方案。该例是一个 8 行×64 列的显示屏。该方案用 P1 口作显示器的行选通信号，用串行口输出 8 字节共 64 位的数据到 74LS 164(8 位串转并接口器件)中，形成 64 列的列驱动信号。(74LS164 的用法请参见图 5.12。)

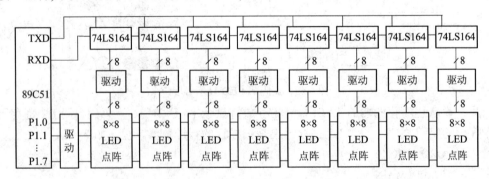

图 6.44 大屏幕显示器的接口

(2) LED 大屏幕显器的编程要点。

由上述方案可知，LED 大屏幕显示一般采用动态显示，要实现稳定显示，需遵循动态扫描的规律，现将编程要点简述如下：

① 从串行口输出 8 字节共 64 位的数据到 74LS164 中，形成 64 列驱动信号。

② 从 P1 口输出相应的行扫描信号，与列信号组合，点亮该行中相关的点。

③ 延时 1～2 ms，使当前行有一定的发光强度。此时间受 50 Hz 闪烁频率的限制，延时不能太大，应保证扫描所有 8 行(即一帧数据)所用时间之和在 20 ms 以内，否则画面会出现闪烁现象。

④ 从串行口输出下一组数据，从 P1 口输出下一行扫描信号并延时 1～2 ms，完成下一行的显示。

⑤ 重复上述操作，直到所有 8 行全扫描显示一遍，即完成一帧数据的显示。

⑥ 重新扫描显示的第一行，开始下一帧数据的扫描显示工作，如此不断地循环，即可完成相应的画面显示。

⑦ 要更新画面时，只需将新画面的点阵数据输入到显示缓冲区中即可。

⑧ 通过控制画面的显示，可以形成多种显示方式。如画面的左平移、右平移、开幕式、合幕式、上移、下移及动画等。

(3) LED 大屏幕显示的扩展。

如将图 6.44 显示屏扩展为 32 行 × 320 列的点阵显示屏，则垂直方向应有 4 个 8 × 8 LED 显示模块，水平方向应有 40 个 8 × 8 LED 显示模块，整个显示屏由 40 × 4 = 160 个 8 × 8 LED 模块组成。由于一行的 LED 点数太多，可将行驱动分成 5 组驱动，每一组驱动 8 × 8 = 64 个 LED 点。由于帧数据对应的行数达 32 行，如仍采用 8 路复用，则垂直方向应分成 4 组驱动，每一组驱动 8 行 LED 点。垂直方向如采用并行传送方式，则需占用 4 个 I/O 端口线。

6.7.2　红外遥控器设计

红外线遥控是目前最常用的遥控手段之一，红外线遥控装置具有体积小、功耗低、功能强、成本低等特点，因而继彩电、录像机之后，在 VCD 机、录音机、音响设备、空调机等家用电器也纷纷采用。

1. 工作原理

1) 遥控指令编码

遥控器发送的功能指令码一般采用多位二进制串行码。下面以 29T6B-X 型彩色电视接收机的红外遥控器为例说明其原理，其一帧数据结构为：同步脉冲、系统码、命令码、命令反码和结束位。

同步脉冲作为一帧命令的起始标志，起帧同步作用；系统码用于区别不同类别的电器；命令码用于完成命令功能；29T6B-X 型彩色电视的系统码为 0x08。命令码见表 6.5，命令反码是将命令码按位取反。

表 6.5 遥控器命令码表

遥控功能	命令码	遥控功能	命令码	遥控功能	命令码
1	00	0	09	MUTE	14
2	01	-/--/---	0A	SLEEP	15
3	02	POWER	OB	DISPLAY	16
4	03	SYSTEM	OC	SMPX	17
5	04	AV	0F	MENU	1C
6	05	CH-	10	SCAN	1E
7	06	CH+	11	VOL M	2A
8	07	VOL-	12	—	—
9	08	VOL+	13	—	—

每次发送都是先发送脉宽为 4510 μs、周期为 2 × 4510 μs 的同步脉冲，然后连续发送两次系统码，接着发送命令码及命令反码，最后发送结束位，波形如图 6.45 所示。

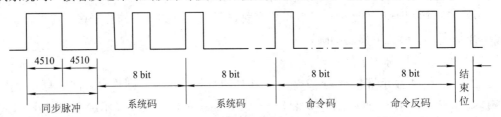

图 6.45 遥控指令编码

2) 数据的脉冲编码

红外通信数据采用脉冲编码，即将每位数据信号用一个脉冲来表示。

本例程序的红外编码采用频率调制(FSK)方式，以脉宽 561 μs 为周期，4 × 561 μs 代表 1，2 × 561 μs 代表 0。载波频率为 38 kHz，占空比为 1/3，如图 6.46 所示。有两点好处：第一减少了有效发射时间，降低了平均功耗，对于采用干电池供电的发射器十分重要；第二提高了抗干扰能力。

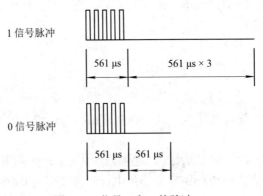

图 6.46 信号 0 和 1 的脉冲

2. 硬件电路

系统由单片机最小系统和红外发射电路组成，如图 6.47 所示。利用 AT89C51 的 P1.0 输出脉冲信号，发射电路中三极管 V1 选用 9013，起信号放大作用，VD1 为红外发射管。为了说明 AT89C51 单片机的应用，我们在此选用了 AT89C51，当然选用其它单片机可能会更有利，如 AT89C2051，SPCE061A 等类型的单片机。其电路功能如表 6.6。

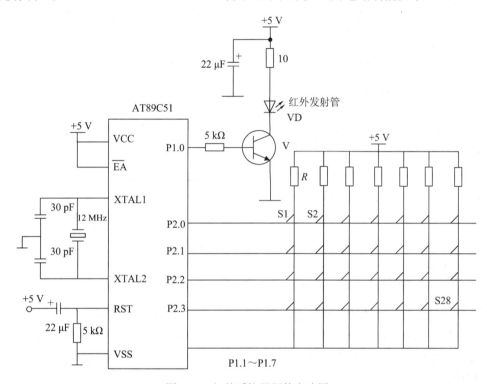

图 6.47 红外遥控器硬件电路图

表 6.6 红外遥控器按键功能表

按键	遥控功能	按键	遥控功能	按键	遥控功能
S1	MUTE	S10	5	S19	SMPX
S2	AV	S11	6	S20	DISPLAY
S3	SLEEP	S12	VOL M	S21	CH+
S4	POWER	S13	7	S22	MENU
S5	1	S14	8	S23	CH-
S6	2	S15	9	S24	VOL-
S7	3	S16	SYSTEM	S25	VOL+
S8	SCAN	S17	-/--/---		
S9	4	S18	0		

3. 程序设计

读者可利用定时器产生定时脉冲信号，结合前面介绍的键盘扫描原理不难编写出相应的程序，在此给出发射程序流程图供读者参考。图 6.48(a)为发射流程图，图 6.48(b)为同步脉冲、"0"信号、"1"信号的发射流程。

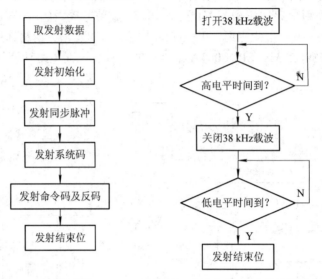

(a) 发射流程图　　　　(b) 同步脉冲、"0"信号、"1"信号的发射流程图

图 6.48　发射程序流程图

6.7.3　液晶显示器应用

液晶显示屏以其微功耗、体积小、显示内容丰富、超薄轻巧、使用方便等优点，在通信、仪器仪表、电子设备、医疗设备、家用电器等低功耗应用系统中得到越来越广泛的应用，使这些电子设备的人机界面变得越来越直观形象。这里以字符型液晶模块 TC1602 为例介绍其工作原理、接口方法及驱动程序的编写方法。

1. TC1602 的工作原理

TC1602 显示器实物图如图 6.49 所示，TC1602 显示器用点阵图形显示字符，显示模式分为 2 行，每行 16 个字符或 1 行 16 个字符两种模式，常用模式为 2 行 16 个字符。它有16 个引脚，其背面左起为第 1 脚，如图 6.49 所示。

TC1602 共有 16 个引脚，分别连接数据线、电源线和控制信号。其引脚功能如下：

第 1 脚 GND：为电源地。

第 2 脚 VCC：接 +5 V 电源。

第 3 脚 VL：为液晶显示器对比度调整端，接正电源时对比度最弱，接地时对比度最强，对比度过高时会产生"鬼影"现象，使用时可以通过一个 10 kΩ 的电位器调整对比度。

第 4 脚 RS：为寄存器选择信号线，高电平时选择数据寄存器，低电平时选择指令寄存器。

第 5 脚 RW：为读写信号线，高电平时进行读操作，低电平时进行写操作。当 RS 和RW 共同为低电平时可以写入指令或者显示地址。当 RS 为低电平，RW 为高电平时可以读取忙信号。当 RS 为高电平，RW 为低电平时可以写入数据。

(a) TC1602 显示器正面

(b) TC1602 显示器背面

图 6.49　TC1602 显示器

第 6 脚 E：为使能端，当 E 端由高电平跳变成低电平时，液晶模块执行命令。

第 7~14 脚：为 8 位双向数据线 D0~D7。

第 15 脚 BLA：背光电源正极输入端。

第 16 脚 BLK：背光电源负极输入端。BLA 接正，BLK 接负便会点亮背光灯。

管脚功能示意图如图 6.50 所示。

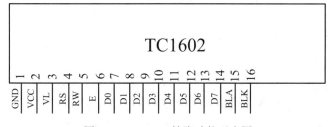

图 6.50　TC1602 管脚功能示意图

　　TC1602 液晶模块内置有字符生成 ROM(CGROM)，字符生成 RAM(CGRAM)和字符显示 RAM(DDRAM)。字符生成存储器(CGROM)已经存储了 192 个不同的点阵字符图形，见表 6.7。这些字符有阿拉伯数字、大小写英文字母、常用符号和日文假名等。每一个字符都有一个固定的代码，比如大写英文字母"A"的代码是 01000001B(41H)，显示时模块把地址 41H 中的点阵字符图形显示出来，我们就能看到字母"A"。

表 6.7　字符代码与字符图形对应表

低位	高位												
	0000	0010	0011	0100	0101	0110	0111	1010	1011	1100	1101	1110	1111
0000	CGRAM(1)		0	@	P	\	p		—	タ	ミ	α	P
0001	(2)	!	1	A	Q	a	q	□	ア	チ	ム	ă	q
0010	(3)	"	2	B	R	b	r	r	イ	ツ	メ	β	θ
0011	(4)	#	3	C	S	c	s	ノ	ウ	テ	モ	€	∞
0100	(5)	$	4	D	T	d	t	\	エ	ト	ヤ	μ	Ω
0101	(6)	%	5	E	U	e	u	ロ	オ	ナ	ユ	B	0
0110	(7)	&	6	F	V	f	v	テ	カ	ニ	ヨ	P	Σ
0111	(8)	>	7	G	W	g	w	ア	キ	ヌ	ラ	g	x̄
1000	(1)	(	8	H	X	h	x	イ	ク	ネ	リ	∫	X
1001	(2)	)	9	I	Y	i	y	ゥ	ケ	ノ	ル	-1	y
1010	(3)	*	:	J	Z	j	z	エ	コ	ハ	レ	j	千
1011	(4)	+	;	K	[	k	{	オ	サ	ヒ	ロ	x	万
1100	(5)	フ	<	L	¥	l	|	セ	シ	フ	ワ	¢	∩
1101	(6)	-	=	M	]	m	}	ユ	ス	ヘ	ン	≠	+
1110	(7)	.	>	N	^	n		ヨ	セ	ホ	ハ	ñ	
1111	(8)	/	?	O	-	o	←	ツ	ソ	マ	ロ	ʋ̄	■

2. TC1602 液晶模块主要技术参数

逻辑工作电压(VDD)：+4.5～+5.5 V。

LCD 驱动电压(VDD－VL)：+4.5～+13.0 V。

工作温度：0～60℃(常温) / -20～75℃(宽温)。

工作电流：<2.0 mA。

屏幕视域尺寸：62.5 mm × 16.1 mm。

3. TC1602 的控制指令

TC1602 液晶模块内部的控制器共有 11 条控制指令，TC1602 的读写操作、屏幕和光标的操作都是通过指令编程来实现的，各指令功能如表 6.8。

指令1：清显示器。把指令码01H送到DDRAM中,清除所有显示的数据,并把DDRAM地址计数器清零，即把光标复位到原始位置。

指令2：光标复位。把DDRAM地址计数器清零，但不清除显示的数据。

指令3：设置光标和显示模式。

I/D：光标移动方向，高电平右移，低电平左移。

S：屏幕上所有文字是否左移或者右移。高电平表示有效，低电平则无效。

表 6.8　TC1602 液晶模块指令表

序号	指　令	RS	RW	D7	D6	D5	D4	D3	D2	D1	D0
指令1	清显示器	0	0	0	0	0	0	0	0	0	1
指令2	光标复位	0	0	0	0	0	0	0	0	1	*
指令3	设置光标和显示模式	0	0	0	0	0	0	0	1	I/D	S
指令4	显示开关控制	0	0	0	0	0	0	1	D	C	B
指令5	光标或显示移位	0	0	0	0	0	0	S/C	R/L	*	*
指令6	功能设置	0	0	0	0	1	DL	N	F	*	*
指令7	设置字符发生器地址	0	0	0	1	字符发生器存储器地址(ACC)					
指令8	设置数据存储器地址	0	0	1	显示数据的存储器地址(ADD)						
指令9	读忙信号和光标地址	0	1	BF	计数器地址(AC)						
指令10	写数据到CGRAM或DDRAM中	1	0	要写入的数据内容							
指令11	从CGRAM或DDRAM中读数据	1	1	要读出的数据内容							

指令 4：显示开关控制。

　　D：控制整体显示的开与关，高电平表示打开显示，低电平表示关闭显示。

　　C：控制光标的开与关，高电平表示有光标，低电平表示无光标。

　　B：控制光标是否闪烁，高电平光标闪烁，低电平光标不闪烁。

指令 5：光标或显示移位 S/C。高电平时移动显示的文字，低电平时移动光标。

指令 6：功能设置命令。

　　DL：高电平时为 4 位总线，低电平时为 8 位总线。

　　N：低电平时为单行显示，高电平时双行显示。

　　F：低电平时显示 5×7 的点阵字符，高电平时显示 5×10 的点阵字符。

指令 7：设置字符发生器 CGRAM 的地址。该指令将地址送入地址计数器，随后 CPU 的操作是针对 CGRAM 的读/写操作。

指令 8：设置 DDRAM 地址。

指令 9：读忙信号和光标地址。

　　BF：为忙标志位，高电平表示忙，此时模块不能接收命令或者数据，如果为低电平表示不忙。

指令 10：写数据到 CGRAM 或 DDRAM 中。

　　　　如果写数据到 CGRAM，要先执行"设置 CGRAM 地址"命令(即指令 7)。

　　　　如果写数据到 DDRAM，要先执行"设置 DDRAM 地址"命令(即指令 8)。

　　　　执行写操作后地址会自动加 1 或减 1。

指令 11：从 CGRAM 或 DDRAM 中读数据。

　　　　如果从 CGRAM 读数据，要先执行"设置 CGRAM 地址"命令。

　　　　如果从 DDRAM 读数据，要先执行"设置 DDRAM 地址"命令。如果从 DDRAM 读数据后地址会自动加 1 或减 1。

4. TC1602 应用实例

TC1602 液晶显示模块可以和 AT89XX 单片机直接接口，电路如图 6.51 所示。图中用 P3.5 控制 E，用 P3.6 控制 RW，RS 用 P3.7 控制，用 P1 口传送命令/数据。VL 处接 10 kΩ 的电位计用来调节显示对比度，接地时对比度最强，接 VCC 时对比度最低。

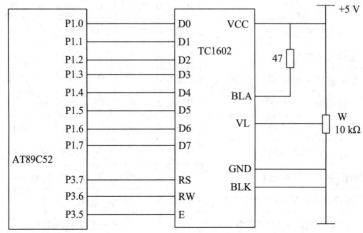

图 6.51　液晶显示模块接口电路

液晶显示模块是一个慢显示器件，所以在执行每条指令之前一定要确认模块的忙标志为低电平(低表示不忙)，否则此指令失效。要显示字符时要先输入显示字符地址，也就是告诉模块在哪里显示字符，图 6.52 是 TC1602 的内部显示地址。

1	2	3	4	5	6	7	8	9	10	11	12	13	14	15	16	
00	01	02	03	04	05	06	07	08	09	0A	0B	0C	0D	0E	0F	第一行
40	41	42	43	44	45	46	47	48	49	4A	4B	4C	4D	4E	4F	第二行

图 6.52　TC1602 的内部显示地址

比如第二行第一个字符的地址是 40H，那么是否直接写入 40H 就可以将光标定位在第二行第一个字符的位置呢？这样不行，因为写入显示地址时要求最高位 D7 恒定为高电平 1，所以实际写入的数据应该是 01000000B(40H) + 10000000B(80H) = 11000000B(C0H)。应用实例：硬件电路如图 6.51 所示，编程将"Welcome To"和"Xidian University"分两行显示在液晶模块上。参考程序如下：

```
        ORG    0000H
        LJMP   START
  RS: BIT    P3.7
  RW: BIT    P3.6
   E: BIT    P3.5
        ORG    0100H
START: MOV    SP, #60H
        MOV    P3, #FFH
AGAIN: MOV    P1, #01H       ; 清屏
```

```
            LCALL   ENABLE        ; 调用显示使能子程序
            LCALL   DELAY
            MOV     P1, #38H      ; 设置显示模式：8 位数据，2 行，5×7 点阵
            LCALL   ENABLE
            MOV     P1, #0FH      ; 显示器开、光标开、光标允许闪烁
            LCALL   ENABLE
            MOV     P1, #06H      ; 移动光标
            LCALL   ENABLE
            MOV     P1, #80H      ; 显示位置地址从 0 开始
            LCALL   ENABLE
            MOV     DPTR, #BUF1   ; 送第一行文本首地址
            LCALL   WRITE1
            LCALL   ENABLE
            MOV     P1, #0C0H     ; 写入显示起始地址(第二行第一个位置)
            LCALL   ENABLE
            MOV     DPTR, #BUF2   ; 送第一行文本首地址
            LCALL   WRITE1
            LCALL   ENABLE
            LCALL   DELAY
            LCALL   DELAY
            JMP     AGAIN
            ; 送命令
ENABLE:     CLR     RS
            CLR     RW
            CLR     E
            LCALL   DELAY
            SETB    E
            RET
            ; 送字符串子程序
WRITE1:     MOV     R7, #16H
NEXT:       MOV     A, #00H
            MOVC    A, @A+DPTR
            LCALL   WRITE2
            LOOP    NEXT
            RET
            ; 送单个字符
WRITE2:     MOV     P1, A
            SETB    RS
            CLR     RW
```

```
        CLR    E
        CALL   DELAY
        SEIB   E
        RET
        ; 延时子程序
DELAY:  MOV    R6, #0FFH
DEL1:   MOV    R5, #0FFH
DEL2:   DJNZ   R5, DEL2
        DJNZ   R6, DEL1
        RET
BUF1:   DB     20H, 20H, "Welcome", 20H, 20H, 20H, "To", 20H, 20H
BUF2:   DB     "Xidian University"
        END
```

习　题　6

6.1　简述 51 系列单片机系统扩展时总线形成电路的基本原理，并说明各控制信号的作用。

6.2　简述全译码、部分译码和线选法的特点及应用场合。

6.3　利用全译码方式为 AT89C51 扩展 16 KB 的外部数据存储器，存储器芯片选用 SRAM 6264。要求 6264 占用从 A000H 开始的连续地址空间，画出电路图。

6.4　利用全译码方式为 AT89C51 扩展 8 KB 的外部程序存储器，存储器芯片选用 EPROM2764，要求 2764 占用从 2000H 开始的连续地址空间，画出电路图。

6.5　利用全译码方式为 AT89C51 扩展 16 KB 的外部数据存储器和 16 KB 的外部程序存储器，存储器芯片选用 SRAM 6264 和 EPROM 2764。要求 6264 和 2764 占用从 2000H 开始的连续地址空间。

6.6　分析如习题 6.6 图所示的电路，写出各芯片的地址范围。

6.7　使用 74LS244 和 74LS273，采用全译码方式为 AT89C51 扩展一个输入端口和一个输出端口，口地址分别为 0080H 和 0081H，画出电路图。编写程序，从输入端口输入一个字节的数据存入片内 RAM 的 30H 单元，同时把输入的数据送往输出端口。

6.8　针对图 6.24 所示的电路编写程序，使数码显示器显示"123456"共 6 个字符。

6.9　习题 6.9 图所示为独立式按键电路配置图。编写键盘扫描子程序，用累加器 A 返回按下键的键值。

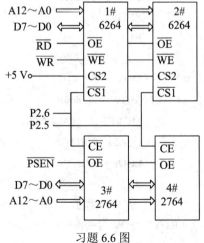

习题 6.6 图

设 S0～S3 的键值为 0～3，若无键按下则 A 的返回值为 FFH。要求消除按键抖动，并判断按下的键是否释放。

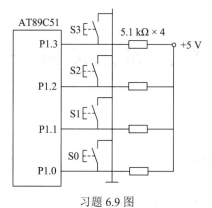

习题 6.9 图

6.10　设计一个 4×4 矩阵式键盘电路，并编写键盘扫描子程序。

6.11　对图 6.41 所示的矩阵式 LED 显示器编写显示程序，前一秒显示 "→"(8×8 点阵)，后一秒显示 "←"，按此规律不断重复。

6.12　DAC0832 与单片机连接时有哪些控制信号？其作用是什么？

6.13　在一个 AT89C51 单片机与一片 DAC0832 组成的应用系统中，DAC0832 的地址为 7FFFH，输出电压为 0～5 V。试画出有关逻辑框图，并编写程序，使该系统的输出信号为一组三角波。

6.14　利用 DAC0832 芯片，采用单缓冲方式，口地址为 F8FFH，编制产生阶梯波的程序。设台阶数为 10，最上边的台阶对应于满值电压。

6.15　在一个 f_{osc} 为 12 MHz 的 AT89C51 系统中接有一片 ADC0809，它的地址为 7FF8H～7FFFH。试画出 ADC0809 的接口电路，并编写程序，对 ADC0809 初始化后，定时采样通道 2 的数据(假设采样频率为 1 ms 一次，每次采样 4 个数据，存于内部 RAM 70H～73H 中)。

6.16　利用 AT89C51 单片机设计一个声光报警电路。要求在正常工作时，绿色指示灯亮；出现异常情况时，红色指示灯亮，同时喇叭发出报警声。

6.17　利用如习题 6.17 图所示的 AT89C51 单片机完成下列设计任务。

(1) 构成最小应用系统。

(2) 编写程序，利用定时器 T0 使 LED 亮 1 s 灭 1 s 不断闪烁。

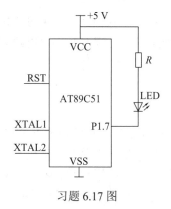

习题 6.17 图

第7章　单片机应用系统设计方法

 本章要点与学习目标

本章系统介绍单片机应用系统设计的具体内容、设计方法、开发过程和调试步骤。通过本章的学习，读者应掌握：

◇ 单片机应用系统的设计方法
◇ 智能电子产品的设计过程及要领
◇ 系统的调试步骤
◇ 常用调试工具的使用方法

前面我们介绍了单片机的基本原理、系统扩展和接口技术。对于设计单片机应用系统来说，这些内容使我们掌握了单片机所提供的软、硬件资源，以及怎样合理利用这些资源，为应用系统设计打下了基础。除此之外，一个实用系统还需配置各种接口，系统设计还会涉及更复杂的工程问题，如：多种类型接口和应用电路(模拟电路、传感器、检测电路、伺服驱动电路及信号隔离电路等)。因此，单片机应用系统的设计应遵循一些基本原则，了解这些基本原则和系统设计方法，对于单片机系统的工程设计与开发应用有着十分重要的意义。本章力求从实际应用角度出发，讨论系统的设计方法，供读者在系统设计时参考。

7.1　系统设计内容

单片机应用系统主要由硬件系统和软件系统两部分组成。硬件系统包括单片机、外部扩展的存储器、外围设备、信号采集与处理及其接口电路等；软件系统包括系统软件和应用软件。

7.1.1　硬件系统组成

单片机典型应用系统包括单片机(CPU)模块、用于检测信号的传感器、信号输入模块、控制输出模块及基本的人机对话模块等。当单个单片机系统不能满足要求时，应采用多机系统，即包含多个单片机子系统组成的应用系统。各个子系统之间利用通信模块实现信息交流，使系统协调工作。图7.1是一个单片机应用系统基本模块组成框图。

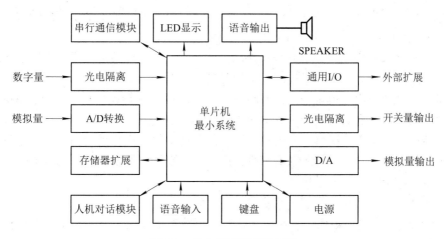

图 7.1　单片机应用系统框图

1. 输入模块

输入模块是单片机与测控对象的连接部分，是系统数据采集的输入通道。通常来自测控对象的现场信息是多种多样的，按物理量的特征可分为模拟量和开关(数字)量两种。如图 7.2 所示。

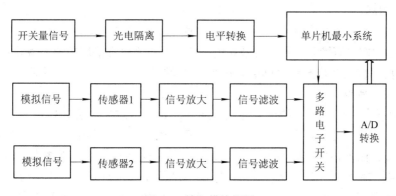

图 7.2　输入模块框图

开关量输入：对于开关量的采集比较简单，只需对开关信号进行光电隔离、电平转换，便可直接作为输入信号。

模拟量输入：模拟量输入通道比较复杂，一般包括传感器、隔离放大器、滤波、采样保持电路、多路电子开关、A/D 转换器及其接口电路等。

传感器：传感器用来采集现场的各种信号，并将其变换成电信号，以满足单片机对输入信号的要求。现场信号有多样形式，有电信号(如：电压、电流、功率等)，也有非电量信号(如：温度、湿度、压力、流量、速度、位移量等)，对于不同物理量应选择相应的传感器。这一部分也是某些专业的学生的一个薄弱环节，要成为合格的系统设计师、总工程师，就必须从全局出发，对系统涉及的各个领域的知识都十分清楚。在此提出来，请读者在学习和工作期间注意不断拓宽自己的知识面。(有关传感器的内容请参见第 11 章)

隔离放大与滤波：一般情况下传感器的输出是微弱信号，不能直接进入系统，要经过放大处理后才能作为输入信号。另外，信息来自各种工业生产现场，存在各种噪声干扰。

为了提高系统的可靠性，就必须采取隔离措施，滤除干扰，这是整个系统抗干扰设计的重点部位。(抗干扰技术请参见第 8 章。)

多路电子开关：用多路电子开关可实现共用一个 A/D 转换器对多路模拟信号进行转换。多路模拟电子开关由单片机控制，某一时刻需要对哪一路模拟信号进行转换，由单片机向多路电子开关发出路地址信息，把该路模拟信号与 A/D 转换器接通，其它模拟信号与 A/D 转换器隔离，从而实现用一个 A/D 转换器转换多路信号的目的。

A/D 转换器：A/D 转换器的作用是将输入的模拟信号转换为数字信号，是系统输入通道中模拟系统与数字系统连接的核心部件，其性能直接关系到模拟信号的转换精度。(具体的 A/D 转换器件请参见 6.6 节)

综上所述，输入模块具有以下特点：

(1) 与现场采集对象相连，是现场干扰进入系统的主要通道，也是整个系统抗干扰设计的重要环节。

(2) 由于采集的对象不同，有模拟量、数字量，而这些信号都是由现场的传感器产生的，传感器输出的微弱信号不能满足 A/D 转换器输入要求，故必须有信号处理电路，如：信号放大器、I/U 变换、A/D 转换、放大、整形电路等。

(3) 输入模块是一个模拟电路和数字电路的混合系统，电路功耗低，信号功率小。

2. 输出模块

输出模块是应用系统的信号输出通道，完成输出信号的状态锁存、信号隔离与功率驱动。输出信号通常也有两种：开关信号和模拟信号。开关信号采用隔离器件进行信号隔离、电平转换和功率放大。模拟信号则需要进行 D/A 转换、放大、功率驱动等。

输出模块的特点：

(1) 输出模块是应用系统的输出通道，通常需要状态锁定和功率驱动。

(2) 控制系统的大功率负荷易通过该通道把干扰噪声反馈到单片机控制单元，干扰系统的正常工作，因此，输出信号的隔离对系统的可靠性影响较大，系统设计时必须重视。

(3) 根据控制对象的不同要求，采用输出驱动的器件也是多种多样：可采用三极管、可控硅、继电器驱动；输出信号形式有电流信号、电压信号、开关量及数字量输出等，应根据应用系统的任务性质而定。

3. 人机对话模块

人机对话模块是单片机应用系统中人机之间信息交流的主要通道，是为用户对应用系统进行有效干预(如启动、参数设置等)及了解应用系统运行状态所设置的功能模块，主要包括键盘、显示器、打印机等设备及相应接口。

人机对话模块有以下特点：

(1) 由于常用的单片机系统大多数是小规模嵌入式系统，因此，系统中人机对话设备的配置都较小，如微型打印机、功能按键、LED/LCD 显示器等。若需高水平的人机对话配置，如通用打印机、CRT、硬盘、标准键盘等，则往往将单片机系统通过串行通信端口与 PC 机相连，使单片机应用系统能享用 PC 机的资源。

(2) 单片机应用系统中，人机对话通道及接口大多采用总线形式，与系统扩展密切相关。

(3) 人机对话模块接口结构简单，功能较多。如键盘接口中通常采用对一个(或一组)按键定义多种功能，简化了系统硬件结构。

4. 通信模块

单片机系统中的通信模块是解决计算机与控制系统之间信息交流的重要接口。在较大规模的多机测控系统中，还需要设计各单机系统之间的通信控制机来完成通道管理。

通信模块具有以下特点：

(1) 单片机本身具有异步串行通信口，很容易实现串行通信，因此，通信模块往往以单片机的串行口为基础扩展而成。

(2) 单片机本身的串行口为系统通信提供了硬件支持，但并没有提供标准的通信规约。因此，利用单片机串行口构成系统时，要建立相应的通信规约并设置串行通信口。

(3) 通信模块采用数字通信技术，抗干扰能力强。

以上对应用系统中的输入模块、输出模块、人机对话模块及通信模块的功能及特点进行了说明，其它模块功能比较简单，在此不一一详述。当然，设计一个应用系统不一定用到全部功能模块，应视具体情况而定。

7.1.2 系统设计内容

单片机应用系统设计包含硬件设计与软件设计两部分。

1. 最小系统设计

给单片机配以必要的外围器件构成能够独立运行的最简单的单片机系统称为单片机最小系统。如片内有程序存储器的单片机 89C51、87C51、SPCE061A 等，只需在片外设置电源、复位电路、时钟源，便构成了最小系统，就能实现一些基本功能。

2. 系统扩展设计

在单片机最小系统基础上，扩展能满足应用系统要求的存储器、I/O 端口及外围电路等。

3. 接口电路设计

根据应用系统的性质与任务，设计相应的输入隔离放大器和输出驱动电路。

4. 通信模块设计

通信模块通常采用单片机本身提供的串行通信接口，实现与其它设备、系统之间的数据通信。

5. 抗干扰设计

系统抗干扰设计要贯穿到设计的全过程。从具体方案、器件选择到电路设计，从硬件系统设计到软件系统设计，都要把抗干扰设计作为一项重要任务。现行的大多数单片机都具有看门狗功能，防止系统死机，这往往还不够，必须有外围电路组成的系统看门狗对整个系统进行监视。

6. 应用软件设计

根据系统功能要求，设计能够满足系统功能的程序。目前大多采用单片机汇编语言或

C 语言设计应用程序。

7.2 系统开发过程

通常，开发一个单片机应用系统需要经历以下几个阶段：系统需求与方案调研、可行性论证、方案设计、样机研制、系统调试、产品定型和批量生产等。当然，应用系统性质不同，设计过程有所侧重。

7.2.1 需求分析与市场调研

在确定开发课题后，首先要进行系统需求分析与市场调研。目的是通过市场调研明确系统的设计目标及目前相关产品的性能、优缺点、发展方向及技术指标等。调研包括查找资料、分析研究，并解决以下问题：

(1) 了解国内外同类系统的现状和发展方向、新器件性能及供应状况；对接收委托的研制项目，应充分了解对方的技术要求、使用环境、技术水平，以便明确系统的功能和技术指标。

(2) 分析软、硬件技术难度，明确技术主攻方向和目标。

(3) 了解软、硬件技术支持。能够移植的尽量移植，避免低水平重复开发。

(4) 综合考虑软、硬件分工。单片机应用系统设计中，软、硬件工作是密切相关的，在系统设计时要综合考虑，合理分工，充分发挥软件功能。

(5) 根据任务要求，选择合适的传感器和执行部件。

经过需求分析与市场调研，提出系统方案并整理出需求分析与方案论证报告，将其作为系统可行性分析的主要依据。

7.2.2 可行性分析

可行性分析的目的是对系统开发研制的必要性及可行性做出明确的结论。根据这一结论决定系统的开发研制工作是否继续进行下去。

通常，可行性分析要从以下几个方面进行论证：

(1) 市场或用户的需求情况分析。

(2) 经济效益和社会效益分析。

(3) 技术支持与开发环境分析。

(4) 产品竞争力与市场前景分析。

(5) 新技术的发展方向及产品升级空间分析。

经过分析和研究写出可行性论证报告。对于可靠性要求较高的系统还要同时完成可靠性分析及论证报告。

整个系统设计过程中要做到"一慢一快"，慢是指在方案设计阶段要仔细，力争把所有问题都考虑到，分类造册；快是指在系统方案确定之后，要分秒必争地完成系统设计。

7.2.3　方案设计

系统方案设计是依据市场调研、用户需求情况、系统运行环境、关键技术支持等因素，从而确定系统功能、系统结构并选择相应实现方法的过程。

系统功能设计包括系统总体目标功能的确定及系统软、硬件功能模块的功能划分与协调。

系统结构设计是根据系统软、硬件功能的划分及其协调关系，确定系统硬件组成和软件结构。系统硬件结构设计包括单片机选型、扩展方案和外围设备的配置及其接口电路的确定等，最后要以逻辑框图形式描述出来。系统软件结构设计是确定系统软件功能模块划分及各功能模块程序的实现方法，最后以结构框图或程序流程图形式确定下来。

本阶段的工作是为整个应用系统实现建立一个框架，即建立系统的逻辑模型，是系统设计的基础和前提。因此，这项工作必须从整体出发，从系统观念出发，放眼全局，每一步都要十分仔细、周密考虑，尽可能将工作内容具体化，各个模块功能划分要详细，只有这样，才不至于在系统设计时出现较大缺陷。

7.2.4　样机研制

系统详细设计与制作就是将前面的系统方案付诸实施，将硬件框图转化成具体电路，并设计印制电路板，将软件框图或流程图编制成相应的程序，生产出样机。这是系统设计的主要工作阶段，比较艰苦工作量大，作为系统负责人要仔细研究，合理调配，做到既分工又协作，齐头并进，力争软、硬件各个环节能够同时完成，以加快开发进程，缩短开发时间。

7.2.5　系统调试

系统调试是检测所设计系统的正确性与可靠性的必要过程，是解决设计和装配过程中存在不足的必要手段。单片机应用系统设计是一个复杂过程，在设计、制作过程中，难免存在一些局部性问题或错误。系统调试可发现存在的问题和错误，并及时进行修正。调试与修改的过程可能要反复多次，直到系统成功运行，达到设计要求。系统软、硬件调试通过后，把联机调试完毕的目标程序固化在程序存储器中，脱机(脱离开发系统)运行，对系统功能再进行逐项测试，直到达到设计指标，满足用户需求。

7.2.6　批量生产

在真实环境或模拟环境下运行，经反复测试运行正常，开发过程即告结束。这时的系统作为样机系统，加上外壳、面板，再配上完整的技术资料，就生成正式系统(或产品)，投入批量生产，服务社会。

当然产品性质不同，开发过程中侧重点也不同，大部分军用产品、工业品对可靠性要求较高，而像民用产品、智能玩具之类的产品则对外观、成本要求较为苛刻。产品设计过程也不是一成不变的，要根据产品性质有所侧重，灵活掌握。

在产品设计过程中，要十分重视人机界面设计。一个设计良好的人机界面会使用户感觉亲切友好，使用得心应手。在此，提请整机设计人员及系统设计师一定要运用人机工程学，重视人机交互界面的设计，否则会影响系统功能的正常发挥和用户的体验感。系统调研、方案论证阶段要周密仔细，应当多花点时间，而在方案实施阶段，应抓紧时间，分工协作，同步进行。

7.3　系统设计方法

读者已详细了解了单片机的基本结构、工作原理、功能扩展和相应的接口电路。但对一个具体的应用对象，如何才能设计一个应用系统，使其能够满足实际需要就变得非常现实了，也是我们每一位系统设计和产品开发者所关心的问题。本节从应用角度出发详细介绍单片机应用系统硬件设计方法和研制过程。

7.3.1　熟悉设计对象

单片机作为控制系统的核心所控制的对象是多种多样的，所实现的控制功能也是千差万别的。这些对象可能是一个具体的设备，如：交通灯控制器、机械手、电视机、空调器、微波炉、电冰箱等；也可能是一个系统，如：生产线过程控制系统、数据采集系统、三遥系统等。在这些控制系统中，它可以有多个数字量和模拟量的采集和控制，有多个采样点和控制点。单片机在这些应用领域可以进行数字测量及采集，也可以完成过程控制、程序控制，或者是闭环控制。例如，一个空调器实际上就是一个温度控制系统，它包含温度测量、A/D 变换、控制计算、输出功率调节等多个环节。在空调器中实现加热功能一般采用电加热，控制比较方便；而对于一个锅炉控制系统，不管是燃油锅炉还是燃煤锅炉，比一个空调器控制要复杂得多，不仅要对温度进行测量，还要测量锅炉内的压力、水位等参量，其控制系统规模要大一些。这类系统是一个模拟量闭环反馈控制系统。在这些系统中，需要进行输出显示(常用 LED、LCD 显示器)、初始值设定(常用拨码开关或键盘输入)、操作控制和报警提示等。因此就需要一个控制面板，在面板上要设置相应功能键和显示器，用于工作人员观察和操作。温度控制系统方框图如图 7.3 所示。

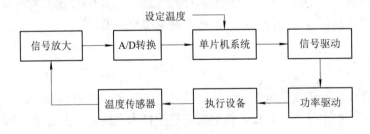

图 7.3　温度控制系统方框图

如上所述，系统设计时，首先要搞清楚控制对象是什么，有哪些控制规律和动作要领，采用哪种控制方法；有哪些被测量和输出量，使用何种传感器，所要求的控制精度或控制误差范围等等。这样，就可以对整个设计过程有总体把握，有的放矢地采取相应技术措施，达到预期的设计要求。系统设计时，尽可能地将问题搞清楚，充分估计各种困难和技术难点，有利于后续工作的开展。

7.3.2　确定 I/O 类型和数量

明确系统的 I/O 通道数，对确定系统的规模和功能十分必要。这些内容不仅与系统的主控制回路有关，而且还涉及显示、测量、系统保护、人机界面、报警处理、参数设定、通信以及中断处理等模块。

1. 开关量确定

(1) 输入开关量。

输入开关量包括现场输入节点(如：行程开关、继电器触点、保护开关输出节点、操作机构辅助节点)和系统设置开关(如：设备号设置拨码开关等)。

(2) 输出开关量。

输出开关量包括控制信号、继电器线圈控制、报警装置驱动、指示灯及 LED 输出接口等。

上述信号数量要逐一核实、编号、确定功能、信号采集方式、输出驱动电路等并逐一落实。

2. 模拟量确定

(1) 输入通道。

根据任务性质和被测模拟量来确定系统所需的输入通道数量。输入通道数也就是 A/D 转换的路数，它包括系统中被测量的模拟量，如温度、压力、流量、液位、电压、电流等，也包括直接由测速电机、位移传感器等输出的电压电流信号。这些被测量首先经过信号变换，非电量要经过变送器将物理量变成电信号，再经过电压电流变换器转换为标准的电压或电流信号输入到 A/D 转换器。

(2) 输出通道。

根据任务性质，确定系统的输出通道数量。模拟输出主要指连续变化量的调节与信号输出，如调节电机电枢电压或调节带有电气转换的调节阀等。模拟输出主要通过 D/A 转换器输出，因此，模拟输出通道数就是 D/A 转换的路数。

将输入通道和输出通道按照序号、名称、变送器规格、转换精度要求等内容仔细统计，登记造册并存档。这些工作要尽可能详细、清楚，它们是系统研制、维护的基本技术资料。

3. 特殊输出处理

在一些特殊情况下，要注意根据实际情况，对 I/O 类型和数量进行灵活处理。如有的电机需要脉宽调制(PWM)控制，有的单片机具有脉宽调制输出功能，就可直接作为单独输出形式应用。而有的单片机没有脉宽调制输出功能，可用电子开关与软件来实现脉宽调制输出，从而达到调整输出脉宽的目的。

4. 软硬件资源综合考虑

在系统设计时，应充分利用单片机的软件资源以简化硬件系统，达到最佳设计。例如：系统人机界面经常需要一些功能键和数字键，如果每一键对应一个开关量输入，就增加了开关输入数量，加大了硬件开销，浪费了硬件资源，同时使硬件电路变得复杂。为了综合平衡软硬件的开销，我们通常将所需的键排列成矩阵形式，采用键盘扫描程序来完成键值输入，其硬件如图 7.4 所示。

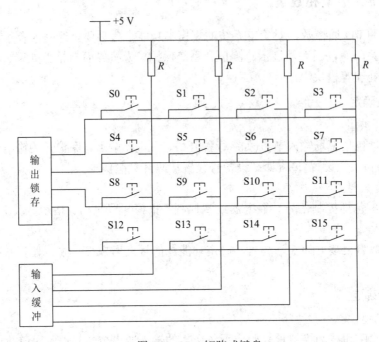

图 7.4　4×4 矩阵式键盘

　　图 7.4 是一个 4×4 矩阵键盘，如每个键用一个开关输入量，则要 16 个输入量，而采用如图所示的矩阵排列方式，仅需要 4 个输出量和 4 个输入量共 8 个量。这样，减少了开关量(这个例子中可减少 8 个)，从而减少了 I/O 接口的开销。当然，这种方式加大了软件的工作量，一般情况下，软件能够很容易完成。该键盘的识别要通过单片机的软件扫描来完成，要求在控制程序中有一个键盘搜索识别程序块并反复扫描键盘，才能实现搜索功能。

　　在考虑一个系统设计时，如何全面地衡量软、硬件的分配，是一个非常重要的问题。较好地解决这个问题，有赖于设计人员的开发经验和对单片机技术及接口电路的熟悉程度。一位有经验的设计者始终立足于系统设计的整体利益，从系统的整体出发全面地均衡软、硬件功能，从开发要求、实现途径、开发周期、产品成本、系统可靠性等多方面全面衡量，合理安排软、硬件功能。经常会出现熟悉硬件电路的人喜欢用硬件解决问题，往往将硬件电路设计得比较复杂，增加了开发工作量、调试周期和硬件成本，同时增加了设备维护量、降低了设备可靠性。而熟悉软件的人又喜欢尽可能用软件来解决问题，将硬件电路设计得过于简单，使软件承担了更多的任务，而导致软件调试比较困难，增加了调试时间，加大了人力资源的投入，加长了开发周期。因此全面正确地均衡软、硬件功能分配，对提高系统可靠性，缩短开发周期，减少工作量，提高效益是非常重要的。这也是普通工程技术人员与系统级工程技术人员的区别，望读者能全面掌握软、硬件及传感器方面的知识，提高系统的整体设计能力。

7.3.3　单片机选型

当前市场上单片机的种类和型号很多，有 4 位、8 位、16 位以及 32 位机；片内 ROM 和 RAM 各不相同，有的 I/O 功能强，输入输出路数多；有的扩展方便，有的不能扩展；有带片内 A/D 的，有不带片内 A/D 的等等。要结合具体任务所需要的 I/O 数、控制对象要求的精度、响应速率、开发环境、软硬件资源等因素选择合适的单片机。在很大程度上，我们选用单片机的种类和型号，基本上取决于我们对某些种类单片机的熟悉程度以及我们手头所具备的开发条件。

单片机的开发以及调试都需要仿真系统，因此对仿真系统使用的熟悉程度往往决定了单片机类型的选用。

国内 8 位单片机仍以 MCS-51 系列为主流机型，与其兼容的 Philips 公司、NEC 公司、Atmel、STC 等公司的相应型号单片机，使 51 系列单片机的资源相当丰富。故 8 位单片机的开发系统仍以 51 系列的单片机开发系统最普及。这些开发系统市场普及率高，功能齐备，能够满足常见应用系统的开发需求。这些开发系统通常要通过串行通信口与 PC 机相连，借助于 PC 机的资源构成开发系统，开发系统带有仿真插头连接到被开发的目标板上实现仿真，并进行相应的软件调试。在 PC 机上安装相配套的专用开发工具软件即可使用。

另外，在研发阶段选用片内有 E^2PROM 存储器的单片机，会为系统开发调试带来方便，在开发完成之后，可选用 OTP(一次性编程)芯片或采用掩膜芯片投入批量生产，可降低产品成本。

对于功能比较简单的家用电器、智能玩具等产品可以选用功能齐全、节省电能、接口丰富、有一定驱动能力的 4 位单片机，不仅能很好地完成系统功能，而且硬件简单，成本低廉，便于批量生产。如三星公司的 KS56、KS57 系列 4 位机，其片内有 2～8 KB ROM，256 B～736 B RAM，可直接驱动 LED、LCD 显示器，有的还带有 A/D 转换器，且其工作电压范围在 2.7～6 V 之间，便于使用电池供电。

对于技术要求较高，8 位单片机无法完成的系统，就必须选用 16 位或 32 位单片机。这类单片机性能更高，功能更强，典型应用机型有 Intel 公司的 MCS-196 系列单片机等。

7.3.4　确定存储器

单片机运行的程序存放在程序存储器中，系统的临时数据和参数一般存放在数据存储器 RAM 中。在设计存储器时，首先要确定所用程序存储器的容量。主要根据任务性质、控制内容、控制算法、控制检测的数量及中断服务程序的大小来确定。选择的原则是：确保够用，考虑发展、留有余量，最好选用现成芯片。如控制一部交流双速电梯，估计程序量要在 4 KB 左右，在设计时，可选用 8 KB 存储器来实现。

程序存储器选择通常要比预先估计的富裕一些，不仅可减轻调试、删改程序的负担，而且选用大容量程序存储器，不一定会增加成本。有时在程序设计时，要将汉字字库放在程序存储器中，所需存储空间就要大些。使用 ROM 保存字形，可防止字库内容在断电时丢失。随着集成电路技术的发展和微电子技术的提高，大容量的 EPROM 芯片并不比低存储容量的 EPROM 价格高，有时还会低一些。如目前市场上 4 KB 的 EPROM 2732 比 2 KB 的 EPROM 2716 还便宜，而 8 KB 的 EPROM 2764 比 2732 便宜。因此选择 2764 芯片作为程序存储器可能还会更经济一些。作为开发人员，要及时了解市场情况以便做出正确的选择。

若选用片内具有 EPROM 的单片机，如 87C51FA，片内有 16 KB 的 EPROM，87C51FB 内部有 32 KB 的 EPROM，但该芯片价格高些，要权衡价格和性能之间的矛盾，以便进行取舍。

对随机存储器 RAM 来说，片内 RAM 作为参数存储单元有时就够用了。若要存储大量数据、表格、参数，片内 RAM 就可能不够用，而必须扩展片外 RAM，一般选用静态存储器 SRAM，如经常选用静态存储器 16 K × 8 位的 62128、8 K × 8 位的 6264 等。

选择 E^{2}PROM(电可擦除的可编程存储器)作为数据存储器，在要求断电时数据仍可以保存的特殊情况下是一种较好的选择。E^{2}PROM 可由电信号进行读写，且断电后保存数据不丢失，但 E^{2}PROM 要比 EPROM 贵一些。

无论选用哪种存储器，都要明确其容量、型号、性能，并且要选用速度和电平都相互兼容的芯片。

若使用单片机作为控制器，不宜将系统扩充得太大，而是尽可能简化设计，充分体现单片机控制系统的优势和特点。

7.3.5 确定 I/O 接口芯片

I/O 接口包括开关量接口、模拟量接口、显示接口和键盘接口等。

开关量接口应根据前面确定的开关量的数量来选择接口芯片。每种系列单片机都有与其兼容的常用芯片，尽可能选用一些搭配合理、应用成熟的电路。

1. 简单 I/O 接口

常常选用一般的 TTL 芯片和 74 系列 8D 锁存器、三态缓冲器等作 I/O 接口，适用于单片机和外部设备之间作同步交换和传输的场合。选用 TTL 芯片作 I/O 接口简单易行，成本低，便于调试，指令控制方便。可以胜任这种接口的芯片种类很多，如常用的 8D 锁存器 74LS273、双 4 位单向三态缓冲器 74LS244、8 位双向三态缓冲器 74LS245 等，设计时可根据设计需要查阅相关器件手册，合理选择。简单 I/O 接口也是单片机应用系统中最常用的扩展端口。

2. 专用可编程接口

51 系列单片机可选用 8155 或 8255 可编程 I/O 接口芯片。8155 芯片有 22 位 I/O，且内部有 256B 的 RAM，在 I/O 点数不太多，且单片机片内 RAM 不足时选用 8155 芯片比较合适。8255 具有 3 个 8 位端口，共 24 位，作为开关量 I/O 接口是经常选用的接口芯片之一。

Z8 系列单片机可选用 PIO 作接口，也可选用 8255 芯片作接口，但其控制信号要经过逻辑组合，其中断控制要经过相应的处理才能应用。

3. 显示接口的设计

通常在控制系统中，显示接口是必要的。如：利用发光二极管作状态指示，利用七段

LED 数码管显示数据等。随着液晶显示器技术的飞速发展和性能价格比的提高，液晶显示器在仪器仪表中的应用已非常普及。

在利用 LED 七段数码管进行静态显示时，使用 TTL 系列芯片的 BCD-七段译码驱动芯片非常方便。常用芯片有 74LS47，MC14495 等。选用时，可根据所用 LED 七段数码显示器共阴极或共阳极的不同，分别选用相应的芯片。使用这类芯片时，只把这类芯片作为一个外设输出接口，将要显示字符的 BCD 码锁存入该芯片，就可得到相应的数字显示。这种显示有适用于十六进制计数的接口芯片，也有适用于十进制计数的接口芯片。

在有的数字显示和小键盘输入的系统中，也可选择可编程接口器件 Intel8279 作键盘、显示接口电路。

总的来说，由于单片机应用系统一般都强调简单实用，所以，在单片机应用系统中，除非十分必要，一般都选用简单 I/O 接口芯片进行系统扩展。

7.3.6　系统设计

在确定了 I/O 口路数、A/D、D/A 转换通道数以及选定了所需要的输入输出接口器件的基础上，下一步就是进行电路设计。将选用的单片机和相应的接口以及有关器件按系统要求组成一个系统电路连接图。系统电路设计时，主要考虑的内容有主模块设计和驱动电路设计两大部分。

1. 主模块设计

主模块包括单片机最小系统、外部存储器扩展和外部接口扩展，同时要完成地址分配、译码电路设计和控制电路设计。

1) 总线扩展

在 51 系列单片机中，程序存储器和数据存储器可分别寻址 64 KB 地址空间，而外部设备 I/O 端口和数据存储器统一编址。在 51 系列单片机中，扩展系统总线时，P0 口用来分时传送地址和数据，使用 74LS373 作为低 8 位地址锁存器来形成低 8 位地址线 A7～A0，用 ALE 作为地址锁存信号直接连到 74LS373 的锁存使能端。用 P2 口形成地址线的高 8 位 A15～A8，从而形成 A15～A0 共 16 位地址总线。由于程序存储器是只读存储器，使用 $\overline{\text{PSEN}}$ 信号作为外扩 ROM 的读信号，数据存储器使用控制信号 $\overline{\text{RD}}$ 或 $\overline{\text{WR}}$ 作为读、写控制信号，以访问两个不同的寻址空间。

2) 地址分配及译码电路

根据总体设计要求，分别给存储器、I/O 端口分配适当的地址，选择相应的译码器电路。

地址译码器通常选用现成的译码器芯片，常用芯片有：3-8 译码器 74LS138，双 2-4译码器 74LS139，4-16 译码器 74LS154 等。这些译码器的功能及输入输出信号的连接特性可查阅相应的器件手册。

当译码器选定并确定相应的选片信号之后，就要确定各芯片的具体地址，从而明确软件访问时的地址空间和使用范围。图 7.5 给出了利用 74LS138 作为 8 段译码器，将 64 KB地址分配为 8×8 KB 的地址空间。当一级译码信号不够用时，要对某一段地址进行二次译码，即将一级译码输出中的某一译码信号再作为译码条件进行二级译码。

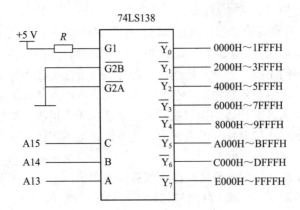

图 7.5　使用 74LS138 译码的地址分配

2. 驱动电路设计

由于常用的器件是 TTL 电路或 MOS 电路，这些电路的驱动能力有限，尤其应用于控制系统时，要增加电流放大和电平转换电路实现功率放大，以便驱动被控设备。

常用的开关驱动电路种类较多，通常有晶体管驱动、复合晶体管驱动、可控硅驱动(单向和双向可控硅)、中间继电器、固态继电器驱动和场效应管驱动等。读者可根据设计的电路特点适当选择，也可参考有关实用电路进行设计，必要时要进行相应的模拟实验。开关电路的驱动常采用固态继电器，它是一个将双向可控硅和光电耦合器驱动封装在一个密封模块中，这种无触点开关有利于提高单片机控制系统的可靠性，减少触点动作对系统的影响。但这种固态继电器价格较高，应根据系统开发的实际要求和具体情况选用。

3. 光电耦合器件的应用

光电耦合器件能可靠地实现信号的电隔离，有效地将单片机电源和驱动电路电源完全分开(两电源不共地，各自独立)，以减少输入输出设备对单片机控制系统的干扰。

当前市场上光电耦合器的型号和种类很多，有单个独立封装的，有四个封装在一个集成块内的，其输入输出特性和传输速度也各不相同。光电耦合器的输入端通常是一个独立的发光二极管，输出端有的是光敏三极管(如图 7.6 所示)，有的是复合光敏三极管，有的是光敏可控硅，因此其驱动能力差别较大，价格差别也较大。选用时，要根据系统设计的基本要求选用。通常用来控制电磁开关，如继电器线圈、电机电枢电压等有较大感性负载的机构时，均要使用光电耦合器来进行电隔离，而作为一般指示灯或 LED 显示输出时不需要光电隔离。

图 7.6　光电耦合器

4. 绘制原理图

目前均利用计算机辅助设计工具完成单片机控制系统原理图设计。常用 PROTEL99 绘制原理电路图及设计印制电路板，该软件是目前许多开发人员使用的设计原理电路图和印制电路板的 CAD 应用软件之一。它带有比较丰富的元件库，如 74 系列集成电路、MOS 集成电路、单片机、存储器、光电耦合器件以及有关的分离元件、接插件等。若用到所带库中没有的一些特殊元件，可以自己设计元器件添加入库。

使用计算机辅助设计工具进行原理图设计,布局方便,修改容易,直观明了,用打印机直接输出,清晰正规,有利于设计资料的整理、存档,便于安装调试。

7.3.7　实验板设计

系统原理图设计完成之后,要经过实验验证,以证明理论设计的逻辑关系的正确性和合理性。

1. 几种常用实验板

1) 面包板

面包板是常用的一种经济方便的实验电路板。在面包板上可以直接插入元器件及集成电路块,导线连接也采用插接方式,操作简便,易于实现。但由于面包板制造质量以及内部簧片弹性等因素,常常出现接触不良等现象,造成电路工作不稳定,易出现故障等缺点。因此,往往只对一些很简单的电路进行实验时,才采用面包板。

2) 使用通用实验板

目前市场上出售多种类型的通用实验板,按集成电路管脚尺寸排列焊盘。可以将双列直插芯片插座焊上,接通连线,分离元件也可直接焊上。有的实验板(如:适用于 51 系列单片机实验板)已完成了几个主要芯片的插座设计,用户只需加上必要的外围电路,插上必要的扩展芯片就可做相应的实验。这是目前常用的实验方法。

3) 设计印制电路实验板

根据将来系统设计需要,设计相应的实验板。设计的实验板也就是将来实际应用电路板的试验板。设计的实验板不直接焊装电路器件,而是焊接插座进行原理测试,当实验测试完成后,并能保证其性能和功能都达到设计要求的情况下,就可对实验板稍做修改即可正式加工制电路板,从而加快了开发周期。经验丰富的开发人员通常采用这种方法。

2. 实验板测试步骤

(1) 电源检查。

当实验板连接或焊接完成之后,首先在不插主要元器件的情况下,检查是否存在电源对地短路现象。用三用表电阻挡检测,确保不存在短路现象的情况下,再加电检查。通常用 +5 V 直流电源,用万用表电压挡测试各元器件插座上相应电源管脚电压是否正确。如有错误,要及时检查、排除,使每个电源引脚的电压都符合要求。

(2) 各元器件电源检查。

断开电源,按正确的元器件方向插上元器件。最好是分别插入,加电测试,并逐一检查每个元器件上的电源是否正确,直至最后全部插上元器件,且加电后,每个元器件上电源都正确无误。

7.3.8　实验电路调试

实验电路板安装检查完成之后,就可以利用开发系统进行调试。

1. 开发系统简介

对实验板进行调试,通常要用到单片机开发系统。开发系统都带有一个仿真插头,可直接插入目标电路板的 CPU 插座，代替目标板上的 CPU 对其系统功能进行仿真。大多数开发系统都和 PC 机相连，借用 PC 机的键盘和显示器以及程序开发功能对目标实验板进行仿真调试，以动态运行方式确认原理设计是否正确，各部分功能及相应逻辑是否合理，是否符合设计要求。

开发系统的仿真器是一个与被开发的目标板具有相同单片机芯片的系统，它是借助开发系统的资源来模拟目标板中的 CPU，对目标板系统的资源如存储器、I/O 接口等进行管理。同时仿真机还具有程序跟踪功能，它可将程序执行过程中的有关数据和状态在屏幕上显示出来，这给查找错误和调试程序带来了方便。其程序运行的断点功能、单步功能可直接发现硬件和软件的设计错误。开发系统和目标实验板的连接如图 7.7 所示。

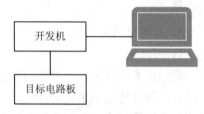

图 7.7　仿真机系统连接示意图

2. 利用开发机调试电路

利用开发系统对实验板的硬件进行检查，常常按其功能及 I/O 通道分别编写相应的实验程序，检查各部分功能及逻辑是否正确。

(1) 检查各地址译码输出。

通常，地址译码输出是一个低电平有效信号。因此在选通某一个器件时(无论是存储器芯片还是 I/O 接口芯片)其选片信号是一个负脉冲信号。由于使用的时钟频率不同，指令执行时间不同，其负脉冲的宽度和频率也有所不同。

以 51 开发系统为例，如一片 6264 存储芯片地址为 2000H～3FFFH，则可在开发机上执行如下程序：

```
        MOV     DPTR, #2000H
LOOP:   MOVX    A, @DPTR
        SJMP    LOOP
```

程序执行时，用逻辑笔或示波器测试 6264 存储器芯片的片选端，看到等间隔的一串负脉冲信号，就说明该芯片选片信号连接是正确的。

用同样的方法，可将各存储器及接口芯片的片选信号都逐一进行检查。如在测试点上观察不到被测信号，就要检查片选线连接是否正确，有无接触不良、错线、断线等现象。

(2) 检查存储器。

检查存储器时可编写一段检测程序，向随机存储器进行写入，再读出，将写入和读出的数据进行比较，若正确，继续检查下一单元；若发现错误，则停止检测程序的运行。

下列检测程序供读者参考：

```
        ORG     0100H
        MOV     A, #00H
        MOV     DPTR, #RAM 首地址
MTEST:  MOVX    @DPTR, A
        MOV     R0, A
        MOVX    A, @DPTR
```

```
CLR    C
SUBB   A, R0
JNZ    STOP
INC    DPTR
MOV    A, R0
INC    A
SJMP   MTEST
```

STOP: 出错停止

如一片 RAM 芯片的多个单元不正确，有可能某些控制信号连接不正确；如一片 RAM 芯片中个别单元出现问题，则有可能这一存储器芯片本身有问题。

(3) 检查 I/O 扩展接口。

对可编程接口芯片如 8155、8255，要首先对该接口芯片初始化，再对其 I/O 端口进行操作。初始化要按系统设计要求进行，程序调试好后就可作为正式编程的相应内容。初始化后，就可对其端口进行读写。对开关量 I/O 来讲，在实验板上可利用按钮开关和发光二极管进行模拟调试。一般情况下，先调试主电路板，驱动板单独调试，这样故障排除更方便些。

如用连续运行方式运行监测程序，若端口状态不易观察时，就可用开发系统的单步功能单步执行检测程序，检查内部寄存器的有关内容或外部相应信号的状态，以确定开关量输入输出通道连接是否正确。

如使用简单 I/O 接口，像常用的锁存器和缓冲器，可直接对端口进行读写操作。

(4) 检查按键输入及显示电路。

对独立按键可直接读入按键的状态，按开关量输入进行检查。若是矩阵式键盘，则要编写相应的键盘扫描程序，并逐一按键，在显示器上显示相应的代码。

显示器检查可根据设计的是动态显示还是静态显示，是硬件七段译码还是软件七段译码，来编写相应的检测程序。检查时，要将七段 LED 显示器从 0~9 逐一验证，对有些特殊字符需要时也要进行验证，以防丢段或连线有错。若采用液晶显示器(LCD)，则要连接相应接口，调试好通信程序，使 LCD 显示正常。

这部分检测程序较长，可参照本书第 6 章的内容编写检测程序，在此不一一列出。

7.3.9　系统结构设计

在前面实验板调试的基础上检查各部分功能均达到设计要求后，要核对系统原理图，确定元器件的型号、管脚连接线，最终确定正式系统原理图。然后就可进行结构设计。

1. 机壳设计

机壳是控制器的保护罩，同时也是人机界面的重要组成部分。外壳的体积和面板设计要根据控制对象的要求综合考虑，不可能给出统一原则。如机床控制，电路板可能就安装在机床内部，不需要另外设计机壳，只有一个简单的外壳加上一个便于操作的面板就可以了。空调器的控制，要求把控制器放在机体内，因此控制板的体积要尽可能紧凑，不需要再加外壳保护，其有关操作放在机体的面板上进行。若要设计一个单片机为核心的智能仪表，则要设计一个恰当的外壳，美观的面板，便于携带和操作，使产品有良好的人机界面。对于家电产品，外观造型、色彩、样式等都要求较高，既要功能齐全使用方便，又要美观大方经济实用。有时一件家用电子产品又是家里漂亮的装饰品。

2. 印制电路板设计

印制板的大小和形状要根据机壳内安装的实际要求和系统所含元器件的数量进行安排和布局。

1) 印制板的划分原则

在一个复杂的系统中，往往要设计多块印制电路板，通过接插件连接构成系统。

(1) 同一功能模块电路尽可能设计在同一印制板上；

(2) 电路板间的连线尽可能简单；

(3) 板子大小要适中，布局要均衡。

2) 印制电路板设计原则

在设计印制板时，要选好相应的接插件以及安装方式。由于印制电路板元器件密集，容易相互影响，因此在设计时要考虑以下几个原则：

(1) 电源线和地线尽可能加粗，以减少导线电阻产生的压降。

(2) 低频信号宜采用一点接地，高频信号宜采用多点接地。

(3) 地线最好绕印制板边沿一周布线，便于地线连接。

(4) 数字电路与模拟电路要分开布局，且两者地线尽量不要相混。

(5) 每个印制板电源进线跨接 $100\sim250\,\mu F$ 电解电容；每个集成电路芯片应跨接一个 103 pF 左右的瓷片去耦电容，保证器件电源工作正常。

(6) 在元器件排列时，有关的器件尽可能靠近，使走线尽可能短，可获得较好的抗噪效果。

(7) 将发热量大的元器件尽可能放置在上方或靠近机壳通风散热孔处，以便获得好的散热效果。

设计印制电路板使用 PROTEL99 绘图软件。使用该软件设计 PCB 版图，可直接拿到印制板厂在光绘机上做出胶片底板，直接加工。在印制板上同时设计一张丝网印制板图，用于将印制板上的元件序号、名称等印制到电路板上，便于安装和检查(关于印制电路板设计的详细内容请参见第 10 章)。

以上介绍了系统硬件设计的主要步骤及方法。在印制板正式做出来后，要再次进行调试以形成正式的控制系统硬件。读者在工作中可结合自己的实践总结出一些规律，以提高系统设计的效率，缩短设计周期，从而尽快设计出一个优质高效的单片机控制系统。

7.4　系 统 调 试

系统调试是开发过程中的一个重要环节。当完成了系统的软、硬件设计，在硬件组装完成之后，便可进入系统调试阶段。系统调试的目的是要查出用户系统中硬件设计与软件设计中存在的缺陷及可能出现的不协调问题，以便进一步完善设计，使系统正常工作。

在方案设计阶段就要考虑系统调试问题，如采取什么方法调试，使用何种测试仪器等，以便在方案设计时将必要的调试方法综合到软、硬件设计中，提早做好调试准备工作。

系统调试包括软件调试、硬件调试及系统联调。根据调试环境不同，系统调试可分为模拟调试与现场调试。各种调试所起的作用不同，所处的时段也不一样，但目标是一致的，都是为了查出系统中潜在错误，提高可靠性，完善系统功能。

7.4.1　常用调试工具

在单片机应用系统调试中，常用的调试工具有以下几种。

1. 单片机开发系统

单片机开发系统的主要作用是：

(1) 系统硬件电路的诊断与检查。

(2) 程序的输入与修改。

(3) 硬件电路、程序的运行与调试。

(4) 程序固化(要用到编程器)。

由于单片机本身不具有调试及输入程序的能力，因此，单片机开发系统就成为开发应用系统不可缺少的工具。

对应于某一系列的单片机都有与之相应的开发系统。例如，Intel 公司推出的 ICE-5100/252 单片机在线仿真器，用于开发研制 51 系列单片机应用系统；ATD-96/98B 单片机开发系统用于开发研制 8096/98 单片机应用系统。Motorola 公司推出的 MC68HC11EVM 仿真器用于开发研制 MC68HC11 系列单片机应用系统。凌阳公司提供的 PROBEL 用于开发研制 SPCE061A 系列单片机应用系统，可以很容易地进行系统仿真和调试，并能完成程序下载实现器件编程。也有少数的开发系统适用于多种类型的单片机，但一般局限于同一公司的产品。因此，单片机开发系统的选择原则是开发系统的单片机与用户系统的单片机必须为同一系列产品。

开发系统可独立工作，也可与计算机联机使用。它提供了必要的开发软件及丰富的子程序库，其监控程序支持程序输入、修改、测试、状态查询等功能。开发系统本身占用单片机硬件资源少并具有资源出借功能，具有多种跟踪、运行、调试功能，与主机联机时可用汇编语言或 C 语言编程。

将单片机开发系统的仿真插头插入用户系统的单片机插座，通过操作开发系统实现对用户系统各部件的操作，就能达到调试、运行用户系统的目的。

现在很多单片机都支持在线编程，我们调试过程中，用下载线将目标程序下载到单片机上，进行脱机调试和功能测试。图 7.8 是一种简单常用的 USB 接口的下载线。

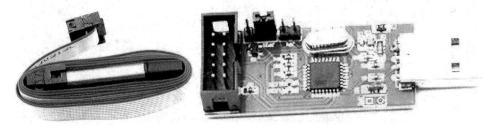

图 7.8　一种 USB 接口的下载线

2. 万用表

万用表(三用表)是系统设计和调试人员必不可少的工具仪表之一，主要用于测量硬件电路的通断、两点间电阻值、测试点电压、电流及其它静态工作状态等。系统研发、调试、维护人员应配备一块内阻较大的数字三用表。

例如，在某个集成块的输入端输入稳态电平时，可用万用表来测试其输出，通过测试值与理论值的比较，就可判定该芯片的工作是否正常。如 74LS04 六非门器件，当在非门输入端加高电平时，其输出端应为低电平，可用三用表测试其电平，判断其工作状态。

3. 逻辑笔

逻辑笔是数字系统调试过程中十分有用的测试工具，它以制作容易，携带方便，经济实用，深受广大工程技术人员欢迎。图 7.9 是一种常用的逻辑笔。

逻辑笔可以测试数字电路中被测试点的电平状态(高或低)及是否有脉冲信号。假如要检测单片机扩展总线上连接的某译码器是否有译码信号输出，可编写一循环程序使译码器输出一特定译码信号。运行该循环程序后，用逻辑笔测试译码器输出端，若逻辑笔上发光二极管交替闪亮，则说明译码器有译码信号输出；若只有红色发光二极管亮(高电平输

图 7.9 逻辑笔

出)或绿色发光二极管亮(低电平输出)，则说明译码器无译码信号输出。这样就可以初步确定由扩展总线到译码器之间可能存在故障。系统运行时，逻辑笔用来测量系统总线的信号，判断系统运行状况十分实用。

4. 示波器

示波器可以测量电平、模拟信号波形及频率，还可以观察多个信号的波形及它们之间的相位关系(双踪或多踪示波器)。既可以对静态信号进行检测，也可以对动态信号进行测试，而且测试准确直观，是电子信息系统调试维修的一种必备工具。图 7.10 是一种常用的示波器。

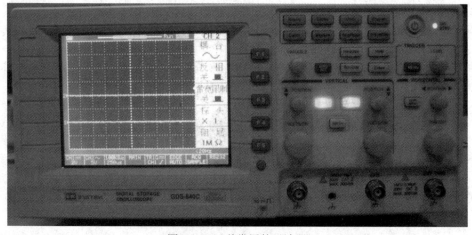

图 7.10 一种常用的示波器

5. 逻辑分析仪

逻辑分析仪能够以单通道或多通道实时获取触发事件的逻辑信号，可保存显示触发事件前后所获取的信号，供操作者随时观察，作为软、硬件分析的依据，能够快速有效地查出软、硬件中的错误。逻辑分析仪主要用于动态调试中信号的捕获。当然，逻辑分析仪也是一种比较贵重的仪器。一般情况下，单片机仿真器也可提供软件逻辑分析功能，能够解决一些实际问题，售价不高，是一种行之有效的分析手段。

在单片机应用系统调试过程中，数字三用表、示波器、逻辑笔及开发系统是最基本的调试工具。

7.4.2　系统调试方法

1. 硬件调试

硬件调试是利用开发系统、基本测试仪器(万用表、示波器等)，通过执行开发系统有关命令或运行适当的测试程序(也可以是与硬件有关的用户程序段)，检查用户系统硬件工作是否正常。

硬件调试可分为静态调试与动态调试两步进行。

1) 静态调试

静态调试是在用户系统未加电时的一种硬件检查方法。

(1) 目测。单片机应用系统中大部分电路安装在印制电路板上，因此对每一块加工好的印制电路板在装焊前要进行仔细检查。检查它的印制线是否有断线、有毛刺、是否与其它线或焊盘粘连，焊盘有否脱落，金属化过孔是否连通等。如印制板无质量问题，则将集成芯片的插座、电路元件焊接在印制板上，(注意装配工艺，一般先低后高。先焊体积小高度低的元件，后装体积大较高的元件；先装低值元器件，后安装价格较高的元件)并检查其焊点是否有毛刺，是否与其它印制线或焊盘连接、焊点是否光亮饱满、有无虚焊等。对系统中所用的器件与设备，要仔细核对型号，检查它们对外连线(包括集成芯片引脚)是否完整无损。通过目测可以查出一些明显的器件、设备故障并及时排除。

(2) 万用表检测。目测检查后，可用万用表测试。先用万用表复核目测过程中认为可疑的连接点，检查它们的通断状态是否与设计相符。再检查各种电源线与地线之间是否有短路现象。短路现象一定要在器件安装及加电前排除。如果电源与地之间短路，系统中的器件或电源设备都可能被毁坏，后果十分严重。所以，对电源与地的处理，在整个系统调试及今后的运行过程中都要相当小心。

如果有现成的集成电路测试仪器，可将要使用的芯片进行测试筛选，其它的器件、设备在购买或使用前也应做必要的测试，以确保将性能可靠的器件、设备用于系统。

(3) 加电检查。在静态检测完成之后，在给印制板加电前，首先检查所有插座或器件的电源额定值是否与电源电压相符，然后再加电检查各点电压是否正常。(注意，单片机插座上的电压不应该大于 VDD，否则联机时可能损坏仿真器)，接地是否可靠，接固定电平的引脚电平是否正确。然后在断电状态下，将芯片逐个插入印制板的相应插座。每插入一块做一遍上述检查，特别要检查电源与地是否短路，这样就可以确定电源错误或与地短路发生在哪块芯片上。

在对各芯片、器件加电过程中，还要随时注意观察芯片或器件是否出现打火、过热、变色、冒烟、异味等现象，如果出现，立即断电，仔细检查电源加载等情况，找出产生异常的原因并加以排除。

此外，也可以在加电期间，通过给逻辑功能简单的芯片加载固定输入电平，用万用表测其输出电平的方法来判定该芯片的好坏。如 74LS08 为四二输入与门，当两输入端接高电平时，其输出端应为高电平；任一输入端为低电平时，输出应为低电平。否则，说明该器件有问题。

(4) 联机检查。因为只有用单片机开发系统才能完成对用户系统的调试，而动态测试也需要在联机仿真的情况下进行。因此，在静态检查印制电路板、接插件、器件等部分无物理性故障后，即可将用户系统与单片机开发系统用仿真电缆连接起来。联机检查上述连接是否正确、可靠。

2) 动态调试

动态调试是在用户系统加电工作的情况下，发现和排除系统存在的器件内部故障、器件间连接逻辑错误、软件功能是否正常的一种有效检查方法。由于单片机应用系统的动态调试是在开发系统的支持下完成的，故又称为联机调试或联机仿真。

动态调试的原则是：由分到合、由近及远。

由分到合指的是，首先按逻辑功能将用户系统硬件电路分为若干模块，如程序存储器、A/D 转换电路、继电器控制电路等，再分别调试。当调试某一模块电路时，与该电路无关的器件可以全部从用户系统中去掉，这样，可将故障范围限定在某个局部范围内。当各个电路调试无误后，将各模块电路逐一加入系统中，再对电路功能及各电路间可能存在的相互联系进行调试。此时若出现故障，最大可能是在各电路协调关系上出了问题，如交互信息的联络是否正确，时序是否达到要求等。直到所有电路加入系统后各部分电路能正常工作为止，由分到合的调试即告完成。在经历了这样一个调试过程后，大部分硬件故障基本上可以排除。

由近及远指的是，对于功能较多，某些逻辑功能模块电路较复杂，会给故障的准确定位带来一定的难度。这时，对每一模块电路可以以信号处理的流向为线索，将信号流经的各器件按照距离单片机的逻辑距离由近及远地分层，然后按层调试。调试时，仍采用去掉无关器件的方法，逐层依次调试下去，就可将故障定位在具体器件上。例如，调试外部数据存储器时，可按层先调试总线电路，然后调试译码电路，最后加上存储芯片，利用开发系统对其进行读写操作，就能有效地调试数据存储器。显然，每部分出现的问题只局限在一个小范围内，有利于故障的发现和排除。

动态调试借用开发系统资源(单片机、存储器等)来调试用户系统中单片机的外围电路。利用开发系统友好的人机界面，可以有效地对用户系统的各部分电路进行访问、控制，从而发现故障。典型有效的访问、控制各部分电路的方法是对电路进行循环读或写操作(时钟等特殊电路除外，这些电路通常在系统加电后会正常运行，只要器件没有问题，一般情况下为免调试电路。)，使得电路中主要测试点的状态能够用常规检测仪器(示波器、万用表等)测试，依次检测被调试电路是否按预期的状态工作。

2. 软件调试

软件调试是检测应用程序是否达到设计要求，能否正确完成系统功能的过程，通过对用户程序的汇编、连接、执行来发现程序中存在的语法错误与逻辑错误并加以排除的过程。软件调试一般采用先独立后联机、先分块后组合、先单步后连续的调试方法。

1) 先独立后联机

从宏观来说，单片机应用系统中的软件与硬件是密切相关、相辅相成的。软件是硬件的灵魂，没有软件，系统将无法工作；同时，软件的运行又依赖于硬件，没有硬件支持，软件的功能便荡然无存。因此，将两者完全孤立开来是不可能的。然而，并非所有用户程序都依赖于硬件，当软件对被测试参数进行加工处理或作某种事务处理时，往往与硬件无关，这样，就可以通过分析用户程序，把与硬件无关的功能相对独立的程序段提取出来，形成与硬件无关和依赖于硬件的两大类用户程序块。这一划分工作在软件设计时就应充分考虑。

在具有交叉汇编软件的主机或与主机联机的仿真机上，此时与硬件无关的程序模块调试就可以与硬件调试同步进行，或借助开发机的仿真功能进行调试，以提高软件调试的速度，缩短开发周期。

程序仿真调试与用户硬件系统调试完成后，可将仿真机、计算机、用户系统连接起来，进行系统联调。在系统联调过程中，先对依赖于硬件的程序块进行调试，调试成功后，再将两大程序块组合在一起调试。

2) 先分块后组合

当用户系统规模较大、任务较多时，即使先行将用户程序分为与硬件无关和依赖于硬件两大部分，但这两部分程序仍较为庞大，从头至尾调试，既费时间又不容易进行错误定位，所以常规的调试方法是分别对两类程序模块进一步划分，然后分别调试，以提高软件调试的有效性。

在调试时所划分的程序模块应基本保持与软件设计时的程序功能模块或任务一致。除非某些程序功能模块较大时才将其再细分为若干个子模块。但要注意的是，子模块的划分与一般模块的划分应一致。

每个程序模块调试完成后，将相互有关联的程序模块逐块组合起来加以调试，以解决在程序模块连接中可能出现的逻辑错误。由于各个程序模块通过调试已排除了内部错误，所以软件总体调试的错误就大大减少了，能够在较短的时间内完成软件调试。

3) 先单步后连续

调试好程序模块的关键是实现对错误的正确定位。准确发现程序(或硬件电路)中错误的有效方法是采用单步加断点运行方式调试程序，单步运行可以了解被调试程序中每条指令的执行情况，分析指令的运行结果可以知道该指令执行的正确性，并进一步确定是由于硬件错误、数据错误还是程序设计错误等引起该指令的执行错误，从而发现并排除故障。

但是，所有程序模块都以单步方式查找错误的话，实在是一件既费时又费力的工作，而且对于一个好的软件设计人员来说，设计错误率比较低，所以，为了提高调试效率，通常采用先使用断点运行方式将故障定位在程序的一个小范围内，然后针对故障程序段再使用单步运行方式来确定错误位置所在，这样就可以做到调试的快捷和准确。一般情况下，单步调试完成后，还要做连续运行调试，以防止某些错误在单步执行的情况下被掩盖。有些实时性操作(如中断等)利用单步运行方式无法调试，必须采用连续运行方法进行调试。为了准确地对错误进行定位，可使用连续加断点运行方式调试这类程序，即利用断点定位的改变，一步步缩小故障范围，直至最终确定出错误位置并加以排除。

3. 系统联调

系统联调是指将应用系统的软件在其硬件系统上实际运行，进行软、硬件联合调试，发现硬件故障或软、硬件设计错误的过程。这是对用户系统检验的一个重要环节。系统联调主要解决以下几个问题：

(1) 软、硬件能否按设计要求配合工作？如果不能，那么问题出在哪里？如何解决？

(2) 系统运行中是否有潜在的、在设计时难以预料的错误？如硬件延时过长造成工作时序不符合要求，布线不合理造成串扰等。

(3) 系统的动态性能指标(包括精度、速度参数)是否满足设计要求？

系统联调时，首先采用单步、断点、连续运行方式调试与硬件相关的各程序段，既可检验这些用户程序段的正确性，又能在各功能独立的情况下，检验软、硬件的配合情况。然后，将软、硬件按系统工作要求进行综合运行，采用断点、连续运行方式进行总调试，使系统总体运行时软、硬件能协调工作以保证系统的动态性能。在具体操作中，应用系统在开发系统环境下，先借用仿真器上的单片机、存储器等资源进行工作。若发现问题，按上述软、硬件调试方法准确定位，分析错误原因，找出解决办法。用户系统调试完成后，将目标程序固化到系统的程序存储器中，使系统运行。若无问题，则目标系统插上单片机即可脱机运行了。

注意： 由于用仿真器调试时可以采用仿真器时钟和复位电路，因此，脱机后不要忘记对用户板上系统时钟和复位电路的检查。

4. 现场调试

一般情况下，通过系统联调后，用户系统就可以按照设计目标正常运行了。但在某些情况下，由于系统运行的环境较为复杂(如：电磁环境干扰、工作现场有特种气体、工频干扰等)，在实际进入现场工作之前，环境对系统的影响无法预料，只能通过现场调试发现问题，找出相应的解决方法。或者虽然已经在系统设计时采取了抗干扰措施，是否行之有效，还必须通过用户系统在实际现场的运行来加以验证。另外，有些用户系统的调试是在用模拟设备代替实际监测、控制对象的情况下进行的，这就更有必要进行现场调试，以检验用户系统在实际工作环境中工作的正确性。必要时，在进入现场调试之前应完成例行环境试验。

现场调试对用户系统来说是最后必需的一个过程，只有经过现场调试的应用系统才能保证其可靠地工作。现场调试仍可利用开发系统来完成，其调试方法与前述方法类似。

在系统设计过程中，没有一个固定不变的方法，即所谓法无定法，有些过程可以简化，要根据系统的实际要求有所侧重，不断总结经验，才能在整个系统研制过程中得心应手。请读者注意，方案论证和系统设计必须花精力仔细研究和反复论证，否则会对后续工作带来很大困难。

　　总之，从系统设计到调试完成是一个复杂的过程，尤其是调试环节可能要反复多次。一般情况下，由于现在大多数单片机都具有在线编程功能，因此对于一些不太复杂的系统，可以直接将目标程序下载到单片机进行调试，也是一种便捷实用的方法。

习　题　7

　　7.1　设计一个单片机应用系统要经过哪些主要步骤？主要应该完成哪几个报告？

　　7.2　简述实用系统的设计方法及各个阶段的主要任务。

　　7.3　在单片机应用系统的输出回路中，常用的驱动电路有哪几种？各有什么特点？

　　7.4　实验电路板初次加电前应做哪些检查，为什么？

　　7.5　简述单片机应用系统样机调试方法。

第 8 章　系统抗干扰设计技术

 本章要点与学习目标

本章从单片机应用系统的抗干扰设计出发，分析了影响单片机系统正常工作的干扰源，分别从硬件系统设计和软件设计方面介绍了相应的抗干扰措施，讨论了电源抗干扰方案和系统接地技术，介绍了 I/O 通道抗干扰技术。通过本章的学习，读者应掌握：

　◇　明确影响单片机应用系统的各种干扰源
　◇　软硬件系统的抗干扰设计技术及具体设计方法
　◇　电源系统的抗干扰设计和具体措施
　◇　系统的接地技术及使用方法
　◇　明确 I/O 通道设计时应采取的抗干扰措施

单片机应用系统具有体积小、价格低、配置灵活、功能强、使用方便等特点，获得了广泛应用。虽然在单片机设计时采取了不少措施，但其工作环境大都在工业生产现场或嵌入被控设备之中，工作条件恶劣，受强电干扰较多。因此，研究抗干扰技术对保证单片机系统稳定可靠工作十分重要。本章将从干扰的来源、硬件、软件以及电源系统进行分析，讨论实用有效的抗干扰措施。

8.1　干扰源分析

单片机控制系统的工作环境比较复杂，一般都存在自然因素或人为因素产生的电磁干扰，各种干扰通过一定的途径进入单片机控制系统或测量通道，就会对单片机控制系统产生干扰，通常将上述影响正常工作的各种干扰信号称为噪声。在单片机控制系统中，出现干扰，就会影响指令的正常执行，造成事故或控制失灵，在测量通道中存在干扰，就会产生测量误差，计数器受到干扰可能造成记数不准，电压的冲击有可能使系统无法正常运行甚至损坏。

凡是能产生一定能量，可以影响到周围电路正常工作的信号都可认为是干扰源。干扰有的来自外部，有的来自系统内部。

一般来说，干扰源可分为以下三类：

(1) 自然界的宇宙射线，太阳黑子活动，大气污染及雷电因素造成的干扰信号。

(2) 物质固有的，即电子元器件本身的热噪声和散粒噪声干扰。

(3) 人为造成的，主要是由电气和电子设备引起的干扰。这些干扰在系统工作的环境中广泛存在，包括动力电网的电晕量放电、绝缘不良的弧光放电、交流接触器、继电器接点引起的电火花，照明灯管所引起的放电，变压器、电焊机等大功率设备启/停造成的浪涌，可控硅开关造成的瞬间尖峰，都会对交流电网产生影响，继而通过电源系统影响单片机系统的正常运行。还有像大功率广播、电视、通信、雷达、导航、高频设备以及大功率设备所发出的空间电磁干扰，系统本身电路的过渡过程，电路在状态转换时引起的尖峰电流，电感或电容所产生的瞬间电压和瞬变电流也会对系统工作产生干扰。另外，印制电路板布局不合理、布线不规则、排列不合理、走线粗细不均匀等使电路板自身电路间产生相互影响；系统安装布线不合理，强弱电走线没有分开，都会对系统造成干扰。

　　噪声干扰的频谱很宽，干扰噪声可以是直流、交流、脉冲等形式。从噪声进入控制系统的途径来讲，主要有三种干扰通道，如图 8.1 所示。

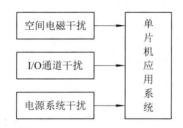

图 8.1　单片机控制系统主要干扰途径

　　空间电磁干扰(场干扰)是通过电磁波辐射进入系统；I/O 通道干扰是通过和主机系统相连接的输入通道、输出通道及与其它主机系统相连的通信端口进入单片机系统；电源系统干扰，主要是指通过供电系统的直流电源线路或地线进入系统。在一般环境下，空间干扰在强度上远小于其它两种渠道进入系统的干扰，而且空间干扰可用良好地屏蔽与正确地接地，或加高频滤波器的方法解决。因此，我们研究抗干扰设计的重点应放在尽可能减少由供电系统和 I/O 通道所引起的干扰。

　　另外，控制系统的软件设计也有许多值得研究的问题。软件设计时通过采用可靠性设计技术，能有效地抑制干扰对系统的影响。

8.2　硬件抗干扰技术

8.2.1　元器件选用

　　系统硬件是由单片机及外围电路等许多元件组成，只有保证每个元器件都能可靠地工作，才能确保系统的可靠性。根据系统设计需要，可以选择的元器件种类很多。将这些元器件应用于系统之前，首先要对元器件进行性能测试和功率老化试验，并随时测试其性能指标是否符合系统要求。

　　一般情况下，元器件在出厂前都进行了测试。通常在应用时不再进行测试，而是直接将元器件用于电路中加电运行考验，发现问题直接替换，这样对整个系统的考机就必须认真进行。依照可靠性理论，芯片在通电使用初期故障率较高，系统装调完成后，应尽量模拟实际运行环境加电考机，尽可能将问题解决在这一阶段，这样考机合格的设备出厂后就能稳定运行了。

8.2.2　接插件选择

单片机控制系统通常由一块或几块印制电路板组成，各板之间以及各板与电源之间采用接插件连接。在接插件的插针之间易造成干扰，这些干扰与接插件插针之间的距离以及插针与地线之间的距离都有关系。因此，在设计和选用接插件时要注意以下几点：

(1) 合理地设置接插件，电源接插件与信号接插件要尽量远离，主要信号的接插件外面最好带有屏蔽网层。

(2) 接插件上要增加接地针数，在安排插针信号时，将一部分插针作为接地线，均匀分布于各信号针之间起到隔离作用，以减小针与针间信号的互相干扰。单从抗干扰方面来讲，最好每一信号针两侧都是接地针，信号针与接地针理想的比例为 1 : 1。当然，在系统设计时要根据实际情况，兼顾各方面的因素综合考虑。

(3) 信号针尽量分散配置，增大彼此之间的距离。

(4) 设计时要考虑信号的频率，把不同时刻翻转的信号插针尽量远离，因信号同时翻转会使干扰叠加。

(5) 选用接插件时，要选用不同机械结构或不同针数的接插件。原则上一块电路板上不要有两个或两个以上结构和尺寸都相同的接插件，以免误插造成损坏。

(6) 插座信号排列时，要考虑到插头有插反的可能，要求即使插头插反也不至于损坏电源或器件。

8.2.3　执行机构抗干扰技术

在单片机控制系统的输出电路中，存在着执行开关、驱动线圈等功率器件，这些器件动作时可能造成回馈干扰。特别是感性负载，电机电枢的反电动势会损坏元器件，甚至会破坏计算机系统或干扰程序的正常运行，为防止由于感性负载的瞬间通、断造成的干扰，通常采用以下措施。

(1) 触点两端并联阻容吸收电路，控制触点间放电，如图 8.2(a)所示。

(2) 电感负载两端并联反向二极管，形成反电动势放电回路，保护设备安全，如图 8.2(b)所示。在继电器线圈两端并接二极管，当开关断开时，感应电动势通过二极管放电，防止击穿电源及开关。

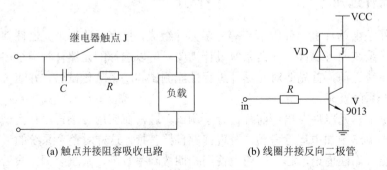

　　(a) 触点并接阻容吸收电路　　　　　(b) 线圈并接反向二极管

图 8.2　输出回路抗干扰措施

8.3　软件抗干扰技术

控制系统软件抗干扰设计对提高整个系统的可靠性，增强系统抗干扰能力非常重要。软件设计要充分考虑采取必要的抗干扰措施，利用软、硬件相结合实现系统抗干扰是单片机控制系统设计必须采取的措施，也是行之有效的手段。下面介绍几种常用的软件抗干扰措施。

8.3.1　设置软件陷阱

由于系统干扰可能破坏程序指针 PC，PC 一旦失控程序就会"乱飞"，可能进入非程序区，造成系统运行错误。设置软件陷阱，可防止程序"乱飞"。

软件设置陷阱可以采用在 ROM 或 RAM 中，每隔一些指令，就把连续几个单元设置成空操作(所谓陷阱)。当失控的程序掉入"陷阱"，连续执行几个空操作后，程序自动恢复正常，继续执行后面的程序。将程序芯片没有被程序指令字节使用的部分全部置成空操作或返回指令代码，一旦程序飞出到非程序区，能够顺利跳回到程序初始状态，重新执行程序，不至于因此造成程序死循环。

8.3.2　软件看门狗(Watchdog)

利用设置软件陷阱的办法虽在一定程度上解决了程序"乱飞"失控问题，但在程序执行过程中若进入死循环，无法撞上陷阱，就会使程序长时间运行不正常。因此设置陷阱的办法不能彻底有效地解决死循环问题。

设置程序监视器(Watchdog——看门狗)可比较有效地解决死循环问题。程序监视器系统有的采用软件解决，大部分都是采用软硬件相结合的办法。下面以两种解决办法来分析其原理。

1. 利用单片机内部定时器进行监视

在程序的大循环中，一开始就启动定时器工作，在主程序中增设定时器赋值指令，使该定时器维持在非溢出工作状态。定时时间要稍大于程序循环一次的执行时间。程序正常循环执行一次给定时器送一次初值，重新开始计数而不会产生溢出。但若程序失控，没能按时给定时器赋初值，定时器就会产生溢出中断，执行定时器溢出中断服务程序，使主程序回到初始状态。

例　AT89C51 单片机若晶振频率为 6 MHz，选定时器 T0 定时监视程序。程序如下：

```
        ORG    0000H
        LJMP   MAIN
        ORG    000BH
        LJMP   MAIN
        ORG    0060H
MAIN:   MOV    SP, #60H
```

```
          SETB  EA
          SETB  IE0
          SETB  TR0
          …                          ; 其它初始化程序
LOOP: MOV  TMOD, #01H                 ; 设置 T0 为定时器方式 1
          MOV   TH0, #datah           ; 设置定时器初值
          MOV   TL0, #datal
          …
          …
          LJMP  LOOP                  ; 循环
          END
```

程序中设定 T0 为 16 位定时器工作方式，时间常数 datah，datal 要根据用户程序的长短以及所使用的 6 MHz 晶振频率计算，实际选用值要比计算出的值略小些，使定时复位时间略长于程序的正常循环执行时间。这种方法是利用单片机内部的硬件资源定时器达到防止程序进入死循环的目的的。

2. 利用单稳态触发器构成程序监视器

利用单稳态触发器构成程序监视器的电路很多。通过软件定时访问单稳电路，一旦程序出现问题，致 CPU 不能正常访问单稳电路，则使单稳电路产生翻转脉冲致使单片机复位，强制程序重新开始执行。图 8.3 是利用单片机本身的 ALE 信号经分频器分频后，作为系统的强制复位信号。当程序正常运行时，每隔一段时间 P1.0 端口输出一个清零信号，RST 端不会有复位脉冲，就不会强行复位。一旦程序"乱飞"或出现死循环，P1.0 端就不再输出清零信号，系统便会强行复位。(也可以采用系统的某一方波信号作为系统看门狗的时钟源，但一旦该信号出现问题就起不到看门狗的作用了。)

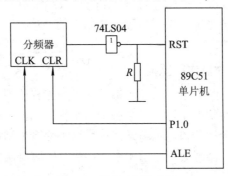

图 8.3　系统看门狗电路

8.3.3　软件冗余技术

软件冗余技术，就是多次使用同一功能的软件指令，以保证指令执行的可靠性，可从以下几个方面考虑。

(1) 采取多次读入法，确保开关量输入正确无误。重要的输入信息利用软件多次读入，比较几次结果一致后再让其参与运算。对于按钮和开关的状态读入时，要配合软件延时消

除抖动。

(2) 不断查询输出状态寄存器，及时纠正输出状态。设置输出状态寄存器，利用软件不断查询，当发现和输出的正确状态不一致时，及时纠正，防止由于干扰引起的输出量变化导致设备误动作。

(3) 对于条件控制系统，把对控制条件的一次性采样、处理控制输出改为循环采样、处理。这种方法对于惯性较大的控制系统具有良好的抗随机干扰作用。

(4) 为防止计算错误，可采用两组计算程序，分别计算，然后将两组计算结果进行比较，如两组计算结果相同，则将结果输出。如出现偏差，则再进行运算，重新比较，直到结果相同，才认为计算结果正确。

软件冗余技术是提高软件可靠性，防止干扰造成误差，保证控制系统正常运行的 有力措施，至于在什么地方采用冗余，要根据在软件设计过程中的薄弱环节和在硬件上易受干扰部位来决定。

8.3.4　软件抗干扰设计

软件设计功能灵活，修改方便，在提高系统可靠性方面，更具有其优点。尤其是进入现场调试后，设备安装就绪，再改动硬件，既花时间又耗费资金，若采用软件可靠性措施，再与硬件相互配合，可以使许多干扰得到抑制和消除。

1. 软件抗干扰能力

在软件设计时采用如下措施，可以有效提高系统的抗干扰能力：

(1) 增加系统信息管理模块。与硬件相配合，对系统信息进行保护。其中包括防止信息被破坏，出故障时保护信息，故障排除之后恢复信息等。

(2) 防止信息在输入输出过程中出错。如对关键数据采用多种校验方式，对信息采用重复传送校验技术，从而保证信息的正确性。

(3) 编制诊断程序，及时发现故障，查找出故障位置，以便及时检修或启用冗余设备。

(4) 软件进行系统调度，包括出现故障时保护现场，迅速启用备用设备，将故障设备切换成备用状态进行维修。在环境条件发生变化时，采取应急措施，故障排除后，迅速恢复系统，继续投入运行等。

2. 提高软件自身的可靠性

通常要编制一个可靠运行的应用软件，应考虑采用以下几项措施。

1) 程序分块和采用层次结构

程序设计时，将程序分成若干个具有独立功能的子程序模块。各个程序模块可以单独使用，也可与其它程序模块共同使用。各程序模块之间可通过固定的通信区和一些指定的单元进行信息传递。每个程序模块都可单独进行调整和修改而不会影响其它程序模块。

2) 采用可测试性设计

在编制软件过程中会出现一些错误。为便于查出错误，提高软件开发效率，可采用以下三种方法：

(1) 明确软件规格，使测试易于进行。

(2) 将测试设计的程序段作为软件开发的一部分。

(3) 把程序结构本身构造成便于测试的形式。

3) 对软件进行测试

软件测试的基本方法是，给软件一个典型的输入，观测输出是否符合要求。发现错误进行修改，直至消除错误，实现正常功能。

测试软件可按以下步骤进行：

(1) 模块测试，即对每个程序模块单独进行测试。

(2) 局部或系统测试，即对多个程序模块组成的局部或系统程序进行测试，以发现程序模块间连接错误。

(3) 系统功能测试，按功能对软件进行测试，如控制功能、显示功能、通信功能、管理功能、报警功能等。

(4) 现场测试，即硬件安装调试完成后再结合软件进行测试，以便对整个控制系统的功能及性能作以评价。

8.3.5 软件自诊断技术

软件自诊断技术主要有两个方面，一方面是对系统硬件和通道的自诊断，另一方面是对软件本身进行诊断和故障排除。

1. 硬件系统诊断

硬件系统的诊断包含两个方面：一方面确定硬件电路是否存在故障，即故障测试；另一方面指出故障的确切位置，给维护提供指导，即故障定位。

有的单片机控制系统配备有系统测试程序，在系统上电时，首先对系统的主要部件以及外设 I/O 端口进行测试，以确认系统硬件工作是否正常。对接口故障的测试，主要是检测接口电路中元器件的故障，故在进行接口电路设计时要考虑以下因素：

(1) 在接口设计时，除考虑接口的功能外，要考虑提供检测的寄存器或缓冲器，以便检测使用。

(2) 将接口划分成若干个检测区，在每一检测区将检测点逐一编号，进行测试。

(3) 将测试点按顺序及故障类型编制成故障字典，以便按测试结果给出故障部位，进行故障定位。

2. 软件自诊断

软件自诊断的方法很多，尤其在运行过程中，为了防止程序突然"乱飞"或进入死循环，需要采取一些办法，前面曾介绍过的设置陷阱和使用程序监视器的措施就是解决软件自身故障的有效办法。另外，也可采取时间冗余法。

所谓时间冗余法，就是通过消耗时间资源来提高软件可靠性。时间冗余法通常采用指令复执和程序卷回两种方式实现。

1) 指令复执技术

重复执行已发现错误的指令，如故障是瞬时的，在指令复执期间，有可能不再出现，程序可继续执行。

所谓复执，就是程序中的每条指令都是一个重新启动点，一旦发现错误，就重新执行被错误破坏的现行指令，指令复执既可用编制程序来实现，也可用硬件控制来实现，基本的实现方法有：

(1) 当发现错误时，能准确保留现行指令的地址，以便重新取出执行。

(2) 现行指令使用的数据必须保留，以便重新取出执行时使用。

指令复执类似于程序中断，但又有所区别。二者都要保护现场，不同的是，程序中断时，机器一般没有故障，执行完当前指令后保留现场；但指令复执，不能让当前指令执行完，否则会保留错误结果，因此在传送执行结果之前就停止执行现行指令，以保存上一条指令执行的结果，且 PC 要后退一步。指令复执通常采用次数控制和时间控制两种方式，如在规定的复执次数或时间内故障没有消失，称复执失败。

2) 程序卷回技术

程序卷回不是某一条指令的重复执行，而是一小段程序的重复执行。为了实现卷回，也要保留现场。程序卷回技术的要点是：

(1) 将程序分成若干小段，卷回时也要卷回一小段，不是卷回到程序起点。

(2) 在第 n 段末，将当时各寄存器、程序计数器及其它有关内容移入内存存档，并将内存中被第 n 段所更改的单元，再在内存中另开辟一块区域保存起来。如在第$(n+1)$段中不出问题，则将第$(n+1)$段现场存档，并撤消第 n 段所存内容。

(3) 如在第$(n+1)$段出现错误，就把第 n 段的现场送给机器的有关部分，然后从第$(n+1)$段起点开始重复执行第$(n+1)$段程序。

卷回方法可卷回若干次，直到故障排除或显示故障状态为止。

8.4　电源抗干扰技术

8.4.1　电源系统干扰源

单片机控制系统通常工作在工业生产的现场环境中，强电干扰比较严重。尤其是一些用电量较大的企业，如：轧钢机工作时甚至会在电网 50 Hz 正弦波上出现几百伏的尖峰脉冲，这些尖峰来源于轧钢机的强大电流。在某些接有大功率用电设备的电网中，甚至可以检测到在 50 Hz 电源上叠加了上千伏的尖峰脉冲电压。这些干扰通过电源进入单片机控制系统，不但使控制系统产生随机误差和跳动误差，甚至会威胁系统的安全，影响控制系统的可靠运行。

用 Δt 表示电源电压变化的持续时间，那么根据 Δt 的大小可把供电系统干扰分为：

(1) 过压、欠压、停电，$\Delta t > 1$ s。

(2) 浪涌、下陷，1 s $> \Delta t > 10$ ms。

(3) 尖峰电压，Δt 为微秒级。

(4) 射频干扰，Δt 为毫微秒级。

(5) 其它，如半周内的停电或过欠压。

过压、欠压、停电的危害是显而易见的，解决的办法是使用各种稳压器和不间断电源

UPS 给系统供电。

但浪涌和下陷是电压的快速变化，会在这些电压变化点附近产生振荡，使电压忽高忽低，致使单片机控制系统受其影响无法工作。这种干扰可采用快速响应的交流电压调压器或滤波器来解决。

尖峰电压持续时间很短，但对单片机系统危害较大，可能会造成逻辑功能紊乱、冲掉程序等，这种干扰可使用具有噪声抑制能力的交流稳压器、隔离变压器或采用相应滤波器等来滤除。

射频干扰对单片机系统的影响不大，利用低通滤波器即可解决。

8.4.2　电源抗干扰措施

为了防止电源系统窜入干扰，影响单片机控制系统的正常工作，整个控制系统的电源设计可从以下几方面考虑。

(1) 在交流进线端加用交流滤波器，可滤掉高频干扰，如电网上大功率设备启停造成的瞬间干扰。滤波器有一级、二级滤波之分，安装时外壳要加屏蔽并使其良好接地，进出线要分开，防止感应和辐射耦合。低通滤波器仅允许 50 Hz 交流通过，对高频和中频干扰有很好的衰减作用。

(2) 对于电源干扰较多、电压不稳的场所可采用交流稳压器。

(3) 采用具有静电屏蔽和抗电磁干扰的隔离变压器。

(4) 采用集成稳压块进行两级稳压。目前市场上集成稳压块种类较多，如提供正电压的 78 系列以及提供负电压的 79 系列稳压块，它们内部是多级稳压电路，比分离元件稳压效果好，且体积小，可靠性高，安装使用方便。直流电源采用两级稳压，效果更好。

(5) 主电路板独立供电，其余部分分散供电，避免一处电源出现故障引起整个系统故障。如图 8.4 所示为一种供电配置方案。

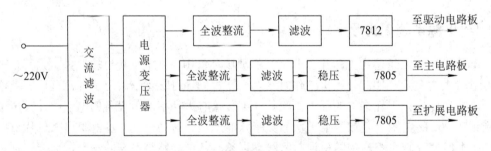

图 8.4　系统供电配置原理框图

(6) 直流电源输出接口采用大容量电解电容滤波。

(7) 线间对地增设小电容滤波消除高频干扰。

(8) 交流电源线与其它线尽量分开走线，减少耦合干扰。如滤波器的输出线上干扰已减少，应使其与电源进线及滤波器外壳保持一定距离。交流电源线与直流电源线及信号线均分别走线，以减少相互干扰。

(9) 尽量提高接口器件的电源电压，提高接口的抗干扰能力。例如：采用光电耦合器输出驱动直流继电器。

(10) 可采用交直流两用电源为系统供电，直流电瓶不仅能提供直流电源，而且具有稳压作用。

8.5 系统接地技术

在单片机控制系统中，接地技术也是抑制干扰的重要手段之一。在系统设计时，力求将接地技术和屏蔽技术正确地结合起来，可以解决大部分由干扰引起的故障。接地包括两方面内容：一个是正确选择接地点；另一个是确保接地点接地牢固。正确选择接地点可防止系统各部分的串扰，接地点牢固可使接地点处于零阻抗，从而降低接地电位，防止接地系统的共模干扰。

8.5.1 系统地线分类

单片机控制系统中地线有许多类型，总的来说可分为保护接地和工作接地两大类。保护接地，主要是为了保护人员和设备的安全，避免因设备绝缘损坏或性能下降，造成机壳带电，致使工作人员触电设备受损的危险。而工作接地主要是保证控制系统稳定可靠运行，防止地线环路引起的干扰。

在单片机控制系统中，地线大致分为以下几类：

(1) 数字地：也叫逻辑地，它是数字电路的零电位。

(2) 模拟地：是放大器、采样保持器以及 A/D 转换器和比较器等模拟电路的零电位。

(3) 功率地：大电流网络元件、功放器件的零电位。

(4) 信号地：传感器件的地电平。

(5) 交流地：指交流电源的地线。

(6) 直流地：指直流电源的地线。

(7) 屏蔽地：一般同机壳相连，为防止静电感应和磁场感应而设置的，常和大地相接。

8.5.2 地线的处理原则

不同的地线有不同的处理方法。这里只给出一些原则，读者可根据系统的实际情况具体分析。

1. 一点接地和多点接地

在低频电路中，布线和元件之间的电感不会产生太大影响，常采用一点接地，如采用多点接地，容易形成地环路。而在高频电路中，因寄生电容和电感影响较大，宜采用多点接地。通常频率小于 1 MHz 时，采用一点接地，而高于 10 MHz 时采用多点接地。介于两者之间，可根据具体情况灵活掌握。

2. 数字地和模拟地的连接技术

数字地和模拟地应该分别接地，即使像 A/D、D/A 转换器，一个芯片上的两种地也最好分开，仅在系统中的一个点上(一般选在供电电源的进线端)把两种地连接起来。

3. 交流地与信号地不能共用

在交流电源地线的两端会有数毫伏，甚至几伏电压，这个电压对低电平电路会产生严重的干扰，因此交流地与信号地不能相通。

4. 浮地和接地

系统浮地，是指系统电路的各个部分的地线不与大地相连。这种接法，有一定抗干扰作用。但系统与地的绝缘电阻不能小于 50 MΩ，一旦绝缘下降，便会带来干扰。也可采用系统浮地，机壳接地，可提高抗干扰能力，保证系统安全可靠。

5. 印制电路板地线布局

(1) TTL、CMOS 器件的地线要呈辐射网状，其它地线不要形成环路；
(2) 地线尽量加宽，以减小接地电阻，线宽最好不要小于 3 mm；
(3) 旁路电容地线不宜太长；
(4) 大规模集成电路最好跨越平行的地线和电源线，以消除干扰；
(5) 集成块电源与地之间最好跨接一瓷片电容器。

6. 传感器信号地

由于传感器和机壳之间易引起共模干扰，为提高抗共模干扰能力，特别要注意接地方法。一般 A/D 转换器的模拟地采用浮空隔离，并可采用三线采样双层屏蔽浮地技术，即将地线和信号线同时采样求取差值，可有效地抑制共模干扰。

8.6　数字信号隔离技术

单片机应用系统中，不可避免地存在各种各样的干扰信号，若电路的抗干扰能力差，将导致测量准确性的降低，甚至产生误动作带来破坏性的后果。在控制系统中，一些被控设备工作在高电压大电流环境中，若采用一般的接口电路，输入通道、输出通道和单片机系统之间就会存在一定的共地电阻，此时，系统的等效电路如图 8.5 所示。当大功率外设工作时，会有大电流流过共地电阻 R，对单片机系统造成很强的干扰电压，这种干扰足以导致系统无法工作。因此，有必要在硬件设计时采用一些隔离措施，以阻止干扰信号进入系统，提高系统的抗干扰能力。

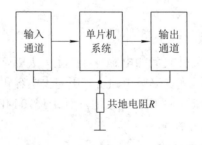

图 8.5　共地电阻示意图

电路隔离的主要目的是通过隔离元器件切断噪声的传输路径，从而抑制噪声干扰，隔离的示意图如图 8.6 所示。

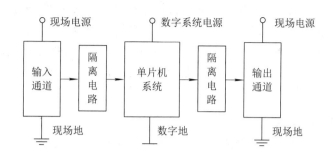

图 8.6　系统隔离示意图

在采用了电路隔离的措施以后，绝大多数电路都能够取得良好的噪声抑制作用，使设备符合电磁兼容性的要求。电路隔离主要有：模拟电路的隔离、数字电路的隔离、数字电路与模拟电路之间的隔离。模拟电路的隔离比较复杂，主要取决于对传输通道的精度要求，对精度要求越高，其通道的成本也就越高。模拟电路的隔离方法主要采用变压器隔离、互感器隔离、直流电压隔离器隔离、线性隔离放大器隔离等。数字电路的隔离方法主要有：光电耦合器隔离、继电器隔离和可控硅隔离等。由于篇幅所限，在此只讨论数字信号隔离技术。

8.6.1　光电隔离技术及其应用

光电隔离是最常用的一种隔离技术之一，也是一种简便且行之有效的隔离方法，它采用光耦合器实现输入信号与输出信号之间的隔离。光耦合器(Optical Coupler，英文缩写为OC)简称光耦，亦称光电隔离器。光耦合器用光为媒介传输电信号，它由发光二极管和光敏三极管组成，光电耦合器原理图如图 8.7 所示。当有电流流过发光二极管时，便形成一个光源，该光源照射到光敏三极管表面，使光敏三极管产生集电极电流，该电流的大小与光照的强弱，亦即流过二极管的正向电流的大小成正比。

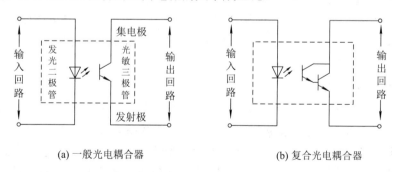

(a) 一般光电耦合器　　　　　　　　　　　　(b) 复合光电耦合器

图 8.7　光电耦合器原理图

光耦合器的种类达数十种，主要有通用型(又分无基极引线和有基极引线两种)、达林顿型、施密特型、高速型、光集成电路、光敏场效应管型，等等。

事实上，光耦合器是一种由电-光-电的转移器件，其输出特性与普通双极型晶体管的输出特性相似，因而可以将其作为普通放大器直接构成模拟放大电路，并且输入与输出间可实现电隔离。然而，这类放大电路的工作稳定性较差，其主要原因有两点：一是光耦合器的线性工作范围较窄，且随温度变化而变化；二是光耦合器共发射极电流传输系数 β 和集电极反向饱和电流 I_{CBO}(即暗电流)受温度变化的影响明显。因此，在对模拟信号隔离时，除应选用线性范围宽、线性度高的光耦合器外，还必须在电路上采取有效措施，尽量消除温度变化对放大电路工作状态的影响。

1. 光耦合器的技术参数

光耦合器的技术参数主要有发光二极管正向压降 U_F、正向电流 I_F、电流传输比 CTR、输入级与输出级之间的绝缘电阻、集电极-发射极饱和压降 U_{CE} 等。此外，在传输数字信号时还需考虑上升时间、下降时间、延迟时间和存储时间等参数。

1) 发光二极管的额定工作电流 I_F

I_F 称为发光二极管的额定工作电流，其电流大小可由厂家的产品手册查出。常用光耦合器的发光二极管的额定工作电流为 $10\sim20$ mA。

2) 电流传输比 CTR

CTR 称为电流放大系数传输比(Current-Transfer Ratio)，是光耦合器重要的参数之一。当发光二极管上有额定电流 I_F 流通时，所发光照射到光敏三极管上，可以激发出一定的基极电流，该基极电流使光敏三极管工作在线性工作区时获得集电极电流 I_C，当接收管的电流放大系数 h_{FE} 为常数时，可由下列公式定义电流传输比：

$$电流传输比\ CTR = \frac{I_C}{I_F} \times 100\%$$

采用一只光敏三极管的光耦合器，CTR 的范围大多为 $20\%\sim30\%$(如 4N35)，PC817则为 $80\%\sim160\%$，而达林顿型光耦合器(如 4N30)可达 $100\%\sim500\%$。这表明欲获得同样的输出电流，达林顿型光耦合器只需较小的输入电流即可。因此，参数 CTR 与晶体管的 h_{FE} 有某种相似之处。普通光耦合器的 $CTR-I_F$ 特性曲线呈非线性，在 I_F 较小时的非线性失真尤为严重，因此它不适合传输模拟信号。线性光耦合器的 $CTR-I_F$ 特性曲线具有良好的线性度，特别是在传输小信号时，其交流电流传输比($\Delta CTR = \Delta I_C /\Delta I_F$)很接近于直流电流传输比 CTR 的值。因此，它适合传输模拟电压或电流信号，能使输出与输入之间呈线性关系。

3) 光耦合器的耐压

光耦合器的耐压体现了光耦合器的隔离特性。在光耦合器工作时，发光二极管一侧与光敏三极管一侧分别属于不同的电路，特别是进行大功率设备或强电回路的控制时，两边的电位差高达数千伏，这种电位差最终都加到了光耦合器的两边，称为光耦合器的耐压。常见的光耦合器的耐压在 $0.5\sim10$ kV 之间。为了避免两者之间被击穿，在设计电路时要选择耐压合适的光耦合器，并要留有一定的余量。

光电耦合器常采用 DIP 封装形式，如 4N25 和 6N135，其引脚排列如图 8.8 所示。在对数字信号隔离时，当输入为低电平"0"时，二极管不导通，发光二极管不亮，光敏三极管截止，光耦合器输出为高电平"1"；当输入为高电平"1"时，二极管导通，发光二极管通过电流而发光，光敏三极管饱和导通，光耦合器输出为低电平"0"。

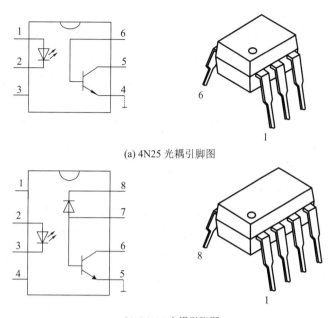

(a) 4N25 光耦引脚图

(b) 6N135 光耦引脚图

图 8.8　光耦 DIP 封装及引脚图

对数字信号隔离时，光耦合器有明显的优势。如由英国埃索柯姆(Isocom)公司、美国摩托罗拉公司生产的 4N×× 系列(如 4N25、4N26、4N35)光耦合器，其线性度差，主要呈现开关特性，它适宜传输数字信号(高、低电平)。4N35 的速度较低，其波特率只能做到几千比特/秒。6N135 和 6N136 的主要特点是速度高，用于数字通信接口，数据波特率可达500 kb/s 以上，常用光电耦合器主要参数见表 8.1。

表 8.1　常用光电耦合器主要参数

型　号	电流传输比 CTR(min) /%	饱和压降 U_{CE}/V	工作电流 I_F/mA	开关时间 /μs
TIL 111/114	8.0	0.4	16	5
TIL 112/115	2.0	0.5	50	2
TIL 116/125/154	20	0.4	10	5
TIL 117/126/155	50	0.4	10	5
TIL 124/153	10	0.4	10	2
4N25A/26	20	0.5	50	10
4N27/28	10	0.5	50	2/8
4N35/36/37	100	0.3	10	4
4N38A	10	0.5	50	8.0/7.0
H11A1/550	50	0.4	10/20	2/25
H11A2/3	20	0.4	10	2

2. 光电耦合器的主要优点

(1) 光电耦合器的输入阻抗很小，只有几百欧姆，而干扰源的阻抗较大，通常为 $10^5\sim$ $10^6\,\Omega$。据分压原理可知，即使干扰电压的幅度较大，但馈送到光电耦合器输入端的噪声电压会很小，只能形成很微弱的电流，由于没有足够的能量而不能使二极管发光，从而被抑制掉了。

(2) 信号单向传输，光电耦合器的输入回路与输出回路之间没有电气联系，也没有共地。发光管和光敏管之间的耦合电容极小(2 pF 左右)，而绝缘电阻又很大，因此回路一边的各种干扰噪声都很难通过光电耦合器馈送到另一边去，其抗干扰能力强，工作稳定，无触点，使用寿命长，传输效率高。

(3) 光电耦合器可起到很好的安全保障作用，即使当外部设备出现故障，甚至输入信号线短接时，也不会损坏仪表。因为光耦合器件的输入回路和输出回路之间可以承受几千伏的隔离高压。

(4) 光耦合器的输入端属于电流型工作的低阻元件，具有很强的共模抑制能力，所以，它在长线传输系统中作为终端隔离元件可以大大提高信噪比。在计算机数字通信及控制系统中作为信号隔离的接口器件，可以大大增加计算机工作的可靠性。

3. 光电耦合器用于输入接口电路

单片机系统中大量应用的是开关量，如接收来自远处现场设备传来的状态信号，单片机对这些信号处理后，输出各种信号去控制执行机构执行相应的操作。为了防止现场干扰噪声随输入信号一起进入单片机系统，可在单片机的输入端采用光耦作接口，起到隔离作用。典型的光电耦合应用电路如图 8.9 所示，现场设备的开关信号 S7～S0 经光耦 4N25 输入，4N25 的输出经输入缓冲器 74240 将设备的状态信息输入到单片机的 P0 口。若 Si($i = 7\sim$ 0)闭合，输入缓冲器对应的输出为 "1"；否则，缓冲器对应的输出为 "0"。

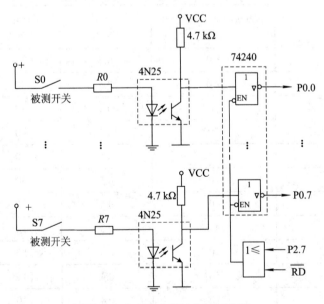

图 8.9　光电耦合器输入接口电路

设该电路的端口地址为 7F00H，用 MOVX 指令访问该端口。指令如下：

    MOV   DPTR, #7F00H

    MOVX   A, @DPTR

该程序段执行后，累加器 A 中便是 S7～S0 的状态信号。

该电路主要用于现场设备的开关信号输入，也可应用在"A/D 转换器"的数字信号的隔离输出，从而实现在不同系统间信号通路相连的同时，在电气通路上相互隔离，并在此基础上实现将模拟电路和数字电路相互隔离，起到抑制交叉串扰的作用。

4. 光电耦合器用于输出接口电路

典型的 8 路光电耦合输出接口电路如图 8.10 所示，输出锁存器经光耦输出，用于控制现场设备的运行。该电路端口地址为 BF00H，用 MOVX 指令访问该端口。指令如下：

    MOV   DPTR, #0BF00H

    MOVX   @DPTR, A

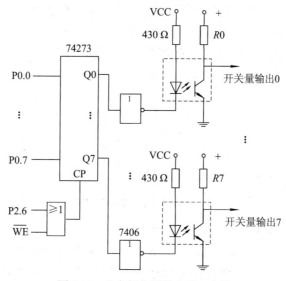

图 8.10　光电耦合器输出接口电路

5. 注意事项

(1) 在光电耦合器的输入部分和输出部分必须分别采用独立的电源，若两端共用一个电源，则光电耦合器的隔离作用将失去意义。

(2) 当用光电耦合器来隔离输入/输出通道时，必须对所有的信号(包括数字量信号、控制信号)全部隔离，使得被隔离的两边没有任何电气上的联系，否则这种隔离也是没有意义的。

8.6.2　继电器隔离技术及其应用

继电器是常用的信号隔离和功率驱动控制器件，它由输入回路和输出回路组成，在控制系统中实现用较小的电流去控制较大电流的一种"自动开关"。起着自动调节、安全保护、功率驱动等作用。目前已广泛应用于计算机外围接口装置、恒温系统、数控机械、遥控系统、仪器仪表、医疗器械、工业自动化装置、化工、煤矿等系统。继电器可分为电磁继电器和固态继电器两大类。

1. 电磁继电器的工作原理和特性

电磁式继电器一般由铁芯、线圈、衔铁、触点簧片等组成。只要在线圈两端加上一定的电压，线圈中流过一定的电流，便产生电磁效应，衔铁就会在电磁力的作用下克服返回弹簧的拉力吸向铁芯，从而带动衔铁的动触点与静触点(常开触点)吸合。当线圈断电后，电磁吸力也随之消失，衔铁就会在弹簧的作用下返回原来的位置，使动触点与原来的静触点断开。这样吸合、释放，从而达到了在电路中的导通、切断的目的。对于继电器的"常开触点"和"常闭触点"，可以这样来区分：继电器线圈未通电时处于断开状态的触点称为"常开触点"；未通电时处于接通状态的触点称为"常闭触点"。

继电器线圈在电路中用一个长方框符号表示，同时在长方框内或长方框旁标上继电器的文字符号"J"。继电器的触点有两种表示方法：一种是把它们直接画在长方框一侧，这种表示法较为直观。另一种是按照电路连接的需要，把各个触点分别画到各自的控制电路中，通常在同一继电器的触点与线圈旁分别标注上相同的文字符号，并将触点组编上号码，以示区别。图8.11给出了继电器控制原理图，图中继电器线圈在控制回路中，用 J 表示，常开触点在被控回路中，其触点编号为 J1-1。

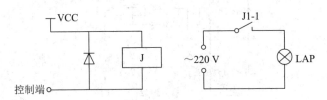

图 8.11　继电器控制原理图

2. 固态继电器(SSR)的工作原理和特性

固态继电器英文名称为 Solid State Relay，简称 SSR。它是用半导体器件代替传统机械触点作为切换装置的、具有继电器特性的无触点开关器件，单相 SSR 为四端有源器件，其中两个输入控制端，两个输出端，输入输出中间采用隔离器件实现输入输出的电隔离。

固态继电器按负载电源类型可分为交流固态继电器和直流固态继电器。按开关方式可分为常开型和常闭型。按隔离方式可分为混合型、变压器隔离型和光电隔离型，光电隔离型应用最广。图8.12给出了光电隔离型固态继电器内部结构图，当输入端加上直流或脉冲信号后，输出端就能从断态转变成通态。

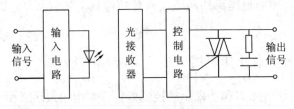

图 8.12　光电隔离型固态继电器内部结构图

固态继电器工作可靠，寿命长，无噪声，无火花，无电磁干扰，开关速度快，抗干扰能力强，且体积小，耐冲击，耐振荡，防爆、防潮、防腐蚀，能与 TTL、DTL、HTL 等逻辑电路兼容，能以微小的控制信号达到直接驱动大电流负载的目的。主要不足是存在通态压降(需相应散热措施)，有断态漏电流，交直流不能通用，触点组数少，另外过电流、过电压及电压上升率、电流上升率等指标差。

3. 继电器主要产品技术参数

继电器主要产品技术参数如下：

(1) 额定工作电压：指继电器正常工作时线圈所需要的电压。根据继电器的型号不同，可以是交流电压，也可以是直流电压。

(2) 直流电阻：指继电器中线圈的直流电阻，可以通过万用表测量。

(3) 吸合电流：指继电器能够产生吸合动作的最小电流。在正常使用时，给定的电流必须略大于吸合电流，这样继电器才能稳定工作。而对于线圈所加的工作电压，一般不要超过额定工作电压的 1.5 倍，否则会产生较大的电流而把线圈烧毁。

(4) 释放电流：指继电器产生释放动作的最大电流。当继电器吸合状态的电流减小到一定程度时，继电器就会恢复到未通电的释放状态，把这时的电流值称为释放电流，它远远小于吸合电流。

(5) 触点切换电压和电流：指继电器允许加载的电压和电流。它决定了继电器能控制电压和电流的大小，使用时不能超过此值，否则很容易损坏继电器的触点。

4. 继电器应用实例

用单片机的 P1.0 端口经小型继电器控制被控电路，继电器隔离输出接口电路如图 8.13 所示，当 P1.0 = 1 时，继电器线圈有电流流过，取 R3 = 430 Ω 左右，保证流过线圈的电流为 10～20 mA，使常开触点 J1 闭合，被控电路工作。当 P1.0 = 0 时，常开触点 J1 断开，被控电路停止工作。

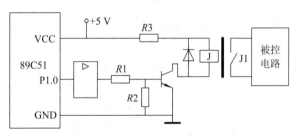

图 8.13　继电器隔离输出接口电路

在应用系统中，为了保证被控设备可靠工作，常常使用闭环检测电路实现对外设的控制。图 8.14 是用继电器控制交流电动机启停的电路，该系统为单片机扩展了一个输出端口(74HC273 锁存器的端口地址为 DF00H)，当 74HC273 锁存器的 Q7 为 1 时，经光敏三极管驱动 12 V、10 mA 的小型继电器的线圈，使常开接点 J1-1 吸合，启动电机，当常开接点 J1-1 吸合的同时常闭接点 J1-2 自动断开。为了使系统可靠的运行，单片机发送启动电机的命令后，要经过适当的延时使接点动作，然后可以通过查询常闭接点 J1-2 的状态来确认电机是否启动。为了防止继电器接点失灵，单片机可以多次发送启动电机的命令，若发送 3 次命令尚不能令继电器吸合则转向故障处理程序(ERROR)。

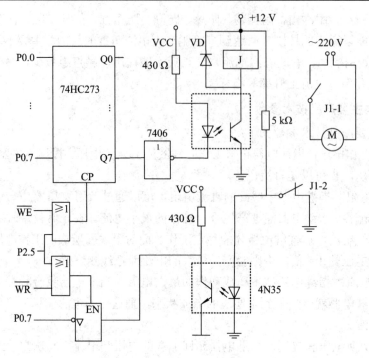

图 8.14 闭环检测电路图

发送启动命令的算法流程图如图 8.15 所示。

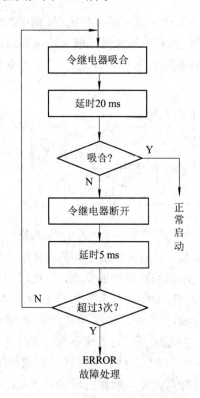

图 8.15 发送启动命令的程序流程图

按图 8.15 流程图编制的参数程序如下：

```
; 闭环检测程序
        MOV     R7, #3              ; R7 为计数器
        MOV     DPTR, #0DF00H       ; 输出端口地址为 DF00H
AGAIN:  MOV     A, #80H
        MOVX    @DPTR, A            ; 闭合接点
        LCALL   DELAY20ms
        MOVX    A, @DPTR            ; 输入端口地址为 DF00H
        JB      ACC.7, NEXT         ; 状态检测
        MOV     A, #00H
        MOVX    @DPTR, A            ; 释放接点
        LCALL   DELAY5ms
        DJNZ    R7, AGAIN
        LJMP    ERROR               ; 转故障处理
NEXT:   …
```

8.6.3　可控硅及其应用

对控制系统中的高电压、大电流设备，不能与单片机端口直接相连，需用可控硅元件进行隔离。可控硅分为单向可控硅和双向可控硅两种。

1. 单向可控硅及其应用

单向可控硅是一种以硅单晶为基本材料的四层三端器件，其内部结构包含四层半导体材料，P1N1P2N2 构成三个 PN 结(J1、J2、J3)，它的电极分别从 P1(阳极 A)、P2(控制极 G)、N2(阴极 K)引出三个管脚，如图 8.16 所示。其中，图 8.16(a)是可控硅元件符号图，图 8.16(b)是其内部结构示意图。由于它的特性类似于真空闸流管，所以国际上通称为硅晶体闸流管，简称晶闸管。又由于晶闸管最初应用于可控整流，所以又称为硅可控整流元件，简称为可控硅 SCR。

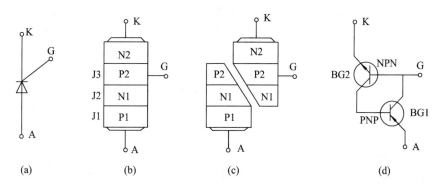

图 8.16　可控硅符号图和等效图解图

在性能上，可控硅具有单向导电性，它只有导通和关断两种状态。分析原理时，可以

把它看作由一个 PNP 管和一个 NPN 管所组成，其等效图解如图 8.16(c)和图 8.16(d)所示。当阳极 A 加上正向电压，控制极 G 输入一个正向触发信号时，则 BG1 和 BG2 管均处于放大状态。由于 BG1 和 BG2 所构成的正反馈作用，使两个管子的电流剧增，BG1 和 BG2 迅速进入饱和导通状态。所以一旦可控硅导通后，即使控制极 G 的电流消失了，可控硅仍然能够维持导通状态。

可控硅能以毫安级电流控制大功率的机电设备，它的优点很多，例如：以小功率控制大功率，功率放大倍数高达几十万倍；反应极快，在微秒级内开通、关断；无触点运行，无火花、无噪声；效率高，成本低等。

图 8.17 给出了一个可控硅隔离电路，用于控制大功率直流负载。当单片机 P1.0 输出为"1"时，光耦的发光二极管导通，三极管 V 截止，可控硅 SCR 导通，直流负载通电，反之断电。

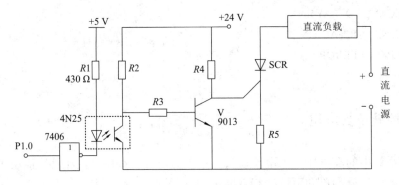

图 8.17　可控硅隔离电路

根据直流负载的功率要求，SCR 可选用小型塑封单向可控硅，如 MCR100-6，MCR100-8 等型号，其驱动电流为 0.8 A，耐压 400～600 V，它们的封装形式为 TO-92，单向可控硅符号和引脚排列如图 8.18 所示。

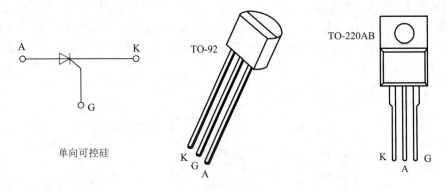

图 8.18　单向可控硅符号和主要封装图

2. 双向可控硅及其应用

双向可控硅是在普通单向可控硅的基础上发展而成的，仅需一个触发电路，是目前比较理想的交流开关器件，其英文名称 TRIAC(TRIode AC switch)即三端双向交流开关之意。双向可控硅的结构与符号如图 8.19 所示。因该器件可以双向导通，故除门极 G 以外的两个电极统称为主端子，用 T1 和 T2 表示，不再划分成阳极或阴极。其特点是，当 G 极和 T2 极相对于 T1 的电压均为正时，T2 是阳极，T1 是阴极。反之，当 G 极和 T2 极相对于 T1 的电压均为负时，T1 变成阳极，T2 为阴极。由于双向可控硅的正向、反向特性曲线具有对称性，所以它可在任何一个方向导通。

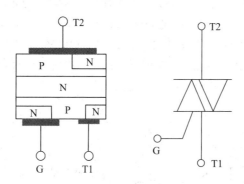

图 8.19 双可控硅内部结构及符号图

双向可控硅有多种封装形式，小功率双向可控硅一般采用 TO-92 塑料封装，如驱动电流为 1 A，耐压 600 V 的 BCM1AM 采用 TO-92 封装形式；有的小功率双向可控硅还带散热板，采用 TO-220AB 封装形式，如 BCM3AM(3 A/600 V)、2N6075(4 A/600 V)、MAC218-10(8 A/800 V)，等等，如图 8.20 所示。

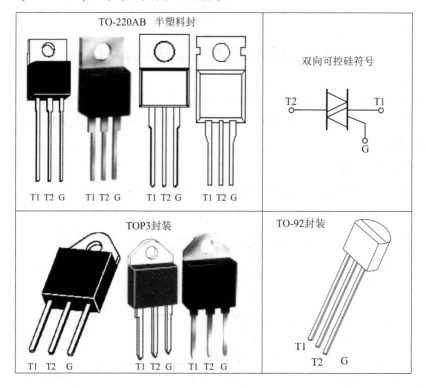

图 8.20 双向可控硅符号和主要封装图

双向可控硅可广泛用于工业、交通、家用电器等领域，实现交流调压、电机调速、交流开关、路灯自动开启与关闭、温度控制、台灯调光、舞台调光等多种功能，它还被用于固态继电器(SSR)和固态接触器电路中。

双向可控硅应用实例如图 8.21 所示，用单片机的 P1.7 口控制灯泡的亮与灭，P1.7 口经光电耦合器 4N25 隔离后驱动双向可控硅 TRIAC。4N25 的光敏三极管由 VD1 和 VD2 供电，VD2 选用工作电压为 12 V，功率为 1/2 W 的稳压管 2CW60，向光敏三极管提供 12 V 的工作电源。双向可控硅 TRIAC 可选用 1 A，600 V 的 BCR1A。当 P1.7 = 0 时，光敏三极管和可控硅都截止，灯不亮；当 P1.7 = 1 时，光敏三极管导通，12 V 电源加到可控硅的控制极 G 上，使可控硅导通，灯泡通电发亮。

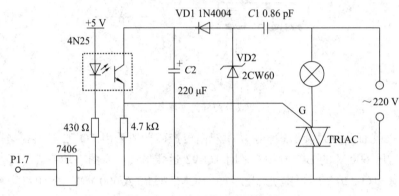

图 8.21　双向可控硅应用实例

8.7　模拟通道的抗干扰设计

在模拟信号采集、传输过程中，由于信号电流多为毫安(mA)级，甚至是微安(μA)级，很容易受到外界干扰。因此在输入通道设计时，要采取必要的抗干扰措施。

1. 硬件措施

1) 模拟量输入回路

在输入电路中的模拟量输入通道加入 RC 滤波器，以减小工频干扰对输入模拟信号的影响，如图 8.22 所示。

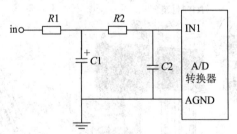

图 8.22　模拟信号输入通道滤波电路

2) 光电耦合器隔离

由于光电耦合器隔断了传感器信号和主机在电气上的直接联系，可有效地抑制瞬间尖峰及其它噪声的干扰。此处的光电耦合器有如下特点：

(1) 光电耦合器的输入阻抗很小，一般为 $100\ \Omega \sim 1\,k\Omega$ 之间，由于干扰源内阻较大，通常为 $100\ k\Omega \sim 100\ M\Omega$，因此分压到光电耦合器上的干扰分量很小；

(2) 干扰噪声虽尖峰较高，但能量较小，只能造成微弱电流。由于光电耦合器工作在电流状态，干扰电流不会对其造成大的影响；

(3) 光电耦合器是在器件内部密封条件下传输，不会受到外界环境及条件的影响；

(4) 输入和输出之间分布电容很小，仅为 $0.5 \sim 2\ pF$，且绝缘电阻很大，通常为 $10^{11} \sim 10^{12}\ \Omega$，故输入干扰信号难于馈送到输出。

图 8.23 是采用光电隔离的模拟信号输入、输出通道组成框图。

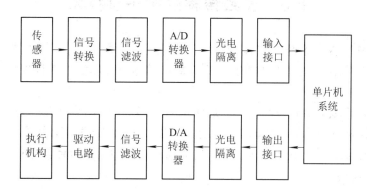

图 8.23　光电隔离模拟通道组成框图

3) 选用适当的 A/D 转换芯片

在干扰较严重的场合，可选用双积分式 A/D 转换器。这种转换器是采用平均值，瞬间干扰和高频干扰对转换结果影响较小，可补偿非线性误差，动态特性较好。但这种双积分式 A/D 转换器转换速度较慢，对于要求转换速度快的场合，要选用逐次逼近式的 A/D 转换器。

2. 软件措施

用软件对输入量进行滤波处理是消除低频干扰的有效措施之一，常用的滤波算法有以下几种：

1) 限幅滤波

规定在相邻两次采样信号之间的差值不得超过一个固定数值。若超过此值，就认为本次采样值是虚假的，要重新采样或取上次采样值使用。

2) 中值滤波

每获得一个点的采样数据需连续采样三次，找出三个采样值中一个居中的值作为本次采样值。

3) 算术平均值滤波

对于周期性的干扰信号，可采用这种算术平均值滤波，对抑制干扰效果较好。其方法是连续记录几次采样值，求其平均值作为本次采样值。每采集一次，丢掉最早的一个数值，仍保留最近几次采样值，并计算平均值作为本次采样值，以此类推。

4) 五中取三平均值滤波

为减少瞬间干扰的影响，可采用五中取三求平均值的办法。对一个采样点，连续采样五次，然后按大小顺序排列，去掉一个最大的，去掉一个最小的，取其中间三个数求其平均值。

5) 一阶惯性滤波

其性能类似 RC 滤波器对采样信号进行滤波，对于低频干扰信号，可用此滤波模拟 RC 滤波，来消除干扰。

8.8　长线传输的抗干扰技术

当单片机作为控制系统的终端机时，必须与主控计算机通信。主控机通常放置在控制室或机房，它和在现场的终端机有一定距离，其通信传输的抗干扰也是一个值得注意的问题。

在工业环境下要完成计算机之间的通信，常用 RS-232C 标准串口实现终端机与计算机之间的通信，该标准作为异步传输协议，有专用驱动芯片与之配套，使用方便，性能良好。其传输电压电平虽已提高到 ±12 V，但如传输线路匹配不好，仍会有严重的畸变产生。

1. 双绞线传输

采用双绞线传输，与同轴电缆相比，虽频带较窄，但阻抗高、成本低、抗共模噪声能力较强，因此被普遍采用。

采用双绞线传输时，其传输距离可达几十米，根据传送距离的不同，双绞线使用方法也有所不同。

当传送距离在 5 m 以下时，发送和接收端连接负载电阻。若发送侧为集电极开路驱动，则接收侧的集成电路用施密特型电路，抗干扰能力更强。

当用双绞线作远距离传送数据时，或有较大噪声干扰时，可使用平衡输出的驱动器和平衡输入的接收器。发送和接收信号端都要接匹配电阻。

当用双绞线传输与光电耦合器配合使用时，可按图 8.24 所示的方式连接。图中给出了开关接点通过双绞线与光电耦合器的连接方式。

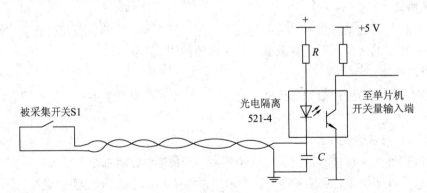

图 8.24　光电隔离在开关量采集通道中的应用

2. 长线电流传输

用电流传输代替电压传输，可获得较好的抗干扰效果。如图 8.25 所示，从电流转换器输出 0～10 mA(或 4～20 mA)电流信号，在接收端并上 500 Ω 的精密电阻 R1，将此电流转换为 0～5 V(或 1～5 V)的电压，然后输入 A/D 转换器。在有的实用电路里输出端采用光电耦合器输出驱动，也会获得同样的效果。此种方法可减少在传输过程中的干扰，提高传输的可靠性。

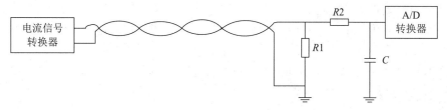

图 8.25 长线电流传输示意图

8.9 系统电磁兼容设计

电磁兼容性是指系统既能在规定的电磁环境中正常工作，而且又不对该环境中其它设备产生过量的电磁干扰。这里包含着两个方面的要求：其一是要求系统对外界的电磁干扰具有一定的抗干扰能力；其二是要求系统在正常运行过程中，该系统对周围环境产生的电磁干扰不能超过规定限度。

比如，家用电器工作在各种电器、电子产品所产生的电磁干扰的环境中，就家庭环境的电磁场分布来说，已不再是"纯净的"。洗衣机、电冰箱、空调器、吸尘器、微波炉、电热毯以及手机、电脑、电视机等在正常工作时，都要发出各种不同频率的电磁波，产生电磁干扰和电磁污染。各种电器在运行中电路的能量反复变换，使电磁场动荡不停，这些都将对周围电器的工作产生影响。当强度超过一定限度时，还可能有损人体健康。因此在考核家用电器运行的可靠性的同时，不仅仅要考虑电器本身的性能，还要考核其对周围环境的承受和干扰程度，这就是家用电器的电磁兼容设计。

与家用电器的电磁兼容设计类似，任何电子系统都必须考虑电磁兼容问题，对电子设备的电磁兼容技术要给予充分的重视。就单片机应用系统而言，影响单片机系统安全可靠运行的主要因素主要来自系统内部和外部的各种电气干扰，并受系统结构设计、元器件选择、安装、制造工艺等因素的影响。这些都构成单片机系统的干扰因素，若处理不当，会导致单片机系统运行失常，轻则影响系统的正常工作，重则会导致事故，造成重大损失。

为了提高电子设备的电磁兼容能力，必须从系统设计开始就对电磁兼容性给予以足够的重视。电磁兼容的设计思路可以从电磁兼容的三要素，即电磁干扰源、电磁干扰可能传播的途径及易接收电磁干扰的电磁敏感电路和器件入手。

干扰源：指产生干扰的元件、设备或信号。如：雷电、继电器、可控硅、电机、高频时钟等都可能成为干扰源。首先，要充分分析电子设备可能存在的电磁干扰源及其性质，尽量消除或降低电磁干扰源的干扰强度。

传播途径：指干扰从干扰源传播到敏感器件的通路或媒介。典型的干扰传播途径是通过导线传导和空间辐射。要充分了解电磁干扰可能传播的路径，尽可能切断其途径，或降低与电磁干扰耦合的能力。

敏感器件：指容易被干扰的对象。如 A/D、D/A 变换器，单片机，数字 IC，弱信号放大器等都是电磁敏感器件。要充分认识易接收电磁干扰的电磁敏感电路和器件，尽量杜绝其接收电磁干扰的可能性。

在系统设计时应采取相应措施，消除或部分消除可能出现的电磁干扰，以减轻调试工作的压力。系统调试时，针对具体出现的电磁干扰，以及接收电磁干扰的电路和元器件的表现进行分析，以确定电磁干扰源之所在及电磁干扰可能传播的路径，再采取相应的解决办法。

在单片机系统中可以从如下几个方面进行设计。

1. 抑制干扰源

干扰的分类有好多种，通常可以按照噪声产生的原因、传导方式、波形特性等进行分类。按产生的原因可分为放电噪声、高频振荡噪声、浪涌噪声。按传导方式可分为共模噪声和串模噪声。按波形可分为持续正弦波、脉冲电压、脉冲序列等等。

常用抑制干扰源措施如下：

(1) 继电器线圈增加续流二极管，消除断开线圈时产生的反电动势干扰。

(2) 在继电器触点两端并接火花抑制电路(一般是 RC 串联电路，电阻一般选几千欧到几十千欧，电容选 0.01 μF)，减小电火花影响。

(3) 给电机加滤波电路，注意电容、电感引线要尽量短。

(4) 电路板上每个 IC 要并接一个 0.01~0.1 μF 高频电容，以减小 IC 对电源的影响。注意高频电容的布线应靠近电源端并尽量粗短，否则，等于增大了电容的等效串联电阻，会影响滤波效果。

(5) 布线时避免 90° 折线，尽量使用弧线转角线或 45° 折线布线，以减少高频噪声的发射。

(6) 可控硅两端并接 RC 抑制电路，减小可控硅产生的噪声(此噪声严重时可能会把可控硅击穿)。

2. 切断干扰传播路径

干扰源产生的干扰信号是通过一定的耦合通道才对测控系统产生作用的。因此，我们有必要分析干扰源和被干扰对象之间的干扰传递方式。

1) 主要的干扰耦合方式

(1) 直接耦合：这是最直接的方式，也是系统中最普遍存在的一种方式。比如干扰信号通过电源线侵入系统。对于这种形式，最有效的方法就是加入去耦电路，从而很好地抑制干扰。

(2) 公共阻抗耦合：这也是常见的耦合方式。这种形式常常发生在两个电路电流有共同通路的情况下，为了防止这种耦合，通常在电路设计上就要考虑，使干扰源和被干扰对象间没有公共阻抗。

(3) 电容耦合：又称电场耦合或静电耦合。是由于分布电容的存在而产生的耦合。

(4) 电磁感应耦合：又称磁场耦合。是由于分布电感而产生的耦合。

(5) 漏电耦合：这种耦合是纯电阻性的，在绝缘不好时就会发生。

2) 切断干扰传播路径的常用措施

(1) 充分考虑电源对单片机的影响。电源做得好，整个电路的抗干扰就解决了一大半。许多单片机对电源噪声很敏感，要给单片机电源加滤波电路或稳压器，以减小电源噪声对单片机的干扰。比如，可以利用磁珠和电容组成 π 形滤波电路，当然条件要求不高时也可用 100 Ω 电阻代替磁珠。

(2) 如果单片机的 I/O 口用来控制电机等噪声设备，在 I/O 口与噪声源之间应加隔离电路。

(3) 注意晶振布线。晶振应尽量靠近单片机引脚，用地线把时钟区隔离起来，晶振外壳接地并固定。

(4) 电路板合理分区，如把强信号与弱信号适当分离，把数字信号与模拟信号适当分离，敏感元件(如单片机)要尽可能远离干扰源(如电机、继电器)等。

(5) 用地线把数字区与模拟区隔离。数字地与模拟地要分离，最后在一点接于电源地。A/D、D/A 芯片布线也以此为原则。

(6) 单片机和大功率器件的地线要单独接地，以减小相互干扰。大功率器件尽可能放在电路板边缘。

(7) 在单片机 I/O 口、电源线、电路板连接线等关键地方使用抗干扰元件如磁珠、磁环、电源滤波器、屏蔽罩，可显著提高电路的抗干扰能力。

3. 提高敏感器件的抗干扰性能

提高敏感器件的抗干扰性能是指从敏感器件这边考虑尽量减少对干扰噪声的拾取，以及从不正常状态尽快恢复的方法。提高敏感器件抗干扰性能的常用措施如下：

(1) 布线时尽量减少回路环的面积，以降低感应噪声。

(2) 布线时，电源线和地线要尽量粗。其目的是除减小压降外，更重要的是降低耦合噪声。

(3) 对于单片机闲置的 I/O 端口，不要悬空，要接地或接电源。其它 IC 的闲置端，在不改变系统逻辑的情况下接地或接电源。

(4) 对单片机使用电源监控器及看门狗电路可大幅度提高整个电路的恢复能力及抗干扰性能。

(5) 在速度能满足要求的前提下，尽量降低单片机的晶振频率。

(6) IC 器件尽量直接焊在电路板上，少用 IC 插座。

4. 其它常用抗干扰措施

(1) 交流端用电感电容滤波：去掉高频、低频干扰脉冲。

(2) 变压器双隔离措施：变压器初级输入端串接电容，初、次级线圈间屏蔽层与初级间电容中心接点接大地，次级外屏蔽层接印制板地，这是硬件抗干扰的有效手段。

(3) 次级加低通滤波器：吸收变压器产生的浪涌电压。

(4) 采用隔离电路：I/O 端口采用光电隔离、磁电隔离、继电器隔离，消除由公共地线引起的干扰。

(5) 通信线用双绞线：消除平行互感。

(6) A/D 转换用隔离放大器或采用现场转换：减小误差。

(7) 外壳接大地：解决人身安全及防外界电磁场干扰。

(8) 增加复位电压检测电路：防止由于复位电压不充分使 CPU 复位失败。

习 题 8

8.1 单片机应用系统主要干扰源有哪几类？对系统有何影响？

8.2 常用的硬件系统抗干扰措施有哪些？

8.3 常用的软件抗干扰技术有哪几种？

8.4 如何提高应用系统电源的抗干扰能力？

8.5 开关信号常用的抗干扰措施有哪些？

8.6 如何提高模拟信号的抗干扰能力？

第9章　实用外围电路设计

 本章要点与学习目标

　　设计单片机控制系统只掌握单片机本身的原理和性能是不够的，外围电路的设计和应用也十分重要，这也是我们在学习过程中容易忽略的一点。本章介绍单片机应用系统设计中常用的外围电路，以运算放大器为基础，讨论运算放大器在系统设计中的应用电路和其与单片机系统的连接，信号转换电路及应用。通过本章的学习，读者应掌握：

◇ 运算放大器的基本原理
◇ 常用的信号处理电路
◇ 信号转换电路及其应用
◇ 常用的信号产生电路

　　长期以来，我们只重视单片机本身技术的学习和应用，而对单片机外围电路、信号转换电路及传感器技术重视不够，使读者对应用系统的设计技术学习不够全面，尤其是在系统级的设计中，遇到这方面的问题时会觉得力不从心。为了使读者对单片机应用系统设计有一个较全面的了解，能全面系统地掌握系统设计方法和相关技术，解决好设计时遇到的技术问题，本章将简要介绍与单片机应用系统设计相关的外围电路原理及应用，力争从实际出发使读者在较短的时间内掌握实用电路的应用技术，全面提高读者的系统设计能力。

9.1　运算放大器实用技术

　　在系统设计时，时常会遇到信号放大及信号转换之类的问题，而这类问题通常要采用运算放大器为核心的单元电路，因此，掌握运算放大器的基本原理及应用技术有利于我们设计出更加实用的信号处理电路。

9.1.1　理想运算放大器

　　运算放大器是利用反馈控制特性的直接耦合式高增益放大器。可以针对不同的应用，通过设计不同类型的反馈网络来形成各种转移函数。运算放大器能够从直流到几兆赫的频率范围内完成信号放大，可产生各种波形的信号，并能够进行加、减、乘、除、积分、微分等运算，因而在单片机控制系统、模拟信号处理、智能仪器仪表等领域得到了广泛的应用。

　　运算放大器具有输入阻抗高、信号增益大等特点。为了分析方便，我们将运算放大器理想化，理想运算放大器特点如下：

(1) 开环电压放大倍数 $A \rightarrow \infty$；

(2) 差模输入电阻 $R_{id} \rightarrow \infty$；

(3) 输出电阻 $R_o \rightarrow 0$；

(4) 频带无限宽；

(5) 输入失调电压 $U_{os} = 0$；

(6) 输入失调电流 $I_{os} = 0$；

(7) 共模抑制比 CMRR $\rightarrow \infty$；

(8) 干扰和噪声都不存在。

利用运算放大器的理想特性可得出以下两条基本定则：

(1) 运算放大器输入端不吸收电流(即"虚断")；

(2) 运算放大器两输入端之间的电压差为零(即"虚短")。

有了这两条基本定则，可以大大简化运算放大器应用电路设计。图 9.1 所示是理想运算放大器符号。

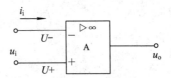

图 9.1　理想运算放大器符号

9.1.2　基本运算电路

1. 反相放大器

反相比例放大器电路如图 9.2 所示，反馈网络和输入网络均为纯电阻型，输出与输入的关系为

$$u_o = -\frac{R_f}{R_1} u_i \qquad (9.1)$$

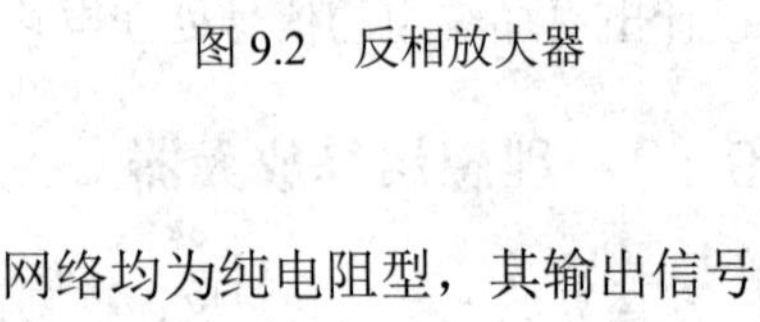

输出信号电压 u_o 等于输入信号电压 u_i 乘以比例系数 R_f/R_1，式中负号表示输出信号与输入信号反相。通过改变 R_f 和 R_1 的值，就可很方便地调整其比例系数。为了使运算放大器两个输入端直流电阻保持平衡，电路要求 $R_2 = R_f//R_1$。反相放大器的输入电阻为

$$R_i = R_1 \qquad (9.2)$$

图 9.2　反相放大器

2. 同相放大器

同相比例放大器电路如图 9.3 所示，反馈网络和输入网络均为纯电阻型，其输出信号电压为

$$u_o = \left(1 + \frac{R_f}{R_1}\right) u_i \qquad (9.3)$$

当 $R_f = 0$ 时，$u_o = u_i$，电路即为电压跟随器，如图 9.4 所示。

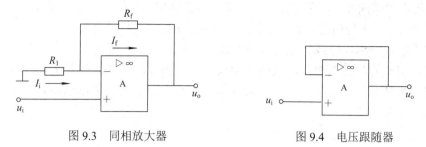

图 9.3　同相放大器　　　　　　　　　图 9.4　电压跟随器

3. 积分器

当运算放大器的反馈网络为电容，输入阻抗网络为电阻时便构成了积分器，如图 9.5 所示。积分器的输出电压 u_o 为

$$u_o = -\frac{1}{RC}\int u_i \mathrm{d}t \tag{9.4}$$

为使运算放大器两个输入端直流电阻保持平衡，要求 $R_2 = R_1$。

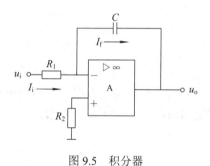

图 9.5　积分器

4. 微分器

当运算放大器的输入网络为电容，反馈网络为电阻时，便构成了微分器，如图 9.6 所示。微分器的输出电压 u_o 和输入电压 u_i 的关系为

$$u_o = -RC\frac{\mathrm{d}u_i}{\mathrm{d}t} \tag{9.5}$$

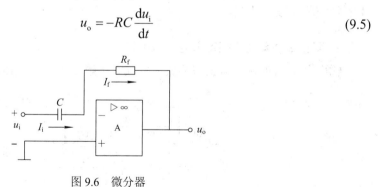

图 9.6　微分器

9.1.3　保护电路

这里所说的保护措施是针对在使用集成运放时，为避免由于电源极性接反、输入输出

电压过大、输出短路等原因造成运放损坏的问题而采取的一种保护方法。

为防止电源极性接反，可在正、负电源回路中顺接二极管，若电源接反，则二极管因反偏而截止，等于电源断路，起到了保护运放的作用，如图 9.7 所示。

为防止输入差模电压或共模电压过高而损坏集成运放的输入级，可在集成运放输入端并接极性相反的两只二极管，从而使输入电压的幅度限制在二极管的正向导通电压之内，如图 9.8 所示。不过，二极管本身的温度漂移会使放大器输出的漂移变大，应引起注意。

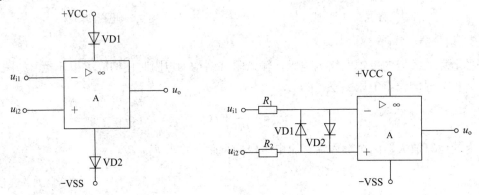

图 9.7　电源回路保护电路　　　　　　图 9.8　输入通道保护电路

输出保护是为了防止输出过电压时使输出极击穿，可采用限幅电路。输出正常时，双向稳压管未被击穿，其相当于开路，对电路没有影响。当输出端电压大于双向稳压管稳压值时，稳压管被击穿，反馈支路阻值大大减小，负反馈加深，从而将输出电压限制在双向稳压管的稳压范围内。

9.2　实　用　电　路

9.2.1　信号放大电路

1. 同相串联差动式高输入阻抗放大器

输出电压 u_o 为输入电压与两放大器放大倍数之积。电路如图 9.9 所示。

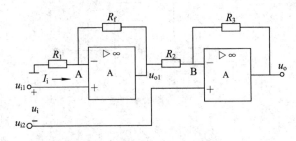

图 9.9　同相串联差动放大器

当 $u_i = u_{i1} - u_{i2}$ 时，其输出电压为

$$u_{\mathrm{o}} = -\frac{R_3}{R_2}\left(1 + \frac{R_{\mathrm{f}}}{R_1}\right)u_{\mathrm{i1}} + \left(1 + \frac{R_3}{R_2}\right)u_{\mathrm{i2}} \tag{9.6}$$

当满足 $R_{\mathrm{f}}/R_1 = R_3/R_2$ 时，式(9.6)可简化为

$$u_{\mathrm{o}} = -\left(1 + \frac{R_3}{R_2}\right)(u_{\mathrm{i1}} - u_{\mathrm{i2}}) = -\left(1 + \frac{R_3}{R_2}\right)u_{\mathrm{i}} \tag{9.7}$$

2. 可编程增益放大器

可编程增益放大器原理电路如图 9.10 所示，我们可以利用单片机程序控制电子开关 S_1、S_2、S_3、S_4 的接通与断开改变反馈电阻的阻值，从而调整放大器的增益。

S_1 接通，电压增益为

$$A_{\mathrm{S1}} = 1$$

S_2 接通，电压增益为

$$A_{\mathrm{S2}} = \frac{R_1 + R_2 + R_3 + R_4}{R_2 + R_3 + R_4}$$

S_3 接通，电压增益为

$$A_{\mathrm{S3}} = \frac{R_1 + R_2 + R_3 + R_4}{R_3 + R_4}$$

S_4 接通，电压增益为

$$A_{\mathrm{S4}} = \frac{R_1 + R_2 + R_3 + R_4}{R_4}$$

图 9.11 所示电路是利用译码器 74LS139 控制电子开关，实现放大器增益可调的。

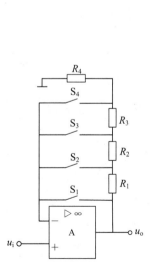

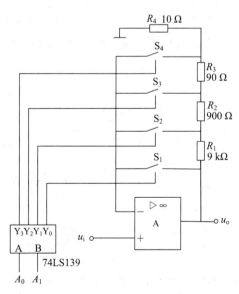

图 9.10 可编程增益放大器原理　　　图 9.11 码控四段增益可编程放大器

$A_1 A_0$ 为单片机发出的指令信号，经译码后控制开关 $S_1 \sim S_4$ 的通断。

当 $A_1A_0 = 00$ 时，Y_0 输出有效信号，使开关 S_1 闭合，$A_{S1} = 1$；

当 $A_1A_0 = 01$ 时，Y_1 输出有效信号，使开关 S_2 闭合，$A_{S2} = 10$；

当 $A_1A_0 = 10$ 时，Y_2 输出有效信号，使开关 S_3 闭合，$A_{S3} = 100$；

当 $A_1A_0 = 11$ 时，Y_3 输出有效信号，使开关 S_4 闭合，$A_{S4} = 1000$。

9.2.2　测量放大器

1. 信号放大器

利用运算放大器实现的测量电路如图 9.12 所示。该电路具有如下特点：

(1) 输入电阻高。由于输入级 A_1、A_2 均为同相输入，对于理想运放，输入电阻为无穷大。

(2) 共模抑制比高。因为电路对称性好，其共模抑制比高于普通差动运放，可有效抑制共模信号，大大减小外部感应噪声的影响。

(3) 增益调节方便。

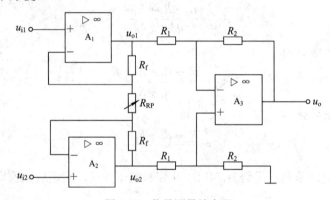

图 9.12　信号测量放大器

根据理想运算放大器虚短路虚开路的原则，对 A_1、A_2，有

$$\frac{u_{o1} - u_{i1}}{R_f} = \frac{u_{i1} - u_{i2}}{a_{RP}R_{RP}} = \frac{u_{o2} - u_{i2}}{R_f}$$

$$u_{o1} - u_{o2} = \left(1 + \frac{2R_f}{a_{RP}R_{RP}}\right)(u_{i1} - u_{i2})$$

$$u_o = -\frac{R_2}{R_1}(u_{o1} - u_{o2}) \tag{9.8}$$

$$u_o = -\frac{R_2}{R_1}\left(1 + \frac{2R_f}{a_{RP}R_{RP}}\right)(u_{i1} - u_{i2}) \tag{9.9}$$

其中，a_{RP} 为电位器 R_{RP} 的调节系数。

2. 桥式检测电路

利用运算放大器实现的桥式检测电路如图 9.13 所示。

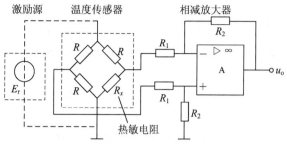

图 9.13　桥式检测电路

3. 高输入阻抗桥式检测放大器

为了提高电路输入阻抗，可利用多级运算放大器实现，电路如图 9.14 所示。

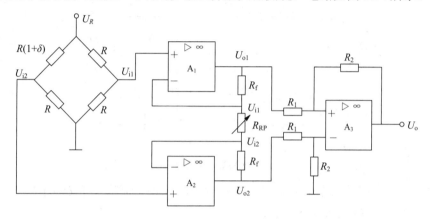

图 9.14　高输入阻抗桥式检测放大器

9.2.3　信号运算电路

图 9.15(a)给出了加法器原理电路，图 9.15(b)为多路信号加法器。

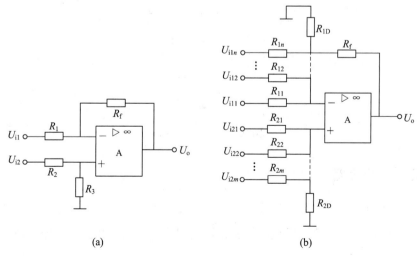

(a)　　　　　　　　　　　　　　(b)

图 9.15　全加器电路

9.2.4 信号处理电路

图 9.16 为电压比较器符号，图 9.17 为常用 LM324 四运算放大器外特性图。

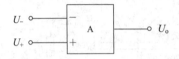

图 9.16　专用集成电压比较器符号

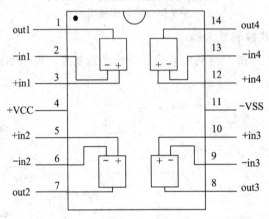

图 9.17　LM324 四运算放大器

图 9.18 为常用电压比较器电路图，比较输入信号 U_i 与基准电平 U_R 的值：

当 $U_i > U_R$ 时，U_o 为高电平；

当 $U_i < U_R$ 时，U_o 为低电平。

此电路在信号检测、电平转换过程中十分有用。

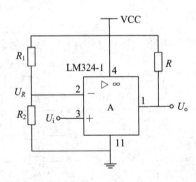

图 9.18　比较器电路

9.2.5 波形产生电路

1. 正弦波发生器

利用文氏网络与运算放大器组成的文氏振荡器是常用的正弦波发生器电路。如图 9.19 所示。

$$\omega_0 R_1 R_2 C_2 - \frac{1}{\omega_0 C_1} = 0$$

$$\omega_0 = \frac{1}{\sqrt{R_1 R_2 C_1 C_2}} \tag{9.10}$$

通常取 $R_1 = R_2 = R$，$C_1 = C_2 = C$，则振荡频率为

$$f_0 = \frac{1}{2\pi RC} \tag{9.11}$$

$$B_u = \frac{1}{3} \tag{9.12}$$

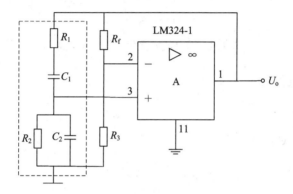

图 9.19　文氏振荡器

2. 方波发生器

方波发生器电路类型很多，利用运算放大器构成的方波发生器如图 9.20 所示。

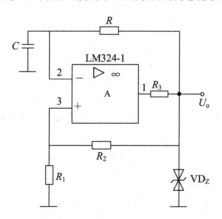

图 9.20　方波发生器

振荡周期为

$$T = 2RC \ln\left(1 + \frac{2R_1}{R_2}\right) \tag{9.13}$$

图 9.21 所示为对称的方波和三角波信号发生器电路图，u_{o1} 输出方波信号，u_o 输出三角波信号。

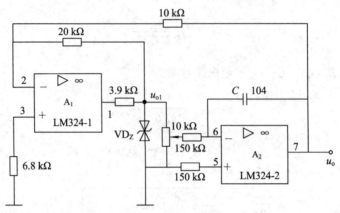

图 9.21　对称的方波和三角波发生器

9.2.6　波形变换电路

1. 半波整流电路

半波整流电路如图 9.22 所示。

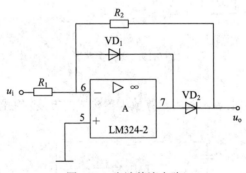

图 9.22　半波整流电路

2. 峰值检波电路

电路如图 9.23 所示，图 9.23(a)为用运算放大器构成的峰值检波电路，图 9.23(b)为带有跟随器的峰值检波电路。

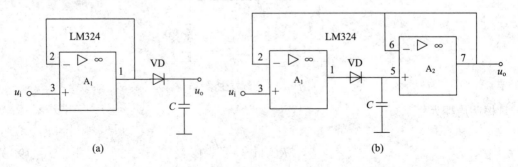

(a)　　　　　　　　　　　　　　　　　　(b)

图 9.23　峰值检波电路

3. 限幅电路

信号限幅电路如图 9.24 所示。

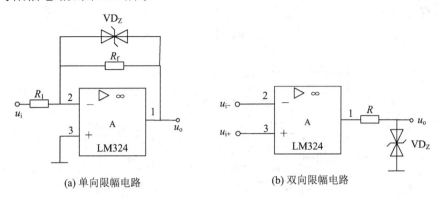

(a) 单向限幅电路   (b) 双向限幅电路

图 9.24 输出限幅电路

当输入信号 u_i 较小时，u_o 也较小，稳压管尚未击穿，稳压管支路可视为开路，运放构成反相放大器。限幅器输出电压 $u_o = -\dfrac{R_f}{R_1} u_i$。

随着 u_i 反向增大，u_o 将增大。当 u_o 超过稳压的击穿电压时，稳压管击穿工作，输出电压 u_o 稳定在 U_z 上，即 $u_o = U_z$。

$$u_o = \begin{cases} \dfrac{R_f}{R_1} u_i \ , & u_i > -\dfrac{R_1}{R_f} U_z \\[3mm] U_z \ , & u_i < -\dfrac{R_1}{R_f} U_z \end{cases} \tag{9.14}$$

4. 工频滤波电路

工程现场应用中经常会遇到工频干扰问题，图 9.25 给出一个用于滤除 50 Hz 工频干扰的 50 Hz 陷波器电路。其中，A_1 组成带通滤波器，A_2 组成相加器。经 50 Hz 陷波器处理后，50 Hz 干扰被抑制，输出了比较干净的信号。

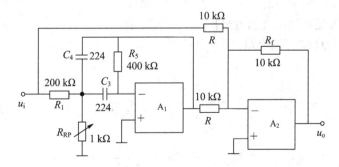

图 9.25 工频滤波电路

5. 绝对值电路

用半波整流和相加器便构成了全波整流电路即绝对值电路，如图 9.26 所示。图中，A_1 构成半波整流，A_2 构成相加器。其工作原理为：

(1) 当 $u_i > 0$ 时，$u_{o1} = -u_i$，$u_o = -u_i - 2u_{o1} = -u_i + 2u_i = u_i$；

(2) 当 $u_i < 0$ 时，$u_{o1} = 0$，$u_o = -u_i = -(-|u_i|) = |u_i|$。

所以有

$$u_o = |u_i|$$

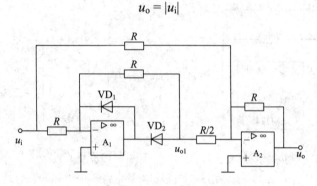

图 9.26　绝对值电路

9.3　电流/电压转换电路

在单片机控制系统中，经常会遇到需要将电压信号转换为电流信号或将电流信号转换为电压信号的情况，为了使读者能直接运用相关电路，解决实际问题，在这里给出相关参考电路，电路中的电阻值要根据信号转换比例选取。

9.3.1　电压/电流变换电路

在某些控制系统中，负载要求电流源驱动，而实际的信号又可能是电压源。如何将电压源信号变换成电流信号，而且不论负载如何变化，电流源电流只取决于输入电压源信号，而与负载无关。另外，信号在远距离传输过程中，由于电流信号不易受干扰，所以也需要将电压信号变换为电流信号来传输。图 9.27 给出了一个电压/电流(U/I)变换电路，图中负载为"接地"负载。

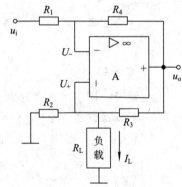

图 9.27　电压/电流变换电路

$$U_+ = \left(\frac{u_o - U_+}{R_3} - I_L \right) R_2 \tag{9.15}$$

$$U_- = \frac{R_4}{R_1 + R_4} u_i + \frac{R_1}{R_1 + R_4} u_o \tag{9.16}$$

由 $U_+ = U_-$，且设 $R_1 R_3 = R_2 R_4$，则变换关系可简化为

$$I_L = -\frac{u_i}{R_2} \tag{9.17}$$

可见，负载电流 I_L 与 u_i 成正比，且与负载 R_L 无关。

9.3.2　电流/电压变换电路

有许多传感器产生的信号为微弱的电流信号，这有利于信号传输，将该电流信号转换为电压信号可利用运放的"虚地"特性。图 9.28 所示为电流/电压(I/U)变换电路。

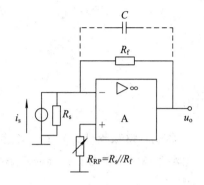

图 9.28　电流/电压变换电路

由于运放反相输入端是虚地，R_s 中电流为 0，因此 i_s 流过反馈电阻 R_f，输出电压是

$$u_o = -i_s R_f \tag{9.18}$$

必须指出，该电路转换电流 i_s 的下限受运放输入级偏置电流限制。此外，为了降低高频噪声，通常 R_f 上可并联一个小电容 C。

习　题　9

9.1　运算放大器在单片机应用系统中有哪些应用？

9.2　利用 LM324 运算放大器构成一个电压/电流转换电路，并画出详细原理电路图。

9.3　利用 LM324 运算放大器设计一个绝对值电路，并画出详细原理电路图。

第 10 章　印制电路板设计基础

 本章要点与学习目标

设计单片机控制系统少不了印制电路板设计，为了读者能掌握印制电路板设计，在教材里增加了这一章内容，本章主要介绍印制电路板设计的基础知识、电路设计方法和技巧。

通过本章的学习，读者应掌握：
◇ 印制电路板基础知识
◇ 印制电路板设计方法
◇ 印制电路板抗干扰设计

本章主要介绍印制电路板的设计方法，目的是让读者认识印制电路板，明确印制电路板的设计过程和方法。常用来做印制电路板设计的工具软件较多，如 Protel、Quartus II 等，其功能和使用方法请读者参考相关著作，选择适合自己的工具软件。

10.1　电路板类型

我们常说的电路板指的就是印制电路板，即完成了印制线路或印制电路加工的电路板，包括印制线路和印制元器件或者由二者组合而成的电路。具体来讲，一个完整的电路板应当包括一些具有特定电气功能的元器件和建立起这些元器件电气连接的铜箔、焊盘及过孔等导电图件。

按照工作层面的数量，电路板可以分为单面板、双面板和多层板，下面做一简要介绍。

1. 单面板

单面板是指仅在电路板的一面上有导电图形的印制电路板。一般在电路板的顶层(Top Layer)放置元器件，如图 10.1 所示；而在底层(Bottom Layer)放置导电图件(元器件的焊盘、导线等)，如图 10.2 所示。也可以根据用户的具体设计要求，将导电图件放置在顶层。元器件一般插在没有导电图形的一面以方便焊接。

图 10.1　单面板顶层

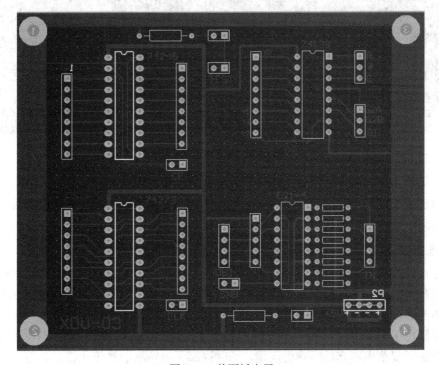

图 10.2　单面板底层

　　单面板只需在电路板的一个面上进行光绘和放置导线等操作，因而其制造成本低。然而由于电路板的所有走线都必须放置在一个面上，使得单面板的布线比较困难，因此，单面板只适用于电路连接关系比较简单的电路板设计。

2. 双面板

双面板是最常见、最通用的电路板。双面板是指在电路板的顶层和底层都有导电图形的印制电路板，如图 10.3 所示。

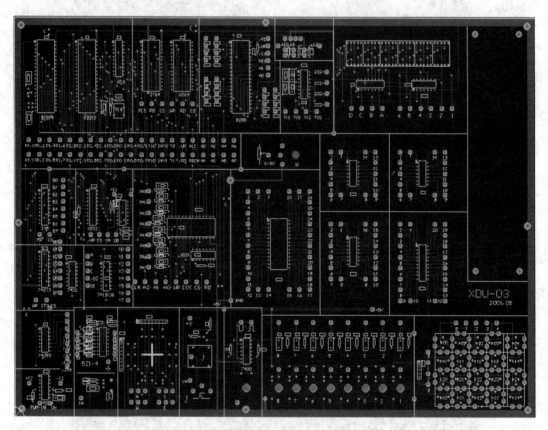

图 10.3　双层印制电路板

双面板的顶层和底层都可以走线，元器件通常放置在电路板的顶层，上下两层间的电路主要通过过孔或焊盘连接，中间为绝缘层。因为两面都可以走线，降低了布线的难度，制作价格适中，所以，是最常用的一种印制电路板。

3. 多层板

多层板是指由 3 层或 3 层以上的导电图形层与其间的绝缘材料层相隔离、层压后结合而成的印制电路板，其各层间导电图形按要求互连。目前，常用的是 4 层板，包括顶层、底层、内部电源层(简称"内电层")1(+12 V)和内电层 2(GND)。

多层板由于增加了内电层(包括电源层和接地层)甚至增加了内部信号层(比如 6 层板)，很好地解决了复杂电路布线困难的问题，同时提高了电路板的抗干扰性能。但是随着电路板层数的增加，电路板的制造难度和成本也大大增加。

我们有理由相信，随着电子技术的飞速发展，芯片的集成度越来越高，多层板的应用也愈来愈广泛。

10.2　电路板类型选择

设计电路板时，选择电路板的类型主要是从电路板的可靠性、工艺性和经济性等方面进行综合考虑，选择经济实用的电路板。

印制电路板的可靠性，是影响电子设备和仪器可靠性的重要因素。从设计角度考虑，影响印制电路板可靠性的首要因素是所选印制电路板的类型，即印制电路板是选择单面板、双面板还是多层板。根据国内外长期使用这些类型印制电路板的实践证明，随着电路板的复杂度提高其可靠性降低。各类型印制电路板的可靠性由高到低的顺序依次是单面板、双面板、多层板，并且多层板的可靠性会随着层数的增加而降低。

在印制电路板的整个设计过程中，设计人员应当始终考虑印制电路板的制造工艺要求和装配工艺要求，尽可能有利于制造和装配。在布线密度较低的情况下，可考虑设计成单面板或双面板，而在布线密度很高、制造困难较大且可靠性不易保证时，可考虑设计成印制导线宽度和间距都比较宽的多层板。对多层板的层数的选择同样既要考虑可靠性，又要考虑制造和安装的工艺性。

设计人员应当把产品的经济性纳入整个设计过程，这在竞争激烈的今天尤为必要。印制电路板的经济性与印制电路板的类型、基材选择、制造工艺和技术要求等密切相关。就电路板类型而言，其成本递增的顺序也是单面板、双面板、多层板。但是，在布线密度高到一定程度时，与其设计成复杂的制造困难的双面板，倒不如设计成较简单的低层数的多层板，这样也可以降低成本。

10.3　常用工作层面与图件和电气构成

在设计电路板的过程中通常要用到许多工作层面，不同的工作层面具有不同的功能。比如顶层丝印层(Top Overlay)用来绘制元器件的外形、放置元器件的序号和注释等，顶层和底层信号层则用来放置印制线，构成一定的电路连接，多层面(Multi Layer)则用来放置焊盘和过孔等导电图件。

下面以常用的双面板为例介绍电路板的工作层面、图件以及电路板的电气构成等。

10.3.1　常用工作层面

1. Top Layer (顶层信号层)

在双面板中，顶层信号层是用来放置元器件和铜箔引线，用来连接元器件、焊盘和过孔等，实现特定的电气功能，所以称为元件面，如图10.4所示。

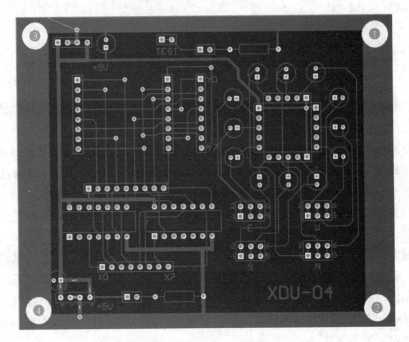

图 10.4　顶层信号层(线为红色)

2. Bottom Layer (底层信号层)

底层信号层用来焊接和用来放置连接导线的，所以称为焊接面，如图 10.5 所示。

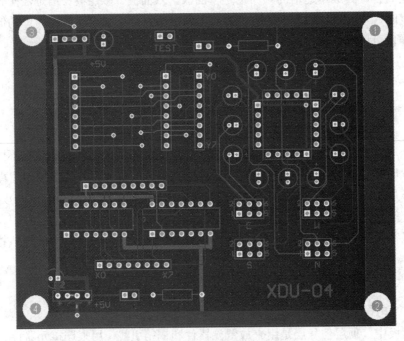

图 10.5　底层信号层(线为蓝色)

在电路板布线时，为了提高电路板抗干扰的能力，顶层信号层布线横线居多，而底层信号层布线竖线居多。一般情况下，顶层信号层的导线设置为红色，底层信号层的导线设置为蓝色。

3. Mechanica II (机械层)

机械层主要用来对电路板进行机械参数定义，包括确定电路板的物理边界、尺寸标注和对齐标志等。然而在电路板设计过程中，通常将电路板的物理边界等同于电路板的电气边界，而不对电路板的物理边界进行规划。

4. Top Overlay (顶层丝印层)

顶层丝印层主要用来绘制元器件的外形和注释文字，如图 10.6 所示。

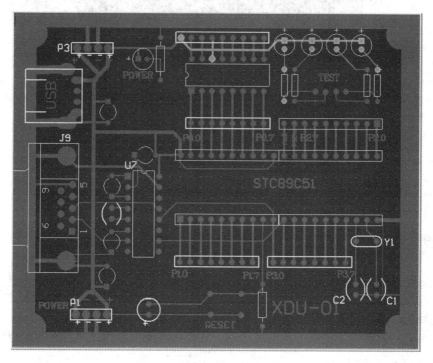

图 10.6　顶层丝印层(线为黄色)

如果在双面板的底层还放置有元器件，则设计者还应当激活[Bottom Overlay](底层丝印层)。

5. Keep Out Layer (禁止布线层)

禁止布线层主要用来规划电路板的电气边界，电路板上所有导电图件均不能超出该边界，否则系统在进行 DRC 设计校验时会报告错误。

6. Multi Layer (多层面)

多层面主要用来放置元器件的焊盘和连接不同工作层面上的导电图件的过孔等图件。

10.3.2　电路板上的图件

电路板上的图件包括两大类：导电图件和非导电图件。导电图件主要包括焊盘、过孔、导线、填充部分等。非导电图件主要包括介质、抗蚀剂、阻焊图形、丝印文字、图形等。

　　如图 10.7 所示为一 PCB 电路板图，该电路板上的导电图件主要有安装孔、焊盘、过孔、元器件、导线、矩形填充、接插件、电路板边界、多边形填充等。

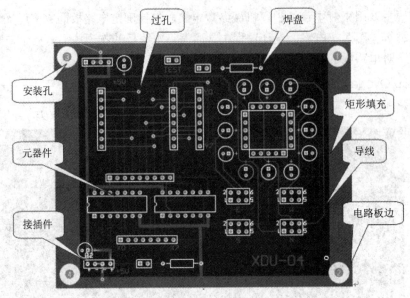

图 10.7　PCB 电路板

　　下面分别介绍这些图件的功能。

　　(1) 安装孔：用来把电路板固定到机箱上。

　　(2) 焊盘：用于安装并焊接元器件引脚的金属化孔。

　　(3) 过孔：用于连接顶层、底层或中间层导电图件的金属化孔。

　　(4) 元器件：这里是指元器件封装图示，一般由元器件的外形和焊盘组成。

　　(5) 导线：用于连接具有相同电气特性网络的铜箔。

　　(6) 填充：用覆铜层把某一块区域填充，其作用同连接导线，将具有相同电气特性的网络连接起来。

　　(7) 接插件：属于元器件的一种，主要用于电路板之间或电路板与其它元器件之间的信号连接。

　　(8) 电路板边界：是指定义在机械层和禁止布线层上的电路板的外形尺寸。制板商最后就是按照这个外形尺寸对电路板进行剪裁，因此用户所设计的电路板上的图件不能超过该边界。

　　(9) 多边形填充：主要用于地线网络的覆铜。

10.3.3　电路板的电气连接方式

　　电路板的电路连接方式主要有两种：板内互连和板间互连。

1. 板内互连

　　板内的电气构成主要包括两部分，电路板上具有电气特性的点(包括焊盘、过孔以及由焊盘的集合组成的元器件)和将这些点互连的连接铜箔(包括导线、矩形填充、多边形填充等)。具有电气特性的点是电路板上的实体，连接铜箔是将这些点连接到一起实现特定电气功能的手段。

总的来说，通过连接铜箔将电路板上具有相同电气特性的点连接起来实现一定的功能，这些电气功能的集合就构成了整块电路板。

2．板间互连

板间互连主要是指多块电路板之间的电气连接，它们主要采用接插件或者接线端子等进行连接。

10.4　电路板设计基本步骤

电路板设计的过程就是将设计者的电路设计思路变为可以制作电路板文件的过程，也就是从原理电路到实际电路板的过程。其基本步骤如图 10.8 所示。

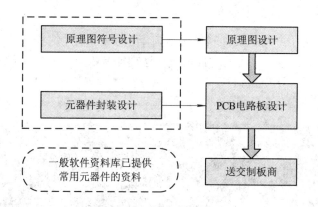

图 10.8　电路板设计步骤

1．原理图符号设计

设计工具软件里提供了常用的元器件符号，在原理图设计的过程中也会遇到有的原理图符号在系统提供的原理图库中找不到的情况，这时就需要设计者自己动手设计原理图符号。

2．原理图设计

在设计电路板之前，需要先设计原理图。原理图设计的任务就是将设计者的思路或草图变成规范的电路图，为电路板设计准备网络连接和选择元器件封装。

3．PCB 电路板设计

在网络标号和元器件封装准备好后就可以进行 PCB 电路板设计了。电路板设计是在 PCB 编辑器中完成的，其主要任务是对电路板上的元器件按照一定的要求进行布局，然后按照原理图用铜箔将相应的点连接起来。

4．元器件封装设计

设计工具软件里提供了常用的元器件封装图，设计者可以直接调用。对于异形、不常用的元器件封装在系统提供的元器件封装库中找不到，也需要设计者自己设计。

需要说明的是，元器件封装和原理图符号是相互对应的。在一个电路板设计中，一个原理图符号一定有与之对应的元器件封装，并且该原理图符号中具有相同序号的引脚与元器件封装中具有相同序号的焊盘是一一对应的，它们具有相同的网络标号。

5. 送交制板商

电路板设计好后，将设计文件导出并送交制板商即可制作出满足设计要求的电路板。在此过程中，设计者要进行元器件采购，准备焊装电路板。

10.5　印制电路板设计

印制板的大小和形状要根据机壳内安装的实际要求和系统所含元器件的数量进行安排和布局。

10.5.1　设计过程

图 10.9 是一种常用电路板设计软件的窗口，我们可以利用这些软件完成原理电路的设计、印制板电路的设计等，生成的文件可直接送交印制板生产商加工印制电路板。

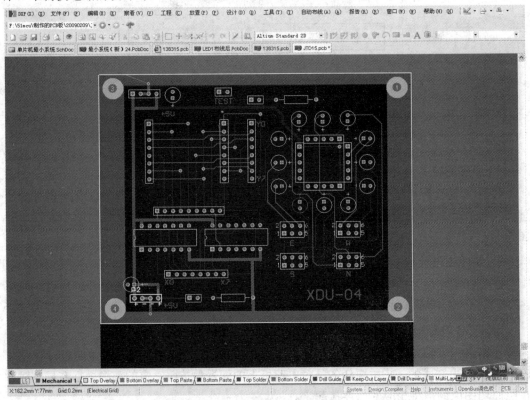

图 10.9　一种常用电路板设计软件窗口

1. 电路板布局

一个复杂的系统，往往要按功能设计多块印制电路板，通过接插件连接构成系统，印制板的划分要依据以下原则：

(1) 同一功能模块电路尽可能设计在同一块印制电路板上；

(2) 电路板间的连线尽可能简单；

(3) 板子尺寸大小要适中，布局要均衡。

2. 电路板设计要领

设计印制电路板时，要选好相应的接插件以及安装方式。由于印制电路板上的元器件密集，容易相互影响，因此在设计时要考虑以下几个原则：

(1) 电源线和地线尽可能加粗，以减少导线电阻产生的压降。

(2) 低频信号宜采用一点接地，高频信号宜采用多点接地。

(3) 地线最好围绕印制板边沿一周布线，便于元器件就近进行地线连接。

(4) 数字电路与模拟电路要分开布局，且两者地线尽量不要相混。

(5) 根据电路实际负载情况，一般应在每块印制板的电源进线处跨接 $100 \sim 250 \, \mu F$ 电解电容；每个集成电路芯片应跨接一个 $10 \times 10^3 \, pF$ 左右的瓷片去耦电容，保证集成电路芯片的供电电源正常。

(6) 在集成电路芯片及元器件排列时，逻辑相关的器件尽可能靠近摆放，使走线尽可能短，可获得较好的抗噪效果。

(7) 发热量大的元器件尽可能放置在上方或靠近机壳通风散热孔处，以便获得好的散热效果。

设计印制电路板使用的 PROTEL 等工具软件，设计出的 PCB 板图，可直接拿到印制电路板加工厂在光绘机上做出胶片底板，直接完成成品加工。在印制板上同时设计一张没有电气连接的丝网图，只用于将印制板上的元件序号、名称等印制到电路板表层上，便于安装和检查。

3. 印制板工艺抗干扰

(1) 元件布局合理，稀疏恰当。注意信号的流向和电位，通常信号由左向右传输，电压由上向下依次降低。注意克服数字系统中由于信号的串扰、延时、反射产生的干扰。

(2) CPU、RAM、ROM 等主要芯片的电源和接地之间要跨接电解电容及瓷片电容，滤掉高、低频干扰信号。

(3) 独立系统结构，减少接插件与连线，提高可靠性，减少故障率。

(4) 采用双簧片插座，确保集成块与插座接触可靠；也可以将集成块直接焊在印制板上，防止器件接触不良。

(5) 有条件时应采用四层以上的印制板，中间两层分别为电源层及地线层。

(6) 电源线尽量加粗，合理走线、接地，三总线分开，以减少互感振荡。注意克服数字电路和模拟电路交叉布线时的相互干扰。

10.5.2　印制电路板抗干扰技术

印制电路板是器件、信号线、电源线的高密度集合体，但绝不是器件、线路的简单密集排列，布线和布局好坏对可靠性影响很大。

(1) 印制电路板总体布局原则。

① 印制电路板大小要适中。板面过大印制线走线太长，阻抗增加，成本也高；板面

太小，板间相互连线增加，易造成干扰。

　　② 印制电路板元件布局时相关元件尽量靠近。如晶振、时钟发生器及 CPU 时钟输入端要相互靠近，大电流电路的元器件要远离主板，或单做一块驱动板。

　　③ 考虑电路板在机箱内的位置，发热大的元器件应放置在易通风散热的位置。

　　(2) 电源线和地线与数据线传输方向一致，有助于增强抗干扰能力。接地线要环绕印制板一周安排，各器件尽可能就近接地。

　　(3) 地线尽量加宽，数字地、模拟地要分开，根据实际情况考虑一点接地或多点接地。

　　(4) 配置必要的去耦电容。

　　在印制电路板的各个关键部位配置必要的去耦电容是十分必要的。

　　① 电源进线端跨接 100 μF 以上的电解电容以吸收电源进线引入的脉冲干扰。

　　② 一般情况下，可在每个集成电路芯片的电源与地线间都设计一个 10×10^3 pF 或 10×10^4 pF 的小瓷片电容，以便吸收高频干扰。

　　③ 电容引线不能太长，高频旁路电容不能带引线。

习　题　10

　　10.1　请简述电路板设计步骤。

　　10.2　请简述印制电路板设计要领。

　　10.3　印制电路板地线如何排列才能提高抗干扰能力？

第 11 章　常用传感器及应用

 本章要点与学习目标

本章介绍常用传感器的原理及组成；介绍传感器的选择原则及应用方法；简要介绍了智能传感器的组成及原理。通过本章的学习，读者应掌握：

◇ 传感器在单片机系统中的应用

◇ 常用传感器的选择原则

◇ 系统中传感器的抗干扰技术

◇ 智能传感器的原理及在控制系统中的应用

随着物联网技术的迅速发展，传感器在系统中的作用越来越重要。系统设计及工程技术人员必须从系统角度出发掌握应用系统所涉及的各方面的知识。大多数专业没有开设传感器方面的课程，就成为知识点的一个软肋，许多初学者在进行系统设计时，对传感器感到很神秘，面对具体问题无从下手，找不到发力点。为了弥补这一缺陷，作者在本书中将常用传感器及应用作为一章，以实用为原则，简要介绍传感器的原理及选用原则，目的是让读者尽快掌握传感器的实用技术，引起相关专业技术人员对传感器技术的重视。希望读者通过本章学习，能掌握系统设计所涉及的传感器方面的知识，早日成为系统设计师。

11.1　传感器概述

我们将能够感受规定的被测量并按照一定的规律转换成可用输出信号的器件或装置称为传感器(Transducer)，它通常由敏感元件和转换部件组成。传感器也称为变换器、变送器或换能器，是控制系统的感觉器官，其测量精度对控制系统的影响非常重要。

人的感觉器官——眼、耳、鼻等，可以将自然界中事物的特征及其变化现象——色、声、味等变换为相应的信号传输给大脑，经过大脑分析、判断发出指令，使有关器官产生相应的行动。在控制系统中，传感器的作用与人的感觉器官相类似，将被测对象——声、力、温度、速度等及其变化转换为可测信号，传送给测量装置，从而得到所需的测量数据。

传感器往往由敏感元件与辅助部件组成。例如，电阻应变式传感器中，电阻丝是敏感元件，基底、引线等为辅助部件。敏感元件是传感器的核心，它直接感受被测量的变化并将其变换为相应的信号形式。传感器是控制系统的输入环节，其性能和可靠性将直接影响整个系统的性能和可靠性。

随着测量、控制及信息技术的发展，传感器作为这些领域里的一个重要组成部分，受到了普遍重视。

1. 传感器的重要性

(1) 传感器是实现自动检测和自动控制的首要环节。

没有传感器对各种物理量进行精确可靠的测量，无论是信息转换、信息处理，还是最佳数据的显示与控制，都是一句空话。事实上，如果没有精确可靠的传感器，就不会有可靠的自动检测和控制系统。

(2) 传感器是机器人的重要组成部件。

在工业机器人的控制系统中，要完成检测、操作与驱动功能、比较与判断功能，都必须借助于两类传感器：一类是检测机器人内部各部分状态的传感器，另一类是检测机器人与被操作对象的关系和检测机器人与工作现场之间状态的传感器。为了使机器人能够从事更高级的作业，必须为机器人开发更精良的"电五官"——传感器。

(3) 传感器是航天、航海事业中不可缺少的器件。

随着科学技术的发展，人类在不断探索宇宙空间的奥秘，不断进行海洋资源的开发利用。在现代飞行器上，装备着种类繁多的显示与控制系统，以确保各种飞行任务的顺利完成。而在这些系统中，必须使用传感器对飞行器的参数和工作状态等各种物理量来进行检测。

(4) 能源开发和能源合理利用离不开传感器。

随着国民经济的高速发展，能源的消耗不断增加，解决能源危机已成为当务之急。当然我们能采取的对策是开发新能源与合理利用现有能源。太阳能、风能、海洋能等，是取之不尽、用之不竭的能源，要开发它们，就少不了传感器。合理利用能源就是节约能源，提高能源效率，当然离不开传感器。

(5) 传感器是例行试验的必需器件。

各种产品在定型、投产之前都要对其在各种可能工作环境的运行状况进行例行试验。如高温试验、低温试验、盐雾试验、车载试验、汽车的刹车试验等，而对各种信号的检测当然也离不开传感器。

(6) 传感器在生物医学和医疗器械工程等方面得到广泛应用。

传感器将人体各种生理信息转换成工程上容易测定的量(一般都是将非电量转换成易于测量、处理的电量)，从而正确地显示出人体生理信息。如体温的测量与控制、病症的诊治与控制都要借助传感器来完成。

(7) 传感器在家用电器中应用广泛。

家用电器如电子灶、电冰箱、洗衣机、电视机、空调器等都是靠敏感器件来实现自动化的，煤气、液化气泄漏报警装置等都离不开传感器。

2. 传感器的组成

传感器的作用主要是感受和检测规定的被测量，并按一定规律将其转换成有用输出信号，特别是完成非电量到电量的转换。传感器的组成，并无严格的规定。一般说来，可以把传感器看作由敏感元件和变换器两部分组成，如图 11.1 所示。

图 11.1 传感器的一般组成

1) 敏感元件

在具体实现非电量到电量间的变换时，并非所有的非电量都能利用现有的技术手段直接变换为电量，而必须进行预变换，即先将待测的非电量变换为易于转换成电量的另一种非电量。这种能完成预变换的元件称为敏感元件。

2) 变换器

能将感受到的非电量变换为电量的器件称为变换器。例如，可以将位移量直接变换为电容、电阻及电感的电容变换器、电阻变换器及电感变换器，能直接把温度变换为电势的热电偶变换器等。显然，变换器是传感器不可缺少的重要组成部分。

在实际应用中，由于一些敏感元件能直接输出变换后的电信号，而一些传感器又不包括敏感元件在内，故常常无法将敏感元件与变换器严格加以区分。

如果把传感器看作一个二端口网络，则其输入信号主要是被测的物理量(如长度、温度、速度等)时，必然还会有一些干扰信号(如温度、电磁信号等)混入。严格地说，传感器的输出信号可能为上述各种输入信号的复杂函数。就传感器设计者来说，希望尽可能做到输出信号仅仅是(或分别是)某一被测信号的确定性单值函数，且最好呈线性关系。对使用者来说，则要选择合适的传感器及相应的电路，保证整个测量设备的输出信号能唯一、正确地反映被测量的值，而对干扰信号能加以抑制或对不良影响能设法加以修正。

3. 传感器的分类

传感器可以做得非常简单，也可以做得很复杂；可以是无源网络，也可以是有源系统；可以是带反馈的闭环系统，也可以是不带反馈的开环系统；有只具有变换功能的普通传感器，也有包含信号处理及单片机的智能传感器。

传感器种类繁多，功能各异。由于同一被测量可用不同转换原理实现探测，利用同一种物理法则、化学反应或生物效应，可设计制作出检测不同被测量的传感器，同一类传感器可用于不同的应用领域，故传感器的分类方法较多。

(1) 按照传感器感知外界信息依据的基本效应，将传感器分成三大类：基于物理效应的如光、电、声、磁、热等效应的物理传感器；基于化学反应的如化学吸附、选择性化学反应等效应的化学传感器；基于酶、抗体、激素等分子识别功能的生物传感器。

(2) 按工作原理分为：应变式、电容式、电感式、电磁式、压电式、热电式等传感器。

(3) 依据传感器使用的敏感材料分为半导体传感器、光敏传感器、陶瓷传感器、金属传感器、高分子材料传感器和复合材料传感器等。

(4) 按照被测量分为力学传感器、热量传感器、磁传感器、光电传感器、放射线传感器、气敏传感器、液体成分传感器、离子传感器和真空传感器等。

(5) 按能量关系分为能量控制型和能量转换型两类。所谓能量控制型传感器是指其变换的能量是由外部电源供给的，而传感器输入量的变化只起控制作用。而能量转换型传感器是将输入的物理量转换为另一种便于识别的物理量(一般为电量)。

(6) 按传感器是利用场的定律还是利用物质的定律分为结构型传感器和物性型传感器。二者组合兼有两者特征的传感器称为复合型传感器。场的定律是关于物质作用的定律，例如动力场的运动定律、电磁场的感应定律等。利用场的定律做成的传感器有电动式传感器、电容式传感器、激光检测器等。物质的定律是指物质本身内在性质的规律，例如弹性体遵从的虎克定律、晶体的压电特性、半导体材料的霍尔效应等。利用物质的定律做成的传感器有压电传感器、热敏电阻构成的热传感器、光敏电阻构成的光传感器等。

(7) 按是否需要外加电源分为有源传感器和无源传感器。有源传感器敏感元件工作需要外加电源，无源传感器工作不需外加电源。

(8) 按输出量类型分为模拟量传感器和数字量传感器。

4. 传感器的命名

根据 GB7666 标准规定，一种传感器的全称应由主题词 + 四级修饰语组成，即：

主题词——传感器。

一级修饰语——被测量，包括修饰被测量的定语。

二级修饰语——转换原理，一般可后续以"式"字。

三级修饰语——特征描述，指必须强调的传感器结构、性能、材料特征、敏感元件以及其它必要的性能特征，一般可后续以"型"字。

四级修饰语——主要指技术指标(如量程、精确度、灵敏度范围等)。

在技术文件、产品说明书、学术论文、教材、书刊等的陈述句中，传感器名称应采用反序排列，即

四级修饰语→三级修饰语→二级修饰语→一级修饰语→传感器

示例：

　　　　100 mm 应变计式位移传感器

　　　　100～160 dB 电容式声压传感器

在实际运用中，可根据产品具体情况省略任何一级修饰语。但国标规定，传感器作为商品出售时，第一级修饰语不得省略。

例如："我厂购进了 150 只各种测量范围的电位器式线位移传感器"(省略了第三、第四级修饰语)，"压电式传感器是一种很有发展前途的物性型传感器"(省略了第一、第三、第四级修饰语)。

传感器规格代号应包括以下四部分，如图 11.2 所示。图中，a 为主称(传感器)；b 为被测物理量；c 为转换原理；d 为序号。在主称、被测物理量、转换原理和序号之间用连字符"-"连接。

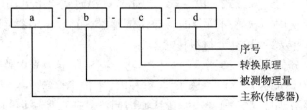

图 11.2　传感器命名格式

5. 几种常用传感器举例

为了使读者对传感器有一个直观的了解,下面列出几种常用传感器,当然,工程应用所涉及的传感器种类会更多。

1) 接近开关

如图 11.3 所示,接近开关有电感式和电容式两种,是一种开关型传感器(即无触点行程开关)。它既有行程开关、微动开关的特性,又具有传感性能,并且动作可靠、性能稳定、响应快、使用寿命长、抗干扰能力强、防水、防震、耐腐蚀等。接近开关广泛应用于机械、矿山、纺织、印刷、化工、冶金、轻工、阀门、电力、保安、铁路、航天等各个行业。

图 11.3　一种接近开关外形图

2) 火焰传感器

图 11.4 所示是一种火焰传感器,其采用紫外光敏管作为敏感元件,具有很强的抗干扰能力,不受日光、灯光和红外线辐射影响,能可靠检测火焰是否存在。火焰传感器主要用作紫外探测、自动灭火系统的探头。

图 11.4　一种火焰传感器

3) 气体传感器

图 11.5 是一种气体传感器。气体传感器所测气体的类型不同则传感器的种类也有所不同,目前已经研制使用的气体传感器能够检测一氧化碳(CO)、二氧化碳(CO_2)、硫化氢(H_2S)、二氧化硫(SO_2)、氢气(H_2)、氧气(O_2)等几十种气体。气体传感器主要用来检测易燃、易爆、有毒有害气体。

图 11.5　一种气体传感器

4) 温度传感器

温度传感器不论是在工农业生产、航天测量、科学研究等领域，还是在人们的日常生活中都得到了十分广泛的应用，从日常体温测量到载人宇宙飞船的成功发射，都离不开温度传感器。图 11.6 为一种温度传感器。常用温度传感器可分为接触式传感器和非接触式传感器。常用的有热电偶式传感器、热敏电阻式温度传感器、半导体热敏电阻式传感器、热释放式传感器等。

图 11.6   一种温度传感器

5) 压电传感器

图 11.7 所示是一种压电传感器，其是利用压电材料受力就会有电压(电荷)输出的压电效应特性研制的传感器，可用来测量压力、位移、速度、加速度等物理量。由于是利用压电效应来测量的，为了便于安装一般都会有牢固的机壳。

图 11.7   一种压电传感器

6) 光电传感器

光电传感器是一种利用光电效应将被测量的变化转换成光量，再利用光敏元器件把光量的变化转换为电信号的一种测量装置。光电传感器具有体积小、重量轻、响应快、灵明度高、便于集成、易实现非接触测量等优点，广泛应用于自动控制系统、位移监测、事件计数、自动化生产线等领域。

单片机的应用领域非常广泛，所涉及的传感器也是五花八门，如磁敏传感器、光纤传感器、红外传感器、光栅传感器、湿敏传感器等。在此不一一介绍。

11.2   传感器选择与应用

在各种控制系统测量的关键环节，传感器已成为非常重要的部件之一。对单片机应用系统来说，常常要检测各种物理量(温度、湿度、位移、速度等)，正确选择传感器，对于保证系统精度，提高可靠性，降低系统成本等方面都非常重要。

1. 传感器的选择

由于传感器的研制和发展非常快，各种各样的传感器应运而生，对传感器的选择就变得更加灵活。对于同一种类的被测物理量，可以选用不同的传感器。为了选择最适合于工程应用的传感器，必须多了解多熟悉各种类型的传感器。就合理选择传感器而言，应考虑以下几点：

(1) 测量条件。包括测量的目的、测量范围、频带宽度、指标要求、测量速率等。

(2) 传感器指标。包括静态特性、动态特性、输出信号类型、输出值、负载大小、校正周期、输入信号的保护等。

(3) 使用条件。包括传感器的设置场所、运行环境(温度、湿度、振动等)、测量时间、输入输出接口及功耗等。

(4) 性价比及产品供应。由于传感器技术发展快，单一品种用量较少，因此选择时要注意产品是否能保证及时供应并确定供应时间。在保证货源的前提下，优先选择性能价格比高的通用产品，除非十分必要才选择那些特殊性能的传感器。

虽然传感器选择时要考虑的因素很多，但无需满足所有的要求，应根据实际使用的目的、指标、环境等有所侧重。例如，需要长时间连续使用时，就选择经得起时间考验，能够长期稳定运行的传感器；对机械加工或化学分析等时间比较短的应用，则选择灵敏度和动态特性较好的传感器。选择响应速度快的传感器，目的是适应输入信号的频带宽度，从而提高信噪比。此外，还要合理选择设置场所，安装方法，传感器的外形尺寸、重量等；注意从传感器的工作原理出发，分析被测物体中可能会产生的负载效应等问题，以确定选择哪一种传感器最合适。一般情况下，只要能够满足系统测量精度就够了，不必在精度方面有过高的要求，因为传感器的精度与价格紧密相关。

2. 传感器的使用

1) 线性化及补偿

线性化及补偿的目的是为了保持被测量的变化与传感器的输出信号之间的线性关系并对非线性进行修正。在使用传感器进行实际测量时，要进行下述两种处理：

(1) 对传感器的输入输出特性进行补偿，也称为线性化处理。在采用单片机的测量系统或智能传感器中，这种线性化处理比较简便，可以通过软件来实现。可将传感器输入输出之间的关系数值加以修正，并集合构成表格，借助软件查找测量结果；也可把传感器的测量范围划分成若干段，然后在每个分段内进行线性插值或抛物线插值，通过程序计算求出测量结果；还可进行曲线拟合修正，使传感器的非线性误差趋于最小。

(2) 为消除在传感器的输出量中包含有被测物理量以外的其它因素而进行的处理。例如，在温度变化较大的系统中测量信号畸变时，就不能忽略由于温度变化引起的畸变而使传感器输出值产生的变化。这时，可在畸变传感器上或同一温度场内再加一个温度传感器来测量温度，根据测得的温度值对畸变传感器的输出值进行校正处理，消除因温度变化对测量精度的影响。

2) 传感器的定标

所谓传感器的定标，是指在明确输入输出变换对应关系的前提下，利用某种标准对传感器进行刻度。在传感器使用前对其进行定标，在使用过程中还要定期进行检查，确认精度及性能是否满足所制定的标准。不同的传感器其定标标准有所差异，但基本方法是一致的。通常用精度较高的仪器来为精度较低的仪器定标。

11.3　传感器的抗干扰技术

任何传感器的输出中总不可避免地混杂着各种干扰和噪声，它们来自系统的内部和外部。来自外部的干扰有市电干扰、温度变化、机械振动、电磁感应及辐射等，来自内部的干扰有热噪声、信号辐射等。在单片机测量系统中，要采取各种抗干扰措施消除这些噪声对测量精度的影响。下面讨论应用系统中几种实用的抗干扰措施。

1. 屏蔽技术

我们将防止静电或电磁相互感应所采用的各项措施称之为"屏蔽"，如用铜或铝制成的容器将需要防护的部分包围起来，可达到抗干扰的目的，或者用导磁性良好的铁磁材料制成的容器将需要防护的部分包围起来以隔断耦合。屏蔽主要用来抑制各种场的干扰。通常将屏蔽分为以下几类。

1) 静电屏蔽

处于静电平衡状态下的导体内部，各点电位相等，即导体内部无电力线。利用金属导体的这一性质，并加上接地措施，则静电场的电力线就在接地的金属导体处被中断，实现了隔离电场的作用。

静电屏蔽能防止静电场的影响，消除或削弱两电路之间由于寄生分布电容耦合而产生的干扰。在电源变压器的原边与副边绕组之间插入一个梳齿形导体，并将它接地，以此来防止两绕组间的静电耦合，就是静电屏蔽的范例。在传感器有关电路布线时，如果在两导线之间敷设一条接地导线，则两导线之间的静电耦合将明显减弱。

2) 电磁屏蔽

所谓电磁屏蔽，是指采用导电良好的金属材料做成屏蔽层，利用高频电磁场对屏蔽金属的作用，在屏蔽金属内产生涡流，由涡流产生的磁场抵消或减弱干扰磁场的影响，从而达到屏蔽的效果。一般所谓的屏蔽，多数是指电磁屏蔽。电磁屏蔽主要用来防止高频电磁场的影响，其对低频磁场干扰的屏蔽效果不是太大。

3) 低频磁屏蔽

电磁屏蔽对低频磁通干扰的屏蔽效果是很差的，因此当存在低频磁通干扰时，要采用高导磁材料作屏蔽层，以便将干扰磁通限制在磁阻很小的磁屏蔽体的内部，防止其干扰。

在实际使用传感器时，应准确判断是静电耦合干扰、高频电磁场干扰、低频磁通干扰，还是寄生电容干扰，针对不同的干扰，采用不同的屏蔽对策。同时，要根据不同类型的传感器，采用不同的屏蔽措施。例如，为了克服寄生电容的干扰，对一般传感器必须将其放置在金属壳内，并将机壳接地；对其引出线，必须采用屏蔽线，该屏蔽线要与壳体相连，且屏蔽线屏蔽层应良好接地。

2. 接地技术

在电力系统中，由于电压高、功率大，容易危及人身安全，为此，有必要将各种电气设备的外壳通过接地导线与大地相连，使之与地等电位，以保证人身和设备的安全。传感器外壳或导线屏蔽层等接地是着眼于静电屏蔽的需要，即通过接地给高频干扰电压形成低阻通路，以防止其对传感器造成干扰。在电子技术中把电信号的基准电位点也称为"地"。通常，有如下几种地线。

1) 保护接地

出于安全防护的目的将电子测量装置的外壳屏蔽层接地叫作保护接地。

2) 信号地

电子装置中的接地，除特别说明接大地的以外，一般都是指作为电信号的基准电位的信号地。电子装置的接地是涉及抑制干扰，保证电路工作性能稳定、可靠的关键问题。信号地既是各级电路中静、动态电流的通道，又是各级电路通过某些共同的接地阻抗而相互耦合从而引起内部干扰的薄弱环节。

信号地分为两种：一种是模拟信号地(AGND)，它是模拟信号的零电位公共点；另一种是数字信号地(DGND)，它是数字信号的零电平公共点。数字信号处于脉冲工作状态，动态脉冲电流在杂散的接地阻抗上产生的干扰电压，即使尚未达到足以影响数字电路正常工作的程度，但对于微弱的模拟信号来说，已成为严重的干扰源。为了避免模拟信号地与数字信号地之间的相互干扰，二者要分别设置。

3) 信号源地

传感器可看作是测量装置的信号源。通常传感器安装在生产现场，而显示、记录等测量装置则安装在离现场有一定距离的控制室内。在接地要求上二者不同，信号源地线是传感器本身的零信号电位基准公共线。

4) 负载地线

负载的电流一般较前级信号电流大得多，负载地线上的电流在地线中产生的干扰也大，因此对负载地线和测量放大器的信号地线有不同的要求。有时，二者在电气上是相互绝缘的，它们之间可通过磁耦合或光耦合传输信号。

在传感器测量系统中，上述四种地线一般应分别设置。在电位需要连通时，可选择合适的位置作一点相连，以消除各地线之间的相互干扰。当然，针对具体问题要具体分析，以便确定实用的系统接地方案。(参见 8.5.2 地线的处理原则。)

3. 浮置技术

浮置又称为浮空、浮接，它是指测量仪表的输入信号放大器公共地(即模拟信号地)不接机壳或大地。对于被浮置的测量系统，测量电路与机壳或大地之间无直流联系。

屏蔽接地的目的是将干扰电流从信号电路引开，即不让干扰电流流经信号线，而是让干扰电流流经屏蔽层到大地。浮置与屏蔽接地的作用相反，是阻断干扰电流的通路。测量系统被浮置后，明显地加大了系统的信号放大器公共线与大地(或外壳)之间的阻抗，因此浮置能大大减小共模干扰电流。

浮置不是绝对的，不可能做到"完全浮空"。其原因是，测量电路(或输入信号放大器)

公共线与大地(或外壳)之间虽然电阻值很大(是绝缘电阻级),可以大大减小电阻性漏电流干扰,但是它们之间仍然存在着寄生电容,即容性漏电流干扰仍然存在。

4. 滤波器技术

使用滤波器是抑制噪声干扰的重要手段之一,特别是对抑制导线传导耦合到电路中的噪声干扰,这是一种被广泛采用的技术手段。

1) 交流电源进线的对称滤波器

使用交流电源的电子测量仪表,噪声都会经电源线传导耦合到测量电路中去,必然对其工作造成干扰。为了抑制这种噪声干扰,在交流电源进入端子之间加装滤波器是十分必要的。

2) 高频对称滤波器

图 11.8 所示是两种高频干扰电压对称滤波器,它对于抑制频率为中波段的高频噪声干扰比较有效。

图 11.8   高频对称滤波器

3) 直流电源输出的滤波器

往往是几个电路共用一个直流电源,为了削弱共用电源在电路间形成的噪声耦合,对直流电源输出需加对高频及低频进行滤波的滤波器,并采用各电路板分别供电方案。

4) 去耦滤波器

当一个直流电源对几个电路同时供电时,为了避免通过电源造成几个电路之间互相干扰,应在每个电路的直流电源进线与地之间加装去耦滤波器,如图 11.9 所示。

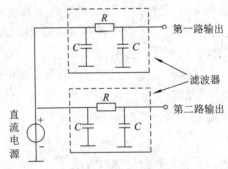

图 11.9   电源去耦滤波器

5. 光电耦合技术

使用光电耦合器能够切断地环路电流的干扰。其原理如图 11.10 所示。由于两个电路之间采用光耦合,因此能把两个电路的地电位完全隔离开。这样即使两电路的地电位不同也不会造成干扰。

此处,在智能传感器中采用软件的方法实现数字滤波,能有效地抑制随机噪声干扰。

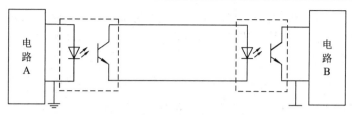

图 11.10　利用光电耦合器断开地环路

11.4　智　能　传　感　器

11.4.1　智能传感器概述

随着测控系统智能化的迅速发展，在精度、可靠性、稳定性、接口及通信等方面都对传感器提出了更高的要求。单片机技术使传感器技术的应用发生了巨大的变革，单片机和传感器相结合，产生了功能强大的智能传感器。事实上，所谓智能传感器，就是一种由单片机控制的，具有信息检测、信号处理、信息记忆、逻辑判断功能的传感器。

传感器与单片机结合可以通过以下两个途径来实现：一是采用单片机系统以强化和提高传统传感器的功能，即传感器与单片机可分为两个独立模块，传感器的输出信号经处理和转化后传送到单片机模块进行运算处理。这就是我们所指的一般意义上的智能传感器，又称传感器的智能化。二是借助于半导体技术把传感器部分与信号预处理电路、输入输出接口、单片机等制作在同一块芯片上，即成为大规模集成电路智能传感器，简称集成智能传感器。集成智能传感器具有多功能、一体化、精度高、体积小和使用方便等优点，是传感器发展的必然趋势。

智能传感器因其在功能、精度、可靠性上较普通传感器有很大提高，已经成为传感器研究开发的热点。近年来，随着传感器技术和微电子技术的发展，智能传感器技术也发展很快，为我们选择和使用传感器提供了更大的方便。

11.4.2　智能传感器的组成及功能

1. 主要功能

与传统传感器相比，智能传感器采用了单片机技术，引入了片上系统(SOC)，可以利用软件十分方便地实现数字滤波、系统检测等功能。一般来说，智能传感器应具有以下功能：

(1) 逻辑判断、统计处理功能。可对检测数据进行分析、统计和修正，还可进行线性、非线性、温度、噪声、响应时间、交叉感应以及缓慢漂移等的误差补偿，提高了测量准确度。

(2) 自诊断、自校准功能。可在接通电源时进行开机自检，在工作中进行运行自检，并可实时自行诊断测试，以确定哪一组件有故障，提高了工作可靠性。

(3) 自适应、自调整功能。可根据待测物理量的数值大小及变化情况自动选择检测量程和测量方式，提高了检测适用性。

(4) 组态功能。可实现多传感器、多参数的复合测量，扩大了检测与使用范围。

(5) 记忆、存储功能。可进行检测数据的随时存取，加快了信息的处理速度。

(6) 数据通信功能。智能化传感器具有数据通信接口，能实现与计算机通信，数据的处理、保存、转换十分方便。

智能传感器系统一般构成如图 11.11 所示。利用单片机完成信号处理及存储。

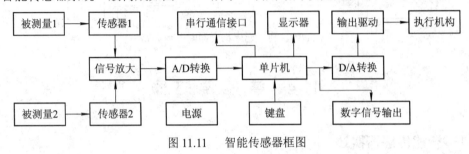

图 11.11　　智能传感器框图

2. 基本结构

传感器的智能化指传感器与单片机可分为两个独立模块，传感器的输出信号经处理和转化后由接口送入单片机部分进行运算处理。这类智能传感器主要由传感器、单片机及其相关电路组成。传感器将被测的物理量转换成相应的电信号，传送到信号处理电路中，进行滤波、放大、模/数转换后，传送到单片机中。

单片机是智能传感器的核心，它不但可以对传感器测量数据进行计算、存储和数据处理，还可以通过反馈回路对传感器进行调节。由于单片机充分发挥了软件功能，可以完成硬件难以完成的任务，从而大大降低了传感器制造的难度，提高了传感器的性能，降低了成本。

在智能传感器中，其控制功能、数据处理功能和数据传输功能尤为重要。控制功能主要包括：键盘控制、量程自动切换、多路通道切换、数据极限判断与越限报警、自诊断与自校正等。

3. 基本功能

智能传感器具有良好的自检功能，开机后单片机先向 D/A 转换口输出一个定值(固定代码)，经 DAC 变换为对应的模拟电压值，再送到 A/D 通路的自校正输入端。此后，由单片机启动 ADC，待 A/D 转换结束，再读回转换结果值，并与原送出的代码进行比较。如结果相符或误差在允许范围内，则认为自校正功能正常。若仅在一点上进行自校正还不能说明问题，可以设置 2～3 个自校正点。如可设置其零点、中点及满刻度点为自校正点，并分三次比较。通过比较和判断，可确定输入、输出以及接口等功能是否正常。

在数据处理方面，智能传感器须具备标度变换功能、函数运算功能、系统误差消除功能、随机误差处理功能以及信号逻辑性判断功能。在数据传输方面，智能传感器应实现各传感器之间或与其它计算机系统的信息交换及传输。常用 RS-232C 串行接口实现数据传输功能。

4. 智能传感器实例

图 11.12 是智能温度传感器的硬件结构图。智能温度传感器可用来检测应用系统各个设备、部件的温度，从而判断系统的工作状态。由 8 路普通温度传感器、多路电子开关、A/D 转换器、RAM、D/A 转换器、串行通信口及 89C51 单片机等模块组成。由单片机控制多路电子开关选择输入信号进入 A/D 转换器，转换成数字量后由单片机进行数据处理、

存储并经串行口输出。该智能传感器具有较强的自适应能力，它可以判断工作环境因素的变化，进行必要的修正，以保证测量的准确性。

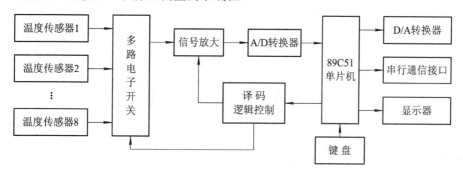

图 11.12　智能温度传感器组成框图

一般情况下，智能传感器具有测量、信号放大、A/D 转换、数据处理、D/A 转换、模拟量输出、键盘接口及串行通信接口等功能。

图 11.13 所示是一种电量测量智能传感器，用于变电站自动化系统测量电源功率、电压、电流、功率因数等。输入三相交流电压电流，内部单片机测量计算相关量，能够保存一天 24 h 的整点数据，采用串行通信接口输出，支持多种通信协议及多种组态软件，可利用 DIP 开关设定传感器地址和通信速率。

智能温度传感器的软件采用模块化结构，其结构如图 11.14 所示。主程序模块完成系统自检、各模块初始化、通道选择以及各个功能模块调用的功能。信号采集模块主要完成数字滤波、非线性补偿、信号处理、误差修正等功能。故障诊断模块对各个传感器的信号进行逻辑分析，判断系统的工作状态。串行通信模块实现智能传感器与外部计算机的通信，及时上传采集的数据及处理结果。

图 11.13　一种电量测量智能传感器

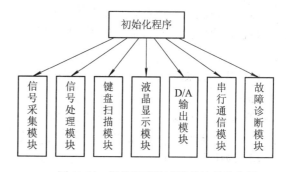

图 11.14　智能温度传感器的软件结构图

习　题　11

11.1　传感器主要由哪几部分组成？各部分作用如何？

11.2　常用传感器分为哪几类？

11.3　在单片机应用系统中，选用传感器时应考虑哪些因素？

11.4　在使用传感器时，常采用哪些抗干扰措施？

附　录

附录 A　习题参考答案

■　习题 1 参考答案

1.1　什么是单片机? 其由哪几部分组成? 何谓单片机应用系统?

答: 单片机是采用超大规模集成电路技术,把一台计算机的主要部件集成在一个芯片上所构成的一种集成电路芯片,因此单片机也被称为单片微型计算机(Single Chip Microcomputer, SCM)。其主要组成部分有中央处理器(CPU)、存储器(RAM 和 ROM)、基本 I/O 端口以及定时器/计数器等部件,并具有独立指令系统。有的单片机中还集成有串行通信口,显示驱动电路(LCD 或 LED 驱动电路),脉宽调制电路(PWM),A/D 及 D/A 转换器等电路。

单片机在软件的控制下能准确、迅速、高效地完成程序设计者事先规定的任务,能够完成现代工业控制系统所要求的智能化控制功能。给单片机配备必要的外围器件(设备)用于某一被控对象中,就构成了一个单片机应用系统。

1.2　简述单片机的特点。

答: 单片机及应用系统有以下特点:

(1) 单片机具有独立的指令系统,可以将设计者的设计思想充分体现出来,使产品智能化。

(2) 单片机系统的配置以满足控制对象的要求为出发点,目的是使系统具有较高的性能价格比。

(3) 单片机本身不具有自我开发能力,一般需借助专用的开发工具进行系统开发和调试,但最终形成的产品简单实用,成本低,效益高。

(4) 应用系统所用存储器芯片可选用 EPROM、E^2PROM、OTP 芯片或利用掩膜形式生产,便于批量开发和应用。大多单片机的开发芯片和扩展应用芯片相互配套,降低了系统成本。

(5) 由于系统小巧玲珑,控制功能强、体积小,便于嵌入被控设备中,大大推动了产品的智能化。如数控机床、机器人、智能仪器仪表、洗衣机、电冰箱、电视机等,都是典型的机电一体化设备。

1.3　简述单片机的发展过程及分类。

答: 单片机的发展大致可归纳为四个阶段。

第一阶段:低性能单片机(1976—1980)。该阶段以较简单的 8 位低档单片机为主,将原有的单板机功能集成在一块芯片上,使该芯片具有原来单板机的功能。其主要代表芯片为美国 Intel 公司的 MCS-48 系列，该系列芯片内集成了 8 位 CPU、并行 I/O 接口、8 位定时器/计数器，寻址范围为 4 KB，没有串行通信接口。

第二阶段：高性能单片机(1980—1983)。该阶段仍以 8 位机为主，主要增加了串行口、多级中断处理系统和 16 位定时器/计数器，除片内 RAM、ROM 容量加大外，片外寻址范围达 64 KB,有的片内还集成有 A/D、D/A 转换器。这一阶段的单片机以 Intel 公司的 MCS-51 系列、Motorola 公司的 6801 系列和 Zilog 公司的 Z8 系列为代表。上述机型由于功能强，使用方便，目前仍被广泛应用。

第三阶段：高性能的 16 位单片机(1983 年到 80 年代末)。该阶段单片机的性能更加完善，主频速率提高，运算速度加快，具有很强的实时处理能力，更加适用于速度快、精度高、响应及时的应用场合。其主要代表为 Intel 公司的 MCS-96 系列等。

第四阶段：集成度、速率、功能、可靠性、应用领域等全方位向更高水平发展(20 世纪 90 年代)。该阶段单片机 CPU 数据线有 8 位、16 位、32 位，采用双 CPU 结构及内部流水线结构，以提高数据处理能力和运算速度；采用内部锁相环技术，时钟频率已高达 50 MHz，指令执行速率提高；提供了运算能力较强的乘、除法指令和内积运算指令，具有较强的数据处理能力；设置了新型的串行总线结构，为系统扩展提供了方便；增加了常用的特殊功能部件，如看门狗系统、通信控制器、调制解调器、脉宽调制(PWM)输出等。随着微电子技术的发展和半导体工艺的不断改进，芯片向着高集成度、低功耗的方向发展。由于应用范围的不断扩大，一些专用单片机也迅速发展壮大。

1.4　结合自己的生活实际说明单片机的应用领域。

答：由于单片机体积小，价格低，可靠性高，适用面宽，有其本身的指令系统等诸多优势，在各个领域、各个行业都得到了广泛应用。单片机的应用领域可归纳为以下几个方面：机电一体化、集散数据采集系统、分布式控制系统、智能仪器仪表、家用电器、终端及外部设备控制、智能卡、智能电子玩具等。

■ 习题 2 参考答案

2.1　MCS-51 系列单片机的内部硬件结构主要包括哪几部分？各部分的作用是什么？

答：MCS-51 系列单片机的内部硬件结构主要包括中央处理器 CPU，程序存储器，数据存储器，特殊功能寄存器 SFR 等模块。图 2.4 是按功能划分的 MCS-51 系列单片机内部功能模块框图，各模块及其基本功能如下所述：

(1) 中央处理器 CPU：由运算器和控制部件构成，其中包括振荡电路和时钟电路，主要完成单片机的运算和控制功能，是单片机的核心部件，决定了单片机的主要性能。

(2) 片内程序存储器：用于存放目标程序及一些原始数据和表格。

(3) 片内数据存储器：习惯上把片内数据存储器称为片内 RAM，它是单片机中使用最频繁的数据存储器。由于其容量有限，合理地分配和使用好片内 RAM 有利于提高编程效率。

(4) 特殊功能寄存器 SFR：用于控制和管理片内算术逻辑部件 ALU、并行 I/O 接口、串行通信口、定时器/计数器、中断系统、电源等功能模块的工作方式和运行状态。

(5) 4 个 8 位并行输入输出 I/O 接口：P0 口、P1 口、P2 口、P3 口(共 32 线)，用于输入或输出数据和形成系统总线。

(6) 串行通信接口：可实现单片机系统与计算机或与其它通信系统间的数据通信。

(7) 16 位定时器/计数器：它可以设置为计数方式对外部事件进行计数，也可以设置为定时方式。计数或定时范围可通过编程来设定，具有中断功能，一旦计数到 0，可向 CPU 发出中断请求，以便及时处理突发事件，提高系统的实时处理能力。

(8) 中断系统：可以处理外部中断、定时器/计数器中断和串行口中断。常用于实时控制、故障自动处理、单片机系统与计算机或与外设间的数据通信及人—机对话等。

2.2 MCS-51 系列单片机总体上可分为两个子系列：MCS-51 子系列与 MCS-52 子系列。这两个子系列的主要产品有哪些？它们的主要区别是什么？

答： MCS-51 子系列中典型机型有 8031、8051 和 8751 三种产品，而 MCS-52 子系列中也有 8032、8052 和 8752 三种典型机型。

在各子系列内各类芯片的主要区别在于片内有无程序存储器及存储器的类型(PROM、EPROM)。MCS-51 与 MCS-52 子系列不同的是片内程序存储器 ROM 从 4 KB 增至 8 KB；片内数据存储器由 128 B 增至 256 B。

MCS-51 单片机是 Intel 公司的产品，由于上述类型的单片机应用得早，影响很大，已成为事实上的工业标准。目前许多半导体厂家都生产与 MCS-51 兼容的单片机。如 AMTEL 的 AT89 系列、Philips 的 P89 系列，等等。这些性能优良的产品在国内市场上占有很大份额，受到了众多用户的欢迎。

2.3 51 系列单片机的程序状态字 PSW 包含哪些程序状态信息？这些状态信息的作用是什么？

答： 程序状态字 PSW 是一个 8 位标志寄存器，保存指令执行结果的特征信息，以供程序查询和判别。程序状态字格式及含义如下：

PSW.7   PSW.0

Cy	AC	F0	RS1	RS0	OV	—	P

Cy(PSW.7)——进位标志位。由硬件或软件置位和清零。表示运算结果是否有进位(或借位)。如果运算结果在最高位有进位输出(加法时)或有借位输入(减法时)，则 Cy = 1，否则 Cy = 0。

AC(PSW.6)——辅助进位(或称半进位)标志位。它表示两个 8 位数运算时，低 4 位有无进(借)位的状况。当低 4 位相加(或相减)时，若 D3 位向 D4 位有进位(或有借位)，则 AC = 1；否则，AC = 0。在 BCD 码运算的十进制调整中要用到该标志。

F0(PSW.5)——用户自定义标志位。用户可根据自己的需要用软件对 F0 赋以一定的含义，并根据 F0 的值来决定程序的执行方式。

RS1(PSW.4)、RS0(PSW.3)——工作寄存器组选择位。可用软件置位或清零，用以确定当前使用的工作寄存器组。

OV(PSW.2)——溢出标志位。由硬件置位或清零。它反映运算结果是否有溢出(即运算结果的正确性)。有溢出时(结果不正确)，OV = 1；否则，OV = 0。

溢出标志 OV 和进位标志 Cy 是两种不同性质的标志。溢出是指有符号的两数运算时，运算结果超出了累加器以补码所能表示一个有符号数的范围(-128～+127)。而进位则表示两数运算最高位(D7)相加(或相减)有无进(或借)位。一般来说，对带符号数的运算关心溢出标志位，而对无符号数的运算则关心进位标志位。

PSW.1——未定义。

P(PSW.0)——奇偶标志位。在执行指令后，单片机根据累加器 A 中 1 的个数是奇数还是偶数自动给该标志置位或清零。若 A 中 1 的个数为奇数，则 P＝1；否则，P＝0。该标志位常用于串行通信的奇偶校验位。

2.4　决定程序执行顺序的寄存器是哪个？它是几位寄存器？它是不是特殊功能寄存器？

答：决定程序执行顺序的寄存器是程序计数器 PC，用于存放 CPU 要执行的下一条指令的地址。PC 是一个 16 位的专用寄存器，寻址范围为 64 KB(0000H～FFFFH)。系统复位后 PC 的初始值为 0000H。程序计数器在物理上是独立的，它不属于特殊功能寄存器 SFR 块。

2.5　简述 51 系列单片机片内 RAM 区地址空间的分配特点及各部分的作用。

答：51 单片机的片内 RAM 为 128 B 或 256 B，分为工作寄存器区、位寻址区和数据缓冲区 3 个部分，如图 2.7 所示。

(1) 工作寄存器区：内部 RAM 区的 00H～1FH 为工作寄存器区，分为 4 个工作寄存器组，每组有 8 个单元。

(2) 位寻址区：RAM 区中 20H～2FH 单元为位寻址区，这 16 个单元(共计 128 位)的每 1 位都有一个位地址，其位地址为 00H～7FH。

(3) 数据存储区：RAM 区中 30H～7FH(MCS-52 子系列中 30H～FFH)是数据存储区，即用户 RAM 区。

注意：51 系列单片机的堆栈区设定在片内 RAM 中。SP 为堆栈指针寄存器，系统复位后 SP 的初值为 07H。一般堆栈区设定在 30H 以后的范围内。

2.6　51 系列单片机如何实现工作寄存器组 R0～R7 的选择？开机复位后，CPU 使用的是哪组工作寄存器？它们的地址是什么？

答：工作寄存器共有 4 组，但程序每次只能选择 1 组作为当前工作寄存器组使用。究竟选择哪一组作为当前工作寄存器，由程序状态字 PSW 中的 PSW.4(RS1)和 PSW.3(RS0)两位来选择，其选择关系见习题 2.6 表。开机复位后，PSW.4 和 PSW.3 被初始化为 00，选 0 组为当前工作寄存器，对应地址是 00H～07H。

习题 2.6 表

PSW.4(RS1)	PSW.3(RS0)	工作寄存器组	地址
0	0	0 组	00H～07H
0	1	1 组	08H～0FH
1	0	2 组	10H～17H
1	1	3 组	18H～1FH

2.7　堆栈有哪些功能？堆栈指针寄存器(SP)的作用是什么？在程序设计时，为什么要对 SP 重新赋值？

答：当 CPU 响应中断，或调用子程序时用堆栈保存断点地址，在中断返回或子程序返回时从堆栈中恢复断点地址。用户也可以用 PUSH 指令把一些重要数据压栈，需要时用

POP 指令把数据从堆栈中弹出。

在所有的堆栈操作中，用 SP 指示栈顶的位置。数据入栈时，先将堆栈指针 SP 的内容加 1，然后将数据送入堆栈；数据出栈时，将 SP 所指向的内部 RAM 单元的内容弹出，再将堆栈指针 SP 的内容减 1。

系统复位后 SP 之值为 07H。为了避开内部 RAM 中使用频率较高的工作寄存器区和位寻址区，一般堆栈区设定在 30H 以后的范围内。如：可用 MOV SP，#30H　设置 SP 为 30H，系统工作时堆栈就从 30H 开始向上生成。

2.8　51 系列单片机的存储器分哪几个空间？CPU 是如何对不同空间进行寻址的？

答：51 系列单片机的存储器分为程序存储器和数据存储器两大类。

程序存储器又分为内部程序存储器和外部程序存储器。内部程序存储器和外部程序存储器总空间为 64 KB。如 AT89C51 的片内程序存储器地址为 0000H～0FFFH，片外扩展地址为 1000H～FFFFH。AT89C52 的片内程序存储器地址为 0000H～1FFFH，片外扩展地址为 2000H～FFFFH。用 MOVC A，@A+DPTR 或 MOVC A，@A+PC 指令访问程序存储器。

数据存储器为内部数据存储器(片内 RAM)和外部数据存储器(片外 RAM)。片内 RAM 容量为 128 B 或 256 B，用两种寻址方式访问片内 RAM：

(1) 用 Ri 寄存器间接寻址访问片内 RAM 的 256 B(00H～0FFH)。

(2) 用直接寻址方式访问片内 RAM 的低 128 B(00H～7FH)。

片外 RAM 的地址空间为 64 KB。用 MOVX 指令，以 Ri 或 DPTR 间接寻址访问片外 RAM。

除上述 4 个存储空间外，51 系列单片机内部还有特殊功能寄存器 SFR，只能用直接寻址方式访问特殊功能寄存器 SFR(80H～FFH)。

2.9　MCS-51 单片机有多少 I/O 引脚？它们和单片机对外的地址总线和数据总线有何关系？

答：51 单片机不进行外部扩展时，有 P0、P1、P2 和 P3 共 4 个 8 位 I/O 口，共 32 个 I/O 引脚。进行外部扩展时，P2 口作为高 8 位地址总线。P0 口为低 8 位地址/数据分时复用口，它分时用作低 8 位地址总线和 8 位双向数据总线。因此，构成系统总线时，应加 1 个锁存器 74LS373，用于锁存低 8 位地址信号 A7～A0，总线形成如习题 2.9 图所示。

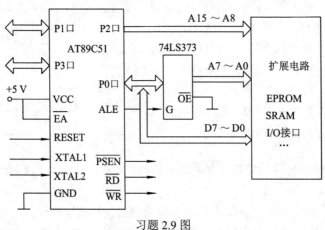

习题 2.9 图

2.10　51 单片机的 ALE、$\overline{\text{PESN}}$ 信号各自的功能是什么？

答：ALE——地址锁存信号。当 CPU 访问外部部件时，利用 ALE 信号的正脉冲锁存出现在 P0 口的低 8 位地址，因此把 ALE 称为地址锁存信号。

2.11　什么是时钟周期、机器周期、指令周期？当单片机时钟频率为 12 MHz 时，一个机器周期是多少？

答：把加到单片机 XTAL2 引脚上的定时信号的周期称为振荡周期，两个振荡周期是一个时钟周期(也称为状态周期)。机器周期是单片机的基本操作周期，一个机器周期包含 6 个状态周期 S1～S6，12 个振荡周期。也就是说，在 12 个时钟节拍内 CPU 才可能完成一个独立的操作。指令周期是指 CPU 执行一条指令所需要的时间。

当单片机的外接晶体振荡器的振荡频率为 12 MHz 时，则振荡周期为 1/12 μs，时钟周期为 1/6 μs，机器周期=振荡周期 × 12 = 1 μs。

2.12　画出 89C52 单片机最小系统原理图，说明复位后内部各寄存器状态。

答：最小系统由单片机、时钟电路和复位电路组成，如习题 2.12 图所示。复位后内部各寄存器状态见表 2.9。

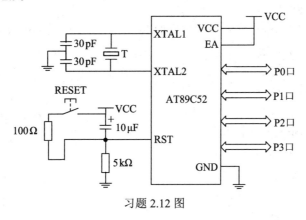

习题 2.12 图

■ 习题 3 参考答案

3.1　简述 51 系列单片机有哪几种寻址方式？

答：51 系列单片机有立即寻址、直接寻址、寄存器寻址、寄存器间接寻址、变址寻址、相对寻址和位寻址 7 种寻址方式。

3.2　如何访问内部 RAM 单元，可使用哪些寻址方式？对片内 RAM 的高 128B 的地址空间寻址要注意什么？

答：可以用两种址寻方式访问片内 RAM：

(1) 寄存器间接寻址访问片内 RAM 的 256 个字节(00H～7FH)。

　　MOV　A, @R_i

　　MOV　@R_i, A

(2) 直接寻址方式访问片内 RAM 的低 128 个字节(00H～7FH)。

MOV　A, 30H

注意，只能用 Ri 间接寻址方式访问内部 RAM 高 128 个字节。

3.3　基址寄存器加变址寄存器间接寻址方式主要应用于什么场合？采用 DPTR 或 PC 作基址寄存器其寻址范围有何不同？

答：在 51 单片机中，把变址寻址也称为基址寄存器加变址寄存器间接寻址方式，其中把 DPTR 和程序计数器 PC 称为基址寄存器，累加器 A 称为变址寄存器，两者的内容相加形成 16 位的程序存储器地址。采用 DPTR 作基址寄存器其寻址范围为 64KB。采用 PC 作基址寄存器其寻址范围为 256 个字节。

3.4　若要完成以下的数据传送，应如何用 MCS-51 的指令来实现。

(1) R1 内容传送到 R0。

(2) 外部 RAM 20H 单元内容送 R0，送内部 RAM 20H 单元。

(3) 外部 RAM 1000H 单元内容送内部 RAM 20H 单元。

(4) ROM 2000H 单元内容送 R0，送内部 RAM 20H 单元，送外部 RAM 20H 单元。

答：(1)　MOV　A, R1

　　　　　MOV　R0, A

注意，MOV 指令的两个操作数不能同时为 R 寄存器，如 MOV R0，R1 是非法指令。

　　　(2)　MOV　R0, #20H

　　　　　MOVX　A, @R0

　　　　　MOV　R0, A

　　　　　MOV　20H, A

　　　(3)　MOV　DPTR, #1000H

　　　　　MOVX　A, @DPTR

　　　　　MOV　20H, A

　　　(4)　MOV　DPTR, #2000H

　　　　　MOV　A, #00H

　　　　　MOVC　A, @A+DPTR

　　　　　MOV　R0, A

　　　　　MOV　20H, A

　　　　　MOV　R1, #20H

　　　　　MOVX　@R1, A

3.5　设 R0 的内容为 32H，A 的内容为 48H，内部 RAM 的 32H 单元内容为 80H，40H 单元内容为 08H，请指出在执行下列程序段后上述各单元内容变为什么？

　　　　MOV　A, @R0

　　　　MOV　@R0, 40H

　　　　MOV　40H, A

　　　　MOV　R0, #35H

答：(A) = 80H，(32H) = 08H，(40H) = 80H，(R0) = 35H

3.6　试比较下列每组两条指令的区别。

(1) MOV　A, #24H　与　MOV　A, 24H

(2) MOV　A, R0　　与　MOV　A, @R0

(3) MOV　A, @R0　与　MOVX　A, @R0

(4) MOVX　A, @R1　与　MOVX　A, @DPTR

答：(1) 前者为立即寻址；后者为直接寻址。

　　　(2) 前者为寄存器寻址；后者为间接寻址，访问片内 RAM。

　　　(3) 前者访问片内 RAM；后者访问片外 RAM。

　　　(4) 前者访问片外 RAM 的前 256 字节；后者访问片外 RAM 的 64KB 空间。

3.7　已知(40H) = 50H，(41H) = 55H，阅读下列程序，说明程序的功能。

```
MOV   R0, #40H
MOV   A, @R0
INC   R0
ADD   A, @R0
INC   R0
```

问，执行该程序后，(A) = ＿＿＿＿＿，(R0) = ＿＿＿＿＿。

答：该程序是把片内 RAM 的 40H 和 41H 单元中的内容相加，运算结果在累加器 A 中，执行该程序后，(A) = A5H，(R0) = 42H。

3.8　PSW 中的 Cy 和 OV 有何不同？执行下列程序段后 Cy =？OV =？

```
MOV   A, #56H
ADD   A, #74H
```

答：Cy 是进位标志，表示运算结果是否有进位(或借位)。如果运算结果在最高位有进位输出(加法时)或有借位输入(减法时)，则 Cy = 1，否则 Cy = 0。

OV 是溢出标志，它反映运算结果是否有溢出(即运算结果的正确性)，有溢出时(结果不正确)OV = 1，否则 OV = 0。

溢出标志 OV 和进位标志 Cy 是两种不同性质的标志。溢出是指有正、负号的两数运算时，运算结果超出了累加器以补码所能表示一个有符号数的范围(-128～+127)。而进位则表示两数运算最高位(D7)相加(或相减)有无进(或借)位。一般来说，对带符号数的运算关心溢出标志位，而对无符号数的运算则关心进位标志位。ADD A, #74H 的执行过程如习题 3.8 图所示。

$$
\begin{array}{r}
0101\ 0110 \\
+\quad 0111\ 0100 \\
\hline
1100\ 1010
\end{array}
$$

习题 3.8 图

执行上述程序段后 Cy = 0，OV = 1。

3.9　设(A) = 83H，(R0) = 17H，(17H) = 34H。问执行以下指令后，(A) = ？

　　ANL　A, #17H

　　ORL　17H, A

　　XRL　A, @R0

　　CPL　A

解：上述程序的执行过程如习题 3.9 图所示，程序段执行后(A) = CBH。

```
  1000 0011      83H              0011 0100      34H
∧ 0001 0111    ∧ 17H           ∨ 0000 0011    ∨ 03H
  0000 0011      03H              0011 0111      37H

(a) ANL的执行过程                 (b) ORL的执行过程

  0000 0011      03H          取反  0011 0100      34H
⊕ 0011 0111    ⊕ 37H              1100 1011      CBH
  0011 0100      34H

(c) XRL的执行过程                 (d) CPL的执行过程
```

习题 3.9 图

3.10　判断下列指令的正误。

　　① MOV　28H, @R4

　　② MOV　E0H, @R0

　　③ MOV　A, @R1

　　④ INC　DPTR

　　⑤ DEC　DPTR

　　⑥ CLR　R0

答：① 错，R4 不能用于间接寻址。

　　② 错，E0H 应加前导 0，即 0E0H。

　　③ 正确。

　　④ 正确。

　　⑤ 错，无 DPTR 的减 1 指令。

　　⑥ 错，无 Rn 的清零指令。

3.11　用位操作指令，实现习题 3.11 图的逻辑功能。

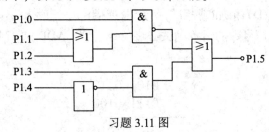

习题 3.11 图

答：参考程序如下：

　　MOV　C, P1.1

　　ORL　C, P1.2

```
        ANL   C, P1.0
        CPL   C
        MOV   F0, C
        MOV   C, P1.3
        ANL   C, /P1.4
        ORL   C, F0
        MOV   P1.5, C
```

3.12　编写程序,把外部 RAM 的 2000H~200FH 单元中的数据依次传送到外部 RAM 的 3000H~300FH 单元。

答:题目要求把外部 RAM 的数据块搬到另一外部 RAM 区,由于 51 单片机只有一个 DPTR 指针,因此,应先把数据块搬到片内 RAM 区(40H~50H),再由片内 RAM 搬到片外 RAM 区,参考程序如下:

```
        MOV   R7, #10H
        MOV   DPTR, #2000H
        MOV   R0, #40H
LOOP1:  MOVX  A, @DPTR
        MOV   @R0, A
        INC   DPTR
        INC   R0
        DJNZ  R7, LOOP1
        MOV   R7, #10H
        MOV   DPTR, #3000H
        MOV   R0, #40H
LOOP2:  MOV   A, @R0
        MOVX  @DPTR, A
        INC   DPTR
        INC   R0
        DJNZ  R7, LOOP2
        SJMP  $
```

3.13　试编写程序,统计在内部 RAM 的 20H~50H 单元中出现 00H 的次数,并将统计的结果存入 51H 单元。

答:为了编程方便,可直接使用 51H 单元统计 00H 出现的次数(其初值为 0),用 R7 作单元个数计数器(其初值为 50H-20H+1),参考程序如下:

```
        MOV   R7, #(50H-20H+1)   ; 取字节长度, 31H
        MOV   R0, #20H
        MOV   51H, #00H
LOOP1:  CJNE  @R0, #00H, NEXT
```

```
            INC    51H
    NEXT:  INC    R0
            DJNZ   R7, LOOP1
            JMP    $
```

3.14　在片内 RAM 中有两个以压缩 BCD 码形式存放的十进制数(每个数是 4 位，占 2 个字节)，一个数存放在 30H～31H 单元中，另一个数存放在 40H～41H 的单元中。请编程求它们的和，结果放在 30H～31H 中(均前者为高位，后者为低位)。

答：该题目是一个多字节 BCD 码加法，参考程序如下：

```
BCDADD: MOV    A, 31H        ; 取低字节数
        ADD    A, 41H        ; 按字节相加
        DA     A             ; 十进制调整
        MOV    31H, A        ; 和的低字节存入 31H 单元
        MOV    A, 40H        ; 取高字节数
        ADDC   A, 30H
        DA     A             ; 十进制调整
        MOV    30H, A        ; 和的高字节存入 30H 单元
        SJMP   $
```

3.15　在片内 RAM 中，有一个以 BLOCK 为首地址的数据块，块长度存放在 LEN 单元。请编程，若数据块中的字节数据是 0～9 之间的数，把它们转换为对应的 ASCII 码，存放位置不变；若不是 0～9 之间的数，把对应的单元清零。

答：用 R7 作字节长度计数器，用 R0 作地址指针，程序流程如习题 3.15 图所示，参考程序如下：

```
        LEN    EQU    30H
        BLOCK  EQU    31H
        ...
START:  MOV    R7, LEN          ; R7 为计数器
        MOV    R0, #BLOCK       ; 取首地址
NEXT:   MOV    A, @R0           ; 取数据
        CJNE   A, #10, NEXT1
NEXT1:  JNC    NEXT2            ; (A) > 9，则转向 NEXT2
        ADD    A, #30H          ; (A) < 9
        SJMP   DONE
NEXT2:  MOV    A, #00H
DONE:   MOV    @R0, A
        INC    R0
        DJNZ   R7, NEXT
        SJMP   $
```

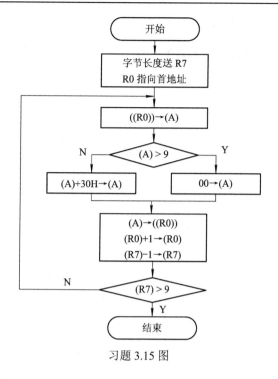

习题 3.15 图

3.16　试编写程序，查找在内部 RAM 的 20H～50H 单元中是否有 0AAH 这一数据。若有，则将 51H 单元置为 01H；若未找到，则将 51H 单元置为 "0"。

答：参考程序如下：

```
START: MOV   R7, #(50H-20H+1)          ; R7 为计数器
       MOV   R0, #20H
       MOV   51H, #01H                 ; 设已找到 0AAH
NEXT:  CJNE  @R0, #0AAH, NEXT1
       SJMP  EXIT
NEXT1: INC   R0
       DJNZ  R7, NEXT
       MOV   51H, #00H
EXIT:  …
```

3.17　编写一个延时 1 ms 的子程序。

答：设单片机时钟晶振频率为 $f_{osc} = 6$ MHz，那么机器周期为 2 μs，下列子程序中，循环次数为 125 次，延时时间约为 8 μs×125 = 1000 μs = 1 ms。

```
DELAY: MOV   R5, #125          ; 1 周期指令
LOOP1: NOP                     ; 1 周期指令
       NOP                     ; 1 周期指令
       DJNZ  R5, LOOP1         ; 2 周期指令
       RET                     ; 2 周期指令
```

3.18　编写一个 4 字节数左移子程序。

答：假设，要把 R4R5R6R7 中的数据左移一位，参考程序如下：

```
CLR   C                ; 低位送 0
MOV   A, R7
RLC   A
MOV   R7, A
MOV   A, R6
RLC   A
MOV   R6, A
MOV   A, R5
RLC   A
MOV   R5, A
XCH   A, R4
RLC   A
MOV   R4, A
MOV   F0, C            ; 保护移出的最高位
RET
```

3.19　设有 100 个有符号数，连续存放在片外 RAM 以 2000H 为首地址的存储区中，试编程统计其中正数、负数、零的个数。

答：设用 R0、R1 和 R2 分别存放零、负数和正数的个数，给出如下参考程序：

```
COUNT: MOV   R0, #00H            ; 计数器清零
       MOV   R1, #00H
       MOV   R2, #00H
       MOV   R7, #100            ; 循环 100 数
       MOV   DPTR, #2000H
NEXT: MOVX   A, @DPTR            ; 取数据
       JZ    ZERO                ; 为 0 则转
       ANL   A, #80H
       JZ    POSI                ; 为正数则转
       INC   R1                  ; 负数个数+1
       SJMP  COMP
POSI: INC    R2                  ; 正数个数+1
       SJMP  COMP
ZERO: INC    R0                  ; 0 的数个数+1
COMP: INC    DPTR
       DJNZ  R7, NEXT
       RET
```

3.20　硬件原理电路如习题 3.20 图所示，编程完成循环灯控制器。

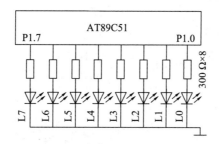

习题 3.20 图

答：参考程序如下：

```
        ORG   0000H
        LJMP  MAIN
        ORG   0100H
MAIN:   MOV   SP, #60H
        MOV   A, #01H
LOOP:   MOV   P1, A
        LCALL DELAY
        RL    A
        SJMP  LOOP
DELAY:  MOV   R1, #00H
DELAY1: MOV   R0, #80H
DELAY2: NOP
        NOP
        DJNZ  R0, DELAY2
        DJNZ  R1, DELAY1
        RET
        END
```

3.21　硬件原理电路如习题 3.21 图所示，编程在 P1.7 端口输出 1000Hz 方波。

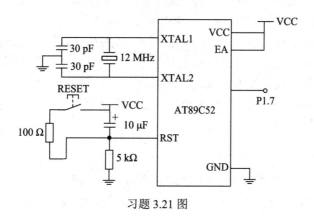

习题 3.21 图

答：参考程序如下：

```
        ORG    0000H
        LJMP   MAIN
        ORG    0040H
MAIN:   MOV    SP, #60H
NEXT:   CPL    P1.7
        LCALL  DELAY
DELAY:  MOV    R1, #00H        ; 通过调整循环数可以改变输出频率
DELAY1: MOV    R0, #00H
DELAY2: NOP
        NOP
        DJNZ   R0, DELAY2
        DJNZ   R1, DELAY1
        RET
        END
```

■ 习题 4 参考答案

4.1　什么是中断和中断系统？中断系统的主要功能是什么？

答：所谓中断，是指计算机在执行某一程序的过程中，由于计算机系统内部或外部的某种原因，CPU 必须暂时停止现行程序的执行，而自动转去执行预先安排好的处理该事件的服务子程序，待处理结束之后，再回来继续执行被中止的程序的过程。实现这种中断功能的硬件系统和软件系统统称为中断系统。

中断系统是计算机的重要组成部分，其主要功能是：

(1) 中断源管理。包括中断请求信号的产生及该信号怎样被 CPU 有效地识别。而且要求中断请求信号产生一次，只能被 CPU 接收处理一次，不能一次中断申请被 CPU 多次响应。

(2) 中断响应与返回。CPU 采集到中断请求信号后，怎样转向对应的中断服务子程序及执行完中断服务子程后，怎样返回被中断的程序并继续执行。中断响应与返回的过程中涉及 CPU 响应中断的条件、断点保护、断点恢复等问题。

(3) 中断优先级管理。一个计算机应用系统，特别是计算机实时测控系统，往往有多个中断源，各中断源的重要程度又有轻重缓急之分。与人处理问题的思路一样，总是希望重要紧急的事件优先处理，如果当前处于正在处理某个事件的过程中，有更重要、更紧急的事件到来，就应当暂停当前事件的处理，转去处理新事件。这就是中断系统优先级管理机构所要解决的问题。

4.2　什么是中断源？51 单片机有哪几个中断源？

答：中断源是指向 CPU 发出中断请求的申请源。中断源通常是计算机的某个外围设备，也可能是某个单元电路(如定时器等)，甚至可以是某条指令(习惯上把由某条指令引起

的中断称为软件中断)。

51 系列单片机有 5 个中断源，其中两个是外部中断源 INT0 和 INT1，另外三个属于内部中断：定时器/计数器 T0 中断、定时器/计数器 T1 中断和串行口中断。

52 子系列有 6 个中断源，除了上述的 5 个中断源外，还增加了一个定时器/计数器 T2 的溢出中断。

4.3　试编写一段对中断系统初始化的程序，使之允许 INT0，INT1，T0，串行口中断，且使 T0 中断为高优先级。

答:　对中断系统初始化涉及对中断允许寄存器 IE、中断优先级寄存器 IP 和定时器控制寄存器 TCON 的设置，根据题目要求，各寄存器的状态设置如下：

TCON 初始化(TR0 = 1，启动 T0)：

TF1	TR1	TF0	TR0	IE1	IT1	IE0	IT0
0	0	0	1	0	0	0	0

IE 初始化：

EA	—	ET2	ES	ET1	EX1	ET0	EX0
1	0	0	1	1	0	1	1

IP 初始化：

—	—	PT2	PS	PT1	PX1	PT0	PX0
0	0	0	0	0	0	1	0

参考程序如下：

```
        ORG    0000H
        LJMP   START              ; 复位入口
        ORG    0003H
        LJMP   INT0SUB            ; INT0 中断入口
        ORG    000BH
        LJMP   T0INT              ; T0 中断入口
        ORG    0013H
        LJMP   INT1SUB            ; INT1 中断入口
        ORG    0023H
        LJMP   RSSUB              ; 串行口中断入口
        ORG    0100H
START:  MOV    SP, #60H
        MOV    TCON, #10H
        MOV    IE, #9BH
        SETB   PT0                ; T0 中断为高优先级
        MOV    TMOD, …            ; 设置 T0 工作方式
        MOV    TH0, …             ; T0 赋初值
```

```
MOV  TL0, …
…
END
```

4.4 在 51 单片机中，外部中断有哪两种触发方式？如何加以区分？

答：51 单片机外部中断 INT0 和 INT1 有负沿触发和低电平触发两种触发方式。当选用负沿触发方式时，CPU 响应中断时会自动清除对应的中断标志位。当选用低电平触发方式时，CPU 响应中断时不会自动清除对应的中断标志位，也不能使用软件清除对应的中断标志位，必须通过外加电路及时撤消中断请求信号。

使用控制寄存器 TCON 的 IT0(IT1)位来选择 INT0(INT1)的触发方式。IT0(IT1)被设置为 1，则选择外部中断 0(外部中断 1)为边沿触发方式，即 IT0 = 1(IT1 = 1)时，INT0(INT1)负沿有效。当 IT0(IT1)被设置为 0，则选择外部中断 0(外部中断 1)为电平触发方式。即 IT0 = 0(IT1 = 0)时，INT0(INT1)为低电平有效。

4.5 单片机在什么条件下可响应 INT0 中断？简要说明中断响应的过程。

答：单片机响应 INT0 中断时必须同时满足以下 5 个条件：

(1) 有中断源发出中断请求，即外部中断 0 的中断请求标志位 IE0 为 1，表示 INT0 请求中断。

(2) 申请中断的中断源对应的中断允许控制位为 1，即外部中断 INT0 的中断允许位 EX0 为 1，允许外部中断 INT0 中断。

(3) 中断总允许位 EA = 1(CPU 开中断)。

(4) 当前指令执行完。若正在执行 RETI 中断返回指令或访问专用寄存器 IE 和 IP 的指令时，CPU 执行完该指令和紧随其后的另一条指令后才会响应中断。

(5) CPU 没有响应同级或高优先级的中断。

满足以上基本条件，CPU 才会响应中断。INT0 中断的响应过程如下：

CPU 响应中断后，由硬件自动执行如下的功能操作：

(1) 保护断点，即把程序计数器 PC 的内容压入堆栈保存。

(2) 清内部硬件可清除的中断请求标志位(IE0)。

(3) 把被响应的中断服务程序入口地址送入 PC，从而转向相应的中断服务程序执行。

(4) 中断返回时，从堆栈中弹出断点地址送入 PC。

4.6 若 MCS-51 单片机的晶振频率为 12 MHz，要求用定时器/计数器 T0 产生 1 ms 的定时，试确定计数初值以及 TMOD 寄存器的内容。

答：因为单片机晶振频率为 12 MHz，因此机器周期为

$$机器周期\ T_{\mathrm{C}} = 12 \times 振荡周期 = \frac{12}{f_{\mathrm{osc}}} = 1\ \mu s$$

要实现 1 ms 的定时，定时器 T0 在 1 ms 内需要计数 N 次：

$$N = \frac{1\ \mathrm{ms}}{1\ \mu s} = 1000\ 次$$

可令定时器/计数器 T0 工作在方式 1，则计数初值 X 为

计数初值 X = 最大计数值 M - 计数次数 $N = 2^{16} - 1000 = 64\ 536 = 0FC18H$

TMOD 寄存器的内容为 01H。

4.7　若 AT89C51 单片机的晶振频率为 12 MHz，要求用定时器/计数器产生 100 ms 的定时，试确定计数初值以及 TMOD 寄存器的内容。

答：要实现 100 ms 的定时，需要对机器周期计数 N 次：

$$N = \frac{100\ \text{ms}}{1\ \mu\text{s}} = 100\ 000\ 次$$

100 000 超过了定时器的最大计数值，故采用定时器硬件定时和软件计数的方式实现 100 ms 定时。令定时器/计数器 T0 工作在方式 1，定时 1 ms，T0 每 1 ms 中断一次，中断 100 次即定时时间到，令标志位 F0 为 1，程序流程图见习题 4.7 图所示。

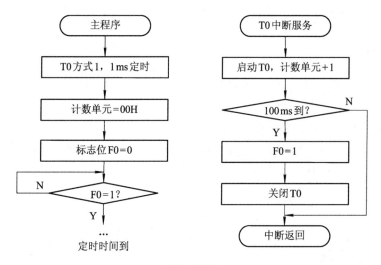

习题 4.7 图

程序如下：

```
        ORG   0000H
        LJMP  START           ; 复位入口
        ORG   000BH
        LJMP  T0INT           ; T0 中断入口
        ORG   0040H
START:  MOV   SP, # 60H
        MOV   TMOD, #01H      ; T0 为方式 1 定时
        SETB  TR0             ; 启动 T0
        SETB  ET0             ; 开 T0 中断
        SETB  EA              ; 开总允许中断
        MOV   TH0, #0FCH      ; T0 赋初值，定时 1 ms
        MOV   TL0, #018H
        MOV   30H, # 00H
```

```
            CLR    F0
    WAIT: JNB    F0, WAIT              ; 等待定时 100 ms
    GOING: ...                        ; 100 ms 定时到


            ; T0 中断服务子程序
    T0INT: MOV    TH0, #0FCH           ; T0 赋初值，再次启动 T0
            MOV    TL0,  #018H
            INC    30H
            MOV    A, 30H
            CJNE   A, #100, EXIT
            SETB   F0                   ; 定时时间到
            CLR    TR0                  ; 关 T0
    EXIT: RETI                          ; 中断返回
            END
```

4.8 设晶振频率为 12 MHz。编程实现以下功能：利用定时器/计数器 T0 通过 P1.0 引脚输出一个 50 Hz 的方波。

答：50 Hz 的方波可由间隔 10 ms 的高低电平相间而成，只要每 10 ms 对 P1.0 取反一次即可得到这个方波。若单片机晶振频率为 12 MHz，则机器周期为 1 μs。要实现 10 ms 的定时，在 10 ms 内需要计数 N 次：

$$N = \frac{10 \text{ ms}}{1 \text{ μs}} = 10\ 000 \text{ 次}$$

令定时器/计数器 0 工作在方式 1 下，此时计数初值 X 为

X = 最大计数值 M - 计数次数 $N = 2^{16} - N = 65\ 536 - 10\ 000 = 55\ 536 = $ D8F0H
即向 TH0 写入计数初值 D8H，向 TL0 写入计数初值 F0H。

TMOD 初始化：TMOD = 00000001B = 01H，(GATE = 0，C/T = 0，M1 = 0，M0 = 1)。
TCON 初始化：TR0 = 1，启动 T0。
IE 初始化：开放中断 EA = 1，允许定时器 T0 中断 ET0 = 1。
程序如下：

```
            ORG    0000H
            LJMP   START                ; 复位入口
            ORG    000BH
            LJMP   T0INT                ; T0 中断入口
            ORG    0040H
    START: MOV    SP, #60H
            MOV    TH0, #0D8H           ; T0 赋初值
            MOV    TL0, #0F0H
            MOV    MOD, #01H            ; T0 为方式 1 定时
            SETB   TR0                  ; 启动 T0
```

```
         SETB   ET0              ; 开 T0 中断
         SETB   EA               ; 开总允许中断
   MAIN: LJMP   MAIN             ; 主程序等待中断
         ; T0 中断服务子程序
   T0INT: MOV   TH0, #0D8H       ; T0 赋初值，再次启动 T0
         MOV    TL0, #0F0H
         CPL    P1.0             ; 输出周期为 20 ms 的方波
         RETI                    ; 中断返回
         END
```

4.9　请说明若要扩展定时器/计数器的最大定时时间，可采用哪些方法？

答： 可以采用两种方法扩展定时时间，其一采用定时器硬件定时和软件计数的方式实现长时间定时，其二采用多个定时器/计数器复合使用的方法完成长时间定时。

例如，单片机晶振频率为 12 MHz，要求在 P1.7 引脚输出一个周期为 2 s 的方波，试提出解决方案。

2 s 的方波可由间隔为 1 s 的高低电平相间而成，因而只要每 1 s 对 P1.7 取反一次即可得到这个方波。由于单片机晶振频率为 12 MHz，机器周期为 1 μs，如果要通过对机器周期进行计数来实现 1 s 的定时，则计数次数为 1 s/1 μs = 1 000 000 次。这个计数次数太大，超过了 16 计数器的最大计数值。也就是说，当晶振频率为 12 MHz 时，用一个定时器/计数器无法直接实现 1 s 的定时，于是我们提出如下两种解决方案。

方案一，采用定时器硬件定时和软件计数的方式实现长时间定时。使定时器 0 工作在方式 1，得到 10 ms 的定时间隔，再进行软件计数 100 次，便可实现 1 s 的定时，在定时器 0 的中断服务子程序中，每 1 s 对 P1.7 取反一次即可得到周期为 2 s 的方波。

要实现 10 ms 的定时，在 10 ms 内需要计数 10 ms ÷ 1 μs = 10 000 次。

$$计数初值 = 2^{16} - N = 65\ 536 - 10\ 000 = 55\ 536 = D8F0H$$

参考程序如下：

```
         ORG    0000H
         LJMP   START            ; 复位入口
         ORG    000BH
         LJMP   T0INT            ; T0 中断入口
         ORG    0040H
  START: MOV    SP, #60H
         MOV    30H, #00H        ; 软件计数单元赋初值 0
         MOV    TMOD, #01H       ; T0 为方式 1 定时
         MOV    TH0, #0D8H       ; T0 赋初值
         MOV    TL0, #0F0H
         SETB   TR0              ; 启动 T0
         SETB   ET0              ; 开 T0 中断
         SETB   EA               ; 开总允许中断
```

```
    MAIN: LJMP   MAIN              ; 主程序等待中断
           ; T0 中断服务子程序,
    T0INT: MOV   TH0, #0D8H        ; T0 赋初值, 再次启动 T0
           MOV   TL0, #0F0H
           INC   30H
           MOV   A, 30H
           CJNE  A, #100, RETURN
           CPL   P1.7              ; P1.7 输出周期为 2 s 的方波
           MOV   30H, #00
  RETURN: RETI                     ; 中断返回
           END
```

4.10　用 AT89C51 单片机设计一个时、分、秒脉冲发生器。使 P1.0 每秒钟输出一个正脉冲, P1.1 每分钟输出一个正脉冲, P1.2 每小时输出一个正脉冲, 如习题 4.10 图 1 所示。上述正脉冲的宽度均为一个机器周期。

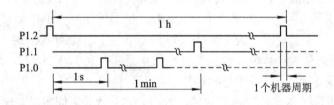

习题 4.10 图 1

答：令定时器 T0 工作在方式 1, 得到 50 ms 的定时间隔, 响应中断后再进行软件计数 20 次, 便可实现 1 s 的定时。T0 中断服务子程序分别使用 SEC、MIN 和 HOU 单元进行计数, 程序流程图如习题 4.10 图 2 所示。

```
           ; 程序清单
           SEC   EQU   30H         ; 秒计数单元, 计 20 次为 1 s
           MIN   EQU   31H         ; 分计数单元, 计 60 次为 1 min
           HOU   EQU   32H         ; 时计数单元, 计 60 次为 1 h
           ORG   0000H
           LJMP  START             ; 复位入口
           ORG   000BH
           LJMP  T0INT             ; T0 中断入口
           ORG   0040H
    START: MOV   SP, #60H
           MOV   SEC, #00H         ; 计数单元清零
           MOV   MIN, #00H
           MOV   HOU, #00H
           CLR   P1.0
```

```
        CLR     P1.1
        CLR     P1.2
        MOV     TMOD, #01H      ; T0 为方式 1 定时
        SETB    TR0             ; 启动 T0
        SETB    ET0             ; 开 T0 中断
        SETB    EA              ; 开总允许中断
        MOV     TH0, #03CH      ; T0 赋初值，定时 50 ms
        MOV     TL0, #0B0H
        SJMP    $               ; 等待中断
        ; T0 中断服务子程序
T0INT:  MOV     TH0, #03CH      ; T0 赋初值，再次启动 T0
        MOV     TL0, #0B0H
        INC     SEC
        MOV     A, SEC
        CJNE    A, #20, EXIT
        SETB    P1.0            ; 秒定时时间到
        CLR     P1.0
        MOV     SEC, #00H
        INC     MIN
        MOV     A, MIN
        CJNE    A, #60, EXIT
        SETB    P1.1            ; 分定时时间到
        CLR     P1.0
        MOV     MIN, #00H
        INC     HOU
        MOV     A, HOU
        CJNE    A, #60，EXIT
        SETB    P1.2            ; 时定时时间到
        CLR     P1.2
        MOV     HOU, #00H
EXIT:   RETI                    ; 中断返回
        END
```

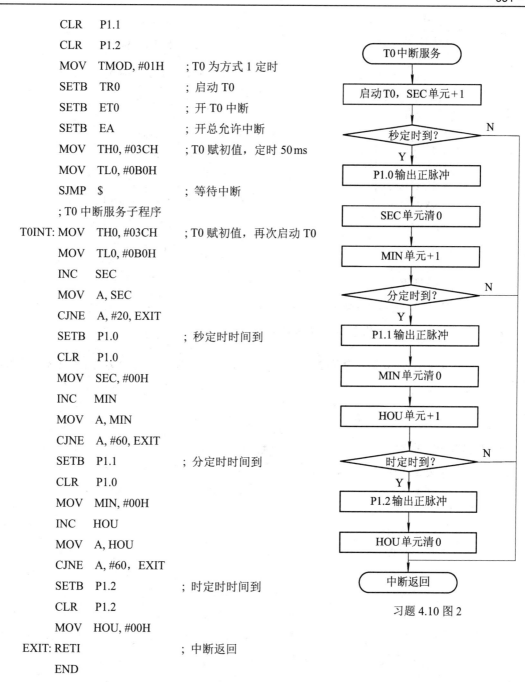

习题 4.10 图 2

4.11　利用如习题 4.11 图 1 所示的 AT89C51 单片机，请完成以下功能。时钟频率 $f_{osc} = 12\ \text{MHz}$。

(1) 补充电路元器件构成最小应用系统。

(2) 请编程在 P1.7 输出一组频率为 500 Hz 的方波。

答：(1) 最小系统如习题 4.11 图 2 所示。

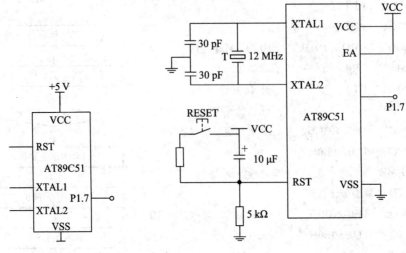

习题 4.11 图 1　　　　　　　　习题 4.11 图 2

(2) 因为单片机晶振频率为 12 MHz，因此机器周期为

$$机器周期\ T_c = 12 \times 振荡周期 = \frac{12}{f_{osc}} = 1\ \mu s$$

频率为 500 Hz 方波其周期为 2 ms，只要实现 1 ms 的定时，定时器 T0 在 1 ms 内需要计数 N 次：

$$N = \frac{1\ ms}{1\ \mu s} = 1000\ 次$$

可令定时器/计数器 T0 工作在方式 1，则计数初值 X 为

计数初值 $X =$ 最大计数值 $M -$ 计数次数 $N = 2^{16} - 1000 = 64536 = FC18H$

TMOD 寄存器的内容为 01H。

参考程序：

```
          ORG   0000H
          LJMP  START          ; 复位入口
          ORG   000BH
          LJMP  T0INT          ; T0 中断入口
          ORG   0040H
START:    MOV   SP, #60H
          MOV   TH0, #0FCH     ; T0 赋初值
          MOV   TL0, #18H
          MOV   MOD, #01H      ; T0 为方式 1 定时
          SETB  TR0            ; 启动 T0
          SETB  ET0            ; 开 T0 中断
          SETB  EA             ; 开总允许中断
MAIN:     LJMP  MAIN           ; 主程序等待中断
          ; T0 中断服务子程序
```

```
T0INT: MOV    TH0, #0FCH      ; T0 赋初值, 再次启动 T0
       MOV    TL0, #18H
       CPL    P1.7            ; 输出周期为 20 ms 的方波
       RETI                   ; 中断返回
       END
```

■ 习题 5 及参考答案

5.1 什么是串行异步通信? 它有哪些特点?

答: 异步通信是以字符为单位组成字符帧进行传送的, 字符帧格式是异步通信的一个重要指标。字符帧由发送端一帧一帧地发送, 通过传输线被接收端一帧一帧地接收。其特点是发送端和接收端可以由各自独立的时钟来控制数据的发送和接收, 这两个时钟彼此独立, 互不同步。接收端是依靠字符帧格式来判断发送端是何时开始发送, 何时发送结束的, 即每个字符必须用起始位和停止位作为字符开始和结束的标志。

5.2 串行异步通信的字符格式由哪几个部分组成? 某异步通信接口, 其帧格式由 1 个起始位(0), 7 个数据位, 1 个偶校验和 1 个停止位组成。用图示方法画出发送字符 "5" (ASCII 码为 0110101B)时的帧结构示意图。

答: 串行异步通信的字符格式由起始位、数据位、奇偶校验位和停止位等 4 部分组成。按上述帧格, 字符 "5" 的帧结构示意图如习题 5.2 图所示。

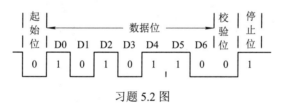

习题 5.2 图

5.3 51 单片机的串行口由哪些功能模块组成? 各有什么作用?

答: 51 单片机串行接口主要由串行口数据缓冲器 SBUF、串行口控制寄存器 SCON、对外接口 TXD、RXD 及相关控制电路等组成。

其中, SBUF 分为接收缓冲器和发送缓冲器, 用于存放接收到的数据和欲发送的数据, 两个缓冲器共用同一地址 99H, 通过对 SBUF 的读、写指令来区别是对接收缓冲器还是发送缓冲器操作。串行口控制寄存器 SCON 用来设置串行口的工作方式。PCON 的最高位 SMOD 是串行口波特率系数控制位。SMOD = 1 时, 波特率提高 1 倍。

串行通信时, 不仅与 SBUF、SCON 和 PCON 寄存器有关, 还会涉及定时器控制寄存器 TCON 及中断允许寄存器 IE 等相关寄存器。

5.4 51 单片机的串行口有哪几种工作方式? 有几种帧格式? 各种工作方式的波特率如何确定?

答: 51 系列单片机的串行口有 4 种工作方式, 通过 SCON 中的 SM0、SM1 位来设置。

方式 0——同步移位寄存器方式，其帧格式为 8 位，波特率 $B = f_{osc}/12$。

方式 1——8 位异步串行通信方式，其帧格式为 10 位，波特率 $B =$ 定时器 T1 溢出率 $\times 2^{SMOD} / 32$。

方式 2——9 位异步通信接口，其帧格式为 11 位，波特率 $B = f_{osc} \times 2^{SMOD}/64$。

方式 3——波特率可变的 9 位异步通信接口，其帧格式为 11 位，波特率同方式 1。

5.5　设 $f_{osc} = 6$ MHz。试编写一段程序，其功能为对串行口初始化，使之工作于方式 1，波特率为 1200 b/s；并用查询串行口状态的方式，读出接收缓冲器的数据并回送到发送缓冲器。

答：$f_{osc} = 6$ MHz，波特率为 1200 b/s，当 SMOD = 0 时，T1 计数初值为 F3H，当 SMOD = 1 时，T1 计数初值为 E6H。参考程序如下：

```
START: MOV   TMOD, #20H        ; 设置定时器 1 为方式 2
       MOV   TL1, #0F3H        ; 设置预置值
       MOV   TH1, #0F3H
       MOV   PCON, #00H        ; SMOD = 0
       SETB  TR1               ; 启动定时器 1
       MOV   SCON, #50H        ; 串行口方式 1，允许接收
       JNB   RI, $
       MOV   A, SBUF
       CLR   RI
       MOV   SBUF, A           ; 数据并回送
       JNB   TI, $
       CLR   TI
       ...
```

5.6　若晶振为 11.0592 MHz，串行口工作于方式 2，波特率 B 为 4800 b/s。试写出用 T1 作为波特率发生器的方式字并计算 T1 的计数初值。

答：设置定时器 1 为方式 2，其方式字 TMOD 为 20H。取 SMOD = 0，T1 计数初值 X 为

$$X = 256 - \frac{2^{SMOD} \times f_{osc}}{32 \times 12 \times B} = 256 - \frac{11.0592 \times 10^6}{32 \times 12 \times 4800} = 250 = FAH$$

5.7　为什么定时器 T1 用作串行口波特率发生器时，常选用工作方式 2？若已知系统时钟频率和通信用的波特率 B，如何计算其初值？

答：定时器 T1 用作串行口波特率发生器时，定时器 T1 采用工作方式 2，可以避免计数溢出后用软件重装定时初值。计数初值 X 为

$$X = 256 - \frac{2^{SMOD} \times f_{osc}}{32 \times 12 \times B}$$

5.8　习题 5.8 图中 AT89C51 串行口按工作方式 2 进行串行数据通信。请编写全双工通信程序，将甲机片内 30H～3FH 单元的数据送到乙机片内 40H 开始的单元中。(波特率为 1200 b/s。)

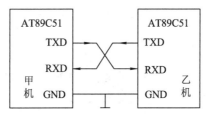

习题 5.8 图

答：在方式 2 下，串行口为 9 位 UART，发送或接收一帧数据包括 1 位起始位 0，8 位数据位，1 位可编程位(TB8)和 1 位停止位 1。此时，可编程位 TB8 用于奇偶校验位，发送子程序直接把 PSW 中的 P 标志送入串行口控制寄存器 SCON 的 TB8 位，作为一帧信息的第 9 位数据一起发送，接收子程序对接收到的 RB8 进行再次校验，若接收错误，则进行出错处理。

甲方发送程序清单如下：

```
            ORG     0000H
            LJMP    MAIN
            ORG     0023H               ; 串行中断入口
            LJMP    SINOUT
            ORG     0040H
AMAIN: MOV      SP, #60H
            MOV     TMOD, #20H          ; 定时器 T1 设为方式 2
            MOV     TH1, #0F3H          ; 设 fosc=6 MHz
            MOV     TL1, #0F3H          ; 装入定时器初值 F3H
            SETB    TR1                 ; 启动定时器 T1
            MOV     SCON, #90H          ; 串行口为方式 2, 允许接收
            MOV     R0, #30H            ; OUTBUF 首址
            MOV     R1, #40H            ; INBUF 首址
            SETB    EA                  ; 开中断
            SETB    ES                  ; 允许串行口中断
            LCALL   SOUT2               ; 先发送 1 个字符
WAIT: MOV      A, R0
            CJNE    A, #(3FH+1), WAIT   ; 未发完则等待中断
            CLR     ES
            SJMP    $
            ; 中断服务程序:
SINOUT: JNB        RI, SEND             ; 不是接收, 则转向发送
            LCALL   SIN2                ; 是接收, 则调用接收子程序
```

```
            RETI                    ; 中断返回
    SEND: LCALL  SOUT2              ; 是发送，则调用发送子程序
            RETI                    ; 中断返回
        ; 发送子程序：
    SOUT2: PUSH  PSW
            PUSH  ACC
            CLR   TI                ; 清发送中断标志
            MOV   A, @R0            ; 取发送数据
            MOV   C, P
            MOV   TB8, C            ; 标志 P 送入 TB8 位
            MOV   SBUF, A           ; 发送数据
            INC   R0                ; 修改发送数据指针 R0
            POP   ACC
            POP   PSW
            RET                     ; 子程序返回
        ; 接收子程序
    SIN2: PUSH  PSW
            PUSH  ACC
            CLR   RI                ; 清接收中断标志
            MOV   A, SBUF           ; 读入接收缓冲区内容
            MOV   C, P              ; 取奇偶校验位
            JNC   S1                ; P 为 0，偶校验正确
            JNB   RB8, ERROR        ; 两次校验位不一致，出错
            LJMP  S2
        S1: JB    RB8, ERROR        ; 双方的校验位不一致则出错
        S2: MOV   @R1, A            ; 存入接收缓冲区
            INC   R1                ; 修改接收缓冲区指针 R1
            POP   ACC
            POP   PSW
            RET                     ; 子程序返回
        ; 误码处理子程序
    ERROR: …
            …                       ; 出错处理
            RET
            END
        乙方接收程序清单如下：
            ORG   0000H
            LJMP  BMAIN
            ORG   0023H             ; 串行中断入口
```

```
        LJMP   SINOUT
        ORG    0040H
BMAIN: MOV    SP, #60H
        MOV    TMOD, #20H          ; 定时器 T1 设为方式 2
        MOV    TL1, #0F3H          ; 设 f_osc = 6 MHz
        MOV    TH1, #0F3H          ; 装入定时器初值 F3H
        SETB   TR1                 ; 启动定时器 T1
        MOV    SCON, #90H          ; 串行口为方式 2，允许接收
        MOV    R0, #30H            ; OUTBUF 首址
        MOV    R1, #40H            ; INBUF 首址
        SETB   EA                  ; 开中断
        SETB   ES                  ; 允许串行口中断
        SETB   REN
        CLR    RI
WAITB: MOV    A, R1
        CJNE   A, #(4FH+1),WAITB       ; 未收完则等待中断
        CLR    ES
        SJMP   $
        ; 中断服务程序：
        ; 乙方中断服务程序与甲方中断服务程序相同，故略
```

5.9 简述 RS-232C 的通信方式及应用。

答：1969 年，美国电子工业协会(EIA)公布了 RS-232C 作为串行通信接口的电气标准。该标准定义了数据终端设备(DTE)和数据通信设备(DCE)间按位串行传输的接口信息，发送端信号逻辑"0"(空号)电平范围为 +5～+15 V，逻辑"1"(传号)电平范围为 -5～-15 V；接收端逻辑"0"为 +3～+15 V，逻辑"1"为 -3～-15 V。噪声容限为 2 V。-5～+5 V 以及 -3～+3 V 之间分别为发送端和接收端点信号的不确定区。

在工程应用中，单片机与单片机之间可以采用 RS-232C 进行通信，它不但能提高系统的抗干扰能力，而且能实现远距离通信。单片机与 PC 机之间进行通信时，在单片机一侧需要进行电平转换。在分布式控制系统中，各个单片机与后台机之间也可以采用 RS-232C 进行通信。

■ 习题 6 参考答案

6.1 简述 51 系列单片机系统扩展时总线形成电路的基本原理，并说明各控制信号的作用。

答：对单片机进行系统扩展时，由 P2 口输出高 8 位地址信号 A15～A8，P2 口具有输出锁存功能，在 CPU 访问外部部件期间，P2 口能保持地址信息不变。P0 口为地址/数据分时复用口。它分时用作低 8 位地址总线和 8 位双向数据总线。因此，构成系统总线时，

应加 1 个锁存器 74LS373，用于锁存低 8 位地址信号 A7～A0，如习题 6.1 图所示。

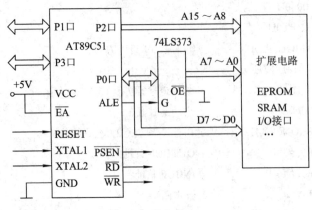

习题 6.1 图

系统扩展时主要的控制信号有：

ALE——地址锁存信号。当 CPU 访问外部部件时，利用 ALE 信号的正脉冲锁存出现在 P0 口的低 8 位地址。

$\overline{PSEN}$——片外程序存储器访问允许信号，低电平有效。当 CPU 从外部程序存储器读取指令或读取数据(即执行 MOVXC 指令)时，该信号有效，CPU 通过数据总线读回指令或数据。扩展外部程序存储器时，用该信号作为程序存储器的读出允许信号。

$\overline{RD}$——片外数据存储器读信号，低电平有效。

$\overline{WR}$——片外数据存储器写信号，低电平有效。

6.2　简述全译码、部分译码和线选法的特点及应用场合。

答：全译码是用全部的高位地址作为译码电路的输入信号进行译码。其特点是：地址码与存储单元一一对应，也就是说每个存储单元只占用一个唯一的地址，地址空间的利用率高。对于要求存储器容量大的系统，一般使用这种方法译码。

部分译码是用部分高位地址信号作为译码电路的输入信号进行译码。其特点是：地址码与存储单元不是一一对应关系，一个存储单元占用多个地址，如果有 n 条地址线不参与译码，则一个单元占用 2^n 个地址。部分译码会造成地址空间的浪费，但译码器电路简单，一般在较小的存储系统中常采用部分译码。

所谓线选法，是利用系统的某一根地址线作为芯片的片选信号。线选法实际上是部分译码的一种极端应用，具有部分译码的所有特点，译码电路最简单，甚至不使用译码器。当一个应用系统需要扩展的芯片数目较少时常使用线选法，如在单片机扩展时，为了简化硬件电路，往往使用线选法。

6.3　利用全译码方式为 AT89C51 扩展 16 KB 的外部数据存储器，存储器芯片选用 SRAM 6264。要求 6264 占用从 A000H 开始的连续地址空间，画出电路图。

答：扩展 16 KB 的外部数据存储器，需要 6264 芯片 2 片，使用 74LS138 译码器，高位地址作为译码电路的输入信号进行译码，如习题 6.3 图所示，其中 1# 6264 的地址为 A000H～BFFFH，2# 6264 的地址为 C000H～DFFFH，共 16 KB 存储空间。

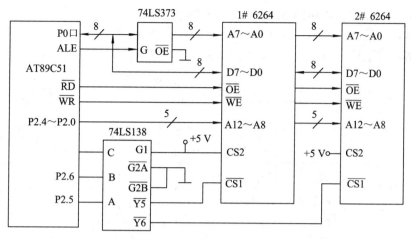

习题 6.3 图

6.4　利用全译码方式为 AT89C51 扩展 8 KB 的外部程序存储器，存储器芯片选用 2764EPROM，要求 2764 占用从 2000H 开始的连续地址空间，画出电路图。

答: 电路如习题 6.4 图所示的电路为 AT89C51 扩展了 8 KB 的外部程序存储器,用 PSEN 作为 EPROM 的读出允许信号，2764 的地址为 2000H～3FFFH。

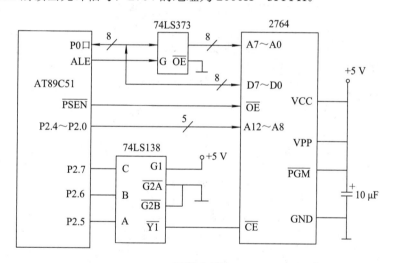

习题 6.4 图

6.5　利用全译码方式为 AT89C51 扩展 16 KB 的外部数据存储器和 16 KB 的外部程序存储器，存储器芯片选用 SRAM 6264 和 EPROM 2764。要求 6264 和 2764 占用从 2000H 开始的连续地址空间。

答: 扩展 16 KB 的外部数据存储器和 16 KB 的外部程序存储器，需要 6264 和 2764 各 2 片,参考电路见习题 6.5 图所示,用 $\overline{RD}$ 和 $\overline{WR}$ 作为 6264 的读写控制信号,用 $\overline{PSEN}$ 作为 2764 的读出允许信号,各芯片的地址空间分配如下:

1# 6264 的地址为 2000H～3FFFH，8 KB 数据存储器。

2# 6264 的地址为 4000H～5FFFH，8 KB 数据存储器。

3# 2764 的地址为 2000H～3FFFH，8 KB 程序存储器。

4# 2764 的地址为 4000H～5FFFH，8 KB 程序存储器。

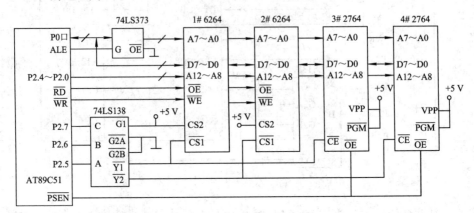

习题 6.5 图

6.6　分析如习题 6.6 图所示的电路，写出各芯片的地址范围。

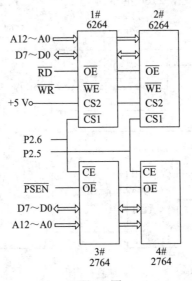

习题 6.6 图

答： 该题采用线选法选择芯片，当 P2.6 = 0、P2.5 = 1，选通 1#或 3#芯片(1#和 3#芯片分别为数据存储器和程序存储器)，若无关项 P2.7 = 0 时，1#和 3#芯片地址范围为 2000H～3FFFH，若无关项 P2.7 = 1 时，1#和 3#芯片占用另一个重叠地址区，其地址范围为 A000H～BFFFH。

当 P2.6 = 1、P2.5 = 0，选通 2# 或 4# 芯片(2# 和 4# 芯片分别为数据存储器和程序存储器)，若无关项 P2.7 = 0 时，2# 和 4# 芯片地址范围为 4000H～5FFFH，若无关项 P2.7 = 1 时，2# 和 4# 芯片占用另一个重叠地址区，其地址范围为 C000H～DFFFH。

6.7　使用 74LS244 和 74LS273，采用全译码方式为 AT89C51 扩展一个输入口和一个输出口，口地址分别为 0080H 和 0081H，画出电路图。编写程序，从输入口输入一个字节的数据存入片内 RAM 的 30H 单元，同时把输入的数据送往输出口。

答： 74LS244 是 8 位三态缓冲器，在系统设计时常常用作输入接口芯片，74LS273 是 8D 触发器，常用作输出接口芯片，它们与单片机的接口电路参见习题 6.7 图所示。图中，单片机的 P0 口作为双向数据线，既能够从 74LS244 输入数据，又能够从 74LS273 输出数据。$\overline{RD}$、$\overline{WR}$ 分别作为输入端口和输出端口的选通及锁存信号。74LS244 的口地址为 0080H，74LS273 的口地址为 0081H。

在 51 单片机中，扩展的 I/O 端口与片外 RAM 统一编址，因此，对片外 I/O 端口的输入/输出指令就是访问片外 RAM 的指令，即：

```
MOVX    A, @DPTR        ; 产生读信号 RD
MOVX    @DPTR, A        ; 产生写信号 WR
```

从输入端口输入一个字节的数据存入片内 RAM 的 30H 单元，同时把输入的数据送往输出口，程序如下：

```
MOV     DPTR, #0080H    ; DPTR 指向端口地址
MOVX    A, @DPTR        ; 输入数据
MOV     30H, A
INC     DPTR
MOVX    @DPTR, A        ; 输出数据
...
```

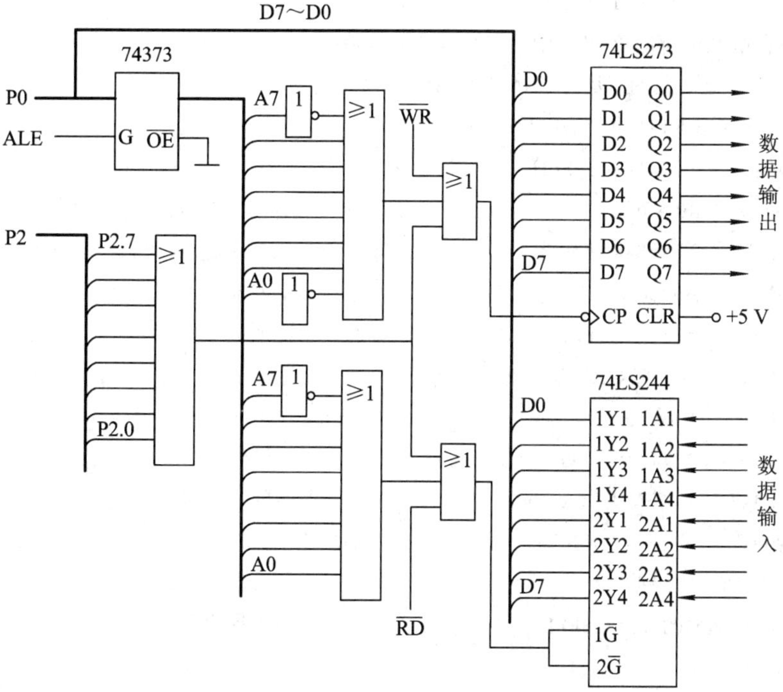

习题 6.7 图

6.8 针对图 6.24 所示的电路编写程序，使数码显示器显示"123456"共 6 个字符。

解： 一个动态 LED 显示接口电路，数码管采用共阴极 LED，字形码输出口 74LS273 经过 8 路同相驱动电路 7407 后接至数码管的各段，当某口线输出"1"时，驱动数码管对应的段发光。用另一个输出口 74LS273 作为 LED 的位选控制口，其输出经过 6 路反相驱动器 75452 后接至数码管的 COM 端。当位选控制口的某位输出"1"时，75452 反相器驱动相应的 LED 位发光。

字形码输出口地址：DFFFH(地址不是唯一的)

位选控制口的地址：EFFFH(地址不是唯一的)

要显示"123456"，先把"123456"写入显示缓冲区 DISBUF 中(设 DISBUF 的地址为片内 RAM 的 70H～75H 单元)，然后调用动态扫描显示子程序 DISPLAY 将 DISBUF 中的字符送显示器显示。参考程序如下：

```
START: MOV    A, # '6'          ；取最右边 1 位字符
       MOV    R0, #70H          ；指向 DISBUF 首址
       MOV    R1, #06H          ；共送入 6 个字符
LOP2:  MOV    @R0, A            ；将字符送入 DISBUF
       INC    R0                ；指向缓冲区下一个单元
       DEC    A                 ；下一个显示字符
       DJNZ   R1, LOP2          ；6 个数未送完，则重复
LOP3:  LCALL  DISPLAY           ；扫描显示一遍
       SJMP   LOP3              ；重复扫描
       ；显示器扫描子程序 DISPLAY
       ；子程序功能：将 DISBUF 中的字符送显示器显示
       ；DISBUF 地址范围：片内 RAM 的 70H～75H 单元
       ；字形码输出端口地址：DFFFH
       ；位选控制端口地址：EFFFH
DISPLAY: MOV  R0, #70H          ；R0 指向 DISBUF 首地址
         MOV  R3, #0000 0001B   ；右起第一个 LED 的选择字
NEXT:  MOV    A, #00H           ；取位选控制字为全灭
       MOV    DPTR, #0EFFFH     ；取位选控制口地址
       MOVX   @DPTR, A          ；瞬时关显示器
       MOV    A, @R0            ；从 DISBUF 中取出字符
       MOV    DPTR, #DSEG       ；取段码表首地址
       MOVC   A, @A+DPTR        ；查表，取对应的字形码
       MOV    DPTR, #0DFFFH     ；取字形码输出口地址
       MOVX   @DPTR, A          ；输出字形码
       MOV    DPTR, #0EFFFH     ；取位选控制口地址
       MOV    A, R3             ；取当前位选控制字
       MOVX   @DPTR, A          ；点亮当前 LED 显示位
       LCALL  DELAY             ；延时
```

```
        INC     R0              ; R0 指向下一个字符
        JB      ACC.5, EXIT     ; 若当前显示位是第 6 位则结束
        RL      A               ; 下一个 LED 的选择字
        MOV     R3, A
        SJMP    NEXT
  EXIT: RET                     ; 返回
        ; 段码表： 0～9，A～F，空白及 P 的字形代码
  DSEG: DB   3FH, 06H, 5BH, 4FH, 66H, 6DH, 7DH, 07H, 7FH
        DB   6FH, 77H, 7CH, 39H, 5EH, 79H, 71H, 00H, 73H
        ; DELAY 延时子程序
 DELAY: MOV    R7, #02H
  DEL1: MOV    R6, #0FFH
  DEL2: DJNZ   R6, DEL2
        DJNZ   R7, DEL1
        RET
```

6.9　习题 6.9 图所示为独立式按键电路配置图。编写键盘扫描子程序，用累加器 A 返回按下键的键值。设 S0～S3 的键值为 0～3，若无键按下则 A 的返回值为 FFH。要求消除按键抖动，并判断按下的键是否释放。

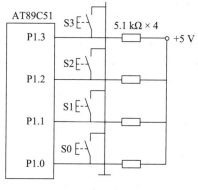

习题 6.9 图

答： 参考程序如下：

```
SCAN1: MOV     A, P1
       MOV     R7, #04H
       MOV     R6, #00H
NEXT1: RRC     A
       JNC     EXIT1
       INC     R6
       DJNZ    R7, NEXT1
       MOV     R6, #0FFH
```

```
EXIT1: MOV    A, R6
       LCALL  DELAY              ; 调延时子程序
LOOP1: MOV    A, P1
       ANL    A, #0FH
       CJNE   A, #0FH，LOOP1      ; 判断按下的键是否释放
       LCALL  DELAY              ; 消除按键抖动
       RET
```

6.10　设计一个 4×4 矩阵式键盘电路，并编写键盘扫描子程序。

答：参考电路如习题 6.10 图所示，P1.0～P1.3 为行扫描输出端，P1.7～P1.4 为列输入端，共设置了 16 个按键。

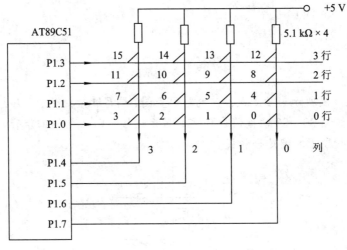

习题 6.10 图

键盘扫描子程序 SCAN2 用累加器 A 返回按下键的键值(0～15)，若无键按下则 A 的返回值为 FFH。参考程序如下：

```
SCAN2: MOV   R1, #00H          ; R1 为列号
       MOV   R2, #00H          ; R2 为行号
       MOV   R6, #04H          ; R7 为行计时器
       MOV   R5, #1111 1110B   ; R5 为行扫描值
       MOV   A, R5
NEXT2: MOV   P1, A
       MOV   A, P1
       LCALL DELAY
       MOV   R6, #04           ; R6 为列计时器
       SETB  C
       MOV   R1, #00H
```

```
NEXT3: RLC   A
       JNC   EXIT2
       INC   R1                    ; 列号加 1
       DJNZ  R6, NEXT3
       MOV   A, R5
       MOV   R5, A
       INC   R2                    ; 行号加 1
       DJNZ  R7, NEXT2
NOKEY: MOV   A, #0FFH              ; 无键按下
       RET
NEXT2: MOV   A, #1111 0000H
       MOV   A, P1
       ANL   A, #0F0H
       CJNE  A, #0F0H, NEXT2
       MOV   A, R2                 ; 计算键值
       MOV   B, #04H
       MUL   AB
       ADD   A, R1
       LCALL  DELAY
       RET
```

6.11　对图 6.41 所示的矩阵式 LED 显示器编写显示程序，前一秒显示"→"(8×8 点阵)，后一秒显示"←"，按此规律不断重复。

答：首先用定时器 T0 产生秒定时信号，使定时器 T0 工作在方式 1，得到 50 ms 的定时间隔，再进行软件计数 20 次，便可实现 1 秒的定时。单片机晶振频率为 12 MHz，要实现 50 ms 的定时，定时器 T0 在 50 ms 内需要计数 50 000 次，其计数初值 X 为 65 536 − 50 000 = 15 536 = 3CB0H。定时器 T0 每 50 ms 中断一次，中断 20 次即秒定时时间到，使 F0 标志位取反一次。

主程序根据 F0 的状态控制显示信息，当 F0 为 1 显示时"→"，当 F0 为 0 显示时"←"。主程序用 DPTR 存放字符"→"或"←"的点阵码首地址，用 R2 指示点阵码的字节顺序，同时 R2 也是行扫描的行计数器。参考程序如下：

```
       ORG   0000H
       LJMP  START                 ; 复位入口
       ORG   000BH
       LJMP  T0INT                 ; T0 中断入口
       ORG   0040H
START: MOV   SP, #60H
```

```
        MOV   TMOD, #01H         ; T0 为方式 1 定时
        SETB  TR0                ; 启动 T0
        SETB  ET0                ; 开 T0 中断
        SETB  EA                 ; 开总允许中断
        MOV   TH0, #3CH          ; T0 赋初值，定时 50 ms
        MOV   TL0, #0B0H
        MOV   30H, #00H          ; 秒计数单元清零
AGAIN:  MOV   R2, #0             ; R2 指示第 0 行
        MOV   DPTR, #TABLE       ; DPTR 为点阵码表首地址
        JB    F0, NEXT
        MOV   DPTR, #TABLE+8
NEXT:   MOV   A, #00H
        MOV   P0, A              ; 瞬时关显示器
        MOV   A, R2
        MOV   P2, A              ; 选通第 R2 行
        MOVC  A, @A+DPTR         ; 取第 R2 个字节数据
        MOV   P0, A              ; 送显示数据
        LCALL DELAY              ; 调延时子程序
        INC   R2                 ; R2 指示下一行
        CJNE  R2, #8, NEXT       ; 8 行未完则继续
        LJMP  AGAIN
TABLE:  DB    00H, 00H, 20H, 40H, 0FFH, 02H, 04H, 00H    ; "→" 的点阵码
        DB    00H, 00H, 40H, 20H, 0FFH, 20H, 40H, 00H    ; "←" 的点阵码
        ; 延时子程序
DELAY:  MOV   R7, #02H
DEL1:   MOV   R6, #0FAH
DEL2:   DJNZ  R6, DEL2
        DJNZ  R7, DEL1
        RET
        ; T0 中断服务子程序
T0INT:  MOV   TH0, #3CH          ; T0 赋初值，再次启动 T0
        MOV   TL0, #0B0H
        INC   30H
        MOV   A, 30H
        CJNE  A, #20, EXIT
        CPL   F0                 ; 定时时间到
        MOV   30H, #00H
EXIT:   RETI                     ; 中断返回
        END
```

6.12　DAC0832 与单片机连接时有哪些控制信号？其作用是什么？

答： DAC0832 与单片机连接时主要涉及下列控制信号：

ILE：数据锁存允许信号，高电平有效，一般接 +5 V。

$\overline{\text{CS}}$：片选信号，低电平有效，接译码器的输出端。

$\overline{\text{WR1}}$：第 1 写信号，它是输入寄存器的数据锁存信号，低电平有效，应与单片机的写信号 $\overline{\text{WR}}$ 相连。

$\overline{\text{WR2}}$：第 2 写信号，低电平有效。

$\overline{\text{XFER}}$：数据传送控制信号(输入)，低电平有效。

$\overline{\text{WR2}}$ 和 $\overline{\text{XFER}}$ 是 0832 内部 DAC 寄存器的数据锁存信号，若 DAC0832 以单缓冲方式工作时，$\overline{\text{WR2}}$ 和 $\overline{\text{XFER}}$ 接译码器的输出端，或接地；若 DAC0832 以双缓冲方式工作时，$\overline{\text{WR2}}$ 和 $\overline{\text{XFER}}$ 接另一个译码器的输出端，实现和其它通道的同步输出。

6.13　在一个 AT89C51 单片机与一片 DAC0832 组成的应用系统中，DAC0832 的地址为 7FFFH，输出电压为 0～5 V。试画出有关逻辑框图，并编写程序，使该系统的输出信号为一组三角波。

答： 参考电路如习题 6.13 图所示，DAC0832 工作于单缓冲方式，其输入寄存器受控，而 DAC 寄存器直通。

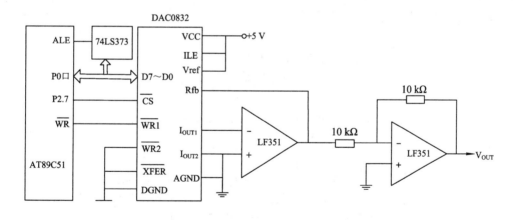

习题 6.13 图

产生三角波的程序如下：

```
START: MOV    DPTR, #7FFHH      ; 0832 输入寄存器地址
       MOV    A, #00H
NEXT1: MOVX   @DPTR, A          ; D/A 转换
       INC    A
       CJNE   A, #0FFH, NEXT1
NEXT2: MOVX   @DPTR, A          ; D/A 转换
       DEC    A
```

```
        CJNE    A, #00H, NEXT2
        SJMP    NEXT1
```

6.14　利用 DAC0832 芯片，采用单缓冲方式，口地址为 F8FFH，编制产生阶梯波的程序。设台阶数为 10，最上边的台阶对应于满值电压。

答： 参考程序如下：

```
START: MOV    R7, #10              ; R7 为计数器
        MOV    A, #5
NEXT: MOV    DPTR, #0F8FFH
        MOVX   @DPTR, A            ; D/A 转换
        LCALL  DELAY               ; 延时
        ADD    A, #25
        DJNZ   R7, NEXT
        LJMP   START
```

6.15　在一个 f_{osc} 为 12 MHz 的 AT89C51 系统中接有一片 ADC0809，它的地址为 7FF8H～7FFFH。试画出 ADC0809 的接口电路，并编写程序，对 ADC0809 初始化后，定时采样通道 2 的数据(假设采样频率为 1 ms 一次，每次采样 4 个数据，存于内部 RAM 70H～73H 中)。

答： 参考电路如习题 6.15 图所示。

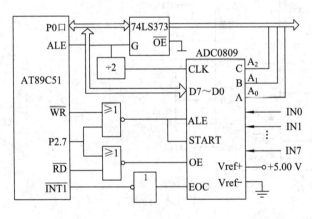

习题 6.15 图

解： 令定时器 T0 工作在方式 1，定时 1 ms，T0 每 1 ms 中断一次，响应中断采样通道 2 的数据，存于内部 RAM 70H～73H 中。参考程序如下：

```
; 程序清单
ORG   0000H
LJMP  START                 ; 复位入口
ORG   000BH
```

```
        LJMP    T0INT           ;T0 中断入口
        ORG     0040H
START:  MOV     SP, #60H
        MOV     TMOD, #01H      ;T0 为方式 1 定时
        SETB    TR0             ;启动 T0
        SETB    ET0             ;开 T0 中断
        SETB    EA              ;开总允许中断
        MOV     TH0, #0FCH      ;T0 赋初值，定时 1 ms
        MOV     TL0, #018H
WAIT:   LJMP    WAIT            ;等待
        ;T0 中断服务子程序
T0INT:  MOV     TH0, #0FCH      ;T0 赋初值，再次启动 T0
        MOV     TL0, #018H
        MOV     R7, #4
        MOV     R0, #70H
        MOV     DPTR, #7FFAH    ;通道 2 的地址
NEXT:   MOVX    @DPTR, A        ;启动 A/D
        LCALL   DELAY100        ;延时 100 ms，等待 A/D 转换结束
        MOVX    A, @DPTR
        MOV     @R0, A
        INC     R0
        DJNZ    R7, NEXT
EXIT:   RETI                    ;中断返回
        END
```

6.16　利用 AT89C51 单片机设计一个声光报警电路。要求在正常工作时，绿色指示灯亮；出现异常情况时，红色指示灯亮，同时喇叭发出报警声。

答：硬件电路如习题 6.16 图所示。

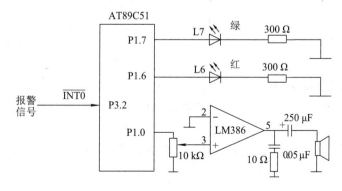

习题 6.16 图

正常工作时，常态工作绿色指示灯 L7 亮，红色报警指示灯 L6 灭，当报警信号变为低电平时，常态工作灯 L7 灭，报警指示灯 L6 亮，扬声器用 1 kHz 信号发报警声。可以用查询方式识别报警信号，也可以用中断方式进行报警。下面分别给出查询方式和中断方式的程序框架。

```
        ; 查询方式程序
START:  SETB  P1.7          ; 常态工作灯 L7 亮
        CLR   P1.6          ; 报警指示灯 L6 灭
LP1:    JB    P3.2, LP2
        LCALL BAOJING
LP2:    NOP
        …
        LJMP  LP1
        ; 报警程序
BAOJING: CLR  P1.7          ; 常态工作灯 L7 灭
        SETB  P1.6          ; 报警指示灯 L6 亮
        …                   ; 启动 T0, 产生 1 kHz 的音频信号
        …
        RET
        ; 中断方式程序
        ORG   0000H
        LJMP  START
        ORG   0003H
        LJMP  EXINT0
        ORG   0040H
START:  SETB  P1.7          ; 常态工作灯 L7 亮(绿色)
        CLR   P1.6          ; 报警指示灯 L6 灭(红色)
        SETB  EX0           ; EX0 = 1, 允许 INT0 中断
        SETB  IT0           ; IT0 = 1, 下降沿请求中断
        SETB  EA            ; EA = 1, 开 CPU 中断
LP3:    NOP                 ; 等待中断
        …
        SJMP  LP3
        ; INT0 中断服务子程序
EXITNO: CLR  P1.7           ; 常态工作灯 L7 灭(绿色)
        SETB  P1.6          ; 报警指示灯 L6 亮(红色)
        …                   ; 启动 T0, 产生 1 kHz 的音频信号
        RETI
```

6.17　利用如习题 6.17 图所示的 AT89C51 单片机完成下列设计任务。

(1) 构成最小应用系统。

(2) 编写程序，利用定时器 T0 使 LED 亮 1 s 灭 1 s 不断闪烁。

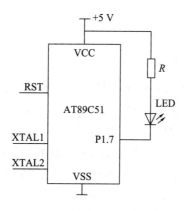

习题 6.17 图

答： 给 AT89C51 配置复位电路，并外接晶体振荡器(设单片机晶振频率为 12 MHz)便构成了一个最小应用系统(电路可参考图 2.18)。

用定时器 T0 产生秒定时信号，秒定时时间到，使 P1.7 取反一次，可使 LED 亮 1 s 灭 1 s 不断闪烁，参考程序如下：

```
        ; 程序清单
        ORG    0000H
        LJMP   START              ; 复位入口
        ORG    000BH
        LJMP   T0INT              ; T0 中断入口
        ORG    0040H
START:  MOV    TMOD, #01H         ; T0 为方式 1 定时
        SETB   TR0                ; 启动 T0
        SETB   ET0                ; 开 T0 中断
        SETB   EA                 ; 开总允许中断
        MOV    TH0, #3CH          ; T0 赋初值，定时 50 ms
        MOV    TL0, #0B0H
        MOV    30H, #00H          ; 秒计数单元清零
        LJMP   $                  ; 等待中断
        ; T0 中断服务子程序
T0INT:  MOV    TH0, #3CH          ; T0 赋初值，再次启动 T0
        MOV    TL0, #0B0H
        INC    30H
        MOV    A, 30H
        CJNE   A, #20, RETURN
```

```
        CPL     P1.7              ; 定时时间到
        MOV     30H, #00H
RETURN: RETI                      ; 中断返回
        END
```

■ 习题 7 参考答案

7.1 设计一个单片机应用系统要经过哪些主要步骤? 主要应该完成哪几个报告?

答: 设计一个单片机应用系统首先要进行需求分析与市场调研,并进行可行性分析,经过分析和研究写出可行性论证报告。对于可靠性要求较高的系统还要同时完成可靠性分析及论证报告。其次完成方案设计,根据系统软、硬件功能的划分及其协调关系,确定系统硬件组成和软件结构。当系统方案确定后,进入样机研制阶段,将系统方案付诸实施,完成样机的生产。最后是系统调试,对系统功能进行逐项测试,达到设计要求后投入批量生产。

7.2 简述实用系统的设计方法及各个阶段的主要任务。

答: 系统设计时,最主要的任务是系统方案设计。在方案设计阶段,要熟悉设计对象,搞清楚控制对象的特点与需求,做到有的放矢,措施得当,方案合理。系统方案设计阶段要完成主模块设计,包括单片机选型,确定存储器容量,确定 I/O 类型及通道数等。下一步就是进行电路设计,将选用的单片机和相应的接口以及有关器件按系统要求组成一个系统电路连接图,并绘制原理图。当完成电路设计后,要设计印制电路板,安装电路并完成调试任务。

7.3 在单片机应用系统的输出回路中,常用的驱动电路有哪几种? 各有什么特点?

答: 常用的驱动电路有晶体管驱动、复合晶体管驱动、可控硅驱动、继电器和光电耦合器驱动等电路形式。晶体管是最常用的驱动元件之一,其电路简单、工作稳定可靠且性价比高,因此在无需隔离的场合,大多采用晶体管驱动负载,当负载较重时可采用复合晶体管进行驱动。可控硅、继电器和光电耦合器则用于需要隔离的场合,或用于驱动大功率设备,它们的共同特点是能实现数字系统与外设的电气隔离,提高系统的抗干扰能力。

7.4 实验电路板初次加电前应做哪些检查,为什么?

答: 当实验板连接或焊接完成之后,首先在不插主要元器件的情况下,检查是否存在电源对地短路现象,防止因电源短路而烧坏设备或元器件。此后按正确的元器件方向插上元器件,确保加电后,每个元器件的电源都正确无误。

7.5 简述单片机应用系统样机调试方法。

答: 系统样机调试可分为静态调试与动态调试两步进行。

(1) 静态调试是在用户系统未加电工作时的一种硬件检查方法。

首先进行目测，目测印制电路板上的印制线是否有断线、有毛刺、是否与其它线或焊盘粘连，焊盘有否脱落，金属化过孔是否连通等。然后用万用表复核目测过程中认为可疑的连接点，检查它们的通断状态是否与设计相符。最后加电检查各点电压是否正常，接地是否可靠，接固定电平的引脚电平是否正确。

当上述工作完成后，在断电状态下，将芯片逐个插入相应的插座中，进入动态调试阶段。

(2) 动态调试是在用户系统加电工作的情况下，利用开发系统提供的一切测试手段，有效地对用户系统的各部分电路进行访问、控制，从而发现和排除系统存在的器件内部故障、器件间连接逻辑错误、软件功能错误等故障。动态调试应先对单元电路进行调试，再进行系统联调。

■　习题 8 参考答案

8.1　单片机应用系统主要干扰源有哪几类？对系统有何影响？

答：干扰源可分为以下三类：

① 自然界的宇宙射线，太阳黑子活动，大气污染及雷电因素造成的干扰。

② 电子元器件本身固有的热噪声。

③ 由电气和电子设备引起的干扰。

这些干扰在系统工作的环境中广泛存在，它们通过一定的途径进入单片机系统，会影响指令的正常执行，造成事故或控制失灵，在测量通道中存在干扰，就会产生测量误差，计数器受到干扰可能造成记数不准，电压的冲击有可能使系统无法正常运行甚至损坏。

8.2　常用的硬件系统抗干扰措施有哪些？

答：硬件系统抗干扰措施涉及很多内容，总体而言可从以下几方面考虑：

选用元器件时，必须保证每个元件都能可靠地工作，要对元器件进行性能测试和功率老化试验。

设置接插件时，电源接插件要尽量远离信号接插件，主要信号的接插件外面最好带有屏蔽网层。在安排插针信号时，将一部分插针作为接地线，均匀分布于各信号针之间起到隔离作用，以减小针与针间信号互相干扰。信号针尽量分散配置，增大彼此之间的距离。选用接插件时，要选用不同机械结构或不同针数的接插件。原则上一块电路板上不要有两个或两个以上结构和尺寸都相同的接插件，以免误插造成损坏。

设计印制板时也应采用一些抗干扰措施。

8.3　常用的软件抗干扰技术有哪几种？

答：在软件设计时采用如下措施，可以有效提高系统的抗干扰能力。

(1) 增加系统信息管理模块。与硬件相配合，对系统信息进行保护。其中包括防止信息被破坏，出故障时保护信息，故障排除之后恢复信息等。

(2) 防止信息在输入输出过程中出错。如对关键数据采用多种校验方式，对信息采用重复传送校验技术，从而保证信息的正确性。

(3) 编制诊断程序，及时发现故障，查找出故障位置，以便及时检修或启用冗余设备。

(4) 软件进行系统调度，包括出现故障时保护现场，迅速启用备用设备，将故障设备切换成备用状态进行维修。在环境条件发生变化时，采取应急措施，故障排除后，迅速恢复系统，继续投入运行等。

8.4　如何提高应用系统电源的抗干扰能力？

答： 可从以下几方面考虑提高应用系统电源的抗干扰能力：

- 交流进线端加交流滤波器，以滤掉高频干扰。
- 对于电源干扰较多、电压不稳的场所可采用交流稳压器。
- 采用具有静电屏蔽和抗电磁干扰的隔离变压器。
- 采用集成稳压块两级稳压。
- 主电路板采取独立供电，其余电路分散供电。
- 直流电源输出接口采用大容量电解电容滤波。
- 线间对地增设小电容滤波消除高频干扰。
- 交流电源线与其它线尽量分开，减少耦合干扰。
- 尽量提高接口器件的电源电压，提高接口的抗干扰能力。
- 必要时可采用交直流两用电源为系统供电。

8.5　开关信号常用的抗干扰措施有哪些？

答： 对开关信号，适当地提高开关量电平，或采用隔离技术可有效地提高系统的抗干扰能力。如果提高开关量电平，就采用电平转换电路，使其与 TTL 电平相匹配。开关信号的隔离可使用光电隔离、继电器隔离及可控硅驱动电路等。

8.6　如何提高模拟信号的抗干扰能力？

答： 对模拟信号可使用光电耦合器实现模拟通道的隔离。在干扰较严重的场合，可选用双积分式 A/D 转换器，以减小瞬间干扰和高频干扰对转换结果的影响。也可采用软件滤波的方法减小噪声对模拟通道的干扰。

■　习题 9 参考答案

9.1　运算放大器在单片机应用系统中有哪些应用？

答： 在系统设计时，常常会遇到信号放大及信号转换之类的问题，这类问题通常都是以运算放大器为核心的单元电路，其典型应用有信号放大、信号测量、信号运算、信号处理、波形产生及波形变换等。

9.2 利用 LM324 运算放大器构成一个电压/电流转换电路，并画出详细原理电路图。

答：参考电路如习题 9.2 图所示。

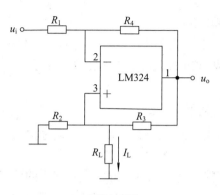

习题 9.2 图

当 $R_1 R_3 = R_2 R_4$ 时，电压电流转换关系可简化为

$$I_L = -\frac{u_i}{R_2}$$

负载电流 I_L 与信号电压 u_i 成正比，完成了电流/电压的转换。

9.3 利用 LM324 运算放大器设计一个绝对值电路，并画出详细原理电路图。

答：用半波整流和相加器组成的绝对值电路如习题 9.3 图所示。

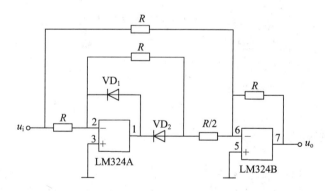

习题 9.3 图

图中，LM324A 构成半波整流，LM324B 构成相加器。其工作原理为：

(1) 当 $u_i > 0$ 时，

$$u_{o1} = -u_i, \quad u_o = -u_i - 2u_{o1} = -u_i + 2u_i = u_i$$

(2) 当 $u_i < 0$ 时，

$$u_{o1} = 0, \quad u_o = -u_i = -(-u_i) = |u_i|$$

所以

$$u_o = |u_i|$$

实现了绝对值运算。

■　习题 10 参考答案

10.1　请简述电路板设计步骤。

答：电路板设计一般要经过原理图符号设计、原理图设计、元器件封装设计、PCB 电路板设计等过程。设计完成的 PCB 就能送交加工商加工了。

10.2　请简述印制电路板设计要领。

答：设计印制板时，要选好相应的接插件以及安装方式。由于印制电路板元器件密集，容易相互影响，因此在设计时要掌握以下要领：

(1) 电源线和地线尽可能加粗，以减少导线电阻产生的压降。

(2) 低频信号宜采用一点接地，高频信号宜采用多点接地。

(3) 地线最好绕印制板边沿一周布线，便于就近地线连接。

(4) 数字、模拟电路要分开布局，且两者地线尽量不要相混。

(5) 根据电路实际负载情况，一般应在每个印制板电源进线跨接 $100\sim250\ \mu F$ 电解电容；每个集成电路芯片应跨接一个 $10\times10^3\ pF$ 左右的瓷片去耦电容，保证器件电源正常。

(6) 在元器件排列时，有关的器件尽可能靠近，走线尽可能短，可获得较好的抗噪效果。

(7) 将发热量大的元器件尽可能放置在上方或靠近机壳通风散热孔，以便获得好的散热效果。

10.3　印制电路板地线如何排列才能提高抗干扰能力？

答：印制电路板上电源线和地线与数据线传输方向一致，有助于增强抗干扰能力。接地线要环绕印制板一周安排，各器件尽可能就近接地。地线尽量加宽，数字地、模拟地要分开，根据实际情况考虑一点或多点接地。

■　习题 11 参考答案

11.1　传感器主要由哪几部分组成？各部分作用如何？

答：一般说来，传感器由敏感元件和变换元件两部分组成。敏感元件是一种预变换部件，它的作用是把待测的非电量变换为易于转换成电量的另一种非电量。变换元件能将感受到的非电量变换为电量。

11.2　常用传感器分为哪几类？

答：传感器种类繁多，功能各异，其分类方法不尽相同，就其用途来讲，常用传感器分为以下几类：接近开关、火焰传感器、气体传感器、温度传感器、压电传感器、光电传感器、磁敏传感器、光纤传感器、红外传感器、光栅传感器、湿敏传感器等。

11.3　在单片机应用系统中，选用传感器时应考虑哪些因素?

答: 选用传感器时应考虑的主要因素有测量条件、传感器指标、使用条件、性价比及传感器货源是否充足等因素。

11.4　在使用传感器时，常采用哪些抗干扰措施?

答: 任何传感器的输出中总不可避免地混杂着各种干扰和噪声，要采取各种抗干扰措施消除这些噪声对测量精度的影响，常用的抗干扰措施有:

(1) 采用屏蔽技术抑制各种场的干扰。

(2) 将各种电气设备的外壳与大地相连，以保证人身和设备的安全。传感器外壳或导线屏蔽层接地防止高频干扰对传感器造成干扰。

(3) 测量仪表的输入信号放大器公共地(即模拟信号地)不接机壳或大地。

(4) 使用滤波器抑制噪声干扰。

附录 B　ASCII 字符表与字符含义表

B1　ASCII(美国信息交换标准码)字符表

低　位		高　位							
		0	1	2	3	4	5	6	7
		000	001	010	011	100	101	110	111
0	0000	NUL	DLE	SP	0	@	P	、	p
1	0001	SOH	DC1	!	1	A	Q	a	q
2	0010	STX	DC2	"	2	B	R	b	r
3	0011	ETX	DC3	#	3	C	S	c	s
4	0100	EOT	DC4	$	4	D	T	d	t
5	0101	ENQ	NAK	%	5	E	U	e	u
6	0110	ACK	SYN	&	6	F	V	f	v
7	0111	BEL	ETB	'	7	G	W	g	w
8	1000	BS	CAN	(	8	H	X	h	x
9	1001	HT	EM	)	9	I	Y	i	y
A	1010	LF	SUB	*	:	J	Z	j	z
B	1011	VT	ESC	+	;	K	[	k	{
C	1100	FF	FS	,	<	L	\	l	|
D	1101	CR	GS	—	=	M	]	m	}
E	1110	SO	RS	.	>	N	↑	n	~
F	1111	SI	US	/	?	O	←	o	DEL

B2　ASCII 编码字符含义表

字符	含　义	字符	含　义	字符	含　义
NUL	空格、无效	FF	走纸控制	CAN	作废
SOH	标题开始	CR	回车	EM	纸尽
STX	正文开始	SO	移位输出	SUB	减
ETX	文本结束	SI	移位输入	ESC	换码
EOT	传输结束	DLE	数据键换码	FS	文字分隔符
ENQ	询问	DC1	控制设备 1	GS	组分隔符
ACK	承认	DC2	控制设备 2	RS	记录分隔符
BEL	报警符	DC3	控制设备 3	US	单元分隔符
BS	退一格	DC4	控制设备 4	SP	空间(空格)
HT	横向列表	NAK	否定	DEL	作废
LF	换行	SYN	空转同步		
VT	垂直列表	ETB	信息组交换结束		

附录 C　按字母顺序排列 51 系列单片机指令一览表

操作码	操作数	代　　码	字节数	指令周期
ACALL	addr11	a10a9a810001 $addr_{7\sim0}$	2	2
ADD	A, Rn	28～2F	1	1
ADD	A, direct	25 direct	2	1
ADD	A, @Ri	26～27	1	1
ADD	A, #data	24 data	2	1
ADDC	A, Rn	38～3F	1	1
ADDC	A, direct	35 direct	2	1
ADDC	A, @Ri	36～37	1	1
ADDC	A, #data	34 data	2	1
AJMP	addr11	a10a9a800001 $addr_{7\sim0}$	2	2
ANL	A, Rn	58～5F	1	1
ANL	A, direct	55 direct	2	1
ANL	A, @Ri	56～57	1	1
ANL	A, #data	54 data	2	1
ANL	direct, A	52 direct	2	1
ANL	direct, #data	53 direct data	3	2
ANL	C, bit	82 bit	2	2
ANL	C, /bit	B0 bit	2	2
CJNE	A, direct, rel	B5 direct rel	3	2
CJNE	A, #data, rel	B4 data rel	3	2
CJNE	Rn, #data, rel	B8～BF data rel	3	2
CJNE	@Ri, #data, rel	B6～B7 data rel	3	2
CLR	A	E4	1	1
CLR	C	C3	1	1
CLR	bit	C2 bit	2	1
CPL	A	F4	1	1
CPL	C	B3	1	1
CPL	bit	B2 bit	2	1
DA	A	D4	1	1
DEC	A	14	1	1
DEC	Rn	18～1F	1	1
DEC	direct	15 direct	2	1
DEC	@Ri	16～17	1	1
DIV	AB	84	1	4
DJNZ	Rn, rel	D8～DF rel	2	2
DJNZ	direct, rel	D5 direct rel	3	2

续表一

操作码	操作数	代　码	字节数	指令周期
INC	A	04	1	1
INC	Rn	08～0F	1	1
INC	direct	05 direct	2	1
INC	@Ri	06～07	1	1
INC	DPTR	A3	1	2
JB	bit, rel	20 bit rel	3	2
JBC	bit, rel	10 bit rel	3	2
JC	rel	40 rel	2	2
JMP	@A+DPTR	73	1	2
JNB	bit, rel	30 bit rel	3	2
JNC	rel	50 rel	2	2
JNZ	rel	70 rel	2	2
JZ	rel	60 rel	2	2
LCALL	addr16	12 $addr_{15\sim8}$ $addr_{7\sim0}$	3	2
LJMP	addr16	02 $addr_{15\sim8}$ $addr_{7\sim0}$	3	2
MOV	A, Rn	E8～EF	1	1
MOV	A, direct	E5 direct	2	1
MOV	A, @Ri	E6～E7	1	1
MOV	A, #data	74 data	2	1
MOV	Rn, A	F8～FF	1	1
MOV	Rn, direct	A8～AF direct	2	1
MOV	Rn, #data	78～7F data	2	1
MOV	direct, A	F5 direct	2	1
MOV	direct, Rn	88～8F direct	2	1
MOV	direct2, direct1	85 direct2 direct1	3	2
MOV	direct, @Ri	86～87 direct	2	2
MOV	direct, #data	75 direct data	3	2
MOV	@Ri, A	F6～F7	1	1
MOV	@Ri, direct	A6～A7 direct	2	2
MOV	@Ri, #data	76～77 data	2	1
MOV	C, bit	A2 bit	2	2
MOV	bit, C	92 bit	2	2
MOV	DPTR, #data16	90 $data_{15\sim8}$ $data_{7\sim0}$	3	2
MOVC	A, @A+DPTR	93	1	2
MOVC	A, @A+PC	83	1	2
MOVX	A, @Ri	E2～E3	1	2
MOVX	A, @DPTR	E0	1	2

续表二

操作码	操作数	代　码	字节数	指令周期
MOVX	@Ri, A	F2～F3	1	2
MOVX	@DPTR，A	F0	1	2
MUL	AB	A4	1	4
NOP		00	1	1
ORL	A, Rn	48～4F	1	1
ORL	A, direct	45 direct	2	1
ORL	A, @Ri	46～47	1	1
ORL	A, #data	44 data	2	1
ORL	direct, A	42 direct	2	1
ORL	direct, #data	43 direct data	3	2
ORL	C, bit	72 bit	2	2
ORL	C, /bit	A0 bit	2	2
POP	direct	D0 direct	2	2
PUSH	direct	C0 direct	2	2
RET		22	1	2
RETI		32	1	2
RL	A	23	1	1
RLC	A	33	1	1
RR	A	03	1	1
RRC	A	13	1	1
SETB	C	D3	1	1
SETB	bit	D2 bit	2	1
SJMP	rel	80 rel	2	2
SUBB	A, Rn	98～9F	1	1
SUBB	A, direct	95 direct	2	1
SUBB	A, @Ri	96～97	1	1
SUBB	A, #data	94 data	2	1
SWAP	A	C4	1	1
XCH	A, Rn	C8～CF	1	1
XCH	A, direct	C5 direct	2	1
XCH	A, @Ri	C6～C7	1	1
XCHD	A, @Ri	D6～D7	1	1
XRL	A, Rn	68～6F	1	1
XRL	A, direct	65 direct	2	1
XRL	A, @Ri	66～67	1	1
XRL	A, #data	64 data	2	1
XRL	direct, A	62 direct	2	1
XRL	direct, #data	63 direct data	3	2

附录 D　按功能排列 51 系列单片机指令表

D1　数据传送类指令(29 条)表

助记符	操 作 功 能	机器码	字节数	指令周期
MOV A, #data	立即数送累加器	74 data	2	1
MOV Rn, #data	立即数送寄存器	78～7F data	2	1
MOV @Ri, #data	立即数送间址片内 RAM	76、77 data	2	1
MOV direct, #data	立即数送直接片内单元	75 direct data	3	2
MOV DPTR, #data16	16 位立即数送数据指针寄存器	90 data$_{15\sim8}$ data$_{7\sim0}$	3	2
MOV direct, Rn	寄存器内容送直接寻址单元	88～8F direct	2	2
MOV A, Rn	寄存器内容送累加器	E8～EF	1	1
MOV Rn, A	累加器内容送寄存器	F8～FF	1	1
MOV direct, A	累加器内容送直接地址	F5 direct	2	1
MOV @Ri, A	累加器内容送间址片内 RAM	F6、F7	1	1
MOV Rn, direct	直接寻址单元内容送寄存器	A8～AF direct	2	2
MOV A, direct	直接寻址单元内容送累加器	E5 direct	2	1
MOV @Ri, direct	直接寻址单元内容送间址片内 RAM	A6、A7 direct	2	2
MOV direct2, direct1	直接寻址单元内容送另一直接寻址单元	85 direct1 direct2	3	2
MOV direct, @Ri	间址片内 RAM 内容送直接寻址单元	86、87 direct	2	2
MOV A, @Ri	间址片内 RAM 内容送累加器	E6、E7	1	1
MOVX A, @Ri	间址片外 RAM 内容送累加器(8 位地址)	E2、E3	1	2
MOVX @Ri, A	累加器内容送间址片外 RAM(8 位地址)	F2、F3	1	2
MOVX A, @DPTR	片外 RAM 内容送累加器(16 位地址)	E0	1	2
MOVX @DPTR, A	累加器内容送片外 RAM(16 位地址)	F0	1	2
MOVC A, @A+DPTR	相对数据指针内容送累加器	93	1	2
MOVC A, @A+PC	相对程序计数器内容送累加器	83	1	2
XCH A, Rn	累加器与寄存器内容交换	C8～CF	1	1
XCH A, @Ri	累加器与间址片内 RAM 内容交换	C6、C7	1	1
XCH A, direct	累加器与直接寻址单元内容交换	C5 direct	2	1
XCHD A, @Ri	累加器与间址片内 RAM 低半字节内容交换	D6、D7	1	1
SWAP A	累加器高半字节与低半字节内容交换	C4	1	1
PUSH direct	直接寻址单元内容压入堆栈栈顶	C0 direct	2	2
POP direct	堆栈栈顶内容弹出到直接寻址单元	D0 direct	2	2

D2　算术操作类指令(24条)表

助记符	操作功能	机器码	字节数	指令周期
ADD A, Rn	寄存器与累加器内容相加	28~2F	1	1
ADD A, @Ri	间址片内 RAM 与累加器内容相加	26、27	1	1
ADD A, direct	直接地址内容与累加器内容相加	25 direct	2	1
ADD A, #data	立即数与累加器内容相加	24 data	2	1
ADDC A, Rn	寄存器与累加器与进位内容相加	38~3F	1	1
ADDC A, @Ri	间址片内 RAM 与累加器与进位内容相加	36、37	1	1
ADDC A, direct	直接寻址字节与累加器与进位内容相加	35 direct	2	1
ADDC A, #data	立即数与累加器与进位内容相加	34 data	2	1
SUBB A, Rn	累加器内容减寄存器与进位内容	98~9F	1	1
SUBB A, @Ri	累加器内容减间址片内 RAM 与进位内容	96、97	1	1
SUBB A, direct	累加器内容减直接寻址字节与进位内容	95 direct	2	1
SUBB A, #data	累加器内容减立即数与进位内容	94 data	2	1
INC A	累加器内容加 1	04	1	1
INC Rn	寄存器内容加 1	08~0F	1	1
INC @Ri	间址片内 RAM 内容加 1	06、07	1	1
INC direct	直接寻址字节内容加 1	05 direct	2	1
INC DPTR	数据指针寄存器内容加 1	A3	1	2
DEC A	累加器内容减 1	14	1	1
DEC Rn	寄存器内容减 1	18~1F	1	1
DEC @Ri	片内 RAM 内容减 1	16、17	1	1
DEC direct	直接寻址单元内容减 1	15 direct	2	1
DA A	累加器内容十进制调整	D4	1	1
MUL AB	累加器内容乘寄存器 B 内容	A4	1	4
DIV AB	累加器内容除寄存器 B 内容	84	1	4

D3　逻辑操作类指令(24条)表

助记符	操作功能	机器码	字节数	指令周期
ANL A, Rn	寄存器内容和累加器内容相与	58～5F	1	1
ANL A, @Ri	片内 RAM 内容和累加器内容相与	56、57	1	1
ANL A, direct	直接寻址字节内容和累加器内容相与	55 direct	2	1
ANL direct, A	累加器内容和直接寻址字节内容相与	52 direct	2	1
ANL A, #data	立即数和累加器内容相与	54 data	2	1
ANL direct, #data	立即数和直接寻址字节内容相与	53 direct data	3	2
ORL A, Rn	寄存器内容和累加器内容相或	48～4F	1	1
ORL A, @Ri	片内 RAM 内容和累加器内容相或	46、47	1	1
ORL A, direct	直接寻址字节内容和累加器内容相或	45 direct	2	1
ORL direct, A	累加器内容和直接寻址字节内容相或	42 direct	2	1
ORL A, #data	立即数和累加器内容相或	44 data	2	1
ORL direct, #data	立即数和直接寻址字节内容相或	43 direct data	3	2
XRL A, Rn	寄存器内容和累加器内容异或	68～6F	1	1
XRL A, @Ri	片内 RAM 内容和累加器内容异或	66、67	1	1
XRL A, direct	直接寻址字节内容和累加器内容异或	65 direct	2	1
XRL direct, A	累加器内容和直接寻址字节内容异或	62 direct	2	1
XRL A, #data	立即数和累加器内容异或	64 data	2	1
XRL direct, #data	立即数和直接寻址字节内容异或	63 direct data	3	2
CPL A	累加器内容取反	F4	1	1
CLR A	累加器内容清零	E4	1	1
RL A	累加器内容向左环移一位	23	1	1
RR A	累加器内容向右环移一位	03	1	1
RLC A	累加器内容带进位向左环移一位	33	1	1
RRC A	累加器内容带进位向右环移一位	13	1	1

D4　控制转移类指令(17 条)表

助记符	操作功能	机器码	字节数	指令周期
AJMP addr11	绝对转移(2 KB 地址内)	a10a9a800001addr$_{7\sim0}$	2	2
LJMP addr16	长转移(64 KB 地址内)	02 addr$_{15\sim8}$ addr$_{7\sim0}$	3	2
SJMP rel	相对短转移(-128～+127 地址内)	80 rel	2	2
JMP @A+DPTR	相对长转移(64 KB 地址内)	73	1	2
JZ rel	累加器内容为零转移	60 rel	2	2
JNZ rel	累加器内容不为零转移	70 rel	2	2
CJNE A, direct, rel	累加器内容与寻址单元内容不等转移	B5 direct rel	3	2
CJNE A, #data, rel	累加器内容与立即数不相等转移	B4 data rel	3	2
CJNE Rn, #data, rel	寄存器内容与立即数不相等转移	B8～BF data rel	3	2
CJNE @Ri, #data, rel	片内 RAM 内容与立即数不相等转移	B6、B7 data rel	3	2
DJNZ Rn, rel	寄存器内容减 1 不为零转移	D8～DF rel	2	2
DJNZ direct, rel	直接寻址单元内容减 1 不为零转移	D5 direct rel	3	2
ACALL addr11	绝对调用子程序(2 KB 地址内)	a10a9a810001 addr$_{7\sim0}$	2	2
LCALL addr16	长调用子程序(64 KB 地址内)	12 addr$_{15\sim8}$ addr$_{7\sim0}$	3	2
RET	子程序返回	22	1	2
RET1	中断返回	32	1	2
NOP	空操作	00	1	1

D5　位操作类指令(17 条)表

助记符	操 作 功 能	机器码	字节数	指令周期
MOV C, bit	直接寻址位内容送位累加器	A2 bit	2	1
MOV bit, C	位累加器内容送直接寻址位	92 bit	2	1
CPL C	位累加器取反	B3	1	1
CLR C	位累加器清零	C3	1	1
SETB C	位累加器置位	D3	1	1
CPL bit	直接寻址位取反	B2 bit	2	1
CLR bit	直接寻址位清零	C2 bit	2	1
SETB bit	直接寻址位置位	D2 bit	2	1
ANL C, bit	直接寻址位内容和位累加器内容相与	82 bit	2	2
ORL C, bit	直接寻址位内容和位累加器内容相或	72 bit	2	2
ANL C, /bit	直接寻址位内容取反和位累加器内容相与	B0 bit	2	2
ORL C, /bit	直接寻址位内容取反和位累加器内容相或	A0 bit	2	2
JC rel	位累加器为 1 转移	40 rel	2	2
JNC rel	位累加器不为 1 转移	50 rel	2	2
JB bit, rel	直接寻址位为 1 转移	20 bit rel	3	2
JNB bit, rel	直接寻址位不为 1 转移	30 bit rel	3	2
JBC bit, rel	直接寻址位为 1 转移且该位清零	10 bit rel	3	2

参 考 文 献

[1] 孙肖子，邓建国，陈南，等. 电子设计指南. 北京：高等教育出版社，2006.

[2] 许海燕，付炎. 嵌入式系统技术与应用. 北京：机械工业出版社，2002.

[3] 雷思孝，李伯成，雷向莉，等. 单片机原理及实用技术. 西安：西安电子科技大学出版社，2004.

[4] 余永权，汪明慧，黄英. 单片机在控制系统中的应用. 北京：电子工业出版社，2003.

[5] 雷思孝，冯育长. 单片机系统设计及工程应用. 西安：西安电子科技大学出版社，2005.

[6] 沙占友，王彦朋，孟志永，等. 单片机外围电路设计. 北京：电子工业出版社，2003.

[7] 冯育长. 单片机系统设计与实例分析. 西安：西安电子科技大学出版社，2007.

[8] 李永建. 单片机原理与接口技术. 北京：清华大学出版社，2021.

[9] 傅丰林. 模拟电子线路基础. 西安：西安电子科技大学出版社，2001.

[10] 刘笃仁，韩保君. 传感器原理及应用技术. 西安：西安电子科技大学出版社，2003.